普通高等学校“十三五”省级规划教材

Android应用程序设计

主　编　吴其林　汪　军

副主编　方　周　谷灵康　刘　波

编　委（以姓氏笔画为序）

马小琴　方　周　刘　波　刘　奎

吴其林　谷灵康　汪　军　陈　磊

姜　飞　陶　陶　葛方振　程　庆

中国科学技术大学出版社

内 容 简 介

本书应用“项目驱动式”教学模式，通过完整的项目案例“职淘淘在线兼职平台”，系统地介绍了使用 Android 技术设计与开发系统的理论和方法。全书从 Android 开发概述开始，依次介绍了 Android 系统开发环境的搭建、应用程序的组成、页面设计相关知识（包括布局控件、基本 UI 组件、复杂 UI 组件、页面设计原则等）、四大基本组件（Activity、Service、ContentProvider 和 BroadCast）、网络编程、多线程编程及数据存储等核心内容。

本书注重理论与实践相结合，内容详尽，提供了大量实例，突出应用能力培养，将一个实际项目的知识点分解在各章节作为案例讲解，是一本实用性很强的教材。本书可作为普通高等学校计算机专业本科生、专科生 Android 应用开发课程的教材，也可供相关设计开发人员参考使用。

图书在版编目(CIP)数据

Android 应用程序设计/吴其林，汪军主编. —合肥：中国科学技术大学出版社，2020.1
ISBN 978-7-312-04817-3

Ⅰ. A… Ⅱ. ①吴…②汪… Ⅲ. 移动终端—应用程序— 程序设计—高等学校—教材
Ⅳ. TN929.53

中国版本图书馆 CIP 数据核字(2019)第 283478 号

出版 中国科学技术大学出版社
安徽省合肥市金寨路 96 号，230026
http://press.ustc.edu.cn
https://zgkxjsdxcbs.tmall.com
印刷 安徽国文彩印有限公司
发行 中国科学技术大学出版社
经销 全国新华书店
开本 787 mm×1092 mm 1/16
印张 30
字数 768 千
版次 2020 年 1 月第 1 版
印次 2020 年 1 月第 1 次印刷
定价 78.00 元

前　言

1. 为什么要写这本书

随着 Android 平台市场占有率的稳步上升，Android 应用的数量和种类越来越多，设计的范围也越来越广，从单机应用发展到联网应用，再到云端体系，其发挥的作用越来越重要。与此相对应的就业市场上，对 Android 开发工程师的需求也是日益增加。然而遗憾的是，高校在这一方面的人才培养上还缺少优质的教材。

我们通过大量的调研发现，教材问题主要表现在以下几点：第一，过于理论化，对于没有相关知识背景的学生来说，学习起来比较抽象，具有一定的难度；第二，过于侧重实践，缺乏相关理论支持，往往导致学生陷入知其然但不知其所以然的窘境；第三，书中案例比较少或者已经过时，与现实实际情况相差太远，导致案例没有任何参考价值；第四，缺乏具体的课程实践和真实项目，导致学生无法将所学的零碎知识点灵活地应用，面对具体的任务要求往往不知道如何入手。因此，针对应用型高校课程教学特点与需求，编写适用的规范化 Android 教材刻不容缓。

针对以上所述的教材问题，我们开始了本书的设计与撰写，旨在推广一种有效的学习与培训的捷径：项目驱动式教学，即用项目实践来带动理论的学习。基于此，本书围绕“职淘淘在线兼职平台”项目案例贯穿介绍 Android 应用开发的各个基础知识点，包括 Android 开发概述、Android 开发环境的搭建、Android 应用程序的组成、Android 页面设计相关知识（包括布局控件、基本 UI 组件、复杂 UI 组件、页面设计原则等）、Android 四大基本组件（Activity、Service、ContentProvider 和 BroadCast）、Android 网络编程、Android 多线程编程及 Android 数据存储等核心内容。为保证学生的实践机会，我们在每章的知识讲解中，会拆分出一个项目功能进行实现，同时将相似的功能留在课后习题和实验中让学生自行完成，保证学生能够有一个良性的学习—复习—实践的过程。如此，坚持学习到本书的最后，相信学生能够做到将 Android 开发的各项知识融会贯通，灵活使用。

2. 本书特性

(1) 重视项目实践

很多人对软件开发的学习过程和方法都有一个深切的体会，即是“做中学”。理论固然重要，但是一定要为实践服务。相信很多学生会遇到这样的问题，就是学完所有理论知识后，独自做一个项目时会不知如何下手，这是因为学习时对所学知识没有宏观地掌握，不会融会贯通、灵活运用。本书提供了一个有效的、快速的学习方法，即以项目为主线，以项目带动理论学习。本书的编写正是按照这种思路进行组织的。本书提供了一个完整的“职淘淘在线兼职平台”项目，在项目讲解的过程中贯穿介绍相关理论知识，希望能够帮助学生对项目开发的整体流程和思路有一个清楚的认识，减少对项目开发的盲目感、神秘感，最终能够循序渐进地动手实现自己的项目。

(2) 重视理论要点

本书以项目为主线,将项目中功能模块的实现与相关知识点的讲解结合,首先整体讲解项目的结构和功能,接着在每章以功能需求为应用场景,引出章节知识点的讲解,力求做到让读者明白在学什么,为什么要学。同时对知识点的讲解不是面面俱到,而是侧重核心要点,结合项目功能实现,对核心知识点进行详细的理论介绍和实际应用。

3. 勘误和支持

由于编者水平有限,加之时间有限,书中难免会存在一些不足和错误之处,虽然在此之前徐鑫鑫、苗萌、刘蓓森等人参与了资料的整理、实例的收集及勘误等工作,但是因为时间问题,难免会有错误未被检测出来,故恳请广大读者批评指正。如果有什么宝贵意见,欢迎发送邮件至邮箱 054050@chu. edu. cn,期待能够得到您的真诚反馈。

4. 致谢

本书参考并采用了 Android 大神郭霖《第一行代码》轻松诙谐的叙述方式,在此感谢郭霖大神给予的灵感和帮助。

感谢安徽省规划教材项目和巢湖学院"Android 开发技术"应用型课程项目的支撑以及项目组成员给予的支持。

本书编写过程中得到了中国科学技术大学出版社及兄弟院校的大力支持,在此一并表示感谢。

编　者

2019 年 11 月

目　　录

第 1 章　Android 开发基础

学习目标

Android(安卓)是 Google(谷歌)公司于 2007 年 11 月 5 日发布的一款基于 Linux 内核的移动平台,该平台由操作系统、中间件、用户界面及应用软件组成,是一个真正开放的移动开发平台。本章作为 Android 学习的开始,主要介绍智能手机的发展,Android 系统的发展历史、过程,同时讲述 Android 开发环境的搭建、Android SDK 以及创建 Android 程序的方法和工具。通过本章的学习,要求读者达到以下学习目标:

(1) 了解 Android 系统的发展历史、体系结构、特征及未来发展方向。

(2) 掌握 Android 系统不同平台下开发环境的搭建。

(3) 掌握 Android SDK 的结构、构成及工具。

(4) 掌握 Android 应用程序的结构。

1.1　Android 简介

Android 的原意是"机器人"。Google 于 2007 年推出基于 Linux 内核的开源手机操作系统 Android,Android 系统平台由操作系统、中间件、用户界面及应用软件组成,是首个为移动终端打造的真正开放和完整的移动软件系统平台。

目前,市场上采用 Android 系统的主要手机厂商,国外有三星、LG、Sony、Ericsson 等,国内有华为、小米、OPPO、vivo 等。第一款使用谷歌 Android 操作系统的手机 G1 如图 1.1 所示。Android 系统不但应用于智能手机,在平板电脑市场也急剧扩张。目前 Android 已成为全球最受欢迎的智能手机平台。

图 1.1　第一款采用 Android 操作系统的手机 G1

1.1.1 Android 的发展历史

2003 年 10 月，Andy Rubin 等人创建 Android 公司，并组建 Android 团队。

2005 年 8 月 17 日，Google 低调收购了成立仅 22 个月的高科技企业 Android 及其团队。Andy Rubin 成为 Google 公司工程部副总裁，继续负责 Android 项目。

2007 年 11 月 5 日，谷歌公司正式向外界展示了这款名为 Android 的操作系统。同一天，谷歌宣布建立一个全球性的联盟组织，该组织由 34 家手机制造商、软件开发商、电信运营商以及芯片制造商共同组成，并与 84 家硬件制造商、软件开发商及电信运营商组成开放手持设备联盟(Open Handset Alliance)来共同研发改良 Android 系统，这一联盟将支持谷歌发布的手机操作系统以及应用软件，Google 以 Apache 免费开源许可证的授权方式，发布了 Android 的源代码。

2008 年，在 Google I/O 大会上，谷歌提出了 Android HAL 架构图。同年 8 月 18 日，Android 获得了美国联邦通信委员会(FCC)的批准。2008 年 9 月，谷歌正式发布了Android 1.0 系统，这便是 Android 系统最早的版本。

2009 年 4 月，谷歌正式推出了 Android 1.5 版手机，从 Android 1.5 版本开始，谷歌开始将 Android 的版本以甜品的名字命名，Android 1.5 被命名为 Cupcake(纸杯蛋糕)。该系统与 Android 1.0 相比有了很大的改进。

2009 年 9 月，谷歌发布了 Android 1.6 的正式版，并推出了搭载 Android 1.6 正式版的手机 HTC Hero(G3)，凭借着出色的外观设计以及全新的 Android 1.6 操作系统，HTC Hero(G3)成为当时全球最受欢迎的手机。Android 1.6 也起了一个有趣的甜品名称，它被称为 Donut(甜甜圈)。

2010 年 2 月，Linux 内核开发者 Greg Kroah-Hartman 将 Android 的驱动程序从 Linux 内核“状态树”(Staging Tree)上除去，从此，Android 与 Linux 开发主流分道扬镳。同年 5 月，谷歌正式发布了 Android 2.2 操作系统。谷歌将 Android 2.2 操作系统命名为 Froyo(冻酸奶)。

2010 年 10 月，谷歌宣布 Android 系统达到了第一个里程碑，即电子市场上获得官方数字认证的 Android 应用数量达到了 10 万个，Android 系统的应用增长迅速。

2010 年 12 月，谷歌正式发布了 Android 2.3 操作系统 Gingerbread(姜饼)。

2011 年 1 月，谷歌称每日的 Android 设备新用户数量达到了 30 万部，到 2011 年 7 月，这个数字增长到 55 万部，而 Android 系统设备的用户总数达到了 1.35 亿，Android 系统成为智能手机领域占有量最高的系统。

2011 年 8 月 2 日，Android 手机已占据全球智能手机市场 48%的份额，并在亚太地区市场占据统治地位，终结了 Symbian(塞班系统)的霸主地位，跃居全球第一。

2011 年 9 月，Android 系统的应用数目达到了 48 万个，在智能手机市场，Android 系统的占有率为 43%，继续排在移动操作系统首位。谷歌宣布将会发布全新的 Android 4.0 操作系统，这款系统被谷歌命名为 Ice Cream Sandwich(冰激凌三明治)。

2012 年 1 月 6 日，谷歌 Android Market 已有 10 万开发者推出了超过 40 万活跃的应用，大多数的应用为免费使用。Android Market 应用程序商店目录在新年首周周末突破 40 万基准，距突破 30 万应用仅 4 个月。在 2011 年的早些时候，Android Market 从 20 万应用增加到 30 万也只花了 4 个月。

2013 年 11 月 1 日，Android 4.4 正式发布。从具体功能上讲，Android 4.4 提供了各种实用小功能，新的 Android 系统更智能，添加了更多的 Emoji 表情图案，UI 的改进也更现代，如全新的 HelloiOS7 半透明效果。

2015 年 7 月 27 日，网络安全公司 Zimperium 研究人员警告，Android 存在"致命"安全漏洞，黑客发送一封彩信便能在用户毫不知情的情况下完全控制手机。

2018 年 10 月，谷歌表示，将于 2018 年 12 月 6 日停止 Android 系统中的 Nearby Notifications(附近通知)服务，因为这一服务导致 Android 用户收到太多的附近商家推销信息的垃圾邮件。

1.1.2　Android 系统版本及功能发展

Android 在正式发行之前，最开始拥有两个内部测试版本，都以著名的机器人名称来命名，它们分别是阿童木(Android Beta)和发条机器人(Android 1.0)。后来由于涉及版权问题，谷歌将其命名规则变更为用甜点作为系统版本的代号。甜点命名法开始于 Android 1.5 发布的时候。代表每个版本的甜点的尺寸越变越大，同时首字母依循 26 个英文字母的顺序，它们分别为：纸杯蛋糕(Cupcake，Android 1.5)，甜甜圈(Donut，Android 1.6)，松饼(Eclair，Android 2.0/2.1)，冻酸奶(Froyo，Android 2.2)，姜饼(Gingerbread，Android 2.3)，蜂巢(Honeycomb，Android 3.0/3.1/3.2)，冰激凌三明治(Ice Cream Sandwich Android 4.0)，果冻豆(Jelly Bean，Android 4.1/4.2/4.3)，奇巧(KitKat，Android 4.4)，棒棒糖(Lollipop，Android 5.0)，棉花糖(Marshmallow，Android 6.0)，牛轧糖(Nougat，Android 7.0)，奥利奥(Oreo，Android 8.0)，派(Pie，Android 9.0)。以下是百度百科中对 Android 各个版本的具体介绍，这里借鉴过来供大家参考。

1. Android 1.0

2008 年 9 月，Android 1.0 发布。

2. Android 1.5——Cupcake(纸杯蛋糕)

2009 年 4 月 30 日，Android 官方 1.5 版本 Cupcake(纸杯蛋糕)发布。主要更新如下：

(1) 拍摄/播放影片，并支持上传到 Youtube。

(2) 支持立体声蓝牙耳机，同时改善自动配对性能。

(3) 最新的采用 WebKit 技术的浏览器，支持复制/粘贴和页面中搜索。

(4) GPS 性能大大提高。

(5) 提供屏幕虚拟键盘。

(6) 主屏幕增加音乐播放器和相框 Widgets。

(7) 应用程序自动随手机旋转。

(8) 短信、Gmail、日历、浏览器的用户接口大幅改进，如 Gmail 可以批量删除邮件。

(9) 相机启动速度加快，拍摄图片可以直接上传到 Picasa。

(10) 来电照片显示。

3. Android 1.6——Donut(甜甜圈)

2009年9月15日,Android官方1.6版本Donut(甜甜圈)软件开发工具包发布。主要更新如下:

(1) 重新设计的Android Market手势。

(2) 支持CDMA网络。

(3) 文字转语音系统(Text-to-Speech)。

(4) 快速搜索框。

(5) 全新的拍照接口。

(6) 查看应用程序耗电。

(7) 支持虚拟私人网络(VPN)。

(8) 支持更多的屏幕分辨率。

(9) 支持OpenCore2媒体引擎。

(10) 新增面向视觉或听觉困难人群的易用性插件。

4. Android 2.0/2.0.1/2.1——Eclair(松饼)

2009年10月26日,Android官方2.0版本Eclair(松饼)软件开发工具包发布。主要更新如下:

(1) 优化硬件速度。

(2) "Car Home"程序。

(3) 支持更多的屏幕分辨率。

(4) 改良的用户界面。

(5) 新的浏览器用户接口和支持HTML5。

(6) 新的联系人名单。

(7) 更好的白色/黑色背景比率。

(8) 改进Google Maps 3.1.2。

(9) 支持Microsoft Exchange。

(10) 支持内置相机闪光灯。

(11) 支持数码变焦。

(12) 改进的虚拟键盘。

(13) 支持蓝牙2.1。

(14) 支持动态桌面的设计。

5. Android 2.2/2.2.1——Froyo (冻酸奶)

2010年5月20日,Android官方2.2版本Froyo(冻酸奶)软件开发工具包发布。主要更新如下:

(1) 整体性能大幅度提升。

(2) 3G网络共享功能。

(3) 支持Flash。

(4) App2sd功能。

（5）全新的软件商店。

（6）更多的Web应用API接口的开发。

6. Android 2.3——Gingerbread(姜饼)

2010年12月7日，Android官方2.3版本Gingerbread(姜饼)软件开发工具包发布。主要更新如下：

（1）增加了新的垃圾回收和优化处理事件。

（2）原生代码可直接存取输入和感应器事件、EGL/OpenGL ES、OpenSL ES。

（3）新的管理窗口和生命周期的框架。

（4）支持VP8和WebM视频格式，提供AAC和AMR宽频编码，提供了新的音频效果器。

（5）支持前置摄像头、SIP/VOIP和NFC(近场通信)。

（6）简化界面，速度提升。

（7）更快更直观的文字输入。

（8）一键文字选择和复制/粘贴。

（9）改进的电源管理系统。

（10）新的应用管理方式。

7. Android 3.0——Honeycomb(蜂巢)

2011年2月2日，Android官方3.0版本Honeycomb(蜂巢)发布。主要更新如下：

（1）针对平板优化。

（2）全新设计的UI增强网页浏览功能。

（3）N-app Purchases功能。

8. Android 3.1——Honeycomb(蜂巢)

2011年5月11日在Google I/O开发者大会上宣布发布。主要更新如下：

（1）改进了3.0中的BUG。

（2）经过优化的Gmail电子邮箱。

（3）全面支持Google Maps。

（4）将Android手机系统和平板系统再次合并以方便开发者。

（5）任务管理器可滚动，支持USB输入设备(键盘、鼠标等)。

（6）支持Google TV，可以支持XBOX 360无线手柄。

（7）Widget支持的变化，能更加容易地定制屏幕Widget插件。

9. Android 3.2——Honeycomb(蜂巢)

2011年7月13日发布。版本更新如下：

（1）支持7英寸设备。

（2）引入了应用显示缩放功能。

10. Android 4.0——Ice Cream Sandwich(冰激凌三明治)

2011 年 10 月 19 日在香港发布。主要更新如下：

(1) 全新的 UI。

(2) 全新的 Chrome Lite 浏览器，提供了离线阅读、16 标签页、隐身浏览模式等。

(3) 截图功能。

(4) 更强大的图片编辑功能。

(5) 自带照片应用堪比 Instagram，可以加滤镜、加相框，进行 360 度全景拍摄，照片还能根据地点来排序。

(6) Gmail 加入手势、离线搜索功能，UI 更强大。

(7) 新功能 People：以联系人照片为核心，界面偏重滑动而非点击，集成了 Twitter、Linkedin、Google + 等通信工具。有望支持用户自定义添加第三方服务。

(8) 新增流量管理工具，可具体查看每个应用产生的流量。

(9) 正在运行的程序可以像电脑一样进行多窗口切换。

(10) 人脸识别功能。

(11) 系统优化，速度更快。

(12) 支持虚拟按键，手机可以不再需要任何按键。

(13) 更直观的程序文件夹。

(14) 平板电脑和智能手机通用。

(15) 支持更大的分辨率。

(16) 专为双核处理器编写的优化驱动。

(17) 全新的 Linux 内核。

(18) 增强的复制/粘贴功能。

(19) 语音功能。

(20) 全新通知栏。

(21) 更加丰富的数据传输功能。

(22) 更多的感应器支持。

(23) 语音识别的键盘。

(24) 全新的 3D 驱动，游戏支持能力提升。

(25) 全新的谷歌电子市场。

(26) 增强的桌面插件自定义。

11. Android 4.1——Jelly Bean(果冻豆)

2012 年 6 月 28 日发布。主要更新如下：

(1) 更快，更流畅，更灵敏。

(2) 增强通知栏。

(3) 全新搜索。

(4) 桌面插件自动调整大小。

(5) 加强无障碍操作。

(6) 语言和输入法扩展。

(7) 新的输入类型和功能。
(8) 新的连接类型。
(9) 新的媒体功能。
(10) 浏览器增强。
(11) Google 服务。

12. Android 4.2——Jelly Bean(果冻豆)

2012 年 10 月 30 日发布。主要更新如下：
(1) 完整的 Chrome 浏览器。
(2) 全新的手机风景模式。
(3) 全新的文件管理器。
(4) 文本输入选项的改进。
(5) 一个明确的升级方法。
(6) Android Key Lime Pie 精简版。
(7) 具有开关切换的用户界面。
(8) 全新的电源管理系统。
(9) 更为轻便的主题模式。
(10) 全新的锁屏页面。
(11) 全新的时钟界面。

13. Android 4.3——Jelly Bean(果冻豆)

2013 年 7 月 25 日发布。主要更新如下：
(1) 用户账户配制。
(2) 拨号盘联系人自动补全。
(3) OpenGL 3.0。
(4) 蓝牙低耗电技术。
(5) WIFI 关闭后保持位置功能。
(6) 其他特性：新的相机应用 UI；新的开发者工具；通过邮件分享截屏时，自动加入日期和时间。

14. Android 4.4——KitKat(奇巧)

2013 年 9 月 4 日发布。主要更新如下：
(1) 优化了 RenderScript 计算和图像显示，取代 OpenCL。
(2) 支持两种编译模式。
(3) 针对 RAM 占用进行了优化，甚至可以在一些仅有 512 MB RAM 的老款手机上流畅运行。
(4) 新的图标、锁屏、启动动画和配色方案。
(5) 新的拨号和智能来电显示。
(6) 加强主动式语音功能。
(7) 集成 Hangouts IM 软件。

(8) 全屏模式。

(9) 支持 Emoji 键盘。

(10) 轻松访问在线存储。

(11) 无线打印。

(12) 屏幕录像功能。

(13) 内置字幕管理功能。

(14) 计步器应用。

(15) 低功耗音频和定位模式。

(16) 新的接触式支付系统。

(17) 新的蓝牙配置文件和红外兼容性。

15. Android 5.0——Lollipop(棒棒糖)

2014 年 6 月 26 日发布。主要更新如下:

(1) 为 Android 的语音服务 Google Now 加入一个名为 OK Google Everywhere 的全新功能。

(2) 可能还会加入更多的健身功能,考虑到谷歌发布了 Android Wear,后者与智能手表及谷歌眼镜等可穿戴设备的协作应该会成为下个版本的重点功能。

(3) 整合碎片化。

(4) 传言 Google 将在 Android 5.0 中禁止厂商进行深度定制。

(5) 数据迁移。

(6) 独立平板。

(7) 功能按键。

(8) 接口风格。

16. Android 6.0——Marshmallow(棉花糖)

2015 年 9 月 30 日发布。主要更新如下:

(1) App Permissions(软件权限管理)。

(2) Chrome Custom Tabs(网页体验提升)。

(3) App Links(APP 关联)。

(4) Android Pay(安卓支付)。

(5) Fingerprint Support(指纹支持)。

(6) Power & Change(电量管理)。

17. Android 7.0——Nougat(牛轧糖)

2016 年 8 月 22 日,谷歌正式发布 Android 7.0 Nougat 正式版。

主要更新如下:

(1) 分屏多任务。

(2) 全新下拉快捷开关页。

(3) 通知消息快捷回复。

(4) 通知消息归拢。

(5) 夜间模式。

(6) 流量保护模式。

(7) 全新设置样式。

(8) 改进的 Doze 休眠机制。

(9) 系统级电话黑名单功能。

(10) 菜单键快速应用切换。

主要特性包括：

(1) 建立了先进的图形处理 Vulkan 系统，能减少对 CPU 的占用。与此同时，加入了 JIT 编译器，安装程序快了 75%，所占空间减少了 50%。

(2) 在安全性上，加入了全新安全性能，其中包括基于文件的数据加密。谷歌移动版 Chrome 能识别恶意网站。

(3) 可以进行无缝更新，与 Chromebook 一样，用户将不再需要下载安装，也不再需要进行重启。

(4) 在效率提升上，可以自动关闭用户较长时间未使用的应用程序。在通知上新增了直接回复功能，并支持一键全部清除功能。

18. Android 8.0——Oreo(奥利奥)

2017 年 8 月 22 日发布。主要更新如下：

(1) 变更消息推送。

(2) 调整通知栏应用图标。

(3) 画中画模式。

(4) 谷歌助手整合智能文本选择工具栏。

(5) 限制后台 App 活动。

(6) 可调整图标。

(7) 媒体录制 API 改进。

(8) 针对企业用户引入大量新功能。

19. Android 9.0——Pie (派)

2018 年 5 月 9 日发布。主要更新如下：

(1) 文字选取支持实时预览放大，弹出的二级选单功能增多。

(2) 音量控制更智能，可以判断当前场景。

(3) 快捷状态栏的“Night Light”(护眼模式)可显示开/关时间。

(4) 截图快捷方式可常驻虚拟按键条，截图后原生加入图片编辑器。

(5) 图案解锁自动隐藏滑动轨迹，更安全。

(6) 对应用切换和设置页面的多级菜单进出，加入新的动画效果。

1.1.3　Android 系统的体系结构

Android 的系统架构和其他操作系统一样，采用了分层的架构。如图 1.2 所示，从架构图来看，Android 分为四个层，从高到低分别是应用程序层、应用程序框架层、系统运行库层和 Linux 内核层，下面分别介绍各层的功能。

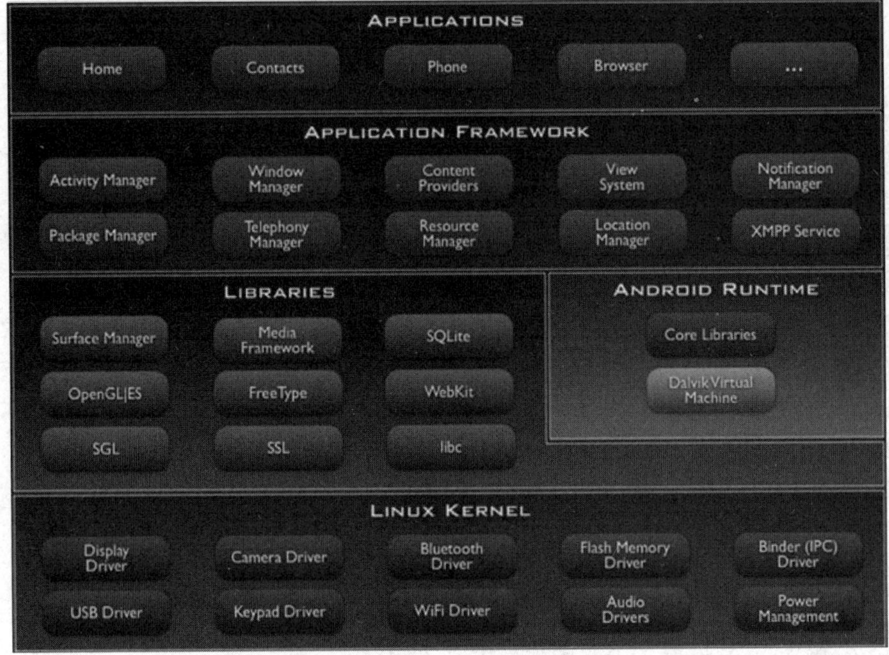

图 1.2　Android 体系结构

1. 应用程序层

本层的所有应用程序都是用 Java 编写的，一般情况下，很多应用程序都是在同一系列的核心应用程序包中一起发布的，主要有拨号程序、浏览器、音乐播放器、通信录等。该层的程序是完全平等的，开发人员可以将 Android 自带的程序用自己的应用程序替换。

2. 应用程序框架层

对于开发人员来说，接触最多的就是应用程序框架层。该应用程序框架设计简化了组件的重用，其中任何一个应用程序都可以发布自身的功能供其他应用程序调用，这也使用户可以很方便地替换程序的组件而不影响其他模块的使用。当然，这种替换需要遵循框架的安全性限制。

该层主要包含以下 9 部分内容：

(1) 活动管理(Activity Manager)。用来管理程序的生命周期，以及提供最常用的导航回退功能。

(2) 窗口管理(Window Manager)。用来管理所有的应用程序窗口。

(3) 内容管理(Content Providers)。通过内容管理，可以使一个应用程序访问另一个应用程序的数据或者共享数据。

(4) 视图管理(View System)。用来构建应用程序的基本组件，包括列表、网格、按钮、文本框，甚至是可嵌入的 Web 浏览器。

(5) 包管理(Package Manager)。用来管理 Android 系统内的程序。

(6) 电话管理(Telephony Manager)。所有的移动设备的功能统一归电话管理器管理。

(7) 资源管理(Resource Manager)。资源管理器可以为应用程序提供所需要的资源，包括图片、文本、声音、本地字符串，甚至是布局文件。

(8) 位置管理(Location Manager)。该管理器是用来提供位置服务的，如GPRS定位等。

(9) 通知管理(Notification Manager)。主要提供手机顶部状态栏的管理，开发人员在开发Android程序时会经常用到，如短信提示、电量提示，还有后台运行程序的提示等。

3. 系统运行库层

该层包含两部分：程序库和Android运行时库。

程序库为一些C/C++库，这些库能够被Android系统中不同的应用程序调用，并通过应用程序框架为开发者提供服务。Android运行时库包含了Java编程语言核心库的大部分功能，提供了程序运行时所需调用的功能函数。

程序库包含的主要功能库：

(1) libc是一个从BSD继承来的标准C系统函数库，是专门针对移动设备优化过的函数库。

(2) Media Framework基于PacketVideo公司的OpenCORE，支持各种常用音频、视频格式回放和录制，并支持多种图像文件，如MPEG-4 H.26(4) MP3 AAC、AMR、JPG、PNG等。

(3) Surface Manager主要管理多个应用程序同时执行时，各个程序之间的显示与存取，并为多个应用程序提供了2D和3D图层无缝的融合。

(4) SQLite为所有应用程序都可以使用的轻量级关系型数据库引擎。

(5) WebKit是一套最新的网页浏览器引擎，同时支持Android浏览器和一个可嵌入的Web视图。

(6) OpenGLIES是基于OpenGL ES 1.0 API标准实现的3D绘制函数库，该函数库支持软件和硬件两种加速方式执行。

(7) FreeType提供位图(Bitmap)和矢量图(Vector)两种字体显示。

(8) SGL提供了2D图形绘制的引擎。

Android运行时库包括核心库和Dalvik虚拟机：

(1) 核心库(Core Libraries)包括Java语言所需要的基本函数以及Android的核心库。

(2) Dalvik虚拟机(Dalvik Virtual Machine)。大多数虚拟机(包括JVM)都是基于栈的，而Dalvik虚拟机则是基于寄存器的，它可以支持已转换为dex格式的Java应用程序的运行。dex格式是专门为Dalvik虚拟机设计的，更适合内存和处理器速度有限的系统。与标准Java不一样的是，系统为每个Android的应用程序提供了单独的Dalvik虚拟机来执行，即每个应用程序都拥有自己单独的线程。

4. Linux内核层

Android平台操作系统采用的是Linux 2.6内核，其安全性、内存管理、进程管理、网络协议栈和驱动模型等基本依赖于Linux。对于程序开发人员，该层在软件和硬件之间增加了一层抽象层，使开发过程中不必时时考虑底层硬件的细节。而对于手机开发商而言，对此层进行相应的修改即可将Android平台运用到自己的硬件平台之上。

1.2 Android 开发环境的搭建

由于操作系统及开发工具的不同,关于 Android 系统开发环境的搭建过程也有很大的不同。本节针对 Windows 系统环境,对 Android Studio 集成开发工具的搭建过程做详细的介绍。

1.2.1 Android 开发工具

在详细介绍开发环境搭建之前,我们首先来看一看开发 Android 程序需要准备哪些工具。

(1) JDK。JDK 是 Java 语言的软件开发工具包,包含了 Java 的运行环境、工具集合、基础类库等内容。需要指出的是,本书中的 Android 程序均是采用 JDK 1.8 进行开发的。

(2) Android SDK。Android SDK 是谷歌提供的 Android 开发工具包,在开发 Android 程序时,我们需要通过引入该工具包来使用 Android 相关的 API。

(3) Android Studio。在很早之前,Android 项目都是用 Eclipse 来开发的,相信所有 Java 开发者对这一工具都非常的熟悉,安装 ADT 插件后就可以用它来开发 Android 程序了。2013 年,谷歌推出了一款官方的 IDE 工具:Android Studio。由于不再是以插件的形式存在,Android Studio 在开发 Android 程序方面要远比 Eclipse 强大和方便。本书所有代码均是在 Android Studio 2.2 版本上进行开发的。

1.2.2 Android 开发环境的搭建

幸运的是,上述软件不需要一个个地去下载,因为谷歌为了简化搭建开发环境的过程,将所有需要用到的工具都打包集成好了,到 Android 官网就可以下载到最新的开发工具,下载地址是:https://developer.android.com/studio/#downloads。不过,Android 官网通常都需要科学上网才能访问,如果你无法访问成功的话,也可以直接在 Android Studio 中文社区进行下载,其下载地址为:http://www.android-studio.org/。

1. JDK 的安装和配置

(1) JDK 的下载与安装

进入 Oracle 官方下载网站:https://www.oracle.com/technetwork/java/javase/downloads/jdk8-downloads-2133151.html,其界面如图 1.3 所示,选择需要的版本进行下载。

下载下来的只是一个安装包,需要执行安装,过程很简单,一直点击"Next"按钮就可以完成,其中安装路径采用默认路径(C:\Program Files\Java\jdk 1.8.0 _111\)即可。

(2) 配置环境变量

对于 Java 程序开发而言,主要会使用到 JDK 的两个命令:javac.exe,java.exe。命令路

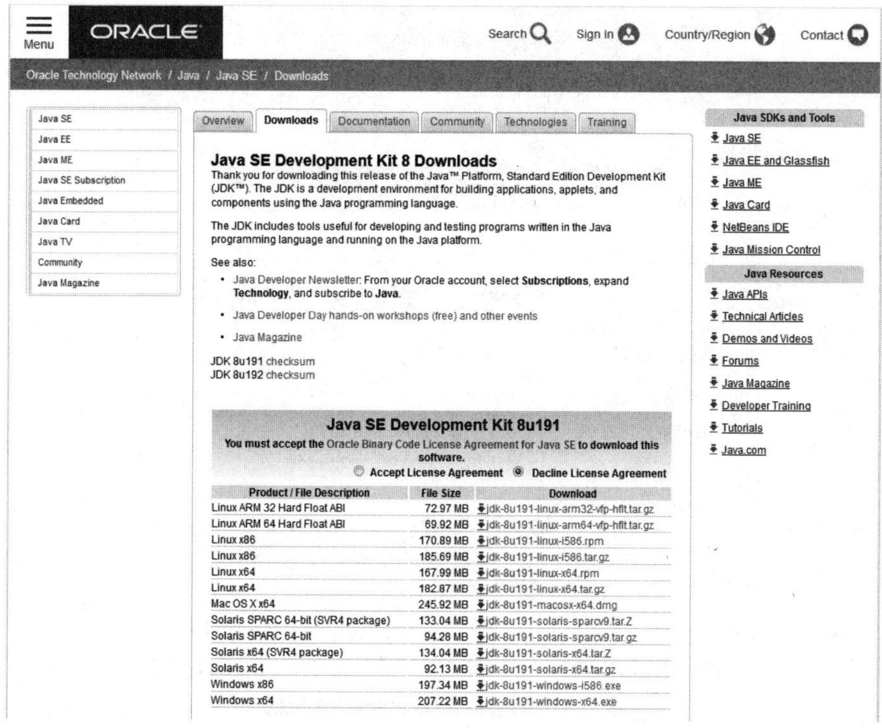

图 1.3　JDK 官网下载页面

径为:C:\Program Files\Java\jdk 1.8.0 _111\bin。这些命令不属于 Windows 自己的命令,若要使用,就需要进行路径配置。

① 右键单击"计算机"→"属性"→"高级系统设置",进入如图 1.4 所示界面,单击"环境变量",出现如图1.5所示界面,在"系统变量"栏下单击"新建"或"编辑"按钮对系统环境变量进行设置。

图 1.4　系统属性"高级"标签页

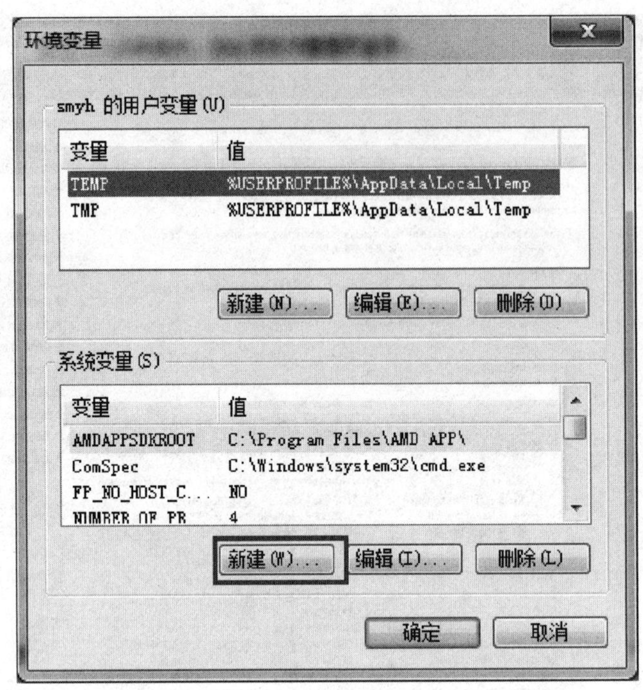

图 1.5 系统属性"环境变量"对话框

② "新建"→变量名"JAVA_HOME",变量值"C:\Program Files\Java\jdk 1.8.0_111"(即 JDK 的安装路径)。

③ "编辑"→变量名"Path",在原变量值的最后面加上";%JAVA_HOME%\bin;%JAVA_HOME%\jre\bin"。

④ "新建"→变量名"CLASSPATH",变量值".;%JAVA_HOME%\lib;%JAVA_HOME%\lib\dt.jar;%JAVA_HOME%\lib\tools.jar"。

(3) 验证环境配置是否正确

在控制台分别输入 java、javac、java-version 命令,观察有无出现相应 JDK 编译器信息,包括修改命令的语法和参数选项等信息。如输入 java 命令,显示如图 1.6 所示信息时,说明配置成功。

2. Android Studio 的安装和配置

安装下载下来的安装包,过程很简单,一直点击"Next"按钮就可以了。其中选择安装组件时建议全部勾选上,如图 1.7 所示。

接下来是选择 Android Studio 的安装地址以及 Android SDK 的安装地址,这些根据电脑的实际情况进行选择,如不想改动保留默认设置即可,如图 1.8 所示。

```
Microsoft Windows [版本 6.1.7601]
版权所有 (c) 2009 Microsoft Corporation。保留所有权利。

C:\Users\dell3020mt-7>java
用法: java [-options] class [args...]
           (执行类)
   或  java [-options] -jar jarfile [args...]
           (执行 jar 文件)
其中选项包括:
    -d32          使用 32 位数据模型 (如果可用)
    -d64          使用 64 位数据模型 (如果可用)
    -server       选择 "server" VM
                  默认 VM 是 server.

    -cp <目录和 zip/jar 文件的类搜索路径>
    -classpath <目录和 zip/jar 文件的类搜索路径>
                  用 ; 分隔的目录, JAR 档案
                  和 ZIP 档案列表, 用于搜索类文件。
    -D<名称>=<值>
                  设置系统属性
    -verbose:[class|gc|jni]
                  启用详细输出
    -version      输出产品版本并退出
    -version:<值>
                  警告: 此功能已过时, 将在
                  未来发行版中删除。
                  需要指定的版本才能运行
    -showversion  输出产品版本并继续
    -jre-restrict-search | -no-jre-restrict-search
                  警告: 此功能已过时, 将在
                  未来发行版中删除。
                  在版本搜索中包括/排除用户专用 JRE
    -? -help      输出此帮助消息
    -X            输出非标准选项的帮助
    -ea[:<packagename>...|:<classname>]
    -enableassertions[:<packagename>...|:<classname>]
                  按指定的粒度启用断言
    -da[:<packagename>...|:<classname>]
    -disableassertions[:<packagename>...|:<classname>]
                  禁用具有指定粒度的断言
    -esa | -enablesystemassertions
                  启用系统断言
    -dsa | -disablesystemassertions
                  禁用系统断言
    -agentlib:<libname>[=<选项>]
                  加载本机代理库 <libname>, 例如 -agentlib:hprof
                  另请参阅 -agentlib:jdwp=help 和 -agentlib:hprof=help
    -agentpath:<pathname>[=<选项>]
                  按完整路径名加载本机代理库
    -javaagent:<jarpath>[=<选项>]
                  加载 Java 编程语言代理, 请参阅 java.lang.instrument
    -splash:<imagepath>
                  使用指定的图像显示启动屏幕
有关详细信息, 请参阅 http://www.oracle.com/technetwork/java/javase/documentation
/index.html。
```

图 1.6　命令行输入 java 指令后的显示信息

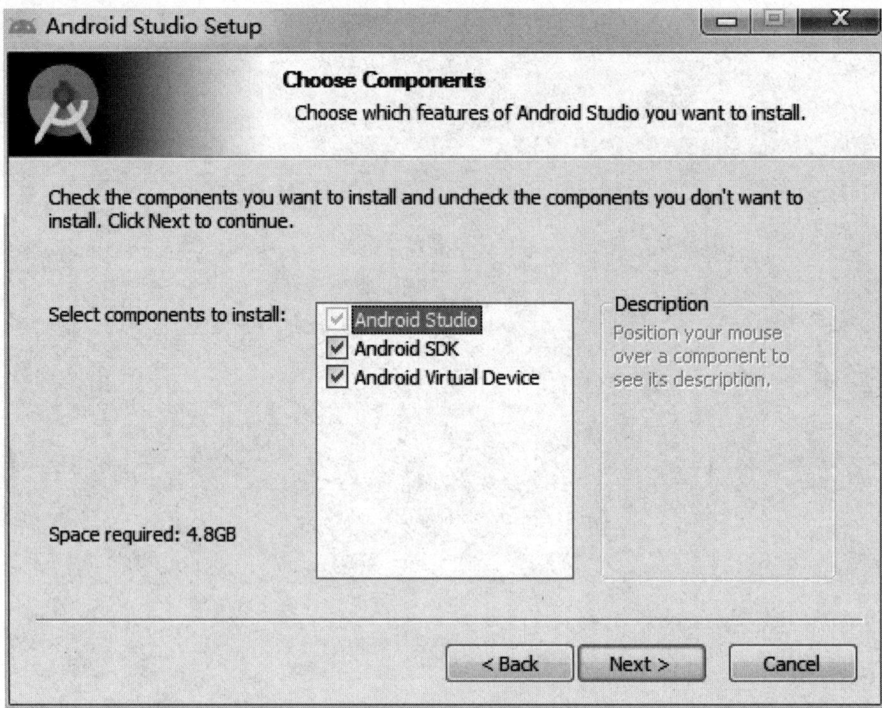

图 1.7 选择安装组件

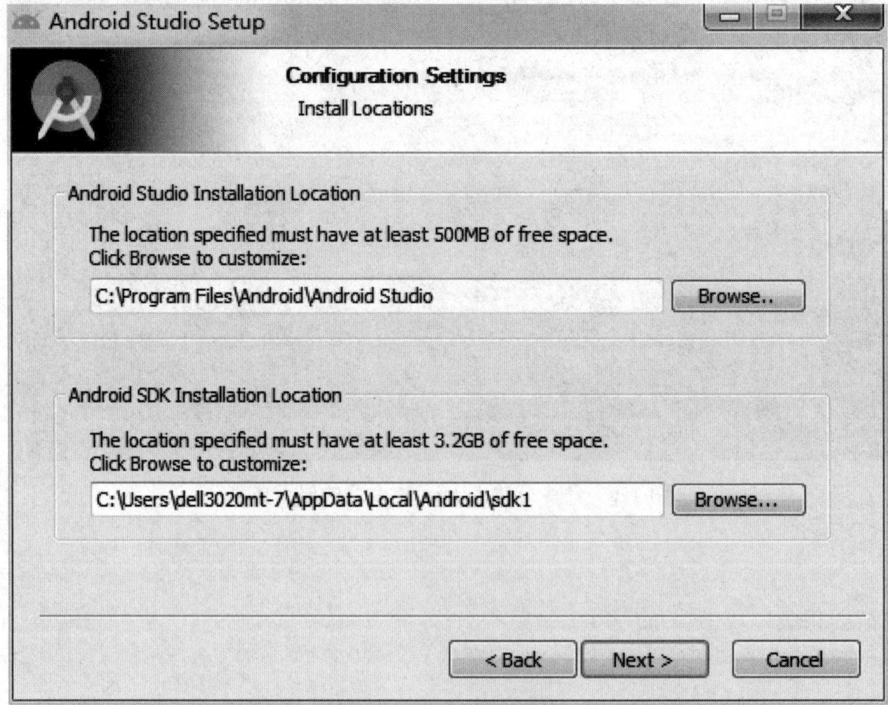

图 1.8 选择安装路径

后面就没有什么需要注意的地方了，全部保留默认选项，一直点击“Next”按钮即可完成安装。完成安装界面如图 1.9 所示。

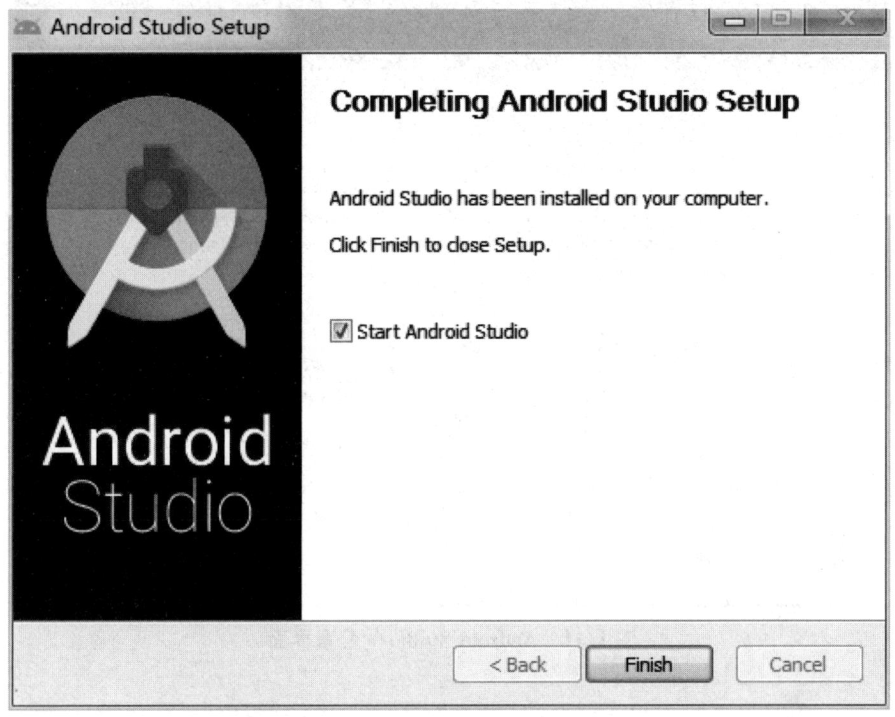

图 1.9　安装完成

现在点击“Finish”按钮来启动 Android Studio，一开始会让我们选择是否导入之前版本的配置，由于这是我们首次安装，这里选择不导入就可以了，如图 1.10 所示。

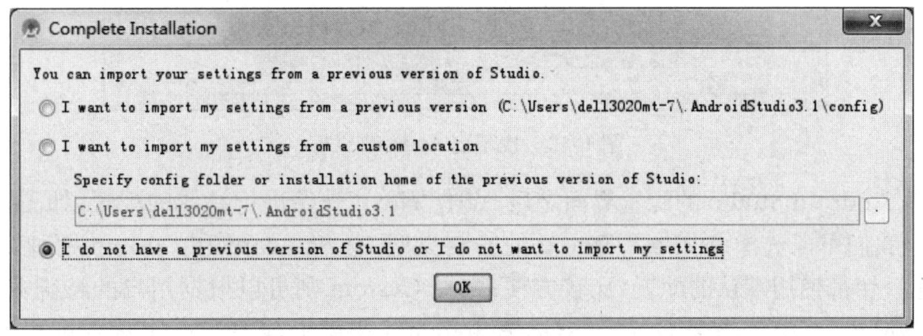

图 1.10　选择不导入配置

点击“OK”按钮会进入 Android Studio 的配置界面，如图 1.11 所示。如果在进行到这一步时弹出如图 1.12 所示的“Unable to access Android SDK add-on list”的错误，也不用着急，那是因为虽然我们下载下来的 Android Studio 安装包包含了 Android SDK，但是还没有进行路径配置，此时直接点击“Cancel”按钮可进入到 Android Studio 的配置界面。

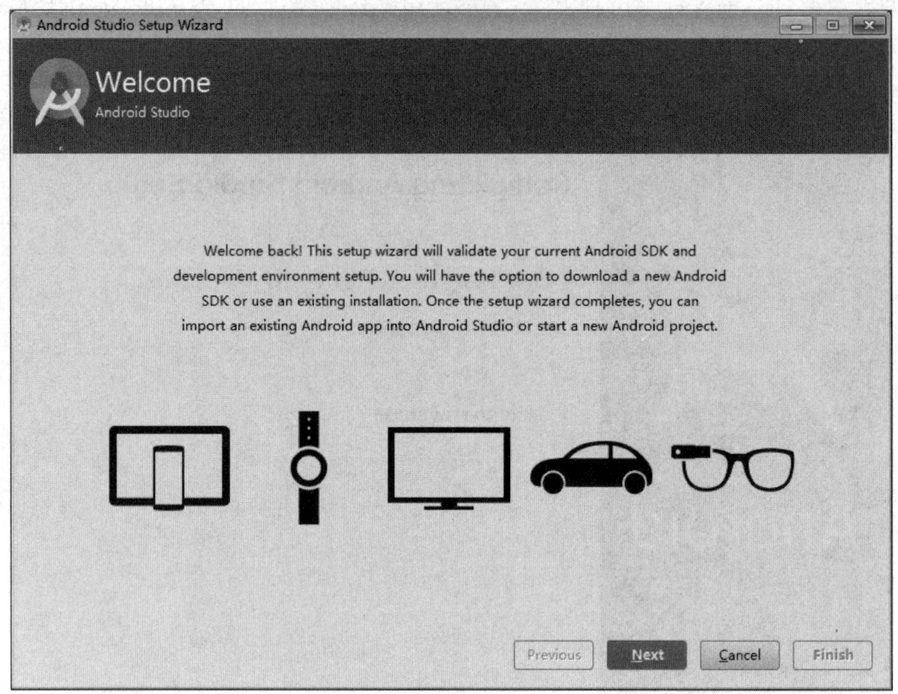

图 1.11　Android Studio 的配置界面

图 1.12　找不到 Android SDK

进入 Android Studio 的配置界面之后，点击“Next”开始进行具体的配置，如图 1.13 所示。这里我们可以选择 Android Studio 的安装类型，有 Standard 和 Custom 两种。Standard 表示一切都使用默认的配置，比较方便；选择 Custom 则可以根据用户的特殊需求进行配置的自定义。简单起见，这里我们就选择 Standard 类型了，点击“Next”完成配置工作。

现在点击“Finish”按钮，配置工作就全部完成了。然后 Android Studio 会尝试联网下载一些更新，等待更新完成后再点击“Finish”按钮就会进入 Android Studio 的欢迎界面，如图 1.14 所示。点击右下角的“Configure”按钮，弹出如图 1.15 所示的配置列表。

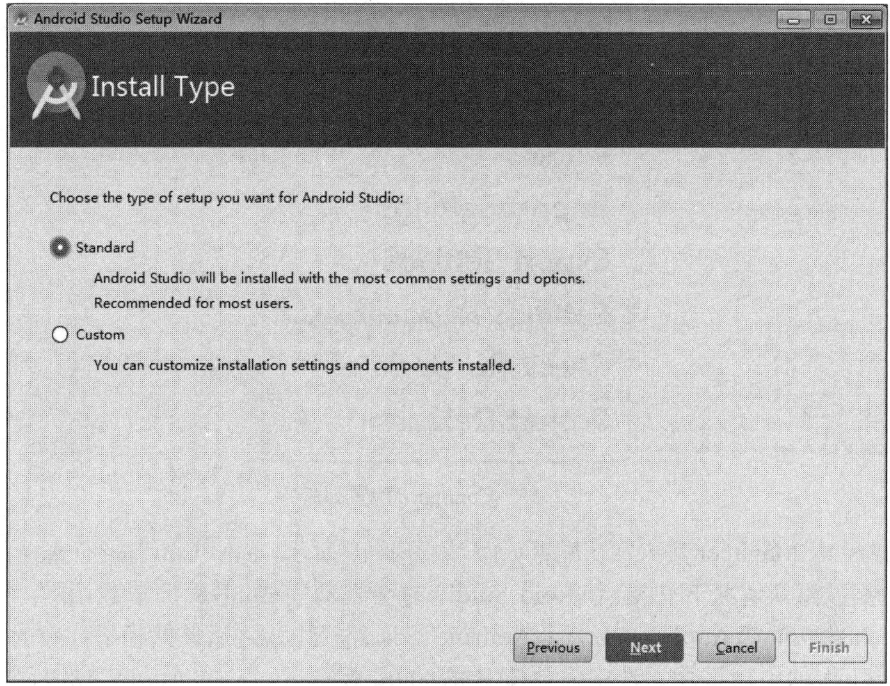

图 1.13　选择安装类型

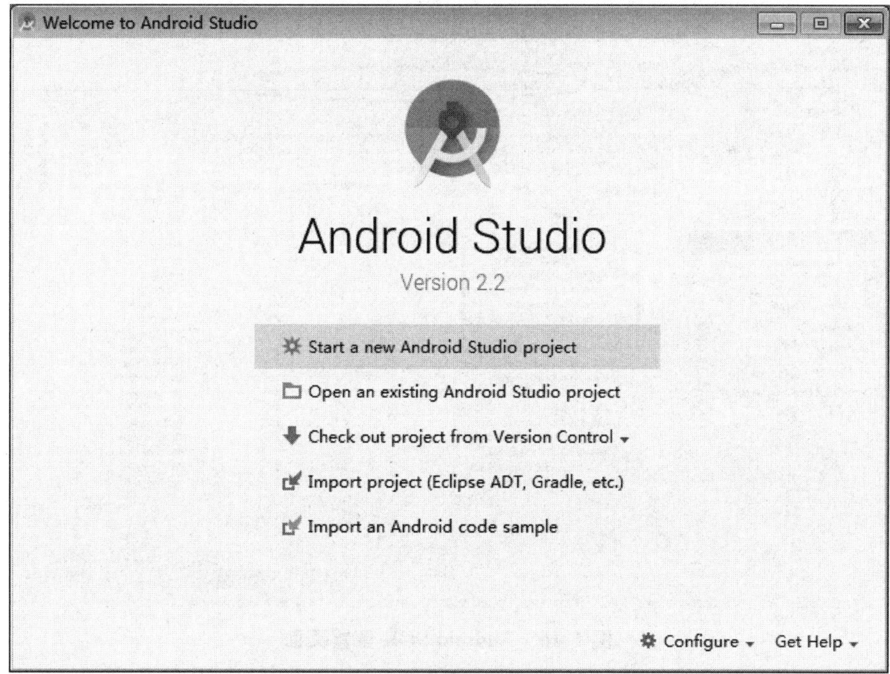

图 1.14　Android Studio 的欢迎界面

图 1.15 Configure 配置列表

选择 SDK Manager 进入默认配置页面，如图 1.16 所示，点击“Edit”按钮，选择 Android SDK 的路径（默认情况下安装 Android Studio 时会自动完成 SDK 的下载，并存放至 C:\Users\dell3020mt-7\AppData\Local\Android\Sdk 路径中），之后该路径下存在的 SDK 将会显示在下面的空白区中。选中需要安装的 SDK 版本后，点击“Apply”按钮，弹出如图 1.17 所示的组件安装对话窗口。点击“OK”按钮，进入安装进程页面，如图 1.18 所示。

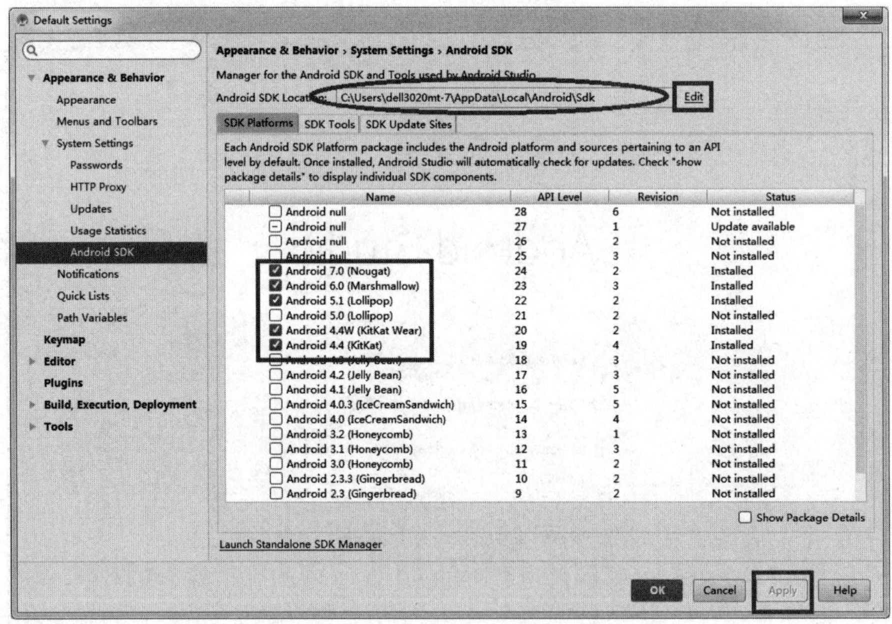

图 1.16 Android SDK 配置页面

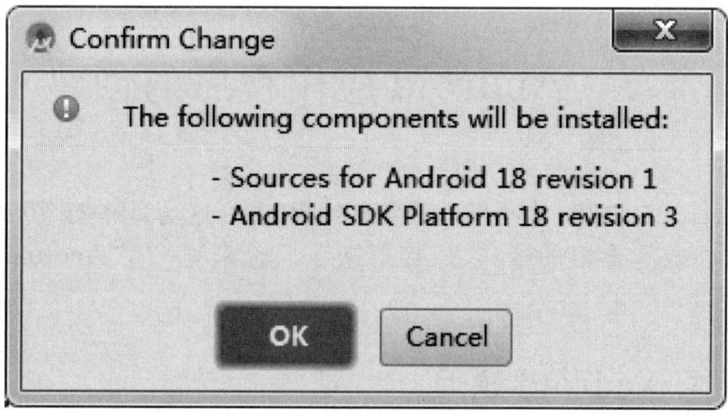

图 1.17　组件安装对话窗口

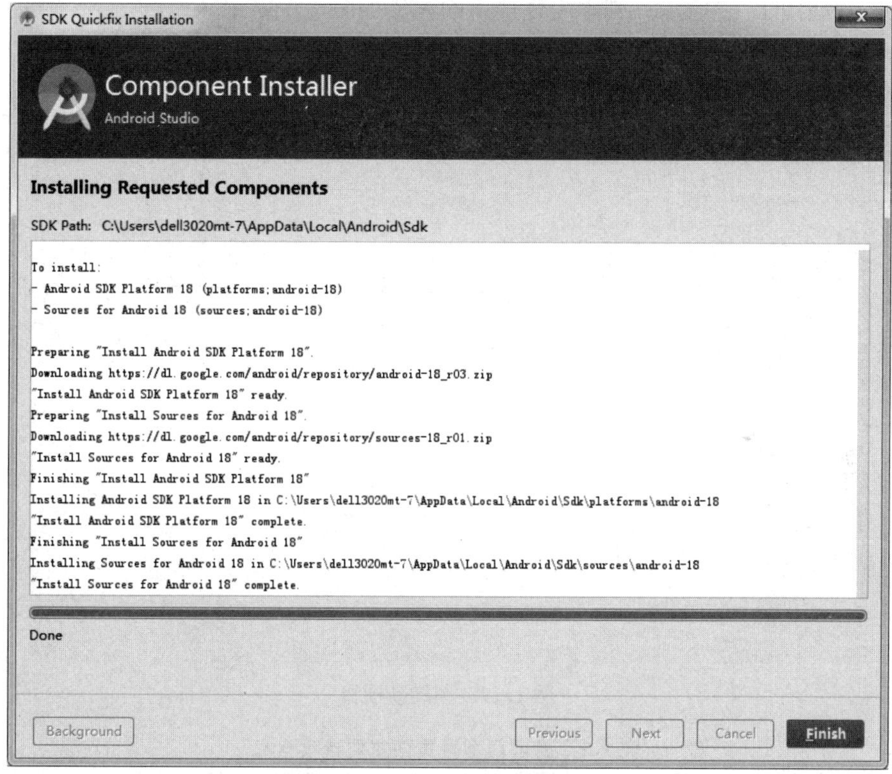

图 1.18　组件安装进程页面

安装完成后，点击“Finish”按钮，返回 Android SDK 的配置页面，点击“OK”按钮回到 Android Studio 的欢迎页面。到此为止，Android 开发环境全部搭建完成，接下来的任务就是在该开发环境中完成首个 Android 案例了。

1.3 Android应用程序的创建

很多编程语言写出的第一个程序都是“Hello World”，这是20世纪70年代流传下来的传统，在编程界已成为永恒的经典，那接下来我们也来写一个Android平台的“Hello World”程序。

1.3.1 创建Android项目

在Android Studio的欢迎界面，点击“Starts a new Android Studio project”，进入新项目配置页面，如图1.19所示。其中主要选项的含义如表1.1所示。

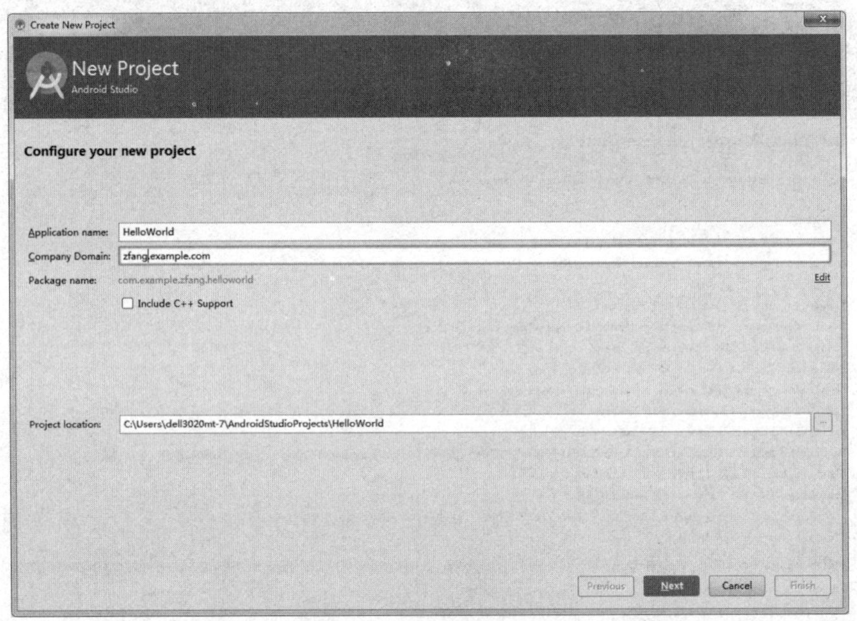

图1.19 创建新项目

表1.1 新项目配置页面主要选项含义

选项	含义
Application name	应用程序名称。该应用程序安装到手机之后，在手机上将显示该名称
Company Domain	公司域名。如果是个人开发者，没有公司域名的话，可以按下列形式填写：个人姓名.com
Package name	项目的包名。Android系统是通过包名来区分不同应用程序的，因此包名一定要具有唯一性。Android Studio会根据应用名称和公司域名自动帮助我们生成合适的包名。如果你不想使用默认的包名，可以点击右侧的“Edit”按钮进行修改

续表

选项	含义
Include C++ Support	此选项表示 Android studio 使用 Cmake 完成 C/C++ 的使用以及生成 so 文件
Project location	项目代码的存放位置。如果没有特殊要求，保持默认就可以了

这里我们将“Application name”设置为“HelloWorld”，将“Company Domain”设置为“zfang.com”，其他保持不变。接着点击“Next”按钮进入最低兼容版本的设置页面，如图 1.20 所示。其中主要选项的含义如表 1.2 所示。

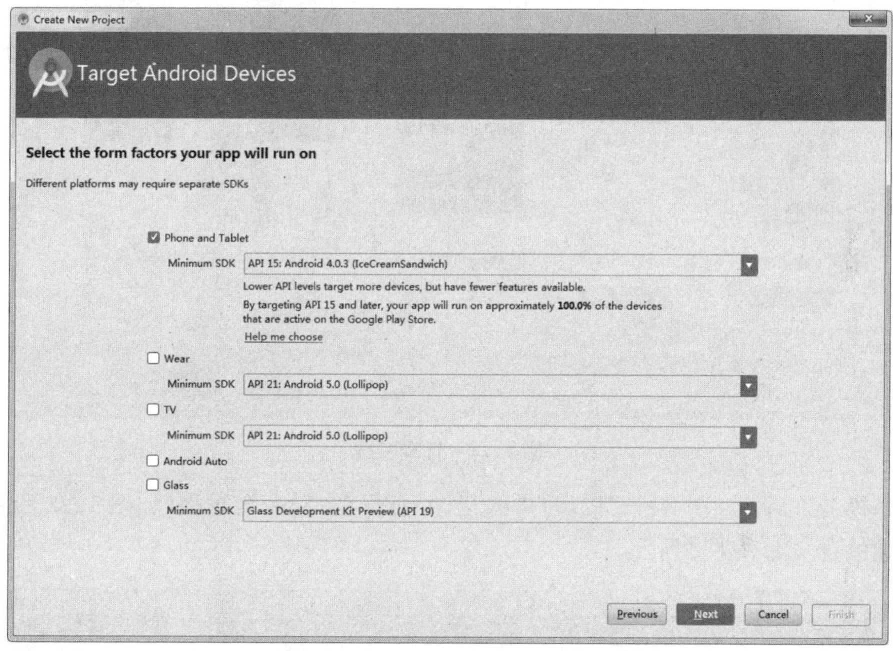

图 1.20　项目最低兼容版本设置页面

表 1.2　项目最低兼容版本设置页面主要选项含义

选项	含义
Phone And Tablet	基于 Android 系统的电话和平板电脑开发
Wear	基于 Android 系统的穿戴设备开发
TV	基于 Android 系统的电视开发
Android Auto	取代汽车制造商之原生车载系统来执行 Android 应用与服务并访问与存取 Android 手机内容的车载设备
Glass	基于 Android 系统的增强现实型穿戴式智能眼镜
Minimum SDK	最低兼容 SDK 版本

Android 4.0 以上的系统已经占据了超过 80% 的 Android 市场份额，因此这里我们将“Minimum SDK”指定为“API 15”。另外，Wear、TV、Android Auto 和 Glass 这几个选项所

涉及的产品在国内还没有普及，这里就暂时忽略。

点击“Next”按钮进入创建活动（Android 程序开发时的四个基本组件之一）页面，可以看到，Android Studio 提供了很多内置模板，如图 1.12 所示。不过由于我们刚刚开始学习，用不着多么复杂的模板，故这里我们选择 Empty Activity 模板创建一个空的活动就可以了。

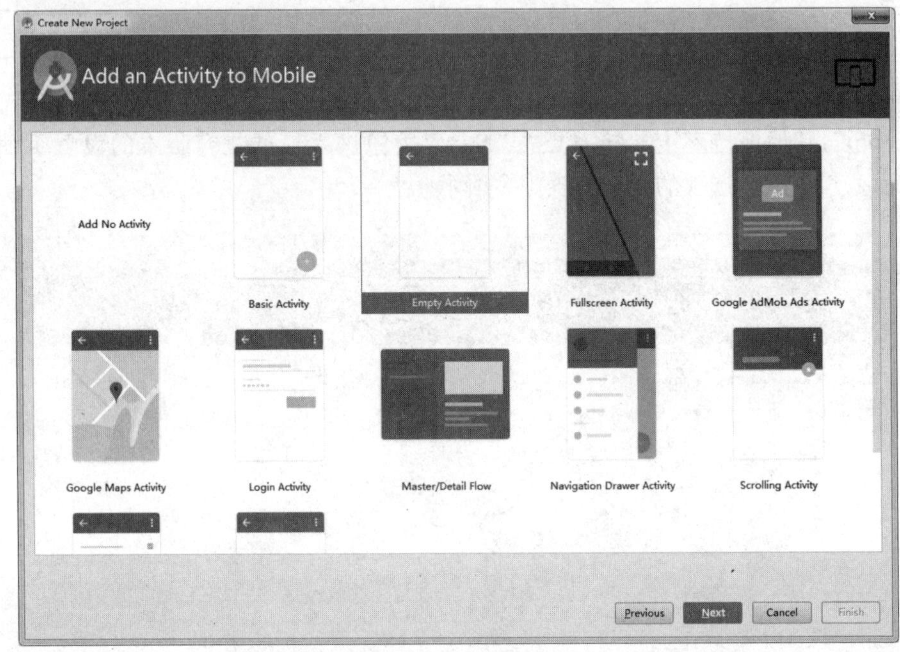

图 1.21　选择模板

选择模板之后，点击“Next”按钮，进入活动及对应布局命名页面，如图 1.22 所示，其中主要选项的含义如表 1.3 所示。

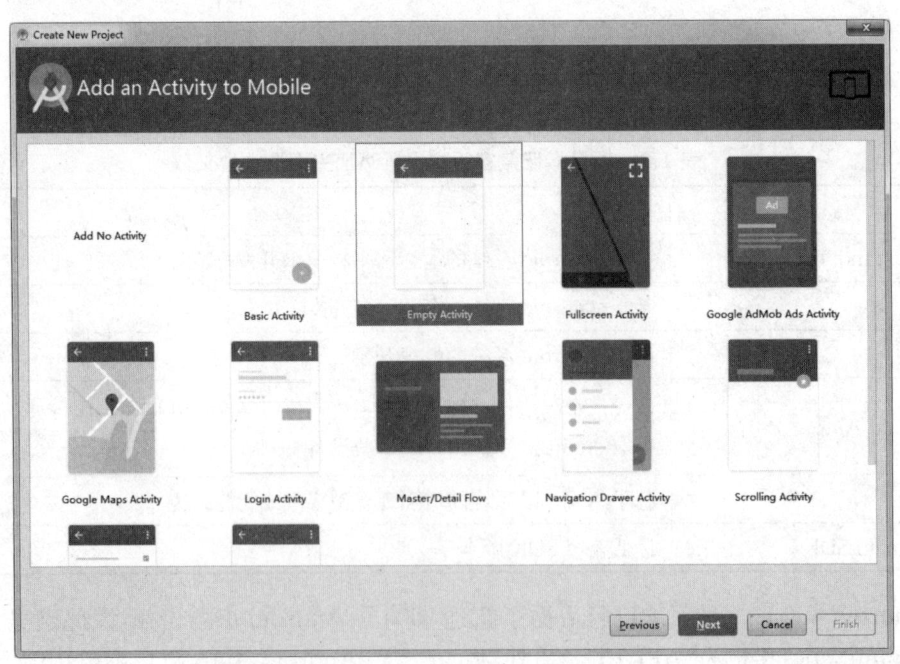

图 1.22　活动及对应布局命名页面

表 1.3　活动及对应布局命名页面主要选项含义

选项	含义
Activity Name	活动名称
Generate Layout File	是否为活动创建对应的布局文件
Layout Name	布局文件的名称
Backwards Compatibility (AppCompat)	创建的活动是否向后兼容

这里我们均采用默认值，点击“Finish”按钮，完成项目的创建（因为 Android Studio 要进行环境的配置，所以需要稍微等待一会），运行结果如图 1.23 所示。

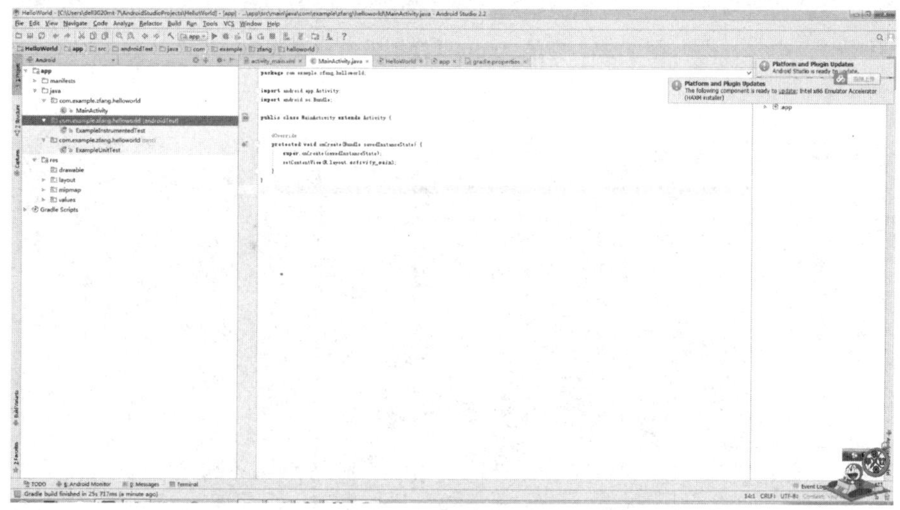

图 1.23　项目创建成功

1.3.2　创建和使用 Android 虚拟机

按照以上步骤创建好项目之后，Android Studio 会替我们做好很多工作，所以项目只要编译通过之后就可以运行了。但是我们现在缺少一个运行 App 的载体，它可以是一部真实的手机，也可以是一个手机模拟器。接下来，就为大家详细介绍 Android Studio 自带模拟器的创建和使用方法。

点击 Android Studio 工具栏的 Android 模拟设备列表按钮，如图 1.24 所示。

图 1.24　Android 模拟设备列表按钮

进入 Android 模拟设备列表页面，如图 1.25 所示。因为我们并没有创建过 Android 模拟器，所以这里的设备列表是空的。点击“Create Virtual Device”按钮，进入如图 1.26 所示的设备分辨率选择页面。

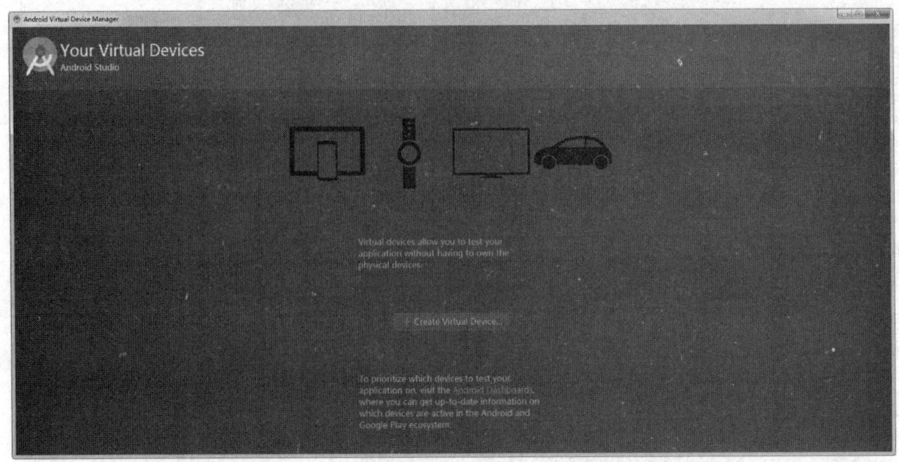

图 1.25　空的 Android 模拟设备列表页面

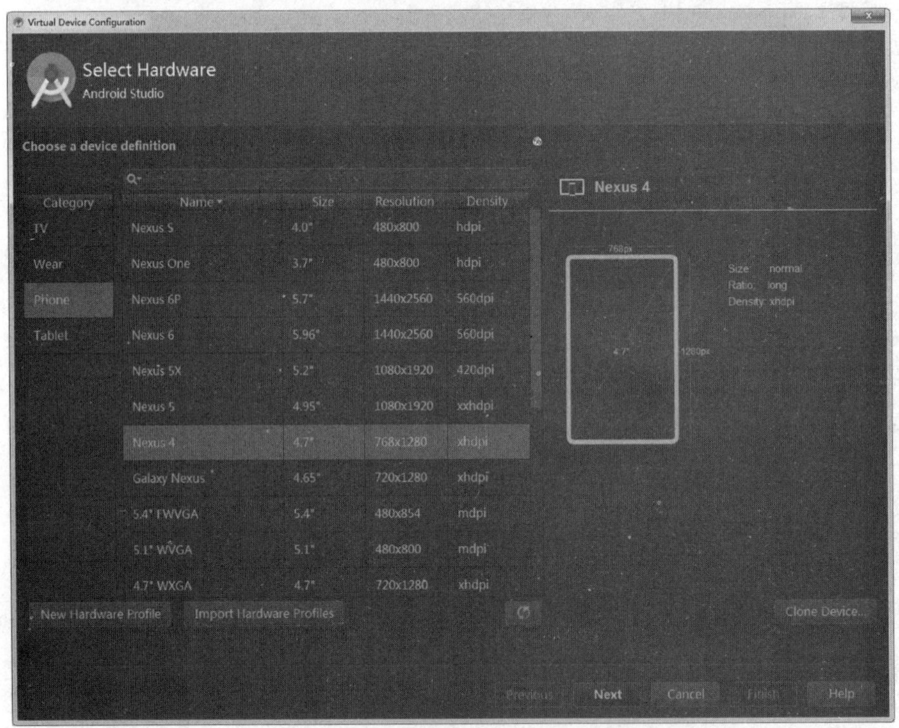

图 1.26　Android 模拟器设备分辨率选择页面

在设备分辨率选择页面中，我们可以选择设备的种类，包括电视、可穿戴设备、手机模拟器及平板电脑，还可以选择相应设备的分辨率。这里我们选择 Nexus4 这台手机的模拟器，点击“Next”按钮，进入操作系统选择页面，如图 1.27 所示。

这里我们选择安装 Android Studio 时自动集成的 Android 7.0 系统（如果安装时未集成，可以自行下载设置），ABI 的选择根据自己计算机的操作系统而定，笔者所用的计算机系统为 64 位，所以这里选择 ABI 为 x86_64 的 Android 7.0 操作系统。选中该设备，此时“Next”按钮为非活动不可点击状态（如果“Next”为可点击状态，说明该系统镜像已完成安

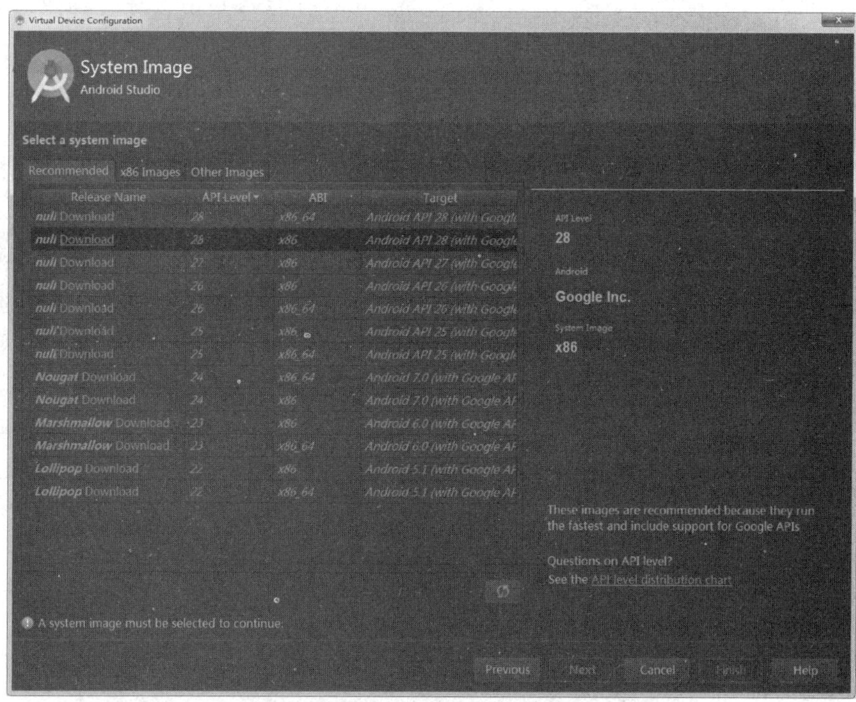

图 1.27　Android 操作系统选择页面

装,可直接点击“Next”按钮进入模拟器的配置页面),这是因为我们所选择的系统镜像还不存在,点击该设备进入系统镜像的下载和安装页面,如图 1.28 所示。

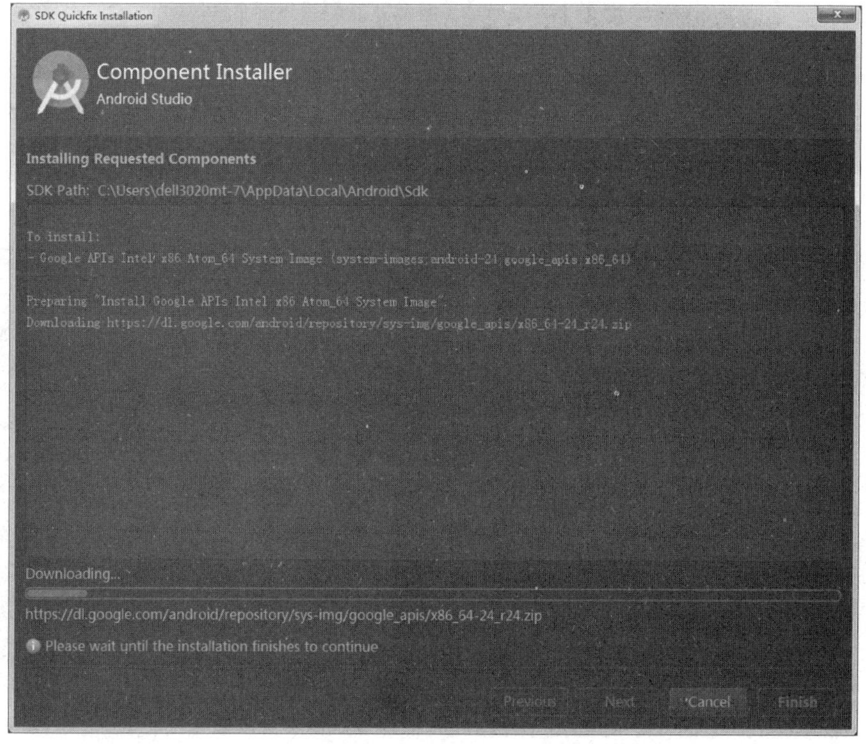

图 1.28　系统镜像文件安装页面

进入该页面后，需要经历下载、解压和安装的过程，可能需要稍微等待一段时间。待安装完毕之后，点击“Finish”按钮，回到 Android 操作系统的选择页面，此时“Next”按钮变为可点击状态，点击“Next”按钮，进入 Android 模拟器的配置页面，如图 1.29 所示。

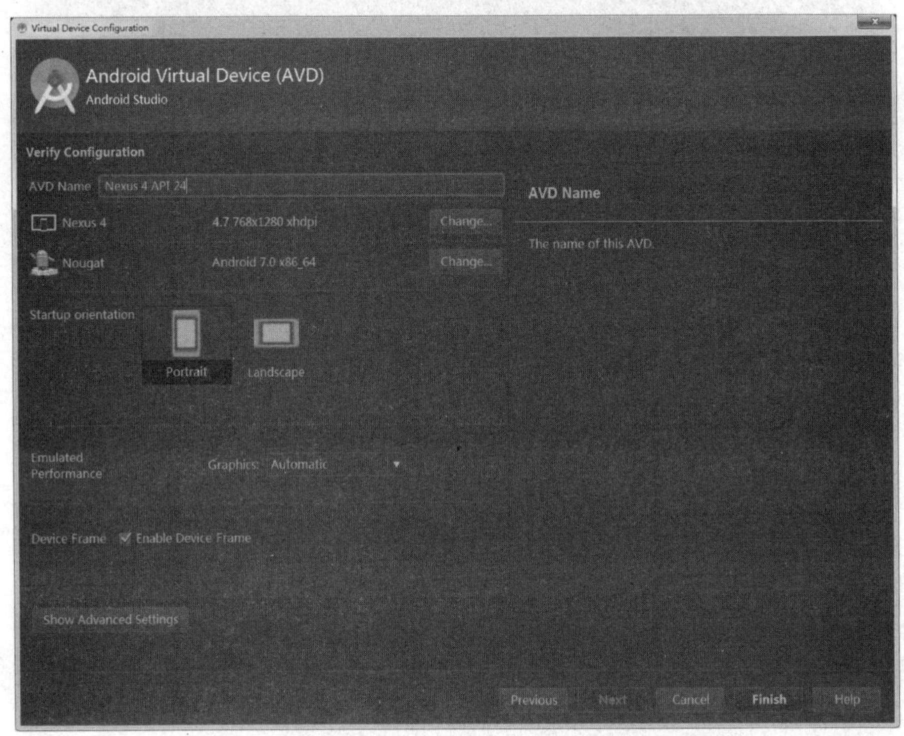

图 1.29　Android 模拟器的配置页面

进入该页面之后，我们可以对模拟器的一些配置进行确认，比如指定模拟器的名字、分辨率、横竖屏等，如果没有特殊需求，全部保留默认设置就可以了。点击“Finish”按钮，回到 Android 模拟设备列表页面，此时会看到刚才创建的模拟器已经出现在该列表中了，如图 1.30 所示。

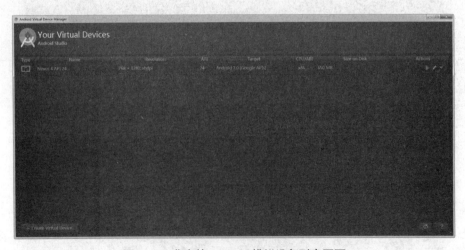

图 1.30　非空的 Android 模拟设备列表页面

点击 Actions 栏左侧绿色的三角形按钮即可启动模拟器。像手机一样，模拟器会有一个开机过程，等待一段时间之后，可看到如图1.31所示的系统页面。

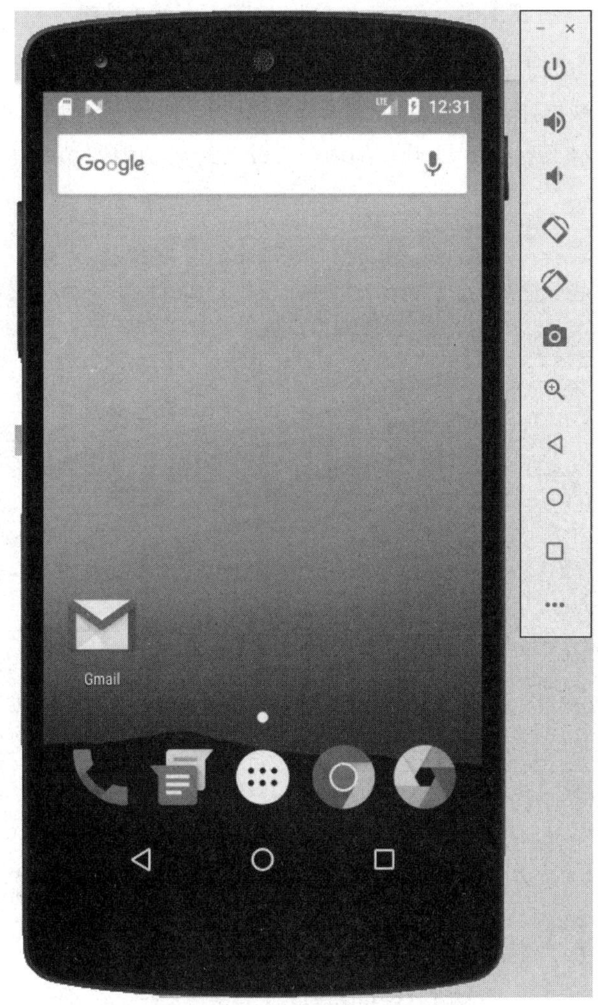

图1.31　Android模拟器启动页

模拟设备启动之后，接下来要做的工作就是如何将我们刚才创建的 Android App 安装到该设备中。

1.3.3　运行 Android 程序

根据上面的介绍，我们成功地创建并启动了 Android 模拟器，接下来让我们看看如何完成 Android 程序的安装吧。

查看 Android Studio 工具栏的 Android Studio 编译、运行相关按钮，如图1.32所示，其中左侧的锤子按钮表示编译指定的 Android 项目，右侧的三角形按钮表示运行指定的 Android 项目，中间显示“app”字样的下拉选择框用于选择需要编译或者运行的 Android 项目，默认情况下它的默认选项为当前项目。

图 1.32 Android Studio 编译、运行相关按钮

点击三角形按钮，运行程序，进入安装设备的选择页面，如图 1.33 所示。可以看到，此时的在线列表中只有我们刚才启动的 Android 模拟器，选择此模拟器，点击“OK”按钮，等待一段时间，可以看到我们创建的“Hello Word”项目已经成功地安装到了我们的模拟器上，效果如图 1.34 所示。

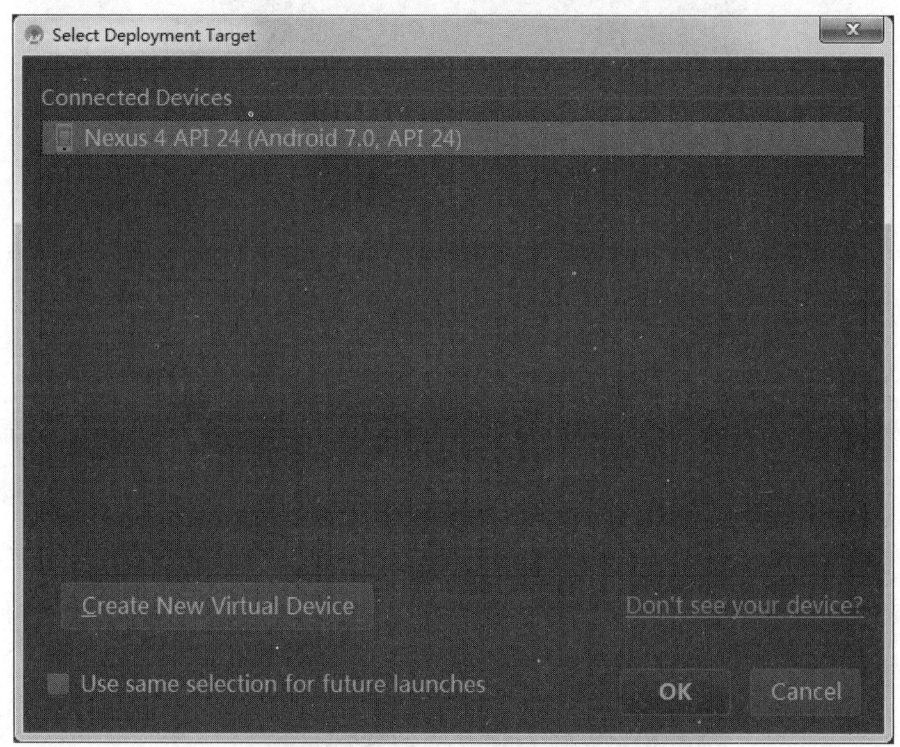

图 1.33 目标部署设备选择页面

1.4 Android 应用程序结构分析

1. Android 项目的结构

打开我们刚才创建的 Android 项目，查看左侧的导航栏，会发现如图 1.35 所示的 Android 模式的项目结构图。这个结构是 Android Studio 创建项目时的默认结构，但是它并不是真正的完成的 Android 项目结构，只是 Android Studio 为了方便开发者的快捷开发做了转化之后的简洁目录。

点击“Android”右侧的倒三角按钮可进行项目目录结构模式的切换，如图 1.36 所示，这里我们选择 Project 模式，查看完整的 Android 项目目录结构，如图 1.37 所示。

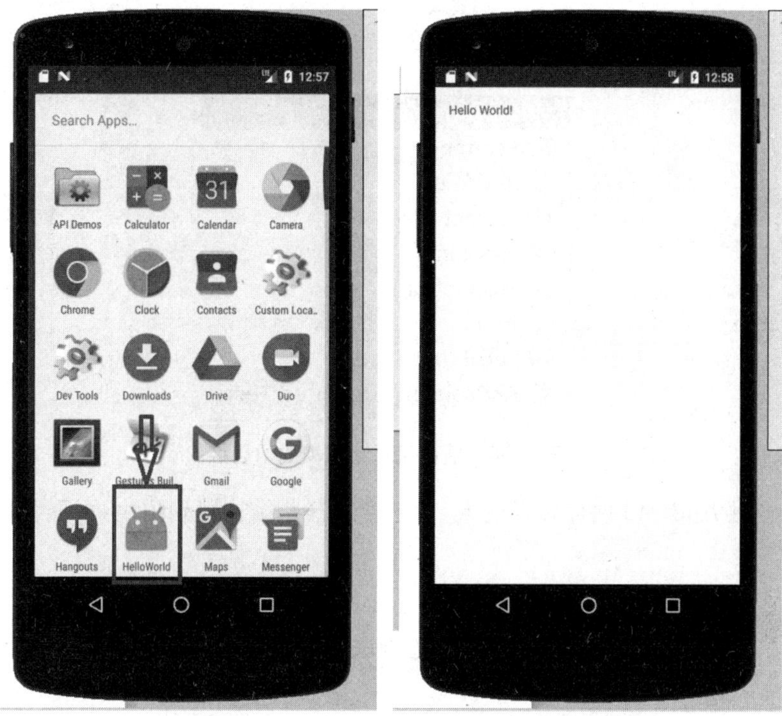

图 1.34　Android 项目安装成功

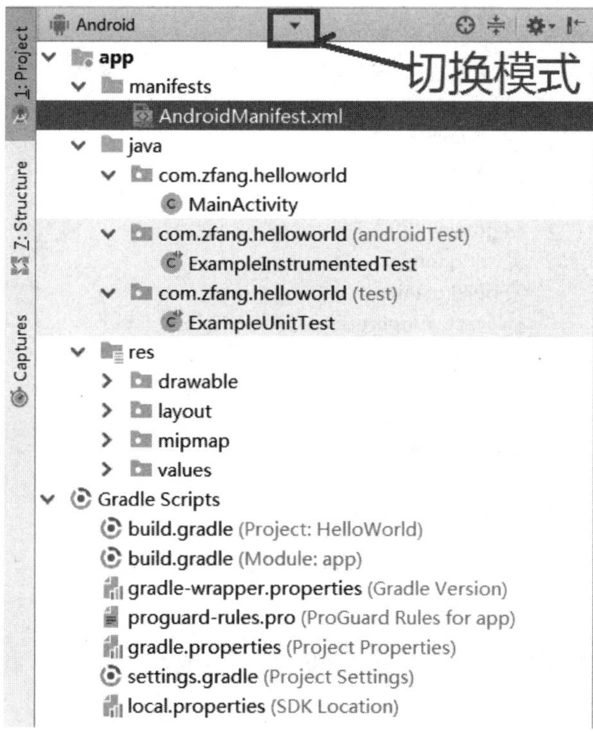

图 1.35　Android 模式的项目结构

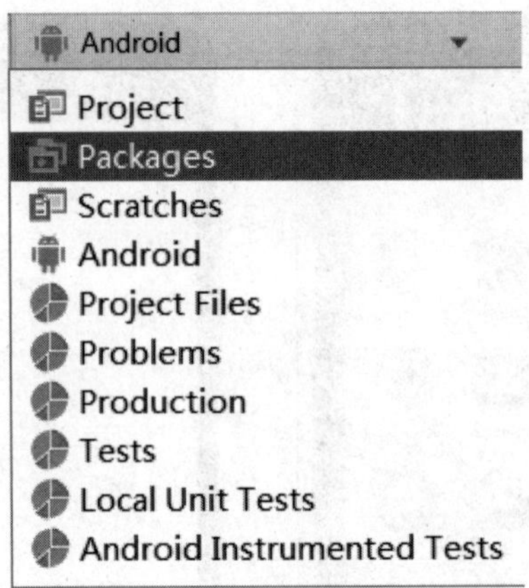

图 1.36　项目目录结构模式的切换

第一次接触 Android 项目开发的人，肯定会对这些结构感到陌生，下面我们详细地为大家进行介绍[1]。

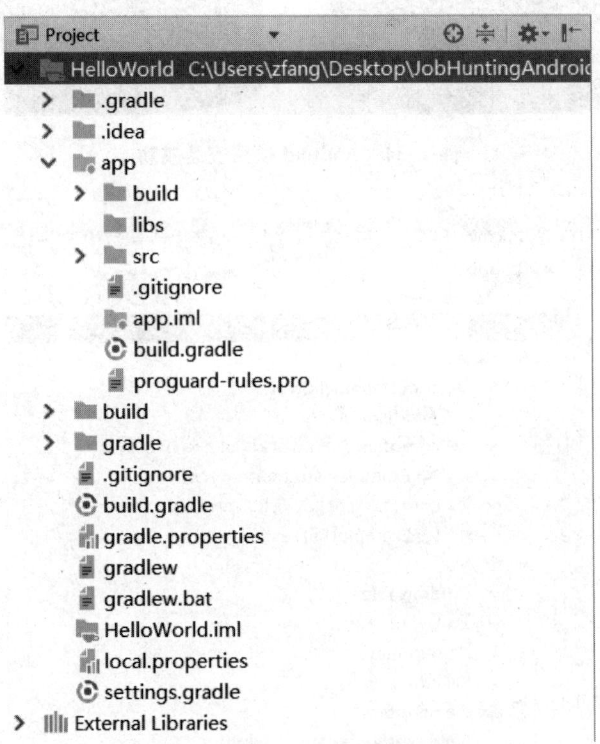

图 1.37　Project 模式的项目结构

(1) .gradle 和 .idea

这两个目录下放置的都是 Android Studio 自动生成的一些文件，我们无需关心，也不要去手动编辑。

(2) app

项目中的代码、资源等内容几乎都是放置在这个目录下的，后续的开发工作也基本都是在这个目录下进行，后面还会对这个目录单独展开进行讲解。

(3) build

这个目录也不需要过多关心,它主要包含了一些编译时自动生成的文件。

(4) gradle

这个目录下包含了 gradle wrapper 的配置文件。使用 gradle wrapper 方式不需要提前将 gradle 下载好,系统会自动根据本地的缓存情况决定是否需要联网下载 gradle。Android Studio 默认不启动 gradle wrapper 方式,如果需要打开,可以依次点击 Android Studio 导航栏→File→Settings→Build,Execution,Deployment→Gradle,进行配置更改。

(5) .gitignore

这个文件用来将指定的目录或文件排除在版本控制之外。

(6) build.gradle

这是项目全局的 gradle 构建脚本,通常这个文件中的内容是不需要修改的。后面会详细分析 gradle 构建脚本中的具体内容。

(7) gradle.properties

这个文件是全局的 gradle 配置文件,在这里配置的属性将会影响项目中所有的 gradle 编译脚本。

(8) gradlew 和 gradlew.bat

这两个文件是用来在命令行界面中执行 gradle 命令的,其中在 Linux 或 Mac 系统中使用 gradlew,在 Windows 系统中使用 gradlew.bat。

(9) HelloWorld.iml

iml 文件是所有 IntelliJ IDEA 项目都会自动生成的一个文件(Android Studio 是基于 IntelliJ IDEA 开发的),用于标识这是一个 IntelliJ IDEA 项目,我们不需要修改这个文件中的任何内容。

(10) local.properties

这个文件用于指定本机中的 Android SDK 的路径,内容通常都是自动生成的,我们并不需要修改,除非本机中的 Android SDK 位置发生了变化,此时将这个文件中的路径改成新的位置即可。

(11) settings.gradle

这个文件用于指定项目中所有引入的模块。"Hello World"项目中只有一个 app 模块,因此该文件中也就只引入了 app 这一个模块。通常情况下模块的引入都是自动完成的,需要我们手动去修改这个文件的场景可能比较少。

现在整个项目的外层目录结构就介绍完了。除了 app 目录之外,大多数的文件和目录都是自动生成的,并不需要我们进行修改。想必大家已经猜到,app 目录下的内容才是我们以后的工作重点。

2. app 目录的详细介绍

app 目录展开之后的结构如图 1.38 所示,下面我们就来对 app 目录下的内容进行详细的介绍。

(1) build

这个目录和外层的 build 目录类似,主要也是包含了一些在编译时自动生成的文件,不

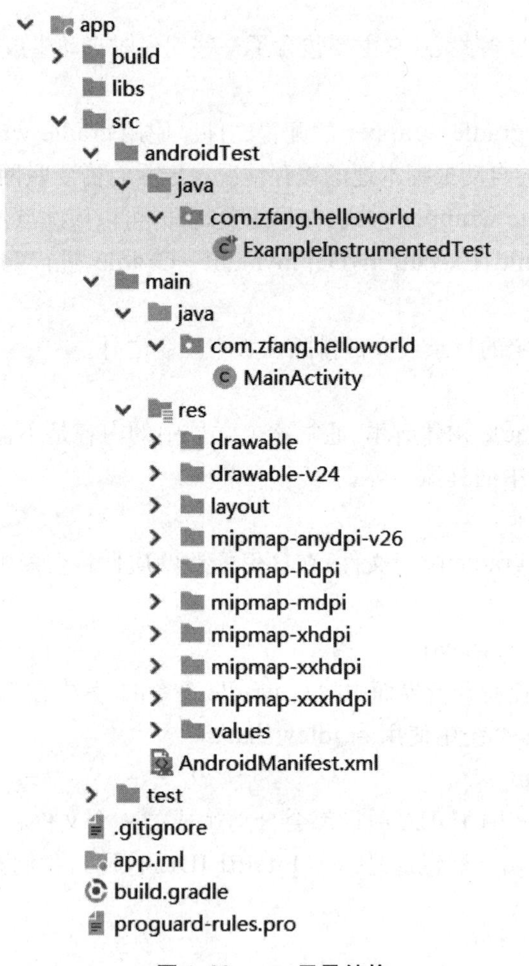

图 1.38 app 目录结构

过它里面的内容更多、更杂，我们不需要过多关注。

(2) libs

如果你的项目中使用到了第三方 Jar 包，就需要把这些 Jar 包都放在 libs 目录下。放在这个目录下的 Jar 包都会被自动添加到构建路径里去。

(3) androidTest

此处是用来编写 Android Test 测试用例的，可以对项目进行一些自动化测试。

(4) java

java 目录是放置我们所有 Java 代码的地方，展开该目录，可以看到我们刚才创建的 MainHelloWorldActivity 文件就在里面。

(5) res

这个目录下的内容就有点多了。简单点说，就是在项目中使用到的所有图片、布局、字符串等资源都存放在这个目录下。当然这个目录下还有很多子目录，图片放在 drawable 目录下，布局放在 layout 目录下，字符串放在 values 目录下，所以根本不用担心会把整个 res 目录弄得乱糟糟的。

(6) AndroidManifest.xml

这是整个Android项目的配置文件，在程序中定义的所有四大组件都需要在这个文件里注册，另外还可以在这个文件中给应用程序添加权限声明。这个文件后面会经常用到，我们用到的时候再做详细说明。

(7) test

此处是用来编写Unit Test测试用例的，是对项目进行自动化测试的另一种方式。

(8) .gitignore

这个文件将app模块内指定的目录或文件排除在版本控制之外，作用和外层的.gitignore文件类似。

(9) app.iml

IntelliJ IDEA项目自动生成的文件，我们不需要关注或修改这个文件中的内容。

(10) build.gradle

这是app模块的gradle构建脚本，这个文件中会指定很多与项目构建相关的配置，我们稍后将会详细分析gradle构建脚本中的具体内容。

(11) proguard-rules.pro

这个文件用于指定项目代码的混淆规则，代码开发完成打包成安装包文件时，如果不希望代码被别人破解，通常会将代码进行混淆，从而让破解者难以阅读。

这样整个项目的目录结构就都介绍完了，如果你还不能完全理解的话也很正常，毕竟里面有太多的东西都还没接触过。不过不用担心，这并不会影响到后面的学习。等学完整本书再回来看这个目录结构图时，就会觉得特别的清晰和简单。

接下来我们一起分析一下"Hello World"项目究竟是怎么运行起来的。

首先打开AndroidManifest.xml文件，从中可以找到如下代码：

```
<activity android:name=".MainActivity">
    <intent-filter>
        <action android:name="android.intent.action.MAIN"/>
        <category android:name="android.intent.category.LAUNCHER"/>
    </intent-filter>
</activity>
```

这段代码表示对MainActivity这个活动进行注册，没有在AndroidManifest.xml里注册的活动是不能使用的。其中intent-filter里的两行代码非常重要，<action android:name="android.intent.action.MAIN"/>和<category android:name="android.intent.category.LAUNCHER"/>表示MainActivity是这个项目的主活动，在手机上点击应用图标，首先启动的就是这个活动。

那MainActivity具体又有什么作用呢？活动是Android应用程序的门面，凡是在应用中看得到的东西，都是放在活动中的。因此你在图1.34中看到的界面，其实就是MainActivity这个活动。那我们快去看一下它的代码吧，打开MainActivity，代码如下所示：

```
public classMainActivity extends AppCompatActivity {
    @Override
    protected void onCreate(Bundle savedInstanceState) {
        super.onCreate(savedInstanceState);
```

```
        setContentView(R.layout.activity_main);
    }
}
```

首先我们可以看到，MainActivity是继承自AppCompatActivity的，这是一种向下兼容的Activity，可以将Activity在各个系统版本中增加的特性和功能最低兼容到Android 2.1系统。Activity是Android系统提供的一个活动基类，我们项目中所有的活动都必须继承它或者它的子类才能拥有活动的特性(AppCompatActivity是Activity的子类)。然后可以看到HelloWorld Activity中有一个onCreate方法，这个方法是一个活动被创建时必定要执行的方法，其中只有两行代码，并且没有“Hello World!”的字样。那么图1.34中显示的“Hello World!”是在哪里定义的呢?

其实Android的程序设计讲究逻辑和视图分离，因此是不推荐在活动中直接编写界面的，通用的一种做法是：在布局文件中编写界面，然后在活动中引入进来。可以看到，在onCreate方法的第二行调用了setContentView方法，就是这个方法给当前的活动引入了一个activity_main布局，那么“Hello World!”一定就是在这里定义的了！我们就打开这个文件看一看。

布局文件都是定义在res/layout目录下的，展开layout目录，你会看到activity_main.xml这个文件。打开该文件并切换到Text视图，代码如下所示：

```
<?xml version="1.0" encoding="utf-8"?>
<android.support.constraint.ConstraintLayout xmlns:android="http://schemas.android.com/apk/res/android"
    xmlns:app="http://schemas.android.com/apk/res-auto"
    xmlns:tools="http://schemas.android.com/tools"
    android:layout_width="match_parent"
    android:layout_height="match_parent"
    tools:context=".MainActivity">
    <TextView
        android:layout_width="wrap_content"
        android:layout_height="wrap_content"
        android:text="Hello World!"
        app:layout_constraintBottom_toBottomOf="parent"
        app:layout_constraintLeft_toLeftOf="parent"
        app:layout_constraintRight_toRightOf="parent"
        app:layout_constraintTop_toTopOf="parent"/>
</android.support.constraint.ConstraintLayout>
```

现在还看不懂？没关系，后面我们会对布局进行详细讲解的，现在你只需要看到上面代码中有一个TextView，这是Android系统提供的一个控件，用于在布局中显示文字。然后终于在TextView中看到了“Hello World!”的字样！哈哈！终于找到了，原来就是通过“android:text="Hello World!"”这句代码定义的。

这样我们就将“Hello World”项目的目录结构以及基本的执行过程都分析完了，此时相信你对Android项目已经有了一个初步的认识，下面我们再来详细讲解一下Android项目中的各种资源。展开 res 目录，如图 1.39 所示。

res
drawable
drawable-v24
layout
mipmap-anydpi-v26
mipmap-hdpi
mipmap-mdpi
mipmap-xhdpi
mipmap-xxhdpi
mipmap-xxxhdpi
values

图 1.39　res 目录结构

看到这么多的文件夹也不用害怕，其实归纳一下，res 目录还是非常简单的。所有以 drawble 开头的文件夹都是用来放图片的，所有以 mipmap 开头的文件夹都是用来放应用图标的，所有以 values 开头的文件夹都是用来放字符串、样式、颜色等配置的，layout 文件夹是用来放布局文件的。怎么样，是不是突然感觉清晰了很多?

之所以有这么多 mipmap 开头的文件夹，其实主要是为了让程序能够更好地兼容各种设备。drawable 文件夹也是相同的道理，虽然 Android Studio 没有帮我们自动生成，但是我们应该自己创建 drawable-hdpi、drawable-xhdpi、drawable-xxhdpi 等文件夹。在制作程序的时候最好能够给同一张图片提供几个不同分辨率的版本，分别放在这些文件夹下，然后当程序运行的时候，会自动根据当前运行设备分辨率的高低选择加载哪个文件夹下的图片。当然这只是理想情况，更多的时候美工只会提供给我们一份图片，这时把所有图片都放在 drawable-xxhdpi 文件夹下就好了。

知道了 res 目录下每个文件夹的含义，我们再来看一下如何去使用这些资源吧。打开 res/values/strings.xml 文件，内容如下所示：

```
<resources>
    <string name = "app_name">HelloWorld</string>
</resources>
```

可以看到，这里定义了一个表示应用程序名的字符串，我们有以下两种方式来引用它：

- 在代码中通过 R.String.app_name 可以获得该字符串的引用。
- 在 XML 中通过@string/app_name 可以获得该字符串的引用。

基本的语法就是上面这两种方式，其中 string 部分是可以替换的，如果引用的是图片资源就可以替换成 drawable，如果引用的是应用图标就可以替换成 mipmap，如果引用的是布局文件就可以替换成 layout，依此类推。

下面举一个简单的例子来帮助理解吧！打开 AndroidManifest.xml 文件，找到如下代码：

```
<application
    android:allowBackup = "true"
    android:icon = "@mipmap/ic_launcher"
    android:label = "@string/app_name"
    android:roundIcon = "@mipmap/ic_launcher_round"
```

```
    android:supportsRtl = "true"
    android:theme = "@style/AppTheme">
    ……
</application>
```

其中,“Hello World”项目的应用图标就是通过 android:icon 属性来指定的,应用的名称则是通过 android:label 属性指定的。可以看到,这里引用资源的方式正是我们刚刚学过的在 XML 中引用资源的语法。

经过本小节的学习,如果你想修改应用的图标或者名称,相信已经知道该怎么办了吧。最后我们再带着大家看看 Android Studio 的构建工具 Gradle。

Gradle 是一个非常先进的项目构建工具,它使用了一种基于 Groovy 的领域特定语言(DSL)来声明项目设置,摒弃了传统基于 XML (如 Ant 和 Maven)的各种繁琐配置。

通过以上内容的介绍,我们知道“Hello World”项目中有两个 build. gradle 文件,一个是在最外层目录下的,一个是在 app 目录下的。这两个文件对构建 Android Studio 项目都起着至关重要的作用,下面我们就来对这两个文件中的内容进行详细的分析。

先来看一下最外层目录下的 build. gradle 文件,代码如下所示:

```
buildscript {
    repositories {
        google()
        jcenter()
    }
    dependencies {
        classpath 'com.android.tools.build:gradle:3.1.2'
    }
}
allprojects {
    repositories {
        google()
        jcenter()
    }
}
task clean(type: Delete) {
    delete rootProject.buildDir
}
```

这些代码都是自动生成的,虽然语法结构看上去可能有点难以理解,但是如果我们忽略语法结构,只看最关键的部分,其实还是很好懂的。

首先,两处 repositories 的闭包中都声明了 jcenter()这行配置,那么这个 jcenter 是什么意思呢? 其实它是一个代码托管仓库,很多 Android 开源项目都会选择将代码托管到 jcenter 上,声明了这行配置之后,我们就可以在项目中轻松引用任何 jcenter 上的开源项目了。

接下来,dependencies 闭包中使用 classpath 声明了一个 Gradle 插件。为什么要声明这个插件呢？因为Gradle并不是专门为构建Android项目而开发的，Java、C++等很多种项目都可以使用Gradle来构建。因此如果我们想要使用它来构建Android项目，就需要声明com.android.tools.build:gradle:3.1.2这个插件。其中，最后面的部分是插件的版本号，3.1.2是我们使用的版本。

这样我们就将最外层目录下的build.gradle文件分析完了，通常情况下并不需要修改这个文件中的内容，除非你想添加一些全局的项目构建配置。

下面我们再来看一下app目录下的build.gradle文件，代码如下所示：

```
applyplugin: 'com.android.application'
android {
    compileSdkVersion 28
    defaultConfig {
        applicationId "com.zfang.helloworld"
        minSdkVersion 19
        targetSdkVersion 28
        versionCode 1
        versionName "1.0"
        testInstrumentationRunner
"android.support.test.runner.AndroidJUnitRunner"
    }
    buildTypes {
        release {
            minifyEnabled false
            proguardFiles
getDefaultProguardFile('proguard-android.txt'),
'proguard-rules.pro'
        }
    }
}
dependencies {
    implementation fileTree(dir: 'libs',include: ['*.jar'])
    implementation 'com.android.support:appcompat-v7:28.0.0'
    implementation 'com.android.support.constraint:constraint-layout:1.1.3'
    testImplementation 'junit:junit:4.12'
    androidTestImplementation 'com.android.support.test:runner:1.0.2'
    androidTestImplementation 'com.android.support.test.espresso:espresso-core:3.0.2'
}
```

这个文件中的内容相对复杂一些了，下面我们一行行地进行分析。

首先第一行应用了一个插件，一般有两种值可选：com.android.application表示这是一个应用程序模块，com.android.library表示这是一个库模块。应用程序模块和库模块的最大区别在于，一个是可以直接运行的，一个只能作为代码库依附于别的应用程序模块来运行。

接下来是一个大的 android 闭包,在这个闭包中我们可以配置项目构建的各种属性。其中, compileSdkVersion 用于指定项目的编译版本,这里指定成 28 表示使用 Android 9.0 系统的 SDK 编译。

然后我们看到,这里在 android 闭包中又嵌套了一个 defaultConfig 闭包,defaultConfig 闭包中可以对项目的更多细节进行配置。其中,applicationId 用于指定项目的包名,前面我们在创建项目的时候其实已经指定过包名了,如果你想在后面对其进行修改,可以在这里修改。minSdkVersion 用于指定项目最低兼容的 Android 系统版本,这里指定成 19 表示最低兼容到 Android 4.4 系统。targetSdkVersion 指定的值表示你在该目标版本上已经做过了充分的测试,系统将会为你的应用程序启用一些最新的功能和特性。比如说 Android 6.0 系统中引入了运行时权限这个功能,如果你将 targetSdkVersion 指定成 23 或者更高,那么系统就会为你的程序启用运行时权限功能,而如果你将 targetSdkVersion 指定成 22,那么就说明你的程序最高只在 Android 5.1 系统上做过充分的测试,Android 6.0 系统中引入的新功能自然就不会启用了。剩下的两个属性都比较简单,versionCode 用于指定项目的版本号,versionName 用于指定项目的版本名,这两个属性在生成安装文件的时候非常重要,我们在后面都会学到。

分析完了 defaultConfig 闭包,接下来我们看一下 buildTypes 闭包。buildTypes 闭包用于指定生成安装文件的相关配置,通常只会有两个子闭包,一个是 debug,一个是 release。debug 闭包用于指定生成测试版安装文件的配置,release 闭包用于指定生成正式版安装文件的配置。另外,debug 闭包是可以忽略不写的,因此我们看到上面的代码中就只有一个 release 闭包。下面来看一下 release 闭包中的具体内容吧。minifyEnabled 用于指定是否对项目的代码进行混淆,true 表示混淆,false 表示不混淆。proguardFiles 用于指定混淆时使用的规则文件,这里指定了两个文件,第一个文件 proguard-android. txt 是在 Android SDK 目录下的,里面是所有项目通用的混淆规则,第二个文件 proguard-rules. pro 是在当前项目的根目录下的,里面可以编写当前项目特有的混淆规则。需要注意的是,通过 Android Studio 直接运行项目生成的都是测试版安装文件, 关于如何生成正式版安装文件我们稍后会进行学习。

这样整个 android 闭包中的内容就都分析完了,接下来还剩一个 dependencies 闭包。这个闭包的功能非常强大,它可以指定当前项目所有的依赖关系。通常 Android Studio 项目一共有 3 种依赖方式:本地依赖、库依赖和远程依赖。本地依赖可以对本地的 Jar 包或目录添加依赖关系,库依赖可以对项目中的库模块添加依赖关系,远程依赖则可以对 jcenter 库上的开源项目添加依赖关系。

本 章 小 结

本章简要介绍了 Android 应用程序开发的背景知识,包括 Android 是什么、它是做什么的以及 Android 的发展历史,同时讲述了 Android 项目的创建方法、运行方法、项目结构及运行机制。但是这些只是开端,Android 开发的核心知识点我们还没有开始介绍,所以大家还要有继续学习的准备。

习　题　1

1. 简述 Android SDK 与 Android 版本之间的关系。
2. 简述 Android 平台体系结构的层次划分,并说明各个层次的作用。
3. 简述 res 目录下各类资源文件的含义。
4. 搭建基于 Android Studio 的 Android 开发环境。

实验 1　Android 入门案例

实验性质

验证性。

实验目标

(1) 熟练掌握 Android 项目的创建。
(2) 熟悉 Android 项目的目录。
(3) 熟悉如何应用 res 目录下的各种资源。

实验要求

(1) 熟练掌握 Android Studio 开发工具的使用方法。
(2) 熟悉 Android 项目的目录结构,尤其是 res 资源目录及 app 下的 Java 代码。

实验内容

(1) 使用 Android Studio 创建名为 Experiment 的 Android 项目。

(2) 修改默认的布局文件,使其显示"这是我的第一个 Android 项目",同时将字体颜色设置为红色。

(3) 调试运行程序。

第 2 章　职淘淘在线兼职平台简介

学习目标

本章主要结合 Android“职淘淘在线兼职平台”应用案例，详细介绍系统需求分析设计、系统详细设计、数据库详细设计以及服务器端程序的部署、客户端程序的部署等知识。通过本章的介绍，要求读者完成以下知识要点的学习：

(1) 系统的需求分析、详细设计。

(2) 数据库表的分析、设计。

(3) Web 服务器端功能的设计、开发、部署流程。

(4) Android 手机客户端的设计、开发、部署流程。

本书采用先进的“项目驱动式”教学法，以一个实际的 Android 应用——“职淘淘在线兼职平台”为背景，在介绍其具体开发实践的过程中，贯穿介绍 Android 应用开发的理论知识。这个项目的开发过程将会贯穿在之后的各个章节中，结合相关知识点详细讲解和实现。这里先介绍一下“职淘淘在线兼职平台”项目的背景知识，为后面的学习做好铺垫。

在实际的 Android 项目开发中，不论是纯 Android 应用还是大型的 Web 项目，Android 客户端的开发设计都必须按照软件开发的流程来进行。一个完整的软件开发流程通常都需要经过如下几个阶段：软件需求分析、软件概要设计、软件详细设计、数据库设计、软件开发、软件测试。Android 项目的设计与开发也必须符合软件开发的流程和规范。

本书作为案例的职淘淘在线兼职平台的设计和开发基本流程分为 6 个阶段，分别是系统需求分析、系统详细设计、数据库详细设计、Web 服务器端功能开发与测试、Android 手机客户端功能开发与测试、Web 系统部署和 Android 手机客户端打包与发布。

本书的重点是 Android 应用，因此，对 Web 服务器端和数据库部分只是进行了概要的描述，并把系统概要设计和详细设计两个阶段合并为一个系统详细设计阶段，系统开发和系统测试两个阶段合并为一个系统开发阶段，具体如图 2.1 所示。

2.1　系统需求分析

系统需求分析阶段通常要做的工作包括定义潜在的角色(角色指使用系统的人，以及与系统相互作用的软硬件环境)，识别问题域中的对象和关系，以及基于需求规范说明和角色的需要发现用例(Use-Case)和详细描述用例。

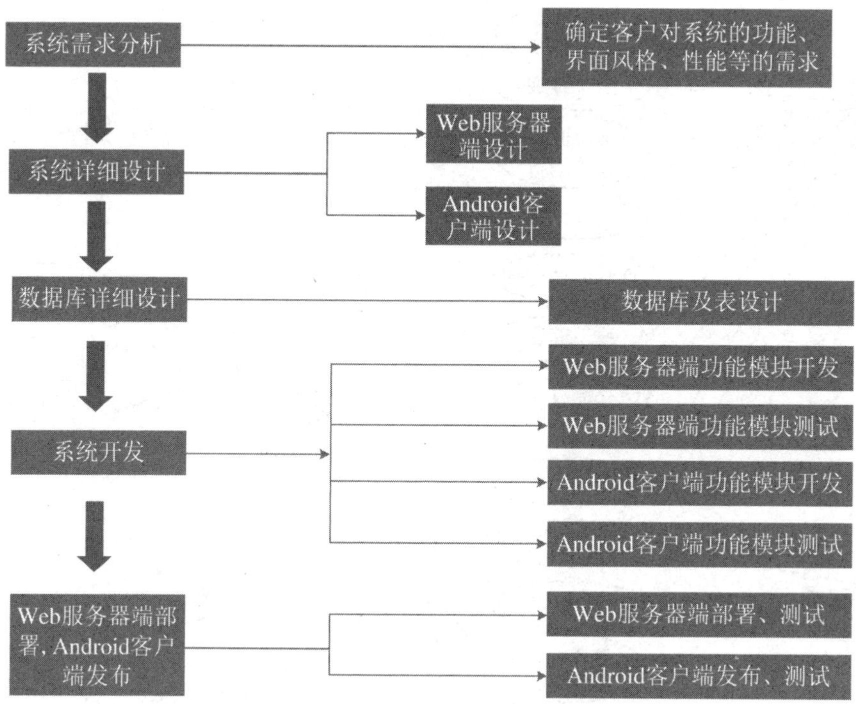

图2.1　职淘淘在线兼职平台开发流程

2.1.1　系统开发背景

本书使用的案例——职淘淘在线兼职平台是基于互联网的应用软件，基于此平台，企业用户可以通过Web端方便快捷地发布岗位信息、接收用户报名、发布面试消息等；一般用户可以通过Android手机客户端实时方便地浏览已公开发布的岗位信息、查询岗位信息、查询面试评价清单、进行岗位报名等；管理员用户可以通过Web后台管理系统，实现对一般用户、企业用户、岗位信息、广告信息、通告信息等的统一化管理，实现真正意义上的互联网线上就业服务。

2.1.2　系统功能需求

这里对职淘淘在线兼职平台的主要功能需求进行简要介绍，以方便对系统整体的了解和使用。

职淘淘在线兼职平台开发涉及三类用户角色：企业用户、一般用户和管理员。企业用户可以发布招聘岗位、查看岗位报名用户详情、发送面试通知等；一般用户可以登录注册、岗位浏览、岗位查询、岗位面试评价浏览、岗位报名、查看面试通知、取消面试、添加面试评价、修改个人信息等；管理员用户具有企业用户的全部功能，同时还可以进行用户管理、广告管理、通告管理等操作。系统整体功能用例图(Use-Case Diagram)如图2.2所示。

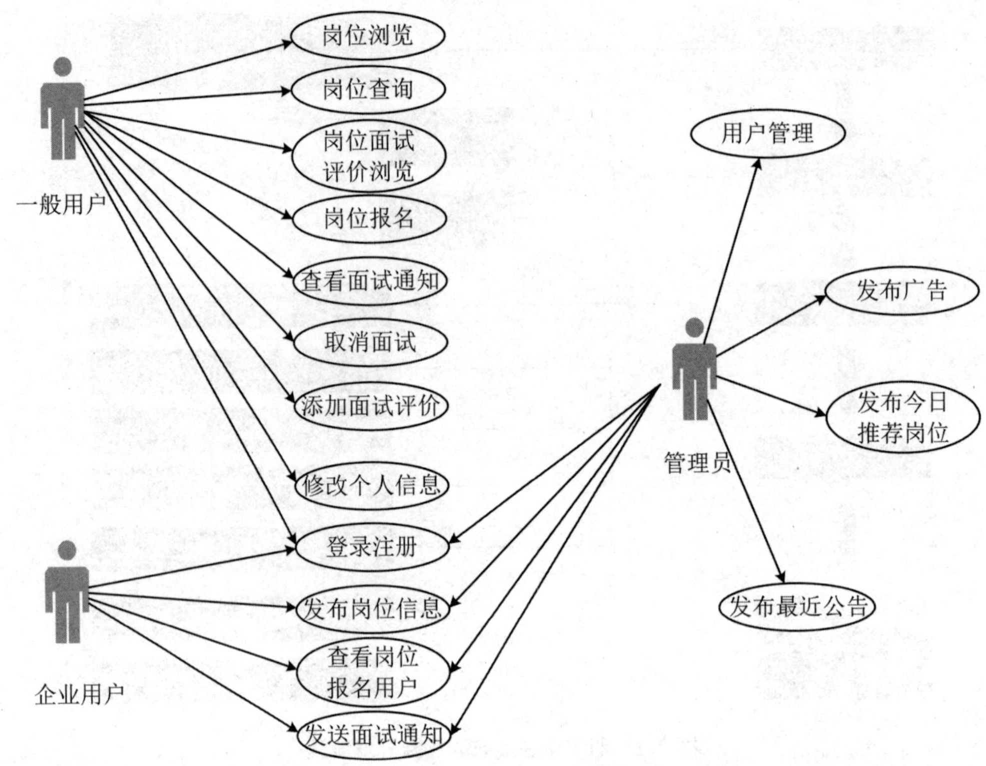

图2.2 职淘淘在线兼职平台功能用例图

2.1.3 系统开发及部署平台

1. 开发环境

(1) Web后台开发环境

JDK 1.7及其以上版本。

IntelliJ IDEA 2017及其以上版本。

MySQL 5.5及其以上版本。

Web服务器使用Tomcat 7.0以上版本。

(2) Android客户端开发环境

JDK 1. 7及其以上版本。

Android Studio 3.1.2及其以上版本。

2. 部署环境

(1) 服务器端为运行本软件所需要的支持软件

操作系统:Windows 7旗舰版及其以上版本。

Web服务器:Tomcat 7.0及其以上版本。

数据库:MySQL 5.5及其以上版本。

(2) 客户端目标平台

客户端浏览器：兼容主流浏览器(IE8.0 及其以上版本、Google Chrome、Firefox)。

手机系统平台：Android 2.3 及其以上版本。

2.2　系统详细设计

职淘淘在线兼职平台的详细设计是在参考其需求分析的基础上，对项目的功能设计进行说明，以确保对需求的理解一致。

本项目中服务器端使用了 Sun 公司 J2EE 平台下的 Web 开发技术，同时采用了基于 SSH(SpringMVC，Spring，Hibernate)开源框架的经典三层结构。其中 SpringMVC 属于网络层框架，用于显示数据和接收用户输入的数据，为用户提供一种交互式操作的界面；Spring 属于业务逻辑层框架，用于操作数据层，对数据业务逻辑进行处理；Hibernate(本项目使用的是 Hibernate 实现的 JPA 功能)属于持久层框架，用于实现对数据库的增删改查操作。

2.2.1　Web 服务器的总体架构设计

职淘淘在线兼职平台采用了典型的 Web 服务器系统的总体架构设计，如图 2.3 所示。

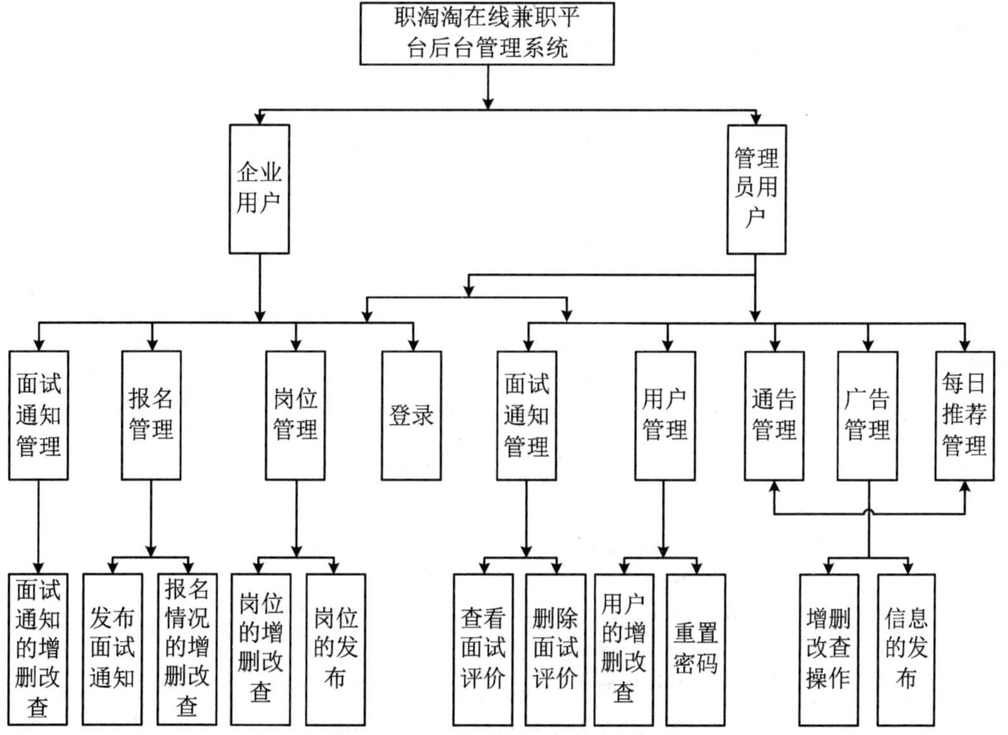

图 2.3　Web 服务器的总体架构设计

Web 应用程序的组织结构主要包括三个部分：java 源码目录，resources 配置文件目录以及 webapp 项目资源目录，如图 2.4 所示。其中 java 目录专门存放与 Java 相关的源文件；resources 目录主要存放数据库及网络框架的配置文件；而 webapp 作为项目的根目录，是项目存放视图文件（jsp 文件）、静态文件（js、css 等）、图片文件等的目录，其中 webapp/WEB-INF 用来存放 src 编译好的相关文件，以及需要被保护的视图文件等。下面对组织结构中的几个部分分别进行介绍。

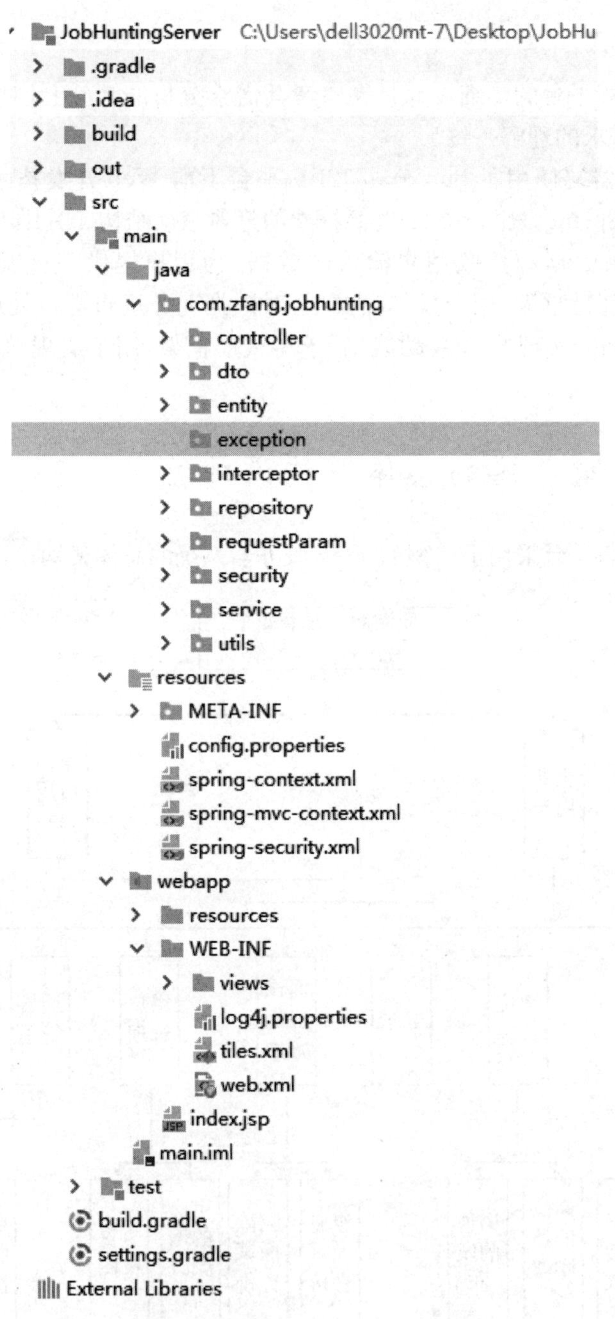

图 2.4 Web 应用程序的组织结构

1. java 目录

java 目录是开发人员编写的 Java 文件存放的位置，目录下的文件夹名称也是由开发人员定义的，一般会分成数据层、业务层、控制层、工具类、基础信息类等。

(1) controller 中存放网络层文件，主要功能是用来接收所有的客户端请求(其中 api 文件下的控制器主要是为 Android 移动端提供数据接口的)，通过判断将请求交给对应的业务处理子类去处理。表 2.1 列出了“职淘淘”项目中所有 controller 文件实现的方法及功能。

表 2.1　controller 文件列表

文件名称	方法及功能
AdvertiseController	(1) entrepriseManage：请求进入广告信息管理页面。 (2) advertiseManagePaging：请求获取后台分页排序查询的广告数据。 (3) addAdvertiseView：请求进入添加广告页面。 (4) updateAdvertiseView：请求进入修改广告页面。 (5) checkAdvertiseCodeExist：请求根据广告编号验证广告是否存在。 (6) saveOrUpdateAdvertise：请求保存或者更新广告的信息。 (7) updateAdvertiseState：请求更新广告的发布状态。 (8) deleteAdvertise：请求删除广告信息
DemandController	saveOrUpdateDemand：请求保存或者更新岗位要求信息
WelfareController	saveOrUpdateWelfare：请求保存或者更新岗位福利信息
EntrepriseController	(1) entrepriseManage：请求进入企业信息管理页面。 (2) entrepriseManagePaging：请求获取分页排序查询的企业数据。 (3) addEntrepriseView：请求进入添加企业页面。 (4) updateEntrepriseView：请求进入更新企业页面。 (5) checkMobilePhoneExist：请求根据企业联系方式验证企业是否存在。 (6) checkEtrepriseCodeExist：请求根据企业编号验证企业是否存在。 (7) checkEntrepriseNameExist：请求根据企业名称验证企业是否存在。 (8) checkEntrepriseExist：请求根据企业 id 验证企业是否存在。 (9) saveOrUpdateEntreprise：请求保存或者更新企业信息。 (10) deleteEntreprise：请求批量化删除企业
EntryController	(1) entryDetailManage：请求进入岗位报名管理页面。 (2) entryManagePaging：请求获取后台分页排序查询的岗位报名数据。 (3) entryDetailView：请求进入报名详情页面。 (4) setEntryNoPass：请求设置岗位报名为不满足岗位要求
EvaluteController	(1) evaluteManage：请求进入岗位评价管理页面。 (2) evaluteManagePaging：请求获取后台分页排序查询的岗位评价数据。 (3) deleteEvaluteByIds：请求根据评价 id 批量删除评价信息。 (4) deleteEvaluteById：请求根据评价 id 单个删除评价信息

续表

文件名称	方法及功能
InterviewController	(1) interviewManage：请求进入面试通知管理页面。 (2) interviewManagePaging：请求获取后台分页排序查询的面试通知数据。 (3) saveInterview：请求添加或者编辑面试通知数据。 (4) cancleInterviewByEntryId：请求根据报名信息 id 取消对应的面试通知信息。 (5) cancleInterviewByInterviewId：请求根据面试通知信息 id 取消通知信息
LoginController	(1) login：请求检查用户登录状态，并进入登录页面。 (2) createCode：生成并保存验证码。 (3) checkCode：校验验证码是否正确
MenuController	showMenus：根据登录用户权限获得对应的左侧导航数据
NoticeController	(1) noticeManage：请求进入系统公告管理页面。 (2) noticeManagePaging：请求获取后台分页排序查询的系统公告数据。 (3) addNoticeView：请求进入添加系统公告页面。 (4) updateNoticeView：请求进入更新系统公告页面。 (5) checkeNoticeCodeExist：请求根据系统通知的编号查看系统通知是否存在。 (6) saveOrUpdateNotice：请求保存或者更新系统通知数据。 (7) updateNoticeState：请求更新系统公告状态。 (8) deleteNotices：请求批量删除系统通告信息
StationCategoryController	(1) categoryManage：请求进入岗位分类管理页面。 (2) categoryManagePaging：请求获取后台分页排序查询的岗位分类数据。 (3) addCategoryView：请求进入添加岗位分类页面。 (4) updateCategoryView：请求进入更新岗位分类页面。 (5) checkeCategoryCodeExist：请求根据岗位分类的编号查看岗位分类是否存在。 (6) checkeCategoryNameExist：请求根据岗位分类的名称查看岗位分类是否存在。 (7) saveOrUpdateCategory：请求保存或者更新岗位分类数据。 (8) updateCategoryState：请求更新岗位分类的状态。 (9) deleteCategory：请求根据 id 删除岗位分类信息。 (10) deleteCategories：请求批量删除岗位分类信息

续表

文件名称	方法及功能
StationCategoryController	(1) stationManage:请求进入岗位管理页面。 (2) stationManagePaging:请求获取后台分页排序查询的岗位数据。 (3) addStationView:请求进入添加岗位页面。 (4) updateStationView:请求进入更新岗位页面。 (5) checkeStationCodeExist:请求根据岗位的编号查看岗位是否存在。 (6) saveOrUpdateStation:请求保存或者更新岗位数据。 (7) updateStationState:请求更新岗位的状态。 (8) updateStationCommend:请求更新岗位是否设为今日推荐的岗位。 (9) deleteStation:请求根据 id 删除岗位信息。 (10) deleteStations:请求批量删除岗位信息
SystemController	(1) uploadImage:请求上传图片。 (2) showImage:请求下载显示图片
UserController	(1) userManage:请求进入用户管理页面。 (2) userManagePaging:请求获取后台分页排序查询的用户数据。 (3) addUserView:请求进入添加用户页面。 (4) updateUserView:请求进入更新用户信息页面。 (5) checkeUserNameExist:请求根据用户名查看用户是否存在。 (6) checkeMobliePhoneExist:请求根据用户的电话号码查看该电话号码是否已在平台注册。 (7) saveOrUpdateUser:请求保存或者更新用户数据。 (8) resetUserPssword:请求重置用户密码。 (9) deleteUsers:请求批量删除用户信息
Api/AdvertiseApiController	getAdvertiseList:请求获取广告列表的接口
Api/NoticeApiController	getNoticeList:请求获取系统公告列表的接口
Api/CategoryApiController	getCategory:请求获取岗位类别列表的接口(固定返回 7 条岗位类别)
Api/EntryApiController	entryFree:请求免费报名数据的接口
Api/EvaluteApiController	(1) evaluteInterview:请求岗位评价数据的接口。 (2) getEvaluteList:请求获取岗位评价列表数据的接口
Api/InterviewApiController	(1) getInterviewList:请求获取面试通知列表数据的接口。 (2) cancelEntry:请求取消岗位报名的接口
Api/StationApiController	(1) getStationList:请求获取岗位列表数据的接口。 (2) getStationDetail:请求获取岗位详情的接口

续表

文件名称	方法及功能
Api/UserApiController	(1) login:请求用户登录的接口。 (2) registStart:请求用户注册的第一步的接口。 (3) uploadUserImg:请求用户上传头像的接口。 (4) registComplete:请求用户注册完成的接口。 (5) modifyPassword:请求用户修改密码的接口。 (6) resetGetCode:请求用户忘记密码时获取手机验证码的接口。 (7) checkCodeCorrect:请求验证用户输入验证码是否正确的接口。 (8) mineDetail:请求获取用户详情的接口。 (9) updateUserInfo:请求更新用户信息的接口

(2) service 中存放业务层文件(业务操作接口类及业务操作实现类)。作为系统架构中体现核心价值的部分,它的关注点主要集中在业务规则的制定、业务流程的实现等与业务需求有关的系统设计上,也就是说它与系统所应对的领域(Domain)逻辑有关。表 2.2 列出了本项目所有 service 文件实现的方法及功能(其中 Service 是接口,ServiceImpl 是对应的实现类)。

表 2.2 service 文件列表

文件名称	方法及功能
IAdvertiseService AdvertiseServiceImpl	(1) getAdvertisePageMode:获取广告列表数据。 (2) findAdvertiseByAdvertiseCode:根据广告编号查找广告。 (3) saveAdvertise:保存广告信息。 (4) updateAdvertise:更新广告信息。 (5) searchPublishAdvertise:查找发布的广告信息。 (6) updateAdvertisePublish:设置广告是否发布。 (7) getAdvertisById:根据 id 查找广告信息。 (8) deleteAdvertise:批量删除广告
IDemandService DemandServiceImpl	(1) saveDemand:保存岗位要求。 (2) updateDemand:更新岗位要求
IWelfareService WelfareServiceImpl	(1) saveWelfare:保存岗位福利数据。 (2) updateWelfare:更新岗位福利数据
IEntrepriseService EntrepriseServiceImpl	(1) getEntreprisePageMode:获取企业列表数据。 (2) findEntrepriseByMobliePhone:根据企业电话查找企业。 (3) findEntrepriseByEntrepriseName:根据企业名称查找企业。 (4) findEntrepriseByEntrepriseId:根据企业 id 查找企业。 (5) findAllEntreprise:查找所有企业数据。 (6) saveEntreprise:保存企业数据。 (7) updateEntreprise:更新企业数据。 (8) deleteEntreprise:批量删除企业数据

续表

文件名称	方法及功能
IEntryService EntryServiceImpl	(1) getEntryPageMode:获取岗位报名列表数据。 (2) save:用户报名。 (3) checkHasEntried:检验用户是否重复报名。 (4) getEntryDetail:获取报名详情。 (5) updateStatus:更新岗位报名的状态。 (6) getEntriedCount:获取岗位已经报名的数量。 (7) update:更新岗位报名的数据。 (8) getEntriedStatus:获取岗位报名的状态
IIterverEvaluteService IIterverEvaluteServiceIm-pl	(1) getEvalutePageMode:获取岗位评价列表数据。 (2) getEvaluteCount:获取岗位已经被评价的数目。 (3) addEvalute:添加岗位评价数据。 (4) searchStationEvalute:搜索岗位评价列表数据。 (5) deleteValute:批量删除岗位评价数据。 (6) deleteEvaluteById:根据 id 删除岗位评价数据
IIterverService IIterverServiceImpl	(1) getInterviewPageMode:获取岗位面试通知列表数据。 (2) saveInterview:添加面试通知数据。 (3) getInterviewById:根据 id 获取岗位面试通知数据。 (4) searchPublicInterviewNotice:搜索已发送的岗位面试通知列表数据。 (5) updateStatus:更新岗位面试通知的状态。 (6) searchUserInterview:搜索指定用户的面试通知。 (7) delete:删除岗位面试通知
IMenuService MenuServiceImpl	showMenus:获取导航菜单列表数据
INoticeService NoticeServiceImpl	(1) getNoticePageMode:获取系统公告列表数据。 (2) findNoticeByNoticeCode:根据系统公告编号查找系统公告。 (3) savNotice:保存系统公告信息。 (4) updateNotice:更新系统公告信息。 (5) searchPublishNotices:查找发布的系统公告信息。 (6) updateNoticePublish:设置系统公告是否发布。 (7) getNoticeById:根据 id 查找系统公告信息。 (8) deleteNotices:批量删除系统公告
IRoleService RoleServiceImpl	getRoleNames:获取角色名称

续表

文件名称	方法及功能
IStationCategoryService StationCategoryService-Impl	(1) getStationCategoryPageMode:获取岗位类别列表数据。 (2) findCategoryByCategoryCode:根据编号查找岗位分类数据。 (3) findCategoryByCategoryName:根据名称查找岗位分类数据。 (4) saveStationCategory:保存岗位类别。 (5) updateStationCategory:更新岗位类别。 (6) getPublicCategory:获取所有发布的岗位类别的列表数据(最新 7 条发布的岗位分类数据)。 (7) searchCategory:根据 id 查找岗位分类数据。 (8) deleteCategory: 根据 id 删除单个岗位分类数据。 (9) deleteCategories:批量删除岗位分类。 (10) findAllCategories:获取所有岗位分类数据
IStationService StationServiceImpl	(1) getStationPageMode:获取岗位列表数据。 (2) findStationByStationCode:根据编号查找岗位数据。 (3) searchPublicSationInfo:查询最新发布的岗位数据。 (4) saveStationy:保存岗位。 (5) updateStation:更新岗位。 (6) getStationInfoById:获取所有发布的岗位的详情数据。 (7) updateStationCommend:设置岗位是否为今日推荐岗位。 (8) updateStationPublic:设置岗位是否发布。 (9) deleteStations:批量删除岗位数据
IUserService UserServiceImpl	(1) getUserPageMode:获取用户列表数据。 (2) getUser:根据 id 获取用户数据。 (3) findUserByUserName(String):根据用户名查找用户。 (4) findUserByUserName(String,String):根据用户名和 id 查找用户(用户更新)。 (5) findUserByPhoneNumber(String,String):根据电话号码和 id 查找用户(用户更新)。 (6) saveUser:保存用户。 (7) updateUser:更新用户。 (8) resetUserPassword:根据用户 id 重置密码。 (9) deleteUser:批量删除用户。 (10) registStart:用户注册第一步。 (11) registComplete:用户注册第二步。 (12) setUserImg:设置用户头像。 (13) modifyPassword:修改用户密码。 (14) saveCheckCode:保存短信验证码。 (15) getCheckCode:获取短信验证码

(3) repository 中存放持久层文件。本项目的持久层采用的是基于 Hibernate 框架实

现的 JPA 接口技术，主要功能是用于对数据库进行增删改查操作。它与持久化对象（即 entity 目录下的 POJO 类文件）一一对应。持久化类会被 Hibernate 自动映射至数据库中，主要用于三层结构间的数据传递。表 2.3 列出了本项目中所有的 repository 文件及其对应的持久化对象。

表 2.3　repository 文件及其对应的持久化对象

repository 文件名称	对应的 entity 文件	功能描述
AdvertiseRepository	Advertise	对 advertise 表进行增删改查操作
CheckCodeRepository	CheckCode	对 check_code 表进行增删改查操作
DemandRepository	StationDemand	对 stationDemand 表进行增删改查操作
EntrepriseRepository	Entreprise	对 entreprise 表进行增删改查操作
EntryDetailRepository	EntryDetail	对 entryDetail 表进行增删改查操作
InterviewEvaluteRepository	InterviewEvalute	对 interviewEvalute 表进行增删改查操作
InterviewRepository	InterviewRecord	对 interviewRecord 表进行增删改查操作
MenuRepository	Menu	对 menu 表进行增删改查操作
NoticeRepository	Notice	对 notice 表进行增删改查操作
RoleRepository	Role	对 role 表进行增删改查操作
StationCategoryRepository	StationCategory	对 stationCategory 表进行增删改查操作
StationRepository	StationInfo	对 stationInfo 表进行增删改查操作
UserRepository	User	对 user 表进行增删改查操作
WelfareRepository	StationWelfare	对 stationWelfare 表进行增删改查操作

（4）dto 中存放数据展示的封装类文件，主要用于回传给视图层，展示数据。前台展示给用户的数据往往来源于某个或者多个实体的部分属性，为方便数据的传递和展示，开发过程中根据数据显示逻辑需要对数据进行封装形成 dto 实体。表 2.4 列出了本项目中所有 dto 文件的意义。

表 2.4　dto 文件列表

文件名称	功能描述
AdvertiseDto	getAdvertiseList 接口回传给移动端展示的数据
NoticeDto	getNoticeList 接口回传给移动端展示的数据
StationDemandDto StationInfoDto StationWelfareDto	getStationList 接口回传给移动端展示的数据
UserDto	Login/registComplete/mineDetail/updateUserInfo 接口回传给移动端展示的数据

（5）requestParam 中存放请求参数的封装类文件，主要用于传递给网络层接收 JSON

格式参数的接口。在接口开发过程中,经常会遇到需要参数较多、校验繁琐的问题,因此需要根据需求封装指定格式的实体类,和 JSON 格式数据进行转化,便于参数的传递和校验。表 2.5 列出了本项目中所有 requestParam 文件的意义。

表 2.5 requestParam 文件列表

文件名称	功能描述
PageSearchParam	移动端调用 getAdvertiseList、getNoticeList、getEvaluteList、getInterviewList 及 getStationList 接口时需要提交的分页查询参数
SaveOrUpdateDemandParam	后台调用 SaveOrUpdateDemand 方法时需要提供的参数
SaveOrUpdateWelfareParam	后台调用 SaveOrUpdateWelfare 方法时需要提供的参数
UpdateUserInfoParam	移动端调用接口 updateUserInfo 时需要提交的分页查询参数
SvaeInterviewParam	后台调用 saveInterview 方法时需要提交的参数

(6) utils 中存放了常用的一些工具集。表 2.6 列出了本项目中所有 utils 文件的意义。

表 2.6 utils 文件列表

文件名称	功能描述
CaptchaUtil	验证码生成工具
CheckPhoneUtil	电话号码校验工具
DataRequest	dataTables 插件发送分页请求的数据参数
DataTableReturnObject	dataTables 插件接受数据的格式
DataTableUtil	dataTables 插件使用工具
DateUtil	日期和字符串转换工具
FileUploadUtil	文件上传工具类
JSON	自定义 JSON 数据格式
PropertiesUtils	属性文件读取工具
RegexUtils	通用数据正则校验工具
SecurityUtil	Springsecurity 的相关工具

(7) interceptor 和 security 中存在的文件主要是使用 Springsecurity 框架实现认证和授权的功能。

2. resource 目录

resource 目录下的文件如表 2.7 所示,主要存放了一些核心配置文件,包括数据库配置文件、日志配置文件、属性配置文件及开发框架 SSH 的配置文件。

表 2.7　核心配置文件列表

文件名称	功能描述
persistence. xml	数据库的核心配置文件，包括数据库地址、数据库名称、密码、c3p0 连接池、事务等信息
config. properties	主要存放图像保存路径及找回密码的短信模板
spring-security. xml	Springsecurity 框架认证授权的相关配置
spring-mvc-context. xml	Sprigmvc 网络层框架的相关配置
spring-context. xml	业务层和持久层的相关配置

3. webapp 目录

webapp 作为项目的资源目录，主要包含 resources 和 WEB-INF 两个子目录。resources 目录下主要存放 css、js 及其他一些静态资源文件，WEB-INF 目录下存放记录项目初始化配置信息的 web. xml 文件、视图引擎文件 title. xml 及 jsp 视图文件。表 2.8 列出了本项目中主要 jsp 文件的功能。

表 2.8　jsp 文件列表

文件名称	功能描述
advertiseManaging. jsp	广告列表页面
advertiseAdd. jsp	广告添加页面
advertiseUpdate. jsp	广告更新页面
entrepriseManaging. jsp	公司列表页面
entrepriseAdd. jsp	公司添加页面
entrepriseUpdate. jsp	公司更新页面
entryDetailManaging. jsp	岗位报名列表页面
entryDetail. jsp	岗位报名详情页面
evaluteManaging. jsp	岗位评价列表页面
interviewManaging. jsp	面试通知列表页面
login. jsp	登录页面
noticeManaging. jsp	最近公告列表页面
noticeAdd. jsp	最近公告添加页面
noticeUpdate. jsp	最近公告更新页面
stationManaging. jsp	岗位列表页面
stationAdd. jsp	岗位添加页面
stationUpdate. jsp	岗位更新页面
stationCategoryManaging. jsp	岗位分类列表页面

续表

文件名称	功能描述
stationCategoryAdd. jsp	岗位分类添加页面
stationCategoryUpdate. jsp	岗位分类更新页面
userManaging. jsp	用户列表页面
userAdd. jsp	用户添加页面
userUpdate. jsp	用户更新页面

2.2.2 Web服务器端系统功能概述

由于章节篇幅的原因,本书只对职淘淘在线兼职平台Web服务器端的主要功能及部分运行效果进行简要介绍。

(1) 启动Web服务器Tomcat,部署运行本系统,打开职淘淘兼职平台的登录页面login. jsp,如图2.5所示,以管理员身份登录。

图2.5　login登录页面

(2) 输入正确的用户名、密码和验证码后进入默认的系统管理页面index. jsp,如图2.6所示。

(3) 用户管理。登录进入该管理员管理页面,单击"用户管理"按钮之后,弹出"用户列表"和"添加用户"两个按钮,点击"用户列表"按钮进入用户管理页面,如图2.7所示。该模块可以根据关键字查找用户、删除用户、重置密码以及更新用户信息。

(4) 用户添加和更新。点击左侧导航栏的"添加用户"按钮或者用户管理页面的"新增"按钮,进入添加用户页面,如图2.8所示。点击用户列表中各条记录后面的"修改"按钮可进入用户更新页面,如图2.9所示。

图 2.6　index 默认起始页面

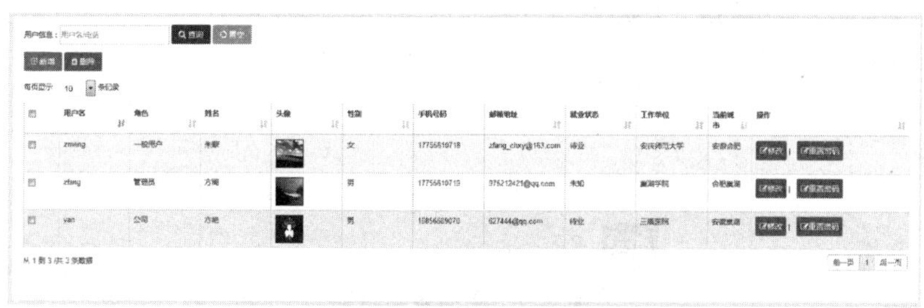

图 2.7　用户管理页面

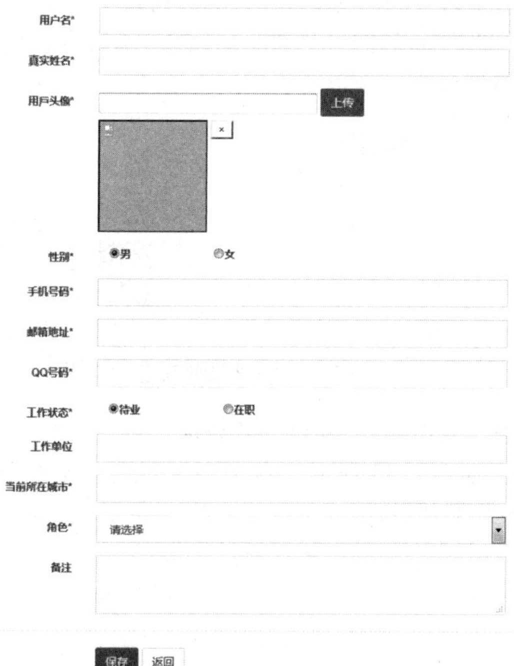

图 2.8　添加用户页面

图 2.9 用户更新页面

(5) 广告管理(其他的管理页面效果及功能差别不大,故后面不再赘述)。登录进入管理员管理页面,单击"广告管理"按钮之后,弹出"广告列表"和"添加广告"两个按钮,点击"广告列表"按钮进入广告管理页面,如图 2.10 所示。该模块可以根据关键字和是否发布的状态查找广告、删除广告、重置发布状态以及更新广告信息。

图 2.10 广告管理页面

(6) 广告添加和更新。点击左侧导航栏的"添加广告"按钮或者广告管理页面的"新增"按钮,进入添加广告页面,如图 2.11 所示。点击广告列表中各条记录后面的"修改"按钮可进入广告更新页面,如图 2.12 所示。

广告编号*　产生验证码

所属公司*

广告标题*

广告内容

广告图片地址*　上传

保存　返回

图 2.11　添加广告页面

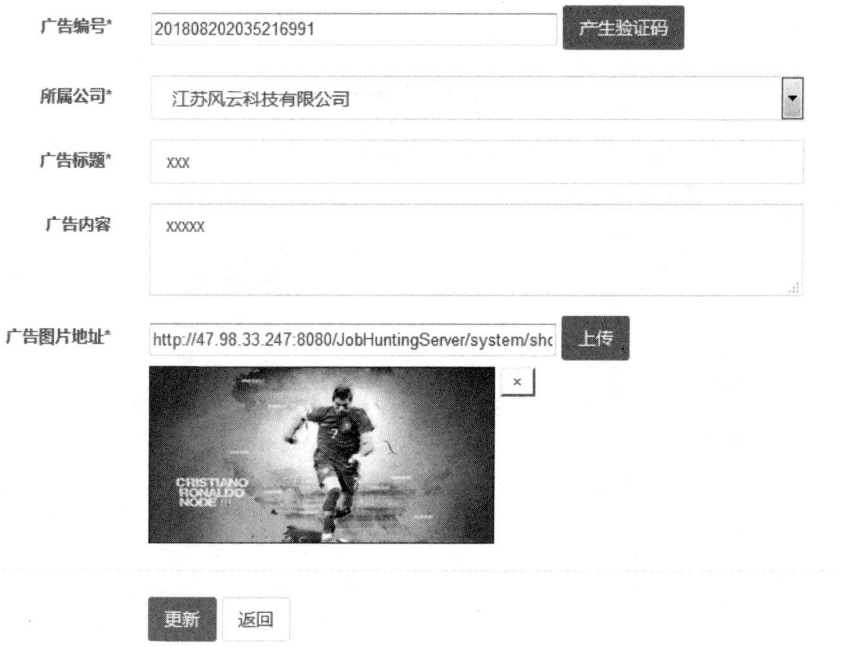

广告编号*　201808202035216991　产生验证码

所属公司*　江苏风云科技有限公司

广告标题*　xxx

广告内容　xxxxx

广告图片地址*　http://47.98.33.247:8080/JobHuntingServer/system/shc　上传

CRISTIANO RONALDO NODE !!!

更新　返回

图 2.12　广告更新页面

(7) 系统公告添加和更新。点击左侧导航栏的“添加公告”按钮或者公告管理页面的“新增”按钮,进入添加公告页面,如图 2.13 所示。点击公告列表中各条记录后面的“修改”按钮可进入公告更新页面,如图 2.14 所示。

(8) 企业添加和更新。点击左侧导航栏的“添加企业”按钮或者企业管理页面的“新增”

公告编号* 产生验证码
公告名称*
公告内容
保存 返回

图 2.13 添加公告页面

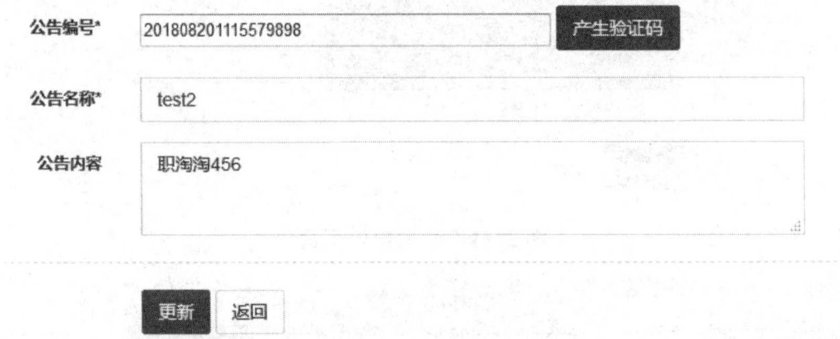

公告编号* 201808201115579898 产生验证码
公告名称* test2
公告内容 职淘淘456
更新 返回

图 2.14 公告更新页面

按钮,进入添加企业页面,如图 2.15 所示。点击企业列表中各条记录后面的“修改”按钮可进入企业更新页面,如图 2.16 所示。

企业编号* 产生验证码
企业名称*
企业登录名*
企业手机*
企业QQ*
企业邮箱*
企业地址*
企业简介
保存 返回

图 2.15 添加企业页面

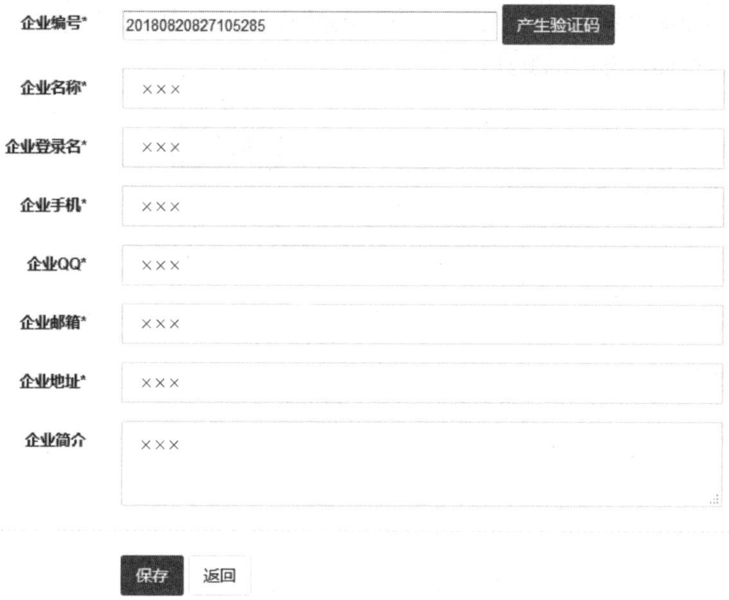

企业编号* 20180820827105285 产生验证码

企业名称* ×××

企业登录名* ×××

企业手机* ×××

企业QQ* ×××

企业邮箱* ×××

企业地址* ×××

企业简介 ×××

保存 返回

图 2.16　企业更新页面

(9) 岗位类别添加和更新。点击左侧导航栏的“添加岗位类别”按钮或者岗位类别管理页面的“新增”按钮,进入添加岗位类别页面,如图 2.17 所示。点击岗位类别列表中各条记录后面的“修改”按钮可进入岗位类别更新页面,如图 2.18 所示。

类别编号* 产生验证码

类别名称*

类别描述*

保存 返回

图 2.17　添加岗位类别页面

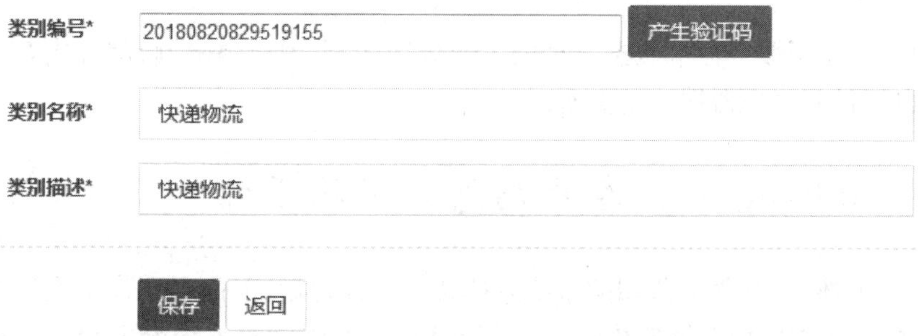

类别编号* 20180820829519155 产生验证码

类别名称* 快递物流

类别描述* 快递物流

保存 返回

图 2.18　岗位类别更新页面

(10) 岗位添加和更新。点击左侧导航栏的“添加岗位”按钮或者岗位管理页面的“新增”按钮，进入添加岗位页面，如图2.19所示。点击岗位列表中各条记录后面的“修改”按钮可进入岗位更新页面，如图2.20所示。

岗位编号* 产生验证码
类型*
发布公司*
岗位名称*
招聘人数*
工作内容*
工作地点*
面试过程*
岗位要求* 增加要求
福利待遇* 添加福利
保存 返回

图2.19 添加岗位页面

以上简单介绍了服务器端数据管理的大部分功能，考虑篇幅限制，部分内容没有详细介绍，读者可自行访问服务器端地址查看。

2.2.3 Android手机客户端总体架构设计

在了解了上述Web服务器端的系统总体架构设计之后，下面对职淘淘在线兼职平台的Android手机客户端应用总体架构设计进行介绍，以方便大家系统全面地掌握该平台。手机客户端总体架构设计如图2.21所示。

岗位编号* 2018082094732 1166 产生验证码

类型* 技工

发布公司* ×××

岗位名称* 技工

招聘人数* 123

工作内容* test

工作地点* 合肥

面试过程* test

岗位要求* 性别要求：男
年龄要求：18-30
学历要求：本科
技能要求：test　更新要求

福利待遇* 薪资福利：5000-20000之间，test
公积金: 提供住房公积金
保险：购买保险, test
房补：提供房补, test
餐补：提供餐补, test　更新福利

更新　返回

图 2.20　岗位更新页面

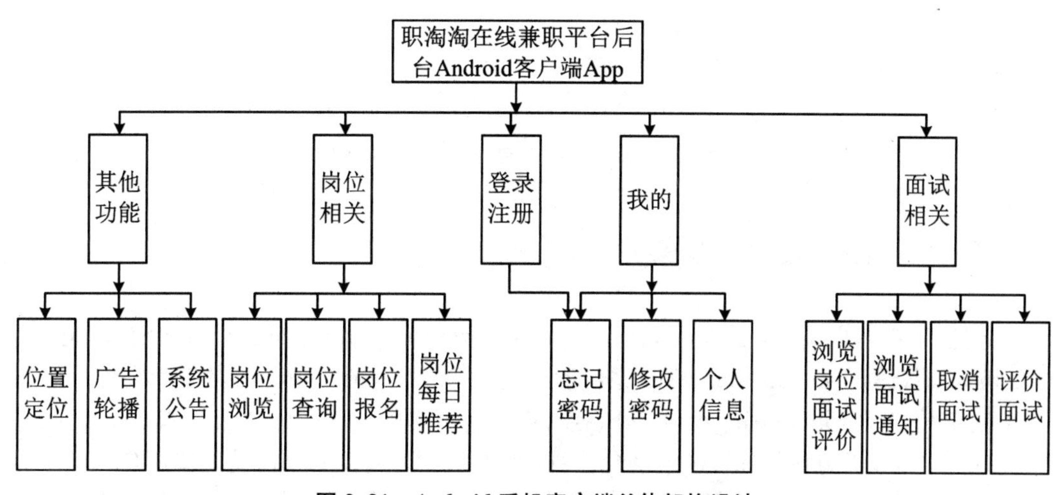

图 2.21　Android 手机客户端总体架构设计

Android 客户端程序的组织结构主要包括三个部分：java 源码目录、asserts 静态资源文

件以及 res 项目资源目录，如图 2.22 所示。至于各个文件的作用，第 1 章已做介绍，此处不再赘述。

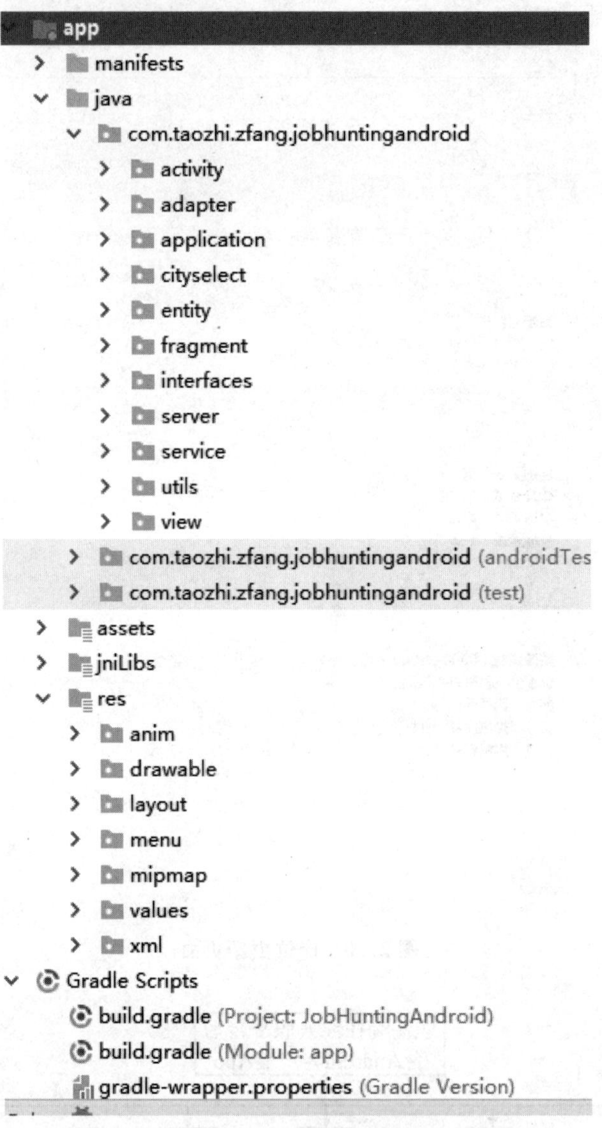

图 2.22 Android 客户端程序的组织结构

2.2.4 Android 手机客户端系统功能概述

为保证手机客户端的正常运行，在运行 JobHuntingAndroid 手机客户端之前，首先需要在 Tomcat 下部署 JobHuntingServer 系统服务器端和导入 part_job. sql 数据库文件。

(1) 部署启动 JobHuntingAndroid 系统，系统运行后的应用图标如图 2.23 所示。

(2) 单击上述"淘职"图标，进入平台首页，如图 2.24 所示，平台自动定位用户当前的位置，并以当前所在城市为关键字，查询所在城市每日推荐的岗位列表数据，同时轮播四条广告信息和一条最新系统公告信息。如果用户没有自动登录，可以点击右上角图标进入登录

图 2.23　职淘淘手机客户端应用图标

页面，如图 2.25 所示。同样用户可以点击左上角的图标进入手动定位页面选择城市，以方便获得指定城市的岗位信息，如图 2.26 所示。

图 2.24　职淘淘手机客户端首页

图 2.25　职淘淘手机客户端登录页

图 2.26 职淘淘手机客户端手动定位页面

图 2.27 职淘淘手机客户端注册第一步页面

(3) 进入登录页面之后，可以输入用户名和密码登录。如果没有在平台注册过，可以点击右上角的“免费注册”按钮进入注册页面，如图 2.27 所示。如果你不幸忘记了密码，可以点击右下角的“忘记密码”按钮进入找回密码页面，如图 2.28 所示。

图 2.28 职淘淘手机客户端找回密码页面

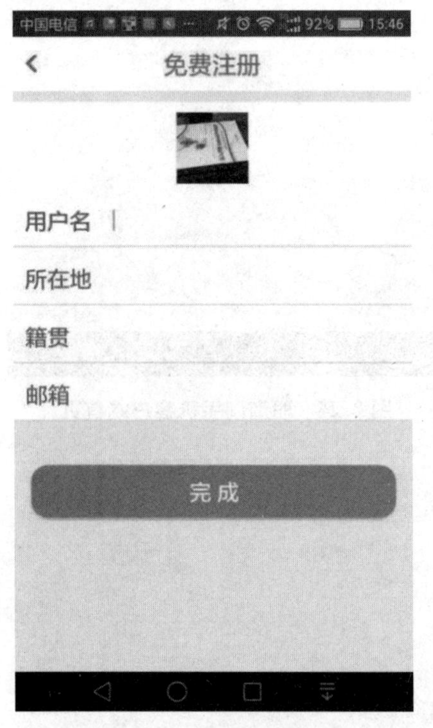

图 2.29 职淘淘手机客户端注册完成页面

(4) 进入免费注册页面之后，需要填写之前工作单位、联系电话及性别信息，填好后单击“下一步”按钮，进入注册完成页面，继续填写更加详细一些的信息，如图 2.29 所示。重新回到首页，点击“岗位分类信息”，进入岗位分类页面，如图 2.30 所示。选择任意一个岗位类别进入到岗位列表页面，如图 2.31 所示。此页面中可以根据岗位地点、岗位类别、薪资范围和福利要求对岗位信息进行筛选，默认进入时采用的筛选条件是定位城市和岗位类别信息。

(5) 任意选择一个岗位信息，点击进入岗位详情页面，该页面给出了岗位的具体信息，如图 2.32 所示。点击“面试评价”栏，进入面试评价列表页面，如图 2.33 所示，在该页面中可以查看所有面试过该岗位的用户留下的评价信息。点击详情页底部的“免费报名”按钮，进入到岗位免费报名页面，效果如图 2.34 所示。填写好电话号码和真实姓名之后进入报名成功页面，如图 2.35 所示。

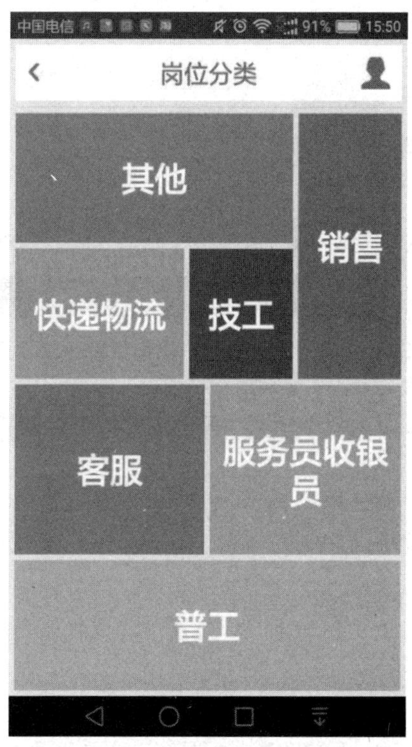

图 2.30　职淘淘手机客户端岗位类别页面

图 2.31　职淘淘手机客户端岗位列表页面

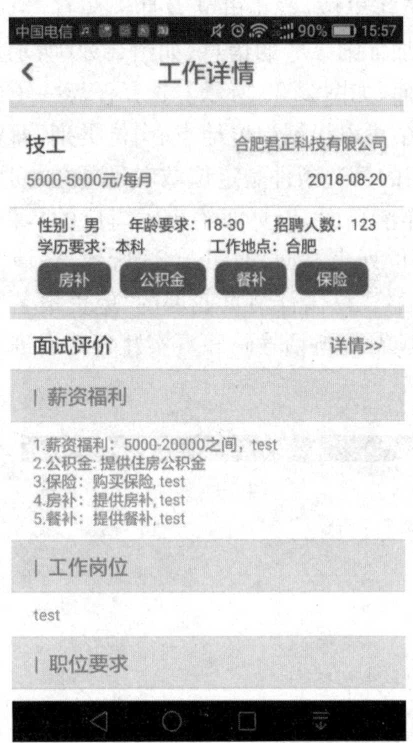

图 2.32　职淘淘手机客户端岗位详情页面

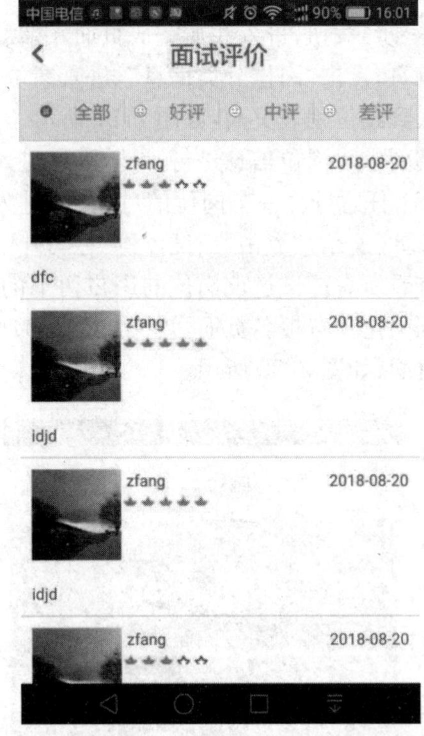

图 2.33　职淘淘手机客户端岗位评价列表页面

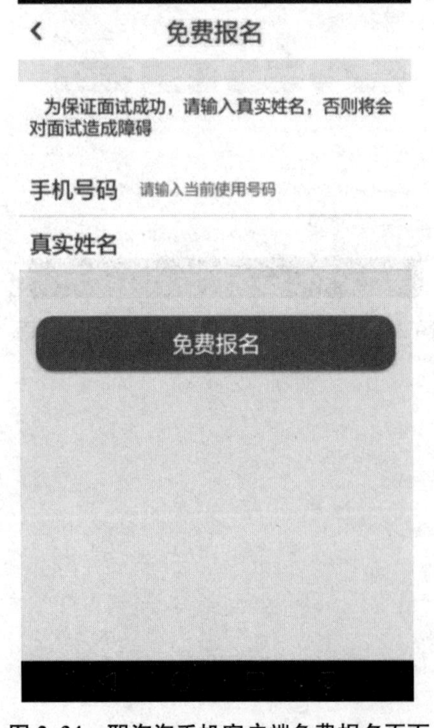

图 2.34　职淘淘手机客户端免费报名页面

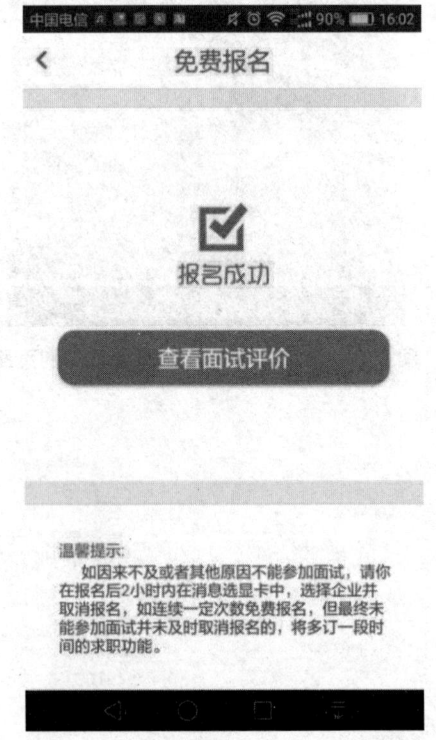

图 2.35　职淘淘手机客户端报名成功页面

(6) 回到首页,点击底部导航栏的"消息"按钮,进入面试通知页面,如图 2.36 所示。该页面展示了用户接收到的所有面试通知信息,对于未面试的通知,可以进行取消操作,对于已经取消的岗位可以进行重新报名。

(7) 再次回到首页,点击底部导航栏的"我的"按钮,进入个人详情页面,如图 2.37 所示。在该页面中可以进一步查看和修改个人的详情、修改密码、查看软件说明信息等,此处不再一一介绍。

图 2.36　职淘淘手机客户端面试通知页面

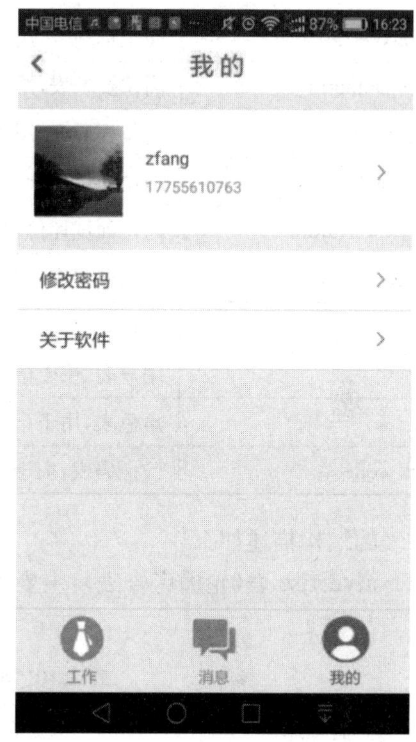

图 2.37　职淘淘手机客户端"我的"页面

2.3　数据库详细设计

本项目案例系统的运行需要的数据库为 MySQL。MySQL 是一个多用户、多线程的 SQL 数据库,是一个客户端/服务器结构的应用,它由一个服务器守护程序 mysqld 以及很多不同的客户程序和库组成。它是目前市场上运行最快的 SQL (Structured Query Language,结构化查询语言)数据库之一,提供了其他数据库少有的编程工具,而且 MySQL 对于商业和个人用户是免费的。这里使用相对稳定的 5.5 版本。

MySQL 的功能特点如下:可以同时处理几乎不限数量的用户;可处理多达 50000000 条以上的记录;命令执行速度快,可能是目前最快的;简单有效的用户特权系统。

本项目案例设计和使用的数据库表主要有 16 张,除去 2 张中间表,共有 14 张实体表,如表 2.9 所示。具体表逻辑图如图 2.38 所示。

表 2.9 数据库表列表

表名	功能描述
Advertise	轮播广告信息表,用于记录企业或平台广告信息
Notice	公告信息表,用于记录平台最近公告信息
Entreprise	企业信息表,用于记录企业相关信息
stationInfo	岗位信息表,用于记录招聘岗位的信息
stationWelfare	岗位福利表,用于记录招聘岗位提供的福利信息
stationDemand	岗位要求表,用于记录招聘岗位提出的求职要求
entryDetail	岗位报名表,用于记录用户进行岗位报名的信息
interviewRecord	岗位面试通知表,用于记录企业向报名用户发布面试通知的信息
interviewEvalute	岗位面试评价表,用于记录面试用户对面试情况进行评价的信息
stationCategory	岗位分类表,用于记录岗位的分类信息
Menu	菜单表,用于记录左侧导航按钮的信息
User	用户表,用于记录平台用户的信息
Role	角色表,用于记录平台用户和菜单的权限信息
check_code	验证码表,用于记录用户接收的验证码信息

各表的结构描述如下。

(1) advertise 表(轮播广告表):主要用于记录企业或平台广告信息,主要字段如表 2.10 所示。

表 2.10 advertise 轮播广告表

字段	类型	描述
id	varchar(36)	表示广告项的 id
createDate	datetime	表示广告项的创建时间
updateDate	datetime	表示广告项的更新时间
createBy	varchar(255)	表示广告项由谁创建
updateBy	varchar(255)	表示广告项由谁更新
Version	int	表示广告项的版本
advertiseCode	varchar(36)	表示广告项的编号
advertiseName	varchar(50)	表示广告项的标题
advertiseContent	varchar(500)	表示广告项的内容
advertiseUrl	varchar(100)	表示广告项的图像地址
isDelete	int	表示广告项是否被逻辑删除
isPublish	int	表示广告项是否发布
entreprise_id	varchar(36)	表示广告项和企业的外键关系

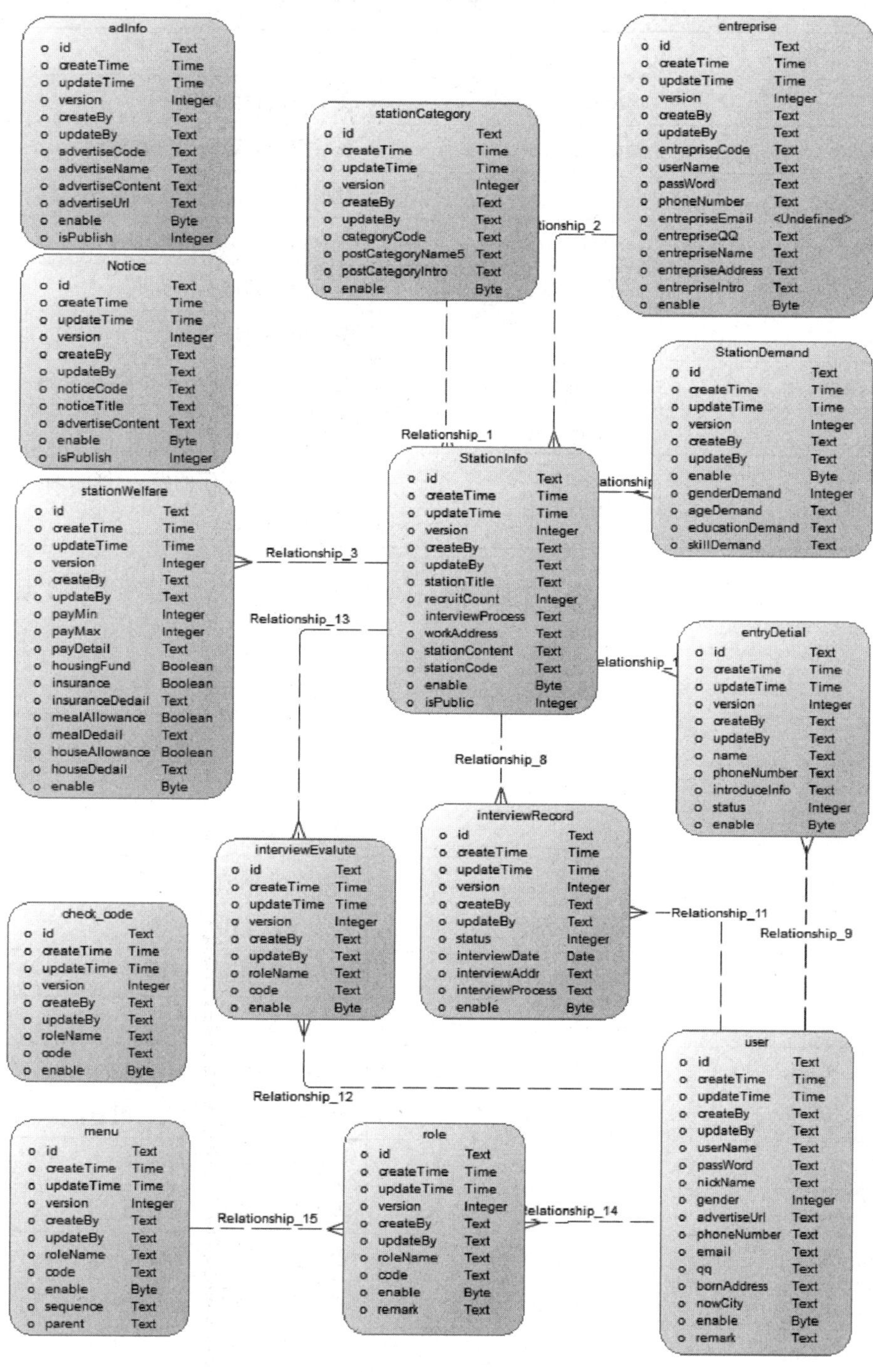

图 2.38　表逻辑图

(2) check_code 表(短信验证码表):主要用于记录用户接收的验证码信息,主要字段如表 2.11 所示。

表 2.11 check_code 短信验证码表

字段	类型	描述
id	varchar(36)	表示短信验证码的 id
createDate	datetime	表示短信验证码的创建时间
updateDate	datetime	表示短信验证码的更新时间
createBy	varchar(255)	表示短信验证码由谁创建
updateBy	varchar(255)	表示短信验证码由谁更新
Version	int	表示短信验证码的版本
moiblePhone	varchar(11)	表示接收短信验证码的手机号码
Code	varchar(50)	表示短信验证码的内容
sendTime	datetime	表示短信验证码的发送时间,判断验证码是否过期

(3) entreprise 表(企业信息表):主要用于记录企业相关信息,主要字段含义如表 2.12 所示。

表 2.12 entreprise 企业信息表

字段	类型	描述
id	varchar(36)	表示企业项的 id
createDate	datetime	表示企业项的创建时间
updateDate	datetime	表示企业项的更新时间
createBy	varchar(255)	表示企业项由谁创建
updateBy	varchar(255)	表示企业项由谁更新
Version	int	表示企业项的版本
entrepriseCode	varchar(50)	表示企业项的编码
username	varchar(50)	表示企业项的用户名,用于企业登录平台
password	varchar(50)	表示企业项的密码
phoneNumber	varchar(11)	表示企业项的电话号码
entrepriseEmail	varchar(50)	表示企业项的电子邮箱
entrepriseQQ	varchar(50)	表示企业项的办公 QQ 号
entrepriseName	varchar(50)	表示企业项的名称
entrepriseAddress	varchar(50)	表示企业项的地址
isDelete	int	表示企业项的逻辑删除
entrepriseIntro	varchar(500)	表示企业项的介绍

(4) entryDetail 表(岗位报名表):主要用于记录用户进行岗位报名的信息,主要字段如表 2.13 所示。

表 2.13　entryDetail 岗位报名表

字段	类型	描述
id	varchar(36)	表示岗位报名项的 id
createDate	datetime	表示岗位报名项的创建时间
updateDate	datetime	表示岗位报名项的更新时间
createBy	varchar(255)	表示岗位报名项由谁创建
updateBy	varchar(255)	表示岗位报名项由谁更新
Version	int	表示岗位报名项的版本
introduceInfo	varchar(500)	表示岗位报名项的用户自我推荐
Name	varchar(50)	表示岗位报名项的用户真实姓名
phoneNumber	varchar(11)	表示岗位报名项的用户电话号码
Status	int	表示岗位报名项的用户报名的状态
isDelete	int	表示岗位报名项的逻辑删除

(5) interviewEvalute 表(面试评价表):主要用于记录面试用户对面试情况进行评价的信息,主要字段如表 2.14 所示。

表 2.14　interviewEvalute 面试评价表

字段	类型	描述
id	varchar(36)	表示面试评价项的 id
createDate	datetime	表示面试评价项的创建时间
updateDate	datetime	表示面试评价项的更新时间
createBy	varchar(255)	表示面试评价项由谁创建
updateBy	varchar(255)	表示面试评价项由谁更新
Version	int	表示面试评价项的版本
ratingBar	int	表示面试评价项的星级打分
evaluteContent	varchar(500)	表示面试评价项的评价内容
isDelete	Int	表示面试评价项的逻辑删除
user_id	varchar(36)	表示面试评价项与评价用户的外键
stationInfo_id	varchar(36)	表示面试评价项与面试岗位的外键

(6) interviewRecord 表(面试通知表):主要用于记录企业向报名用户发布面试通知的信息,主要字段如表 2.15 所示。

表 2.15 interviewRecord 面试通知表

字段	类型	描述
id	varchar(36)	表示面试通知项的 id
createDate	datetime	表示面试通知项的创建时间
updateDate	datetime	表示面试通知项的更新时间
createBy	varchar(255)	表示面试通知项由谁创建
updateBy	varchar(255)	表示面试通知项由谁更新
Version	int	表示面试通知项的版本
Status	int	表示面试通知项的状态
interviewDate	datetime	表示面试通知项的面试时间
interviewAddr	varchar(50)	表示面试通知项的面试地点
stationinfo_id	varchar(36)	表示面试通知项与面试岗位的外键
user_id	varchar(36)	表示面试通知项与面试用户的外键
isDelete	int	表示面试通知项的逻辑删除

(7) menu 表(导航菜单表):主要用于记录左侧导航按钮的信息,主要字段如表 2.16 所示。

表 2.16 menu 导航菜单表

字段	类型	描述
id	varchar(36)	表示导航菜单项的 id
createDate	datetime	表示导航菜单项的创建时间
updateDate	datetime	表示导航菜单项的更新时间
createBy	varchar(255)	表示导航菜单项由谁创建
updateBy	varchar(255)	表示导航菜单项由谁更新
version	int	表示导航菜单项的版本
menuName	varchar(50)	表示导航菜单项的菜单名称
menuUrl	varchar(100)	表示导航菜单项对应的访问资源路径
menuKey	varchar(50)	表示导航菜单项的角色级别
sequence	int	表示导航菜单项的序号
Enable	varchar(36)	表示导航菜单项的使能表示
parent_id	varchar(36)	表示导航菜单项的外键

(8) notice 表(系统公告表):用于记录平台最近公告信息,主要字段如表 2.17 所示。

表 2.17　notice 系统公告表

字段	类型	描述
id	varchar(36)	表示系统公告项的 id
createDate	datetime	表示系统公告项的创建时间
updateDate	datetime	表示系统公告项的更新时间
createBy	varchar(255)	表示系统公告项由谁创建
updateBy	varchar(255)	表示系统公告项由谁更新
version	int	表示系统公告项的版本
noticeCode	varchar(50)	表示系统公告项的编码
noticeTitle	varchar(50)	表示系统公告项的标题
noticeContent	varchar(500)	表示系统公告项的内容
isPublish	int	表示系统公告项的是否发布
isDelete	int	表示系统公告项的逻辑删除标识

(9) role 表(角色表):用于记录平台用户和菜单的权限信息,主要字段如表 2.18 所示。

表 2.18　role 角色表

字段	类型	描述
id	varchar(36)	表示角色项的 id
createDate	datetime	表示角色项的创建时间
updateDate	datetime	表示角色项的更新时间
createBy	varchar(255)	表示角色项由谁创建
updateBy	varchar(255)	表示角色项由谁更新
version	int	表示角色项的版本
roleName	varchar(50)	表示角色项的名称
Code	varchar(50)	表示角色项的级别
Enable	bit	表示角色项的是否启用
Remark	varchar(500)	表示角色项的说明

(10) stationCategoty 表(岗位类别表):用于记录岗位的分类信息,主要字段如表 2.19 所示。

表 2.19　stationCategoty 岗位类别表

字段	类型	描述
id	varchar(36)	表示岗位类别项的 id
createDate	datetime	表示岗位类别项的创建时间
updateDate	datetime	表示岗位类别项的更新时间

续表

字段	类型	描述
createBy	varchar(255)	表示岗位类别项由谁创建
updateBy	varchar(255)	表示岗位类别项由谁更新
version	int	表示岗位类别项的版本
categoryCode	varchar(50)	表示岗位类别项的编码
categoryName	varchar(50)	表示岗位类别项的名称
categoryIntro	varchar(500)	表示岗位类别项的描述
isDelete	int	表示岗位类别项的逻辑删除标识

(11) stationDemand 表(岗位要求表):用于记录招聘岗位提出的求职要求,主要字段如表 2.20 所示。

表 2.20 stationDemand 岗位要求表

字段	类型	描述
id	varchar(36)	表示岗位招聘要求项的 id
createDate	datetime	表示岗位招聘要求项的创建时间
updateDate	datetime	表示岗位招聘要求项的更新时间
createBy	varchar(255)	表示岗位招聘要求项由谁创建
updateBy	varchar(255)	表示岗位招聘要求项由谁更新
version	int	表示岗位招聘要求项的版本
genderDemand	int	表示岗位招聘要求项的性别要求
ageDemand	varchar(50)	表示岗位招聘要求项的年龄范围要求
educationDemand	varchar(50)	表示岗位招聘要求项的学历要求
skillDemand	varchar(500)	表示岗位招聘要求项的技能要求
isDelete	int	表示岗位招聘要求项的逻辑删除标识
stationInfo_id	varchar(36)	表示岗位招聘要求项与岗位的外键

(12) stationWelfare 表(岗位福利表):用于记录招聘岗位提供的福利信息,主要字段如表 2.21 所示。

表 2.21 stationWelfare 岗位福利表

字段	类型	描述
id	varchar(36)	表示岗位福利项的 id
createDate	datetime	表示岗位福利项的创建时间
updateDate	datetime	表示岗位福利项的更新时间
createBy	varchar(255)	表示岗位福利项由谁创建

续表

字段	类型	描述
updateBy	varchar(255)	表示岗位福利项由谁更新
version	int	表示岗位福利项的版本
payMin	int	表示岗位福利项提供的最低工资
payMax	int	表示岗位福利项提供的最高工资
payDetail	varchar(500)	表示岗位福利项的工资说明
housingFund	int	表示岗位福利项是否提供公积金的标识
insurance	int	表示岗位福利项是否提供保险的标识
insuranceDedail	varchar(500)	表示岗位福利项关于保险的说明
mealAllowance	int	表示岗位福利项是否提供餐补的标识
mealDedail	varchar(500)	表示岗位福利项关于餐补的说明
houseAllowance	int	表示岗位福利项是否提供房补的标识
houseDedail	varchar(500)	表示岗位福利项关于房补的说明
otherWelfare	varchar(500)	表示岗位福利项提供的其他福利说明
isDelete	int	表示岗位福利项是否逻辑删除的标识

(13) stationInfo 表(岗位信息表):用于记录招聘岗位的信息,主要字段如表 2.22 所示。

表 2.22　stationInfo 岗位信息表

字段	类型	描述
id	varchar(36)	表示岗位信息项的 id
createDate	datetime	表示岗位信息项的创建时间
updateDate	datetime	表示岗位信息项的更新时间
createBy	varchar(255)	表示岗位信息项由谁创建
updateBy	varchar(255)	表示岗位信息项由谁更新
version	int	表示岗位信息项的版本
stationCode	varchar(50)	表示岗位信息项的编号
stationTitle	varchar(50)	表示岗位信息项的岗位名称
recruitCount	int	表示岗位信息项的招聘人数
interviewProcess	varchar(500)	表示岗位信息项的面试流程
workAddress	varchar(50)	表示岗位信息项的工作地点
stationContent	varchar(500)	表示岗位信息项的工作内容
isPublish	int	表示岗位信息项是否发布的标识
isDelete	int	表示岗位信息项是否逻辑删除的标识

续表

字段	类型	描述
stationCategory_id	varchar(36)	表示岗位信息项与岗位类别表的外键
entreprise_id	varchar(36)	表示岗位信息项与企业信息表的外键
stationDemand_id	varchar(36)	表示岗位信息项与岗位要求表的外键
stationWelfare_id	varchar(36)	表示岗位信息项与岗位福利表的外键

(14) user 表(用户信息表):用于记录平台用户的信息,主要字段如表 2.23 所示。

表 2.23 user 用户信息表

字段	类型	描述
id	varchar(36)	表示用户信息项的 id
createDate	datetime	表示用户信息项的创建时间
updateDate	datetime	表示用户信息项的更新时间
createBy	varchar(255)	表示用户信息项由谁创建
updateBy	varchar(255)	表示用户信息项由谁更新
version	int	表示用户信息项的版本
userName	varchar(50)	表示用户信息项的系统登录名
passWord	varchar(50)	表示用户信息项的系统登录密码
realName	varchar(50)	表示用户信息项的真实姓名
Gender	int	表示用户信息项的性别
imgUrl	varchar(100)	表示用户信息项的头像地址
phoneNumber	varchar(11)	表示用户信息项的电话号码
Email	varchar(50)	表示用户信息项的电子邮箱
Qq	varchar(50)	表示用户信息项的 QQ 号码
bornAddress	varchar(50)	表示用户信息项的出生地
nowCity	varchar(50)	表示用户信息项的当前所在城市
workState	int	表示用户信息项的工作状态
workEntreprise	varchar(50)	表示用户信息项的当前或者最近的工作企业
remark	varchar(500)	表示用户信息项的备注信息
isDelete	int	表示用户信息项是否逻辑删除的标识

(15) role_menu 表(角色权限表和导航菜单表的中间表):用于记录角色权限表和导航菜单表之间的多对多关系,主要字段如表 2.24 所示。

表 2.24　role_menu 角色权限表和导航菜单表的中间表

字段	类型	描述
role_id	varchar(36)	表示角色权限表中的 id
menu_id	varchar(36)	表示导航菜单表中的 id

(16) user_role 表(用户信息表和角色权限表的中间表):用于记录用户信息表和角色权限表之间的多对多关系,主要字段如表 2.25 所示。

表 2.25　user_role 用户信息表和角色权限表的中间表

字段	类型	描述
role_id	varchar(36)	表示角色权限表中的 id
user_id	varchar(36)	表示用户信息表中的 id

2.4　职淘淘在线兼职平台部署

2.4.1　职淘淘在线兼职平台 Web 服务器端部署

职淘淘在线兼职平台服务器端部署环境的软件要求:

(1) 操作系统:Windows 7 旗舰版以上。

(2) Web 服务器:Tomcat 7.0 及以上。

(3) 数据库:MySQL 5.5 及以上。

部署步骤如下:

(1) 数据库创建。

由于 MySQL5.5 以上版本不支持"安装目录/data/数据库"这样的直接备份,所以需要自己建立数据库并导入数据,具体步骤如下:

① 依次点击"开始"→"所有程序"→MySQL→MySQL Server 5.5→MySQL 5.5 Command Line Client 菜单项启动数据库,具体如图 2.39 所示。

② 进入后要求输入数据库密码,输入正确的密码后按〈Enter〉键进入 MySQL,如图 2.40 所示。

③ 创建并使用 part_job 数据库,具体如图 2.41 所示。

④ 输入导入命令"mysql>source D:/part_job.sql;",其中 D:/part_job.sql 是 SQL 脚本,可以把它放在任意目录下,本例放在 D 盘下,按〈Enter〉键执行导入命令,具体如图 2.42 所示。

(2) 将 JobHuntingServer.wav 复制到 tomcat\webapps 下,启动 Tomcat 7.0,放置的文件自动解压生成到 JobHuntingServer 文件夹下,然后找到 tomcat\webapps JobHuntingServer\ WEB-INF\classes\META-INF\persistence.xml 文件并打开,如图 2.43 所示,将代码 13 行和 14 行 value 的值分别修改为自己数据库的用户名、密码,同时将 16 行的数据库名

称 job_hunting 修改成刚才创建的数据库 part_job，修改完成后即可启动运行。

（3）在 C 盘下创建文件夹 JobHunting\file\advertise 和 JobHunting\file\userIm-age，分别用于存储广告图像和用户头像。

（4）启动 Tomcat，项目 Web 服务器端即可正确启动运行。

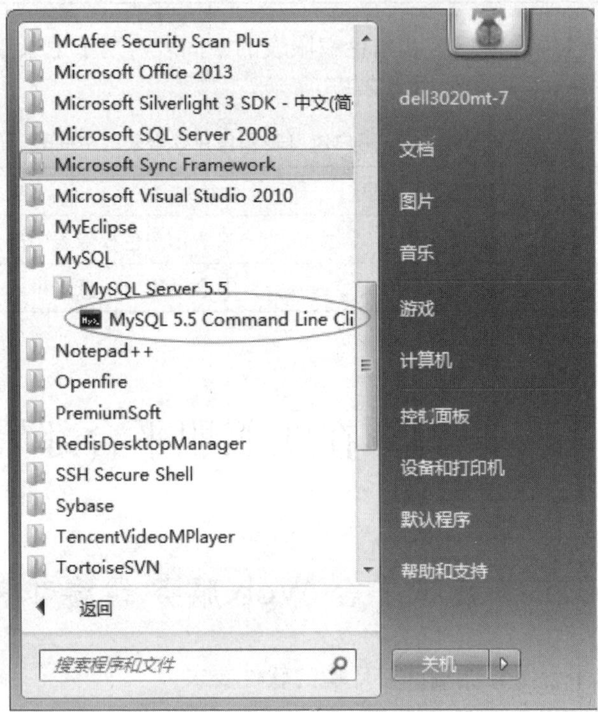

图 2.39　启动 MySQL 客户端

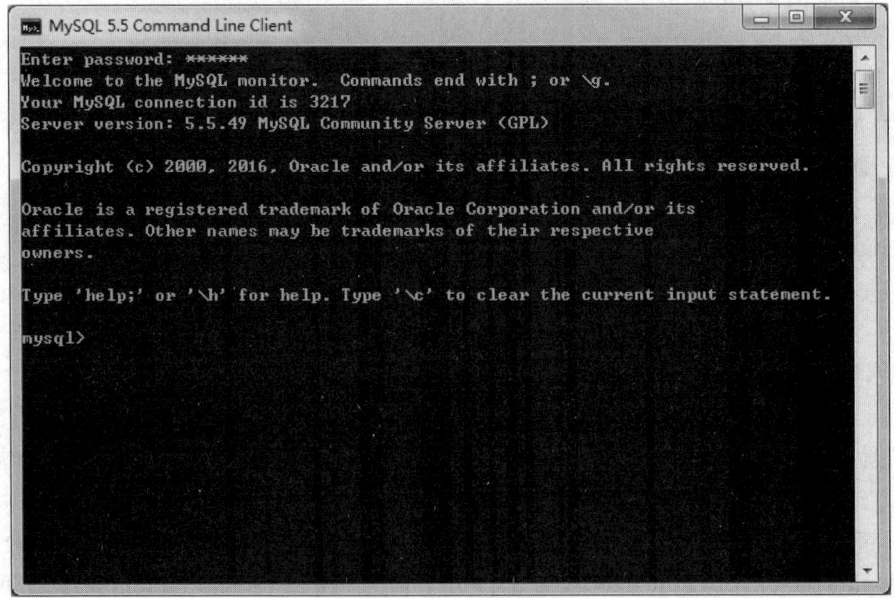

图 2.40　进入 MySQL 数据库

```
MySQL 5.5 Command Line Client
Enter password: ******
Welcome to the MySQL monitor.  Commands end with ; or \g.
Your MySQL connection id is 3218
Server version: 5.5.49 MySQL Community Server (GPL)

Copyright (c) 2000, 2016, Oracle and/or its affiliates. All rights reserved.

Oracle is a registered trademark of Oracle Corporation and/or its
affiliates. Other names may be trademarks of their respective
owners.

Type 'help;' or '\h' for help. Type '\c' to clear the current input statement.

mysql> create database part_job; use part_job;
Query OK, 1 row affected (0.01 sec)

Database changed
mysql>
```

图 2.41　创建并使用 part_job 数据库

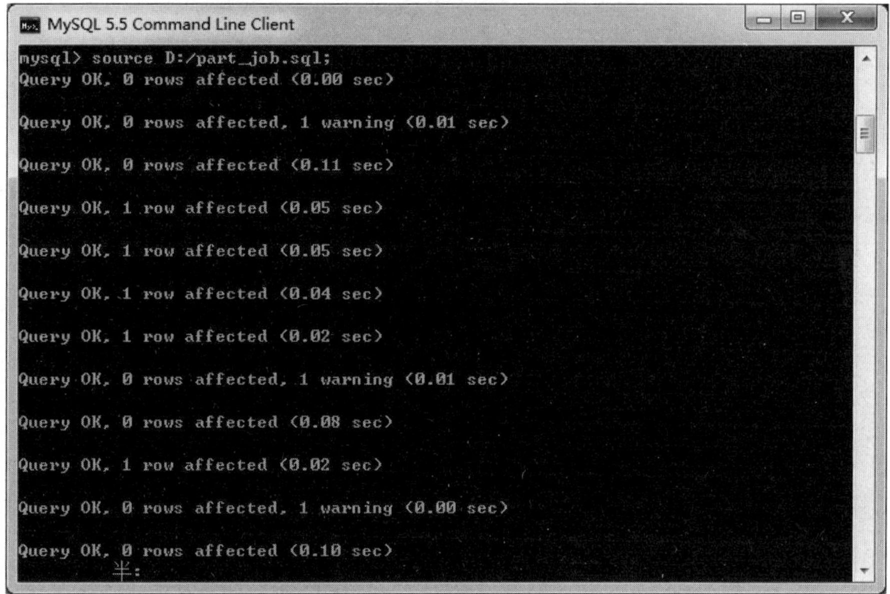

```
MySQL 5.5 Command Line Client
mysql> source D:/part_job.sql;
Query OK, 0 rows affected (0.00 sec)

Query OK, 0 rows affected, 1 warning (0.01 sec)

Query OK, 0 rows affected (0.11 sec)

Query OK, 1 row affected (0.05 sec)

Query OK, 1 row affected (0.05 sec)

Query OK, 1 row affected (0.04 sec)

Query OK, 1 row affected (0.02 sec)

Query OK, 0 rows affected, 1 warning (0.01 sec)

Query OK, 0 rows affected (0.08 sec)

Query OK, 1 row affected (0.02 sec)

Query OK, 0 rows affected, 1 warning (0.00 sec)

Query OK, 0 rows affected (0.10 sec)
```

图 2.42　导入数据库

```
<property name="hibernate.connection.username" value="root" />
<property name="hibernate.connection.password" value="123456" />
<property name="hibernate.connection.url"
        value="jdbc:mysql://localhost:3306/job_hunting?useUnicode=true&amp;characterEncoding=UTF-8" />
```

图 2.43　数据库配置信息

2.4.2 职淘淘在线兼职平台手机客户端部署

职淘淘在线兼职平台手机客户端部署环境的软件要求：

(1) 操作系统：Windows 7 旗舰版以上。

(2) Android Studio：需下载更新 SDK 版本为 27。

(3) 模拟器：Android 4.3 以上，支持摄像头调用。

详细部署步骤如下：

(1) 打开 Android Studio，选择 File→Open 菜单项，导入手机客户端工程 JobHuntingAndroid，如图 2.44 所示。

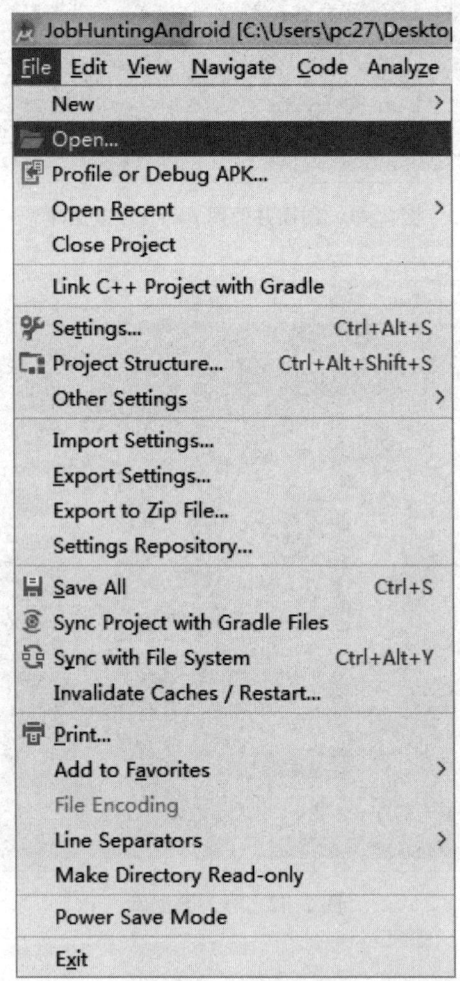

图 2.44 导入工程

(2) 创建 Android 虚拟机(注意：本项目支持的最低 Google API 版本为 Level 18，当然读者可以根据需求做适当修改；另外本项目含有系统摄像头调用，大部分虚拟机无法提供此项功能，建议使用真机测试)，点击"Run"按钮，调试运行 JobHuntingAndroid 工程。

(3) 生成正式签名的 APK 文件。此处内容第 12 章会做详细介绍，此处暂略。

本 章 小 结

本章主要从整体需求、详细设计、数据库分析与设计及项目部署四个方面对职淘淘在线兼职平台做了概要性的介绍。该项目贯穿本书的全部章节，后续章节均会以该平台需求为切入点进行介绍，希望看完本书之后，大家可以将该案例继续优化扩充。

习 题 2

1. 基于前述职淘淘应用基本情况，如果需要添加通信录模块，允许用户之间互相添加好友和发送消息，效果如图2.45所示，请分析讨论数据库的设计及功能的实现方案。

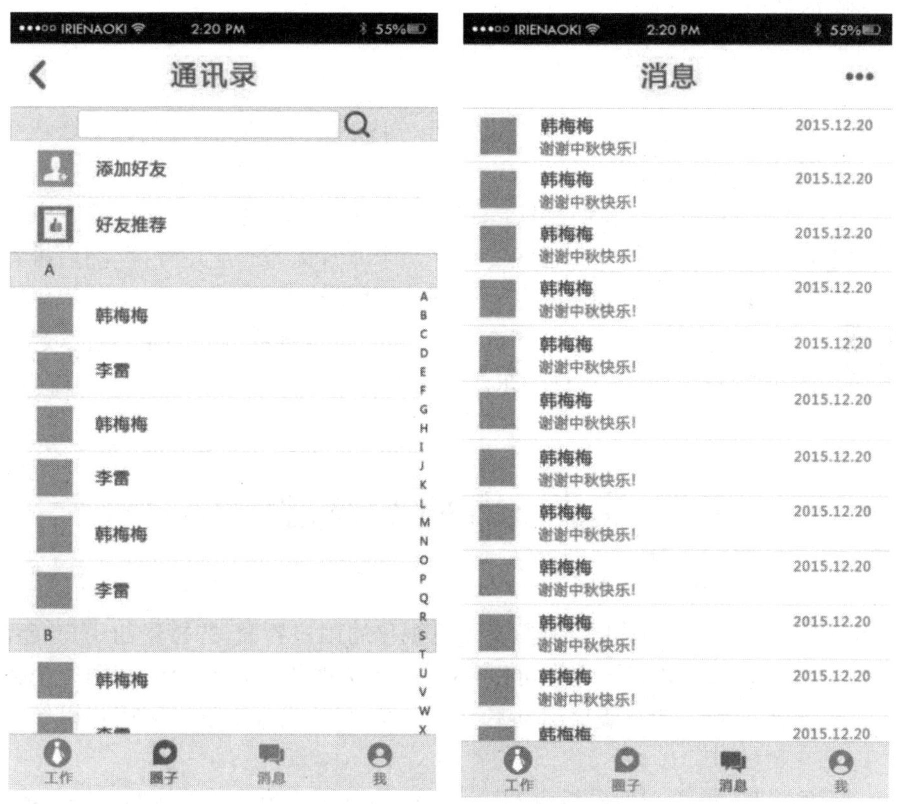

图2.45　职淘淘通信模块业务需求

第 3 章　Android 活动组件详解

学习目标

作为 Android 四大组件之一，活动组件(Activity)主要用于页面的展示以及和用户的交互。本章主要介绍 Android 活动组件，从最基本的概念入手，详细讲解什么是活动、活动的基本用法以及活动之间的跳转等相关内容。通过本章的学习，要求读者达到以下学习目标：

(1) 了解活动的概念。

(2) 掌握活动的基本用法。

(3) 掌握活动之间的跳转及传值。

(4) 了解活动的生命周期。

(5) 掌握活动的启动模式。

通过第 1 章的介绍，我们已经成功创建了第一个 Android 项目，之后在第 2 章我们看到了对职淘淘项目的详细介绍，相信大家一定在跃跃欲试，开始准备开发设计属于自己的 Android App 了。但是不得不说，我们还只是走出了万里长征的第一步，那么接下来我们要学些什么？现在可以想像一下，假如你已经写好了一个非常优秀的应用程序，然后推荐给你的第一个用户，你会从哪里开始介绍呢？毫无疑问，当然是从界面开始了！你的程序算法再高效，架构再出色，用户看不见，当然也就不会在乎，他们只会对看得见的东西感兴趣。所以接下来自然而然的我们就需要从看得见的东西开始说起。

3.1　活动的概念

Activity 是 Android 程序的界面层，显示可视化的用户界面，并接受与用户交互所产生的界面事件。一个 Android 应用程序可以包含一个或者多个 Activity，其中一个作为入口 Activity 用于启动显示，一般在程序启动后呈现一个 Activity，用于提醒用户程序已经正常启动了。

Activity 通过 View 管理用户界面 UI。View 绘制用户界面 UI 与处理用户界面事件，可通过 XML 描述定义，也可以在代码中生成。一般情况下，Android 建议将 UI 设计和逻辑分离。Android UI 设计类似 Swing，通过布局控件组织 UI 控件。

在应用程序中，每一个 Activity 都是一个单独的类，继承实现了 Activity 基础父类，这个类通过它的方法设置并显示由 Views 组成的用户界面 UI，同时接受、响应与用户交互产生的界面事件。在应用程序中，一个 Activity 在界面上的表现形式通常有全屏窗体、非全屏悬浮窗体和对话框等。

3.2 活动的基本用法

相信看过第 2 章的介绍，大家已经对职淘淘在线兼职平台有了较为具体的了解，那么接下来我们就以职淘淘在线兼职平台为例，从头为大家介绍其开发过程。我们可以发现该兼职平台其实是具有很多用户界面的，我们以登录和注册页面为例，详细为大家介绍 Activity 的基本使用方法。

3.2.1 手动创建活动

如果你已经按照第 2 章的介绍，搭建好了基于 Android Studio 的开发环境，并且按照介绍创建了一个 Android 项目，因为 Android Studio 在一个工作区内只能同时打开一个 Android 项目，所以你需要首先将当前的项目关闭，点击导航栏的 File→Close Project 即可。然后按照第 1 章的介绍，创建一个名为 JobHunting 的 Android 项目，但是需要注意在添加 Activity 模板这一步（如图 1.21 所示）时，选择 Add No Activity，因为这次我们准备手动创建一个活动，如图 3.1 所示。

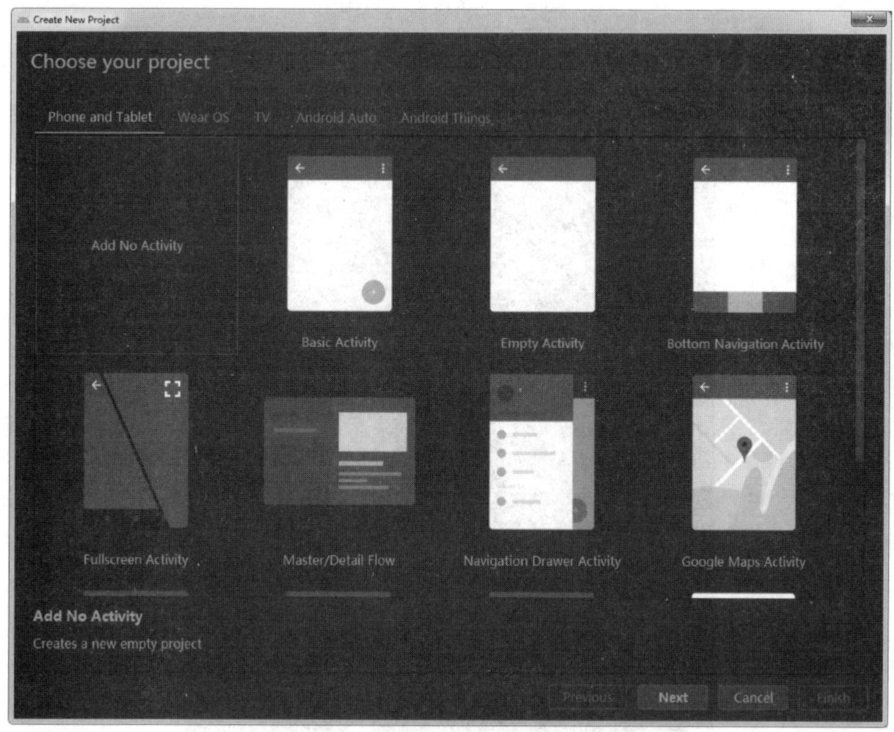

图 3.1 添加 Activity 选项

点击“Next”，进入项目配置页面，如图 3.2 所示，按照第 1 章的介绍完成项目的配置，点击“Finish”按钮，完成项目的创建，并等待 Gradle 完成对项目的构建。

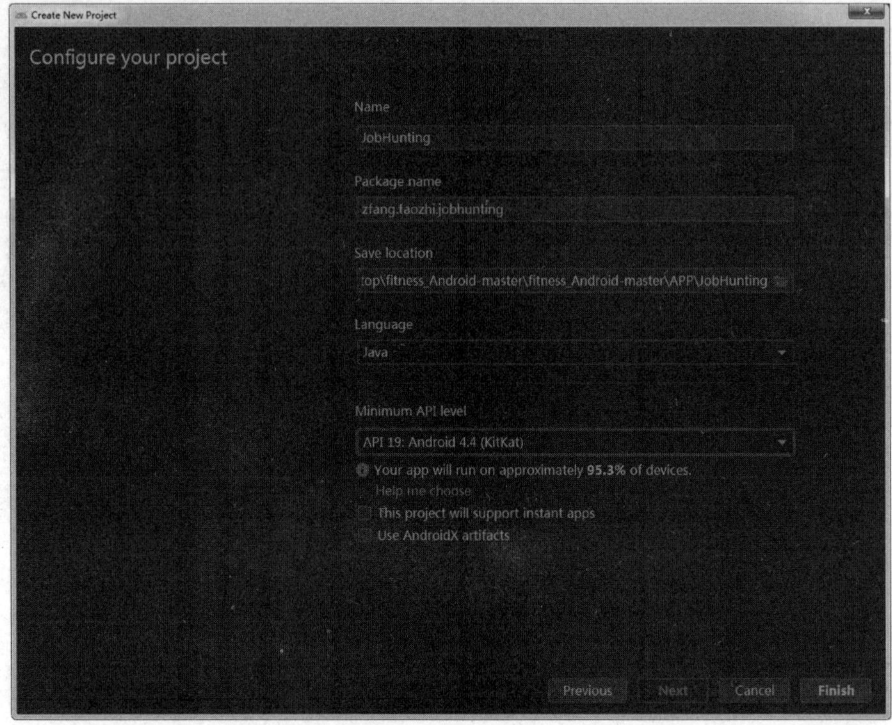

图 3.2 项目配置页面

项目构建成功之后，我们可以看到项目的默认目录结构是 Android 模式，如图 3.3 所示。

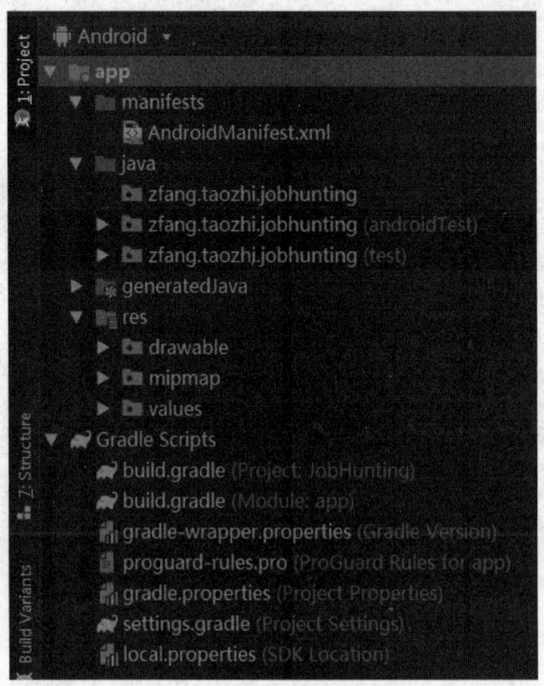

图 3.3 项目默认目录结构

可以看到，java 文件夹下有三个 Java 包。其中，androidTest 和 test 包下的文件都是用来测试的，不同的是 androidTest 是整合测试，可以运行在设备或虚拟设备上，需要编译打包为 APK 才能在设备上运行，可以实时查看细节；而 test（java 测试/junit 测试）是单元测试，运行在本地开发机上，可以脱离 Android 运行环境，速度快。至于它们如何使用，我们这里暂不做介绍。除了以上这两个包，可以发现还有另一个空的 Java 包，这里才是我们需要完成自己工作的地方。

右键该空的 Java 包（com. taozhi. jobhunting），依次选择 New→Activity→Empty Activity，如图 3.4 所示。

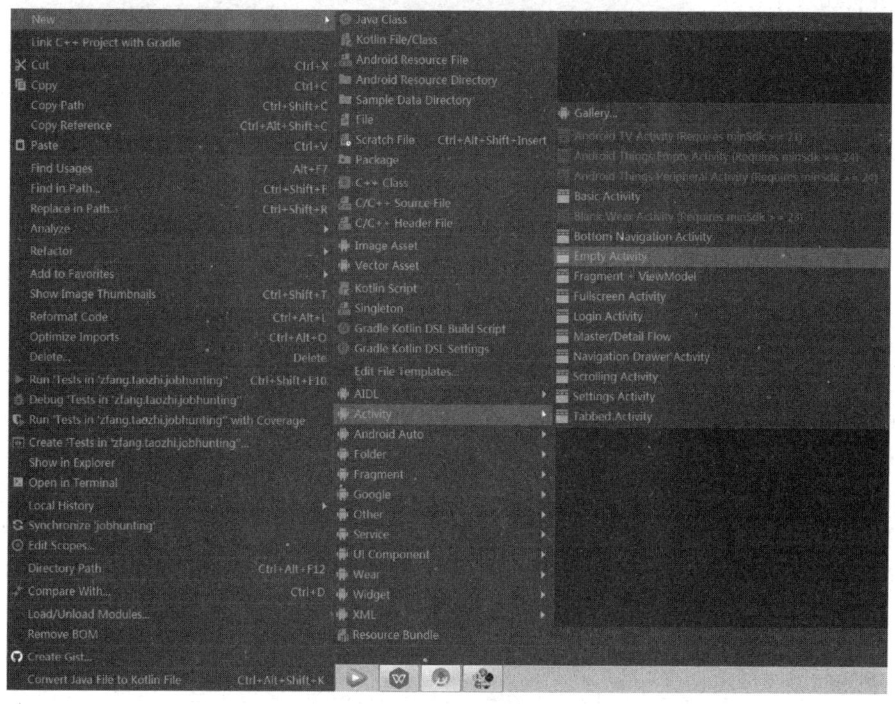

图 3.4　手动创建一个新的 Activity

进入 Activity 的配置页面，如图 3.5 所示，其中 Generate Layout File 表示是否为当前 Activity 提供布局文件，我们知道，Activity 的主要功能就是呈现用户界面并完成用户交互功能，自然用户界面是不可缺少的，这里的布局文件就是我们所说的用户界面了。因为我们这里主要向大家介绍手动创建 Activity 的方法，所以这里我们暂时不勾选该选项。另一个复选框 Launcher Activity，表示是否将当前 Activity 设置为启动 Activity。我们知道，正常情况下，所有可用 App 都是由很多的 Activity 组成的，那么总会有一个 Activity 作为起始页面，告诉用户该 App 已经正常启动了，这里我们依旧不勾选该选项。除此之外还有第三个复选框 Backwards Compatibility，表示是否为项目启动向下兼容的模式，这里我们勾选该选项。最后将 Activity Name 修改为 LoginActivity，其他选项保持默认，点击“Finish”按钮。

打开我们创建的 LoginActivity，可以看到我们通过 Android Studio 创建的 Activity 自动继承了 AppCompatActivity 类，它是 Activity 的一个子类，同时重写了它的 onCreate 方法，该方法通常用来完成一些初始化操作，比如布局文件的加载、控件的初始化等。当然这

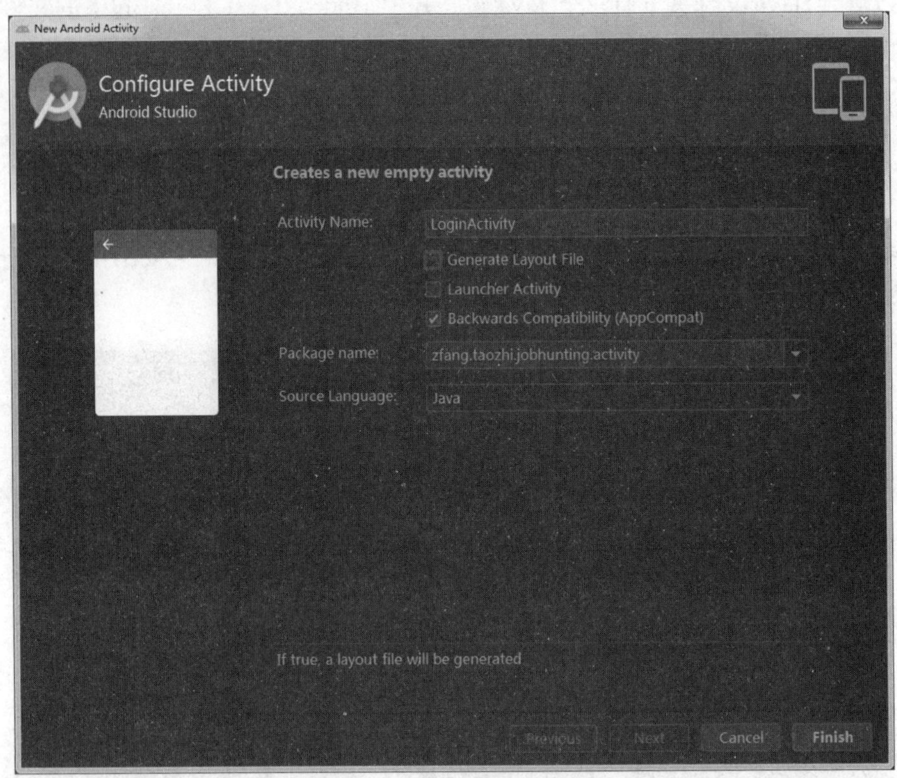

图 3.5 Activity 配置页面

里我们看到的 onCreate 方法只是简单地添加了一些默认代码，通常我们需要根据自己的业务逻辑完成相应的代码。

```
public class LoginActivity extends AppCompatActivity {
    @Override
    protected void onCreate(Bundle savedInstanceState) {
        super.onCreate(savedInstanceState);
    }
}
```

3.2.2 创建和加载布局

Android 程序的设计讲究逻辑和视图分离，因此不推荐在活动中直接编写界面，更加通用的一种做法是：在布局文件中编写界面，然后在 Activity 的 onCreate 方法中引入进来。

所有布局文件均应放在 res/layout 目录下，因为我们创建项目时没有添加 Activity，故此时的 res 目录下没有 layout 目录，需要我们自己创建。右键 res 目录，依次选择 New→Derectory，进入如图 3.6 所示的目录命名页面，输入“layout”后点击“OK”即可。

Android 中的用户界面均是使用 XML 完成的，右键点击我们刚刚创建的 layout 文件夹，依次点击 New→XML→Layout XML File，如图 3.7 所示，进入布局文件的配置页面，如图 3.8 所示。

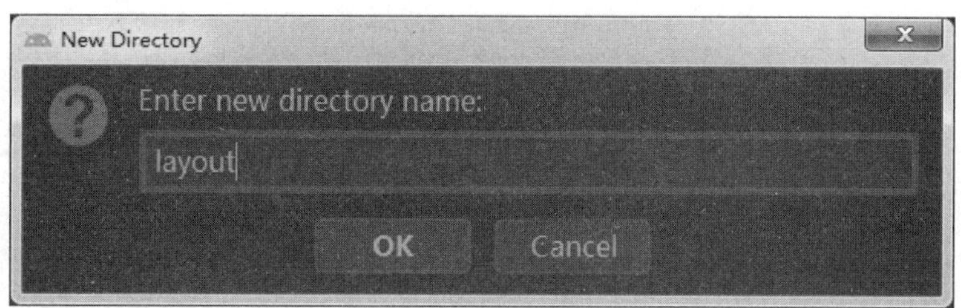

图 3.6　目录命名页面

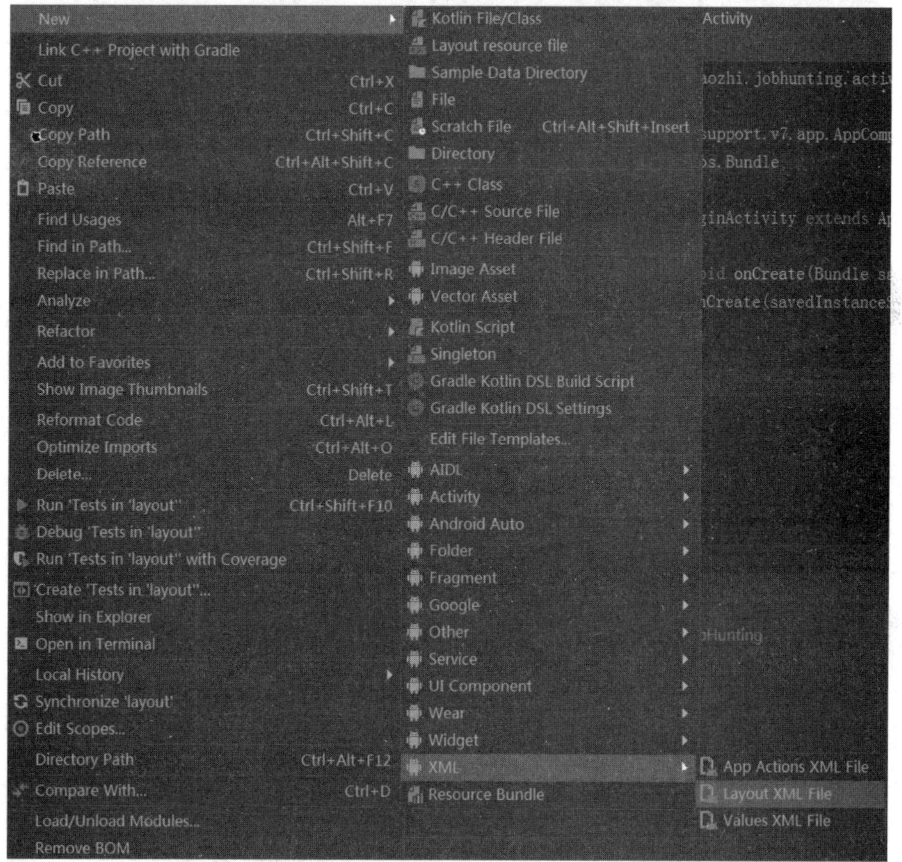

图 3.7　创建 Android 布局文件

此处将 Layout File Name 设置为 activity_login。我们知道当前创建的布局文件是需要和 LoginActivity 建立关联的，为了便于阅读和管理，我们建议采用这种约定俗成的命名方式。Root Tag 是布局文件的根标签，通常是一些布局控件，可以控制布局文件中其他控件的排版方式，稍后我们会做详细介绍，这里采用默认的线性布局 LinearLayout。点击"Finish"完成布局文件的创建。

经过一段时间的编译之后，可以看到 Android Studio 为我们提供的可视化布局编辑器，如图 3.9 所示。

在屏幕的正中间，可以预览当前的布局，除此之外还有另外四个部分：

(1) 左上侧按照控件的特点罗列出了 Android 提供的各种 UI 控件，你可以直接通过拖

图 3.8 布局文件的配置页面

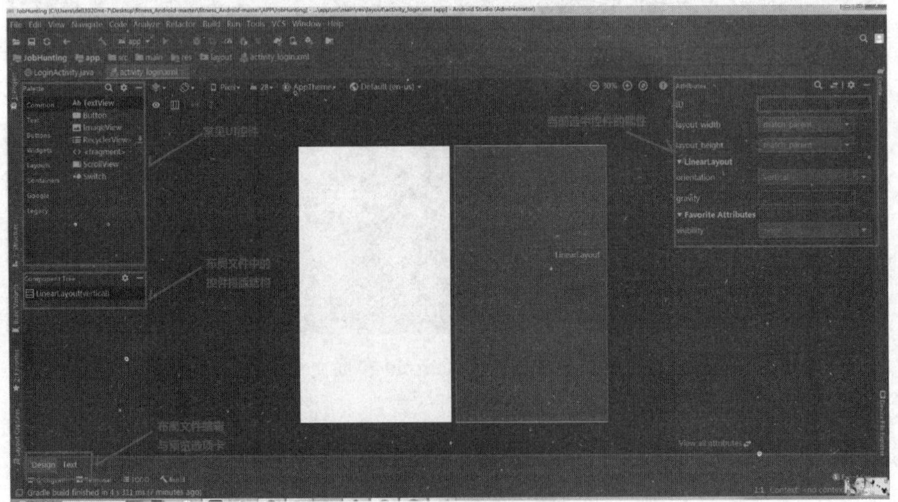

图 3.9 可视化布局编辑器

拉的方式将自己需要的控件放置到布局编辑器相应的位置,完成相应的布局设计。但这种方式一般不推荐使用,因为这种方式往往不能对页面设计效果进行微调且无法完成复杂的页面设计。

(2) 左侧中间的组件树对当前布局文件所使用的控件及其包含关系进行了概要的展示,可方便开发者快速地定位到自己需要的控件。

(3) 右侧属性栏展示了当前选中控件的属性及对应的属性值,同时开发者也可以对相关属性进行编辑修改。

(4) 左下角的选项卡可方便开发者选择不同的编辑方式对页面进行设计。选择 Design 选项卡,开发者看到的就是当前的可视化布局编辑器,在这里不仅可以预览当前的布局,还可以通过拖拉的方式编辑布局。选择 Text 选项卡,即可通过 XML 文件的方式来编辑布局,这里我们选择该选项卡,可以看到以下代码:

```
<? xml version = "1.0" encoding = "utf - 8"? >
<LinearLayout xmlns:android = "http://schemas.android.com/apk/res/android"
    android:layout_width = "match_parent"
    android:layout_height = "match_parent">
</LinearLayout>
```

其中第一行显示 XML 的版本和编码信息;LinearLayout 是我们创建时选择的 Root Tag,表示线性布局;layout_width、layout_height 均为 LinearLayout 的属性,分别表示宽和高;xmlns 表明该文件的 dtd 约束,其规定了 XML 文档结构是否符合规范、标签以及其属性是否使用正确。

这里除了 LinearLayout 控件,我们还没有添加其他的控件。接下来我们在布局文件中再添加一个 Button 控件,代码如下:

```
<? xml version = "1.0" encoding = "utf - 8"? >
<LinearLayout xmlns:android = "http://schemas.android.com/apk/res/android"
    android:layout_width = "match_parent"
    android:layout_height = "match_parent">
    <Button
        android:id = "@ + id/submit"
        android:layout_width = "match_parent"
        android:layout_height = "wrap_content"
        android:text = "我是登录页面"/>
</LinearLayout>
```

可以看到添加 Button 按钮的同时,我们还为其添加了若干属性,因为稍后我们会详细介绍这些内容,所以这里就简单地做下介绍。layout_width 和 layout_height 分别用来设置按钮的宽和高,它们分别有三个属性值可以选择,分别为 match_parent、fill_parent 和 wrap_content。match_parent 和 fill_parent 含义相同,表示填满整个父类控件的宽度或者高度,当前按钮的父类是 LinearLayout,即当前按钮的宽度和 LinearLayout 控件的宽度相同,而 LinearLayout 是根标签,它的宽度值也是 match_parent,表示其宽度即手机屏幕的宽度。属性值 wrap_content 表示控件的高或者宽只要包裹住其内部的内容就可以了,所以当前按钮的高度为包裹住"我是登录页面"这六个字。最后我们还把按钮的 id 属性设置为 submit,这个属性是为按钮提供一个唯一性的标识,方便我们在 LoginActivity 中查找并操作它。

我们再切换到 Design 选项卡,查看一下当前的布局文件,如图 3.10 所示。

说到这里,我们可以发现,不管是活动 LoginActivity 还是布局 activity_login 都是单独的存在,没有什么联系,而我们希望看到的是 LoginActivity 能够显示布局页面并完成用户的交互逻辑,所以接下来我们打开 LoginActivity 文件,在其 onCreate 方法中添加以下

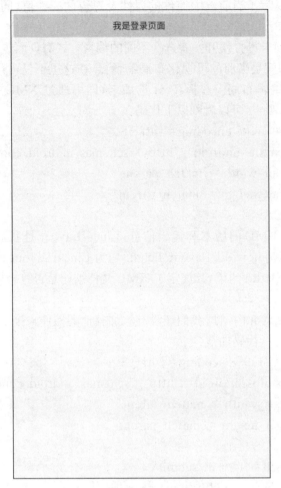

图 3.10 布局文件效果图

代码：

```
public class LoginActivity extends AppCompatActivity {
    @Override
    protected void onCreate(Bundle savedInstanceState) {
        super.onCreate(savedInstanceState);
        setContentView(R.layout.activity_login);
    }
}
```

可以看到，这里我们调用了 setContentView 方法为当前的 Activity 添加了一个布局文件。第 1 章中我们已经介绍过所有用到的资源（通常放在 res 文件夹下）都会自动在 R 文件中进行注册，并根据其资源类型（layout、drawable、id 等）进行分类管理，自然我们添加的布局 activity_login 也会存在于 R 文件中，同时因为其类别为 layout，故我们可以用 R.layout.activity_login 定位到它并将其传给 setContentView 方法，完成 Activity 的布局加载。

3.2.3　在 AndroidManifest 文件中注册

经过前面两节的操作，我们是不是就已经成功地完成了活动的创建呢？答案当然是没有。记得我们在第 1 章介绍 Android 项目的目录结构时说过，Android 中所有使用的四个基本组件都需要在 AndroidManifest 文件中进行注册，接下来我们就打开 app/manifests 文件夹下的 AndroidManifest.xml 文件，看看它里面的代码：

```
<?xml version="1.0" encoding="utf-8"?>
<manifest xmlns:android="http://schemas.android.com/apk/res/android"
    package="zfang.taozhi.jobhunting">
    <application
        android:allowBackup="true"
        android:icon="@mipmap/ic_launcher"
        android:label="@string/app_name"
        android:roundIcon="@mipmap/ic_launcher_round"
        android:supportsRtl="true"
        android:theme="@style/AppTheme">
        <activity android:name=".activity.LoginActivity"></activity>
    </application>
</manifest>
```

可以看到，在 application 标签内部，我们已经使用 activity 标签完成了对 LoginActivity 的注册，可能大家会感到疑惑，我没有在此处对其进行注册啊，是谁帮忙注册的呢？当然是我们的编译器 Android Studio，这里我们可以看到该编译器的强大和便捷了。

在 activity 标签内部我们用 name 属性指明到底注册的是哪一个活动，name 的属性值应该是需要注册活动类的全路径，这里大家可能得有问题了：LoginActivity 的全路径不是 zfang.taozhi.jobhunting.LoginActivity 吗，为什么这里却是.activity.LoginActivity？这里我首先给大家解释一下 activity 是从哪里来的。为了便于管理职淘淘 App 中的 Java 文件，我们根据各文件的功能，在 zfang.taozhi.jobhunting.LoginActivity 包下，又分别创建了 activity、service、server、utils 等包，我们添加的 LoginActivity 自然会被我们放在 activity 包下。至于 zfang.taozhi.jobhunting 去哪里了，我们看看 manifest 标签的 package 属性值，它其实已经指定了程序的包名是 zfang.taozhi.jobhunting 了。

我们完成了 LoginActivity 的注册，但是如果此时运行项目，还是会报错，为什么呢？本章的开头我们就介绍过，一个 App 中通常会包含多个 Activity，需要指明其中一个作为启动 Activity。但是这里我们并没有指明，所以接下来我们要完成这一步。有心的读者可能会发现，在第 1 章中我们已经告诉了大家配置启动 Activity 的方法，就是在 activity 标签的内部添加 intent-filter 标签，同时在其内部添加 action 和 category 标签，并分别将这两个标签的 name 属性设置为 android.intent.action.MAIN 和 android.intent.category.LAUNCHER，代码如下：

```
<activity android:name=".activity.LoginActivity">
    <intent-filter>
```

```
        <action android:name="android.intent.action.MAIN"/action>
            <category android:name="android.intent.category.LAUNCHER"/category>
    </intent-filter>
</activity>
```

好了，到此为止，我们成功地完成了启动活动的创建任务，接下来按照第 1 章的介绍运行查看，效果如图 3.11 所示。

图 3.11 项目运行结果

可以看到我们刚才在布局文件 activity_login 中添加的按钮在页面中正常显示，同时顶部的标题栏默认显示的是 App 的名称，当然你也可以根据需要隐藏或者修改，稍后我们会详细介绍如何做。那么接下来我们就来看看在 Activity 中我们还能做些什么其他的事情吧。

3.2.4 在活动中使用 Toast

在使用 App 的时候，我们可能会注意到经常会有一些小的弹框提醒弹出来，并很快地消失，比如网络连接失败提醒、登录失败原因提醒等。这样的功能是怎样实现的呢？其实很简单，使用 Toast 就可以做到。那么接下来我们就通过一个简单的逻辑向大家展示一下 Toast 的使用方法：点击“我是登录页面”按钮，弹出“提交登录”的对话。

为了向大家展示这样的逻辑，我们需要做一些准备工作：首先我们应该在 LoginActivity 中查找到按钮控件，这样我们才能对它进行操作；接着我们需要给按钮控件安装一个点击的监听器，这样只要有人点击按钮，它就会知道并做出相应的反应。

那怎么查找按钮控件呢？Activity 中提供了 findViewById 方法，大家只要给该方法传入相应控件的 id 就可以完成查找任务。那么我们需要的按钮 id 是什么呢？自然我们就想到了在 activity_login.xml 中为按钮 id 属性设置的“submit”值。这样第一个问题就解决了。再来看第二个问题，如何为按钮添加点击监听器呢？同样，Android 为按钮控件提供了 setOnClickListener 方法，只要给该方法提供一个 OnClickListener 监听器即可。打开 LoginActivity，完成这一逻辑，参考代码如下：

```
public class LoginActivity extends AppCompatActivity {
    private Button submit;
    @Override
    protected void onCreate(Bundle savedInstanceState) {
        super.onCreate(savedInstanceState);
        setContentView(R.layout.activity_login);
        submit = (Button)findViewById(R.id.submit);
        submit.setOnClickListener(new View.OnClickListener() {
            @Override
            public void onClick(View view) {
                Toast.makeText(LoginActivity.this,
                        "提交登录",Toast.LENGTH_LONG).show();
            }
        });
    }
}
```

这里需要提醒大家注意的地方有两个：第一，findViewById 查找到的是一个 View 对象，但是我们需要的是一个 Button 按钮，所以通常情况下，我们需要对其进行强制类型转换；第二，为 setOnClickListener 方法提供监听的时候，我们需要重写它的 onClick 方法，按钮监听到被点击之后，待完成的后续逻辑需要在这里进行处理。

这里我们可以看到，Toast 的使用方法其实很简单，首先调用 Toast 的静态方法 makeText，完成 Toast 的实例化操作。这里 makeText 方法需要传递三个参数：第一个参数是 Context，因为活动本身就是一个 Context 对象，因此这里可以直接传入 LoginActivity.this。第二个参数是需要显示的提醒内容。第三个参数是显示的时长，Toast 为我们提供了两个时长常量：LENGTH_LONG 和 LENGTH_SHORT，LENGTH_LONG 显示稍微长点的时间，大概在 5 秒左右，LENGTH_SHORT 显示稍微短点的时间，大概在 3 秒左右，当然你也可以不使用这两个常量，而写入任意毫秒级显示时长，比如 2000。接着就可以直接调用 Toast 的方法 show()将提醒框显示出来，运行效果如图 3.12 所示。

可以看到 Toast 弹框的默认位置是在页面底部，那如果我们希望它显示在页面的中间该怎么办呢？这个时候我们可以使用 setGravity（int gravity，int xOffset，int yOffset）方法，其中参数 gravity 可以使用 Gravity 类的常量，比如 Gravity. CENTER、Gravity. BOTTOM、Gravity. LEFT、Gravity. RIGHT、Gravity. TOP 等；参数 xOffset 设置 Toast 位于屏幕 X 轴的位置，大于 0 表示往屏幕右边移动，小于 0 表示往屏幕左边移动；参数 yOffset 设置 Toast 在屏幕 Y 轴的位置，大于 0 表示往屏幕下方移动，小于 0 表示往屏幕上方移动。

修改 onClick 方法的参考代码如下：

```
public void onClick(View view) {
    Toast showToast = Toast.makeText(LoginActivity.this,
            "提交登录",Toast.LENGTH_LONG);
    showToast.setGravity(Gravity.CENTER,0,0);
    showToast.show();
}
```

运行结果如图 3.13 所示，可以看到，Toast 按照我们设置的那样显示在页面的正中间。

图 3.12　Toast 默认位置运行结果

图 3.13　Toast 自定义位置运行结果

3.3　Intent 与 Activity 之间的跳转

通过上面的介绍，相信大家已经可以创建自己的 Activity 了，但是这还远远不够，因为一个完整的 App 通常是由很多 Activity 组成的，并且不同 Activity 之间往往需要互相跳转，有些 Activity 在跳转时还需要向另一个 Activity 传递参数，那么这些需求该如何实现呢？Intent，没错，通过它我们可以很好地解决以上这些问题，接下来我们就对 Intent 进行详细的介绍。

3.3.1　Intent 简介

Intent 提供了一种通用的消息系统，它允许在用户应用程序与其他应用程序间传递 Intent 来执行动作和产生事件。

Intent 负责对应用中一次操作的动作、动作涉及的数据、附加数据进行描述，Android 则根据此 Intent 的描述，负责找到对应的组件，将 Intent 传递给调用的组件，并完成组件的调用。使用 Intent 可以激活 Android 应用的三个核心组件：活动、服务和广播接收器。

在 Android 系统中，Intent 的用途主要有三个：

(1) 启动 Activity。

(2) 启动 Service。

(3) 在 Android 系统上发布广播消息（广播消息可以是接收到特定数据或消息，也可以是手机的信号变化或电池电量过低等信息）。

通常 Intent 分为显式和隐式两类。显式 Intent 在构造对象时就明确告诉了程序需要激活的目标组件，如：

```
Intent intent = new Intent(LoginActivity.this,RegistActivity.class);
startActivity(intent);
```

特别注意：被启动的 Activity 需要在 AndroidManifest.xml 中进行定义。

隐式 Intent 就是没有指定 Intent 的组件名字，没有指定明确的组件来处理该 Intent。使用这种 Intent 时，需要让 Intent 与应用中的 IntentFilter 描述表相匹配，需要 Android 根据 Intent 中的 Action、data 和 Category 等来解析匹配。由系统接受调用并决定如何处理，即 Intent 的发送者在构造 Intent 对象时并不知道也不关心接收者是谁，这样有利于降低发送者和接收者之间的耦合。如“startActivity(new Intent(Intent.ACTION_DIAL));”。

```
Intent intent = new Intent();
intent.setAction("test.intent.IntentTest");
startActivity(intent);
```

目标组件（Activity、Service、Broadcast Receiver）通过设置它们的 IntentFilter 来界定其处理的 Intent。如果一个组件没有定义 IntentFilter，那么它只能接受处理显式的 Intent，只有定义了 IntentFilter 的组件才能同时处理隐式和显式的 Intent。

一个 Intent 对象可以包含很多的数据信息，主要由 6 个部分组成：

(1) Action:要执行的动作。

(2) Data:执行动作要操作的数据。

(3) Category:被执行动作的附加信息。

(4) Extras:其他所有附加信息的集合。

(5) Type:显式指定 Intent 的数据类型(MIME)。

(6) Component:指定 Intent 的目标组件的类名称,比如要执行的动作、类别、数据和附加信息等。

下面就 Intent 中包含的信息进行简要介绍。

(1) Action

一个 Intent 的 Action 在很大程度上说明这个 Intent 要做什么,是查看(View)、删除(Delete)、编辑(Edit),还是其他任务。Action 一般用字符串进行命名。Android 中预定义了很多 Action,可以参看 Intent 类。表 3.1 罗列出了几种 Android 提供的常用 Action。

表 3.1 Android 预定义的 Action

Action 常量	目标组件	含义
ACTION_MAIN	Activity	作为一个主要的进入口,而并不期望去接受数据
ACTION_DIAL	Activity	调用拨号面板
ACTION_SENDTO	Activity	发送短信息
ACTION_VIEW	Activity	用于显示用户的数据。比较通用,会根据用户的数据类型打开相应的 Activity。比如"tel:13400010001"会打开拨号程序,"http://www.g.cn"则会打开浏览器等
Action_CALL	Activity	呼叫指定的电话号码
BATTERY_CHANGED	Broadcast Receiver	充电状态,或者电池的电量发生变化
BOOT_COMPLETED	Broadcast Receiver	在系统启动后,这个动作被广播一次(只有一次)
SCREEN_ON	Broadcast Receiver	屏幕已经被打开
SIG_STR	Broadcast Receiver	电话的信号强度已经改变
TIMEZONE_CHANGED	Broadcast Receiver	时区已经改变

此外,用户也可以自定义 Action,比如 com.zfang.intent.ACTION_ ADD。定义的 Action 最好能表明它要做什么。对于 Intent 对象,使用 getAction()可以获取动作,使用 setAction()可以设置动作。

(2) Data

Data 实质上是一个 URI,是用于执行一个 Action 时所用数据的 URI 和 MIME,如 http://www.baidu.com。其一般包含以下内容:

- android:scheme:用于指定数据的协议部分,如上例中的 http 部分。
- android:host:用于指定数据的主机名部分,如上例中的 www.baidu.com 部分。

- android:port:用于指定数据的端口部分,一般紧随在主机名之后。
- android:path:用于指定主机名和端口之后的部分,如一段网址中跟在域名之后的内容。
- android:miniType:用于指定可以处理的数据类型,允许使用通配符的方式进行指定。

不同的 Action 有不同的数据规格,比如 ACTION_EDIT 动作,数据就可以包含一个用于编辑文档的 URI;如果是一个 ACTION_CALL 动作,那么数据就应该包含类似 tel:17055610000 的数据字段。数据的 URI 和类型对于 Intent 的匹配是很重要的,Android 往往根据数据的 URI 和 MIME 找到能处理该 Intent 的最佳目标组件。

(3) Component

Component 指定 Intent 的目标组件的类名称。通常 Android 会根据 Intent 中包含的其他属性的信息,比如 action、data/type 或 category 进行查找,最终找到一个与之匹配的目标组件。

如果设置了 Intent 目标组件的名字,那么这个 Intent 就会被传递给特定的组件,而不再执行上述查找过程。指定了这个属性以后,Intent 的其他所有属性都是可选的,也就是我们说的显式 Intent;如果不设置,则是隐式的 Intent,Android 系统将根据 IntentFilter 中的信息进行匹配。

(4) Category

Category 指定了用于处理 Intent 的组件的类型信息,一个 Intent 可以添加多个 Category,使用 addCategory 方法即可完成添加类别的任务,使用 removeCategory 方法则可以删除一个已经添加的类别。Android 的 Intent 类里定义了很多常用的类别,可以参考使用。

(5) Extras

对于需要一些额外信息的 Intent 的目标组件,可以通过 Extras 来完成,通过 Intent 的 put 方法把额外的信息塞入到 Intent 对象中,提供给目标组件使用,一个附件信息就是一个 key/value 的键值对。Intent 有一系列的 put 和 get 方法用于处理附加信息的塞入和取出。

3.3.2　显式 Intent 的使用

好了,说了这么多,相信大家看得依旧还是云里雾里,没关系,接下来我们举几个简单的例子说明一下,大家一定就能很好地理解了。

打开我们的 JobHunting 项目,此时只有一个 LoginActivity,这自然是不行的,所以按照 3.2 节的介绍,我们再创建一个 RegistActivity。注意,因为我们已经将 LoginActivity 设置为启动 Activity 了,所以在添加 RegistActivity 的时候就不要勾选 Launcher Activity 选项了,同时为了减少工作量,可以直接勾选 Generate Layout File,这样 Android Studio 会自动为我们创建一个 activity_regist.xml 布局文件,并自动和 RegistActivity 建立关联。

打开并修改 activity_regist.xml 文件,代码如下:

```
<?xml version="1.0" encoding="utf-8"?>
<LinearLayout xmlns:android="http://schemas.android.com/apk/res/android"
    android:layout_width="match_parent"
    android:layout_height="match_parent"
```

```
    android:orientation="vertical">
    <Button
        android:id="@+id/regist_submit"
        android:layout_width="match_parent"
        android:layout_height="wrap_content"
        android:text="我是注册页面"/>
</LinearLayout>
```

打开 activity_login.xml 文件，做以下修改：

```
<?xml version="1.0" encoding="utf-8"?>
<LinearLayout xmlns:android="http://schemas.android.com/apk/res/android"
    android:layout_width="match_parent"
    android:layout_height="match_parent">
    <Button
        android:id="@+id/submit"
        android:layout_width="match_parent"
        android:layout_height="wrap_content"
        android:text="点击进入注册页面"/>
</LinearLayout>
```

从 activity_login.xml 文件中的内容变化来看，大家肯定就知道我们接下来要做什么了。对，我们要做的就是点击登录页面的按钮，跳转到注册页面。那如何实现呢？自然是要用 Intent 了。

Intent 有多个构造函数的重载，其中一个是 Intent(Context packageContext, Class<?> cls)。这个构造函数接收两个参数，第一个参数 Context 要求提供一个启动活动的上下文，第二个参数 Class 则是指定想要启动的目标活动，通过这个构造函数就可以构建出 Intent 的"意图"。然后我们应该怎么使用这个 Intent 呢？Activity 类中提供了一个 startActivity 方法，这个方法是专门用于启动活动的，它接收一个 Intent 参数，这里我们将构建好的 Intent 传入 startActivity 方法就可以启动目标活动了。

打开 LoginActivity，做以下修改：

```
public class LoginActivity extends AppCompatActivity {
    private Button submit;
    @Override
    protected void onCreate(Bundle savedInstanceState) {
        super.onCreate(savedInstanceState);
        setContentView(R.layout.activity_login);
        submit = findViewById(R.id.submit);
        submit.setOnClickListener(new View.OnClickListener() {
            @Override
            public void onClick(View view) {
                Intent registIntent = new Intent(LoginActivity.this,
RegistActivity.class);
```

```
    startActivity(registIntent);
                }
            });
        }
    }
```

我们首先构建了一个 Intent，传入 LoginActivity.this 作为上下文，传入 RegistActivity.class 作为目标活动，这样我们的"意图"就非常明显了，即在 LoginActivity 这个活动的基础上打开 RegistActivity 这个活动，然后通过 startActivity 方法来执行这个 Intent。

重新运行程序，在 LoginActivity 界面点击"进入注册页面"按钮，结果如图 3.14 所示。

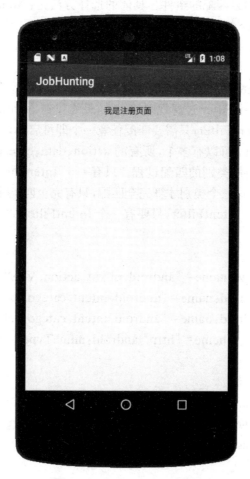

图 3.14　RegistActivity 页面

可以看到，我们已经成功启动 RegistActivity 这个活动了。如果你想要回到上一个活动怎么办呢？很简单，按下 Back 键就可以结束当前活动，从而回到上一个活动了。

使用这种方式来启动活动，Intent 的"意图"非常明显，因此我们称之为显式 Intent。

3.3.3 隐式 Intent 的使用

其实显式的 Intent 已经可以满足我们大部分的需求了，但是请大家考虑以下几种需求：在 App 中使用地图，单击电话号码进入拨号页面或者单击一个网址进入到浏览器页面查看信息。虽然我们知道其实就是从当前的活动跳转到另一个活动，但是因为我们不知道另一个活动的名称，所以我们就没有办法使用显式的 Intent 完成这样的功能，那该怎么办呢？自然我们就需要用到隐式的 Intent 了。

对于隐式 Intent，由于没有明确的目标组件名称，所以必须由 Android 系统帮助应用程序寻找与 Intent 请求意图最匹配的组件。具体的选择方法是：Android 将 Intent 的请求内容和一个叫作 IntentFilter 的过滤器比较，IntentFilter 中包含了系统中所有可能的待选组件，如果 IntentFilter 中某一组件匹配隐式 Intent 请求的内容，那么 Android 就选择该组件作为该隐式 Intent 的目标组件。

Android 又是如何匹配隐式 Intent 的呢？其实就是通过查找已经注册在 AndroidManifest.xml 中添加了 IntentFilter 过滤规则的组件，最终找到与 Intent 匹配的目标组件。一个组件可以声明多个 IntentFilter，只需要匹配任意一个即可启动该组件。一个 IntentFilter 中的 action、data、category 可以有多个，所有的 action、data、category 分别构成不同类别，同一类别信息共同约束当前类别的匹配过程。只有一个 Intent 同时匹配一个 IntentFilter 的 action、data、category 这三个类别才算完全匹配，只有完全匹配才能启动 Activity。

比如下面定义了两个 IntentFilter，只要有一个 IntentFilter 的 action、data、category 完全匹配即可：

```
<intent-filter>
    <action android:name="android.intent.action.VIEW"/>
    <category android:name="android.intent.category.BROWSABLE"/>
    <category android:name="android.intent.category.DEFAULT"/>
    <data android:scheme="http" android:mimeType="video/*"/>
</intent-filter>
<intent-filter>
    <action android:name="com.study.jankin.test"/>
    <category android:name="android.intent.category.DEFAULT"/>
    <data android:scheme="demoapp"/>
</intent-filter>
```

1. action 的匹配规则

一个 IntentFilter 中可声明多个 action，Intent 中的 action 与其中的任一个 action 在字符串形式上完全相同（注意：区分大小写，大小写不同，即使字符串内容相同也会造成匹配失败），action 方面就匹配成功。

比如我们在 Manifest 文件中为 Activity 定义了如下 IntentFilter：

```
<intent-filter>
<action android:name="com.zfang.jobhunting.test"/>
```

```
</intent-filter>
```

在程序中我们就可以通过下面的代码启动该Activity：

```
Intent intent = new Intent("com.zfang.jobhunting.test");
startActivity(intent);
```

2. category的匹配规则

category也是一个字符串，但是它与action的过滤规则不同，它要求Intent中如果含有category，那么所有的category都必须和过滤规则中的其中一个category相同。也就是说，Intent中如果出现了category，不管有几个category，对于每个category来说，它必须是过滤规则中的定义了的category。当然，Intent中也可以没有category（若Intent中未指定category，系统会自动为它带上“android.intent.category.DEFAULT”），如果没有，仍然可以匹配成功。我们可以通过addCategory方法为Intent添加category。

如常用的<category android:name = "android.intent.category.BROWSABLE"/>可以让组件通过浏览器启动。

3. data的匹配规则

同action类似，如果过滤规则中定义了data，那么Intent中必须也要定义可匹配的data，只要Intent的data与IntentFilter中的任一个data声明完全相同，data方面就完全匹配成功。

下面看一个例子，清单文件中Activity的IntentFilter配置如下：

```
<activity android:name = ".SecondActivity">
    <intent-filter>
        <action android:name = "com.zfang.jobhunting.test"></action>
        <category android:name = "android.intent.category.DEFAULT">
</category>
        <data
            android:host = "www.baidu.com"
            android:scheme = "http"/>
    </intent-filter>
</activity>
```

我们可以通过如下代码启动该Activity：

```
Intent intent = new Intent("com.zfang.jobhunting.test");
intent.setData(Uri.parse("http://www.baidu.com"));
startActivity(intent);
```

为了帮助大家理解，我们将3.3.2节的代码做一个修改，在LoginActivity中通过隐式的Intnet来启动RegistActivity。

首先打开AndroidManifest.xml，为RegistActivity添加IntentFilter过滤规则，代码如下：

```
<? xml version = "1.0" encoding = "utf-8"? >
<manifest xmlns:android = "http://schemas.android.com/apk/res/android"
```

```
    package="zfang.taozhi.jobhunting">
    <application
        android:allowBackup="true"
        android:icon="@mipmap/ic_launcher"
        android:label="@string/app_name"
        android:roundIcon="@mipmap/ic_launcher_round"
        android:supportsRtl="true"
        android:theme="@style/AppTheme">
        <activity android:name=".activity.LoginActivity">
            <intent-filter>
                <action android:name="android.intent.action.MAIN"/>
                <category android:name="android.intent.category.LAUNCHER"/>
            </intent-filter>
        </activity>
        <activity android:name=".activity.RegistActivity">
            <intent-filter>
                <action android:name="zfang.taozhi.jobhunting.REGIST">
</action>
            </intent-filter>
        </activity>
    </application>
</manifest>
```

这里,我们只为 RegistActivity 添加了一个 action,接着我们打开 LoginActivity 修改 RegistActivity 的启动方式,代码如下:

```
public class LoginActivity extends AppCompatActivity {
    private Button submit;
    @Override
    protected void onCreate(Bundle savedInstanceState) {
        super.onCreate(savedInstanceState);
        setContentView(R.layout.activity_login);
        submit=findViewById(R.id.submit);
        submit.setOnClickListener(new View.OnClickListener() {
            @Override
            public void onClick(View view) {
                Intent registIntent=
new Intent("zfang.taozhi.jobhunting.REGIST");
startActivity(registIntent);
            }
        });
    }
```

```
}
```

这里我们使用了 Intent 的另一个构造函数，直接在构造时传入了 RegistActivity 的 action 值，这样理论上当我们通过 Intent 来启动组件时，Android 就会根据 Intent 的内容自动匹配到 RegistActivity，从而将其启动。

接下来就让我们重新运行项目，看看如图 3.15 所示的结果吧。

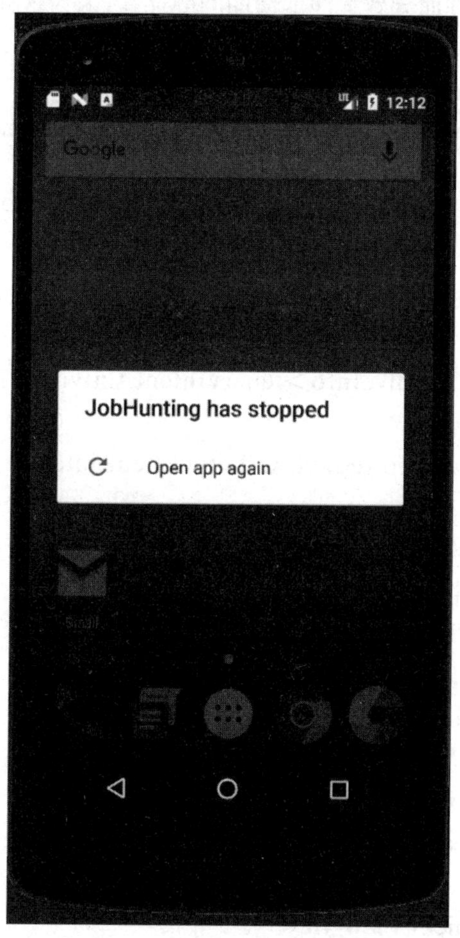

图 3.15　隐式启动活动异常

我们发现程序直接就崩溃了，为什么会这样？原因如下：每一个通过 startActivity 方法发出的隐式 Intent 都至少有一个 category，即使你没有通过 addCategory() 为其添加 category，系统也会自动为它添加一个默认的 category，这个默认的 category 就是“android.intent.category.DEFAULT”，所以想要匹配这样一个隐式的 Intent，就必须在 IntentFilter 中添加默认的“android.intent.category.DEFAULT”这样一个 category，不然就会导致 Intent 匹配失败。

既然这样，我们就对 IntentFilter 做一下修改，添加一个默认的 category，代码如下：

```
<activity android:name=".activity.RegistActivity">
        <intent-filter>
            <action android:name="zfang.taozhi.jobhunting.REGIST">
</action>
```

```
        <category android:name="android.intent.category.DEFAULT">
    </category>
    </intent-filter>
      </activity>
```

重新运行,就可看到如图3.14所示的运行效果了。其实我们在做开发的时候,肯定是不希望这种因无法匹配组件而导致程序崩溃的问题存在,因为这样的话用户体验就太差了,那怎么办呢?别急,其实Android为我们提供了两种查询是否有Activity可以匹配指定Intent的组件的方法:

(1) 采用PackageManager的resolveActivity方法或者Intent的resolveActivity方法可以获得最适合Intent的一个Activity。

(2) 调用PackageManager的queryIntentActivities方法会返回所有成功匹配Intent的Activity。

其中,PackageManager的queryIntentActivities方法和resolveActivity方法的原型如下:

```
public abstract List<ResolveInfo> queryIntentActivities(Intent intent,
                                        @ResolveInfoFlags int flags);
public abstract ResolveInfo resolveActivity(Intent intent,
                                        @ResolveInfoFlags int flags);
```

上述两个方法的第一个参数比较好理解,第二个参数指明查找活动的其他限制,PackageManager提供了一些常量,其意义如下:

- MATCH_DEFAULT_ONLY:category必须带有CATEGORY_DEFAULT的Activity才匹配。
- GET_INTENT_FILTERS:匹配Intent条件即可。
- GET_RESOLVED_FILTER:匹配Intent条件即可。

那么接下来我们对LoginActivity的代码做如下的修改:

```
protected void onCreate(Bundle savedInstanceState) {
    ……
    public void onClick(View view) {
        Intent registIntent=
            new Intent("zfang.taozhi.jobhunting.REGIST");
        registIntent
            .addCategory("zfang.taozhi.jobhunting.category.REGIST");
        if(getPackageManager().resolveActivity(registIntent,
PackageManager.MATCH_ALL)! =null){
            startActivity(registIntent);
        }else{
            Toast.makeText(LoginActivity.this,
                "未找到合适的目标组件",Toast.LENGTH_LONG).show();
        }
    }
```

```
    ……
}
```

可以看到,这里我们通过addCategory()为Intent添加了一个category,值为"zfang.taozhi.jobhunting.category.REGIST",接着我们添加了一个if-else结构,在if中使用getPackageManager()获得一个PackageManager对象,并调用resolveActivity()查找与Intent匹配的Activity,如果能够查找到,则通过startActivity()启动Activity,如果不能找到,则弹框提醒。

因为此时的Intent添加了一个指定的category,而此时的RegsitActivity并未在IntentFilter中添加该category,故无法匹配到RegsitActivity,所以运行程序会看到如图3.16所示的运行效果。

图3.16　未找到Activity组件弹框提醒

当然,如果在AndroidManifest.xml中为RegistActivity的IntentFilter添加了下面这条category的话,运行项目时就会进入到RegistActivity了。

```
<activity android:name=".activity.RegistActivity">
    <intent-filter>
        <action android:name="zfang.taozhi.jobhunting.REGIST"></action>
```

```
        <category android:name="android.intent.category.DEFAULT">
    </category>
        <category android:name="zfang.taozhi.jobhunting.category.REGIST">
    </category>
        </intent-filter>
    </activity>
```

接着我们再来看看 LoginActivity 中 IntentFilter 的两个值吧，android. intent. action. MAIN 我们已经知道，它决定了一个应用程序最先启动哪个组件，那 android. intent. category. LAUNCHER 是什么意思呢？其实也很简单，它决定了应用程序是否显示在程序列表里（说白了就是是否在桌面上显示一个图标）。

说到这里，隐式 Intent 的使用方法大抵也就介绍完了，但是大家一定要记住，一般隐式 Intent 都是用来启动第三方应用程序组件的，而很少在自己的应用程序中使用。为了加深理解，我们继续举两个例子说明一下：调用浏览器组件浏览百度首页；调用拨号组件拨打电话。

打开 activity_login. xml 文件，做以下修改：

```
<?xml version="1.0" encoding="utf-8"?>
<LinearLayout xmlns:android="http://schemas.android.com/apk/res/android"
    android:layout_width="match_parent"
    android:layout_height="match_parent"
    android:orientation="vertical">
    <Button
        android:id="@+id/use_browser"
        android:layout_width="match_parent"
        android:layout_height="wrap_content"
        android:text="访问百度首页"/>
    <Button
        android:id="@+id/use_dial"
        android:layout_width="match_parent"
        android:layout_height="wrap_content"
        android:text="拨打电话 17055610000"/>
</LinearLayout>
```

接着打开 LoginActivity. java 文件，修改代码如下：

```
public class LoginActivity extends AppCompatActivity {
    private Button browserBtn;
    private Button dialBtn;
    @Override
    protected void onCreate(Bundle savedInstanceState) {
        super.onCreate(savedInstanceState);
```

```
        setContentView(R.layout.activity_login);
        browserBtn = findViewById(R.id.use_browser);
        dialBtn = findViewById(R.id.use_dial);
        browserBtn.setOnClickListener(new View.OnClickListener() {
            @Override
            public void onClick(View view) {
                Intent intent = new Intent(Intent.ACTION_VIEW);
                intent.setData(Uri.parse("http://www.baidu.com"));
              startActivity(intent);
            }
        });
        dialBtn.setOnClickListener(new View.OnClickListener() {
            @Override
            public void onClick(View view) {
                Intent intent = new Intent(Intent.ACTION_DIAL);
                intent.setData(Uri.parse("tel:17055610000"));
                startActivity(intent);
            }
        });
    }
}
```

这里我们首先声明了两个按钮变量，接着调用 findViewById()查找 activity_login.xml 中的两个按钮分别为按钮变量赋值，并分别为它们设置了点击监听器。

browserBtn 的点击事件中，我们首先指定了 Intent 的 action 是 Intent.ACTION_VIEW，这是一个 Android 系统内置的动作，其常量值为 android.intent.action.VIEW。然后通过 Uri.parse 方法，将一个网址字符串解析成一个 URI 对象，再调用 Intent 的 setData 方法将这个 URI 对象传递进去。

dialBtn 和 browserBtn 的点击事件类似，只不过将系统内置动作换成了 Intent.ACTION_DIAL 动作，将 setData 的参数变成了 Uri.parse("tel:17055610000")。

这里 setData 方法其实就是为 Intent 的 data 属性设置值，关于 data 属性的组成已在前面介绍过了，这里就不再赘述。

运行程序，查看运行效果，如图 3.17 所示，点击拨号按钮和浏览器按钮，可分别进入图 3.18 所示拨号界面和图 3.19 所示浏览器界面。

图 3.17 起始页

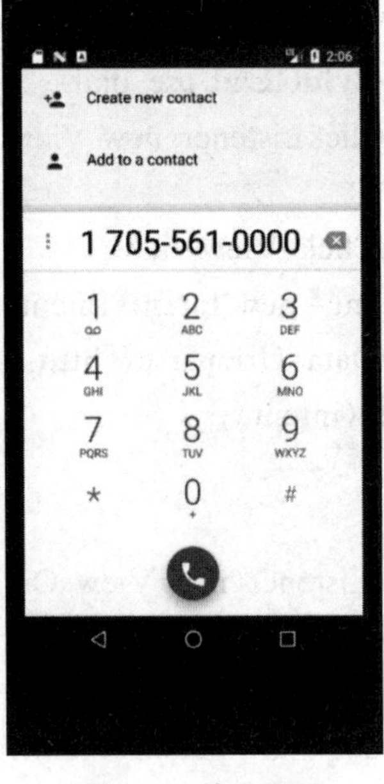

图 3.18 拨号页面

图 3.19 浏览器页面

3.3.4 使用 Intent 完成 Activity 之间的传值

经过前面几节的学习，你已经对 Intent 有了一定的了解。不过到目前为止，我们都只是简单地使用 Intent 来启动一个活动。让我们来考虑一下这样两种需求：

- 在登录页面，如果忘记密码，通常可以直接进入到忘记密码页面找回密码，为了提高用户体验，通常可以将用户在登录页面填入的用户名信息传到忘记密码页面并填到相应的用户名输入框内。
- 从登录页面进入新用户注册页面，完成新用户注册逻辑之后，通常也会返回到登录页面，同时会将用户名信息返回给登录页面，并自动填充到登录页面的用户名输入框。

针对这两种需求应该如何实现呢？其实 Intent 除了可以启动组件，还可以在启动组件的同时传递数据，另外数据的传递方向不仅是上一个组件向下一个组件传递，还可以是下一个组件返回数据给上一个组件。那么接下来就来看看，这两种数据传递是如何实现的吧。

1. 向下一个活动传递数据

在启动活动时传递数据的思路很简单，Intent 中提供了一系列 putExtra 方法的重载，可以把我们想要传递的数据暂存在 Intent 中，启动另一个活动后，只需要把这些数据再从 Intent 中取出就可以了。比如说 LoginActivity 中有一个字符串，现在想把这个字符串传递到忘记密码活动中，我们就可以按照这样的步骤完成：

首先按照 3.2 节的介绍，创建活动 ForgetPwdActivity，和创建 RegistActivity 一样，勾选 Generate Layout File，但是不勾选 Launcher Activity，在自动生成的布局文件 forget_pwd_activity.xml 中添加一个按钮，代码如下：

```
<? xml version = "1.0" encoding = "utf-8"? >
```

```
<LinearLayout xmlns:android="http://schemas.android.com/apk/res/android"
    android:layout_width="match_parent"
    android:layout_height="match_parent"
    android:orientation="vertical">
    <Button
        android:id="@+id/forget_submit"
        android:layout_width="match_parent"
        android:layout_height="wrap_content"
        android:text="我是忘记密码页面"/>
</LinearLayout>
```

然后进入 activity_login.xml 页面，改变两个按钮的 text 和 id 属性值，修改代码如下：

```
<Button
    android:id="@+id/start_regist"
    android:layout_width="match_parent"
    android:layout_height="wrap_content"
    android:text="进入免费注册页面"/>
<Button
    android:id="@+id/start_password"
    android:layout_width="match_parent"
    android:layout_height="wrap_content"
    android:text="进入忘记密码页面"/>
```

接着打开 LoginActivity.java 文件，为"进入忘记密码页面"按钮添加点击事件，并通过显式的 Intent 跳转至忘记密码页面，同时在跳转至忘记密码页面时，将字符串"我是来自 LoginActivity 的字符串"通过 putExtra 方法保存在 Intent 中，代码如下：

```
public class LoginActivity extends AppCompatActivity {
    private Button startRegistBtn;
    private Button startForgetPwdBtn;
    @Override
    protected void onCreate(Bundle savedInstanceState) {
        super.onCreate(savedInstanceState);
        setContentView(R.layout.activity_login);
        startRegistBtn = findViewById(R.id.start_regist);
        startForgetPwdBtn = findViewById(R.id.start_password);
        startForgetPwdBtn.setOnClickListener(new View.OnClickListener() {
            @Override
            public void onClick(View view) {
                Intent intent =
                    new Intent(LoginActivity.this,PorgetPwdActivity.class);
                    intent.putExtra("username","我是来自 LoginActivity 的字
符串");
```

```
                startActivity(intent);
            }
        });
    }
}
```

注意这里 putExtra 方法接收两个参数，第一个参数是关键，用于后面从 Intent 中取值，第二个参数是真正要传递的数据。

然后我们在 ForgetPwdActivity 中将传递的数据调出，并使用 Toast 弹框显示出来，代码如下：

```
public class ForgetPwdActivity extends AppCompatActivity {
    @Override
    protected void onCreate(Bundle savedInstanceState) {
        super.onCreate(savedInstanceState);
        setContentView(R.layout.activity_forget_pwd);
        Intent intent = getIntent();
        String data = intent.getStringExtra("username");
        Toast.makeText(this,data,Toast.LENGTH_LONG).show();
    }
}
```

首先通过 getIntent 方法获取到用于启动 ForgetPwdActivity 的 Intent，然后调用 getStringExtra 方法，传入相应的键值，就可以得到传递的数据了。这里由于我们传递的是字符串，所以使用 getStringExtra 方法来获取传递的数据。如果传递的是整型数据，则使用 getIntExtra 方法；如果传递的是布尔型数据，则使用 getBooleanExtra 方法，依此类推。

重新运行程序，在 LoginActivity 界面点击一下"进入忘记密码页面"按钮，会跳转到 ForgetPwdActivity，紧接着在 ForgetPwdActivity 页面就会弹出从 LoginActivity 中传递过去的值，如图 3.20 所示。

2. 返回数据给上一个活动

既然可以传递数据给下一个活动，那么能不能够返回数据给上一个活动呢？答案是肯定的。不过不同的是，返回上一个活动只需要按一下 Back 键就可以了，并没有一个用于启动活动的 Intent 来传递数据。通过查阅文档你会发现，Activity 中还有一个 startActivityForResult 方法也是用于启动活动的，但这个方法期望在活动结束的时候能够返回一个结果给上一个活动。毫无疑问，这就是我们所需要的。

startActivityForResult 方法接收两个参数，第一个参数还是 Intent，第二个参数是请求码，用于在之后的回调中判断数据的来源。我们还是来实践一下吧，为 LoginActivity 中的"进入免费注册页面"按钮添加点击事件，代码如下所示：

```
startRegistBtn.setOnClickListener(new View.OnClickListener() {
    @Override
    public void onClick(View view) {
        Intent intent = new Intent(LoginActivity.this,RegistActivity.class);
```

图 3.20　Intent 正向传值效果

```
            startActivityForResult(intent,1);
        }
    });
```

这里我们使用了 startActivityForResult 方法来启动 RegistActivity，请求码只要是一个唯一值就可以了，这里传入了“1”。接下来我们在 RegistActivity 中给“我是注册页面”按钮添加点击事件，并在点击事件中添加返回数据的逻辑，代码如下所示：

```
public class RegistActivity extends AppCompatActivity {
    private Button returnDataBtn;
    @Override
    protected void onCreate(Bundle savedInstanceState) {
        super.onCreate(savedInstanceState);
        setContentView(R.layout.activity_regist);
        returnDataBtn = findViewById(R.id.regist_submit);
        returnDataBtn.setOnClickListener(new View.OnClickListener() {
            @Override
            public void onClick(View view) {
```

```
                Intent intent = new Intent();
                intent.putExtra("username","我是来自 RegistActivity 的字符串");
                setResult(RESULT_OK,intent);
                finish();
            }
        });
    }
}
```

可以看到,我们还是构建了一个 Intent,只不过这个 Intent 仅仅是用于传递数据而已,它没有指定任何“意图”。紧接着把要传递的数据存放在 Intent 中,然后调用了 SetResult 方法。这个方法非常重要,是专门用于向上一个活动返回数据的。setResult 方法接收两个参数,第一个参数用于向上一个活动返回处理结果,一般只使用 RESULT_OK 或 RESULT_CANCELED 这两个值,第二个参数则把带有数据的 Intent 传递回去。最后调用了 finish 方法结束当前活动。

由于我们是使用 startActivityForResult 方法来启动 RegistActivity 的,在 RegistActivity 被结束之后会回调上一个活动的 onActivityResult 方法,因此我们需要在 LoginActivity 中重写这个方法来得到返回的数据,如下所示:

```
@Override
protected void onActivityResult(int requestCode, int resultCode, @Nullable Intent data) {
    super.onActivityResult(requestCode,resultCode,data);
    switch (requestCode){
        case 1:
            if(resultCode = = RESULT_OK){
                String dataStr = data.getStringExtra("username");
                Toast.makeText(this,dataStr,Toast.LENGTH_LONG).show();
            }
            break;
        default:
            break;
    }
}
```

onActivityResult 方法带有三个参数,第一个参数 requestCode,即我们在启动活动时传入的请求码。第二个参数 resultCode,即我们在返回数据时传入的处理结果。第三个参数 data,即携带着返回数据的 Intent。由于在一个活动中有可能需要调用 startActivityForResult 方法去启动很多不同的活动,每一个活动返回的数据都会回调到 onActivityResult 这个方法中,因此我们首先要做的就是通过检查 requestCode 的值来判断数据来源。确定数据是从 SecondActivity 返回的之后,我们再通过 resultCode 的值来判断处理结果是否成功。最后从 data 中取值并弹框显示出来,这样就完成了向上一个活动返回数据的工作。

重新运行程序,在LoginActivity界面点击“进入免费注册页面”按钮会打开RegistActivity,然后在RegistActivity界面点击“我是注册页面”按钮会回到LoginActivity,紧接着就会在LoginActivity页面中弹出返回数据,如图3.21所示。

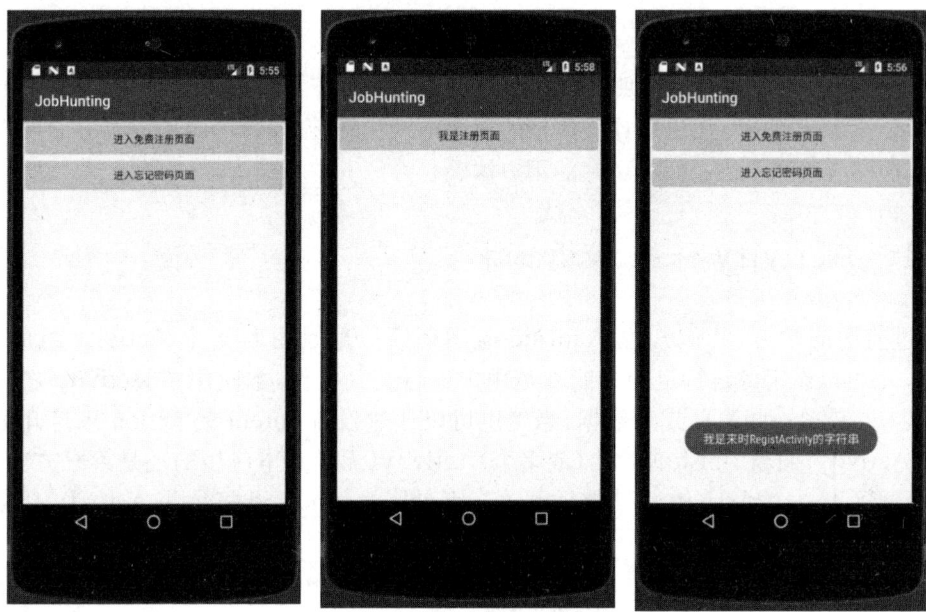

图3.21 Intent反向传值效果

这时候细心的读者可能会问,如果用户在RegistActivity中并不是通过点击按钮,而是通过按下Back键回到LoginActivity,这样数据不就没法返回了吗?没错,不过这种情况还是很好处理的,我们可以通过在RegistActivity中重写onBackPressed方法来解决这个问题,代码如下所示:

```
@Override
public void onBackPressed() {
Intent intent = new Intent();
    intent.putExtra("username","我是来自RegistActivity的字符串");
    setResult(RESULT_OK,intent);
    super.onBackPressed();
}
```

这样的话,当用户按下Back键,就会去执行onBackPressed方法中的代码,我们在这里添加的返回数据的逻辑就会被执行。

重写onBackPressed方法要注意,super.onBackPressed()中含有finish(),先调用super.onBackPressed()的话,会直接结束当前Activity,后面的逻辑就不会执行了,所以重写onBackPressed方法时,自己的逻辑要写在super.onBackPressed()前面。

3.4 Activity 的生命周期

掌握活动的生命周期对任何 Android 开发者来说都非常重要，当我们深入理解活动的生命周期之后，就可以写出更加连贯流畅的程序，并在如何合理管理应用资源方面发挥得游刃有余，这样应用程序将会拥有更好的用户体验。

3.4.1 Activity 任务和返回栈

通过前面的学习，我们知道 Android 应用程序一般是由若干个 Activity 组成，每个 Activity 都可以设定各自特定的功能来与用户进行交互操作，本应用中 Activity 之间可以相互开启，并传递一些消息或者数据，当然也可以通过设置 Intent 的 action 来打开第三方应用的 Activity，而当 finish 掉这个(或多个)Activity(无论是本应用的还是第三方应用的)时，可以回到上一个 Activity。能够做到这一点是因为 Android 将这些 Activity 都存在于一个相同的任务(Task)中。

一个任务就是用户在执行某些工作时与之交互的 Activity 的集合。Android 使用栈来管理这些 Activity，这个栈称为返回栈(Back Stack)。返回栈是一种后进先出的数据结构，栈中的 Activity 永远不会被重新排列，只会从栈顶中压入或弹出。

Android 系统支持两种工作模式，一种是单任务的，另一种是多任务的。

1. 单任务返回栈的工作流程

当用户点击 Home 主屏的应用程序图标时，这个应用的任务就会被转移到前台，如果当前应用没有任何任务，则说明此应用最近还没有被使用过，这时将会为此应用创建一个新的任务，并将该应用的主 Activity 放入返回栈中作为根 Activity。

在当前 Activity 中打开另一个 Activity 时，新的 Activity 将被推到这个返回栈的栈顶，并获得焦点，之前的 Activity 仍然在返回栈中，但处于 Stopped(停止)状态，此时系统将保留其用户界面的当前状态，当用户按下返回键或者手动调用 finish 时，栈中最顶端的 Activity 会被从栈中移除，之前的 Activity 重新置回栈顶位置，恢复之前状态，获得焦点。图 3.22 按时间轴的方式显示了 Activity 在返回栈中的状态变化。

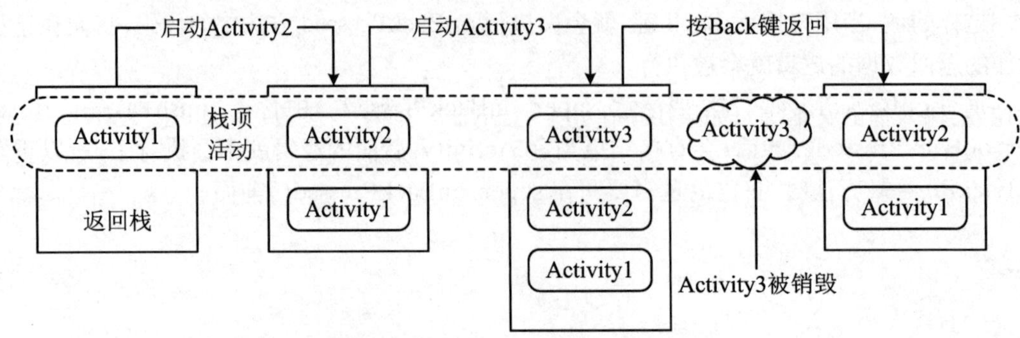

图 3.22 Activity 在返回栈中的状态变化

当用户连续按下返回键时,栈中的Activity将从栈顶一个一个地弹出,并依次显示前一个Activity,直到最终返回到主屏幕。当所有的Activity都从栈中移除掉时,此时栈为空,那么对应的任务也就不再存在。

2. 多任务返回栈的工作流程

任务除了可以被转移到前台之外,还可以将其转移到后台。当开启一个新的任务,或者按Home键返回主屏幕时,之前的任务就会被转移到后台。当任务处于后台时,返回栈中的所有Activity都将进入Stopped状态,但这些Activity在栈中的顺序和状态不会改变,只是失去了焦点。图3.23给出了多任务前后台的展示。

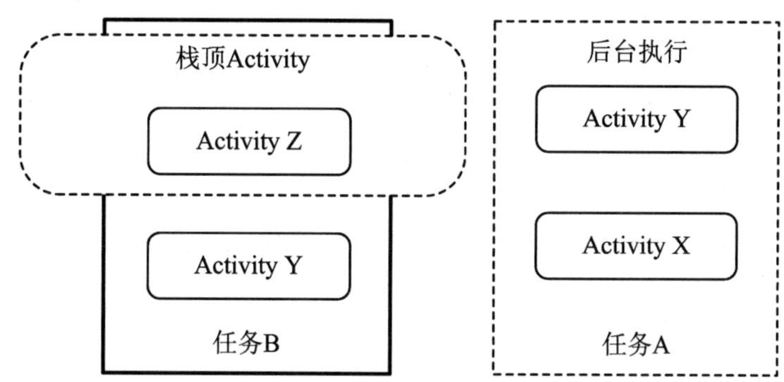

图3.23　多任务前后台的展示

用户可以对任意任务做前台与后台的切换,如上图任务B此时正在前台与用户交互,而任务A在后台处于停止状态,等待恢复。当用户通过多任务键切换回任务A时,任务A转移到前台,恢复之前状态,获得焦点,进行与客户交互的操作,而任务B则转移到后台,处于停止状态等待恢复;当用户按Home键回到主屏幕时,任务A又转移到后台,等待恢复。

注意:后台可以同时运行多个任务。Android采用了回收(GC)机制,如用户同时运行了多个后台任务,当内存紧张时,系统将会销毁后台的Activity,以回收内存资源,从而导致Activity状态丢失。

由于返回栈中的Activity永远不会重新排列的特点,因此应用运行用户从多个入口打开的指定Activity时,会创建这个Activity的新实例,然后压入栈顶,而不是将之前栈中已有的实例放到栈顶,因此默认的任务中Activity会被多次实例化。

如果你不希望在应用中同一个Activity被多次实例化,也是可以的,可以通过管理任务设置Activity的启动模式或Intent的flag来控制,我们将会在下一节专门介绍。

最后再来和大家说一下任务和Activity的默认行为:

- 当Activity_A启动Activity_B时,Activity_A将会停止,但系统会保留其状态(如滚动位置、输入框的文本等);如果用户在处于Activity_B时按下Back按钮,则Activity_A将恢复其状态,继续执行。
- 用户按下Back返回键时,当前Activity将会从返回栈中弹出并销毁,返回栈中的前一个Activity将恢复执行。销毁Activity时,系统不会保留Activity的状态。
- 用户通过按Home键离开任务时,当前Activity将停止并且其任务将进入后台,系统会保留任务中所有Activity的状态,如果用户通过选择开始任务启动器的图标来恢复任务,则任务将会出现在前台并恢复执行栈顶的Activity。

• 即使来自其他任务，Activity 也可以被多次实例化。

3.4.2 Activity 状态

每个活动在其生命周期中最多可能会有 4 种状态。

1. 运行状态

当一个活动位于返回栈的栈顶时，这时活动就处于运行状态。系统最不愿意回收的就是处于运行状态的活动，因为这会带来非常差的用户体验。

2. 暂停状态

当一个活动不再处于栈顶位置，但仍然可见时，这时活动就进入了暂停状态。你可能会觉得既然活动已经不在栈顶了，还怎么会可见呢？这是因为并不是每一个活动都会占满整个屏幕的，比如对话框形式的活动只会占用屏幕中间的部分区域，你很快就会在后面看到这种活动。处于暂停状态的活动仍然是完全存活着的，系统也不愿意去回收这种活动（因为它还是可见的，回收可见的活动会在用户体验方面有不好的影响），只有在内存极低的情况下，系统才会去考虑回收这种活动。

3. 停止状态

当一个活动不再处于栈顶位置，并且完全不可见的时候，就进入了停止状态。系统仍然会为这种活动保存相应的状态和成员变量，但是这并不是完全可靠的，当其他地方需要内存时，处于停止状态的活动有可能会被系统回收。

4. 销毁状态

当一个活动从返回栈中移除后就变成了销毁状态。系统会最倾向于回收处于这种状态的活动，从而保证手机的内存充足。

3.4.3 Activity 生命周期

Activity 类中定义了 7 个回调方法，覆盖了活动生命周期的每一个环节，下面就来一一介绍这 7 个方法。

• onCreate()：表示 Activity 正在被创建，这是生命周期的第一个方法。在这个方法中，我们可以做一些初始化工作，比如调用 setContentView 去加载界面布局资源、初始化 Activity 所需数据等。

• onRestart()：表示 Activity 正在重新启动。一般情况下，当前 Activity 从不可见重新变为可见状态时，onRestart 就会被调用。这种情形一般是用户行为所导致的，比如用户按 Home 键切换到桌面或者用户打开了一个新的 Activity，这时当前的 Activity 就会暂停，也就是 onPause 和 onStop 被执行了，接着用户又回到了这个 Activity，就会出现这种情况。

• onStart()：表示 Activity 正在被启动，即将开始，这时 Activity 已经可见了，但是还没有出现在前台，还无法和用户交互。这种情况其实可以理解为 Activity 已经显示出来了，但是我们还看不到。

- onResume()：表示 Activity 已经可见了，并且出现在前台并开始活动。要注意这个方法和 onStart()的对比，onStart()和 onResume()都表示 Activity 已经可见，但是 onStart()的时候 Activity 还在后台，onResume()的时候 Activity 才显示到前台。

- onPause()：表示 Activity 正在停止，正常情况下，紧接着 onStop 就会被调用。在特殊情况下，如果这个时候迅速地再回到当前 Activity，那么 onResume 会被调用。我们的理解是，这种情况属于极端情况，用户操作很难出现这一场景。此时可以做一些存储数据、停止动画等工作，但是注意不能太耗时，因为会影响到 Activity 的显示，onPause 必须先执行完，新的 Activity 的 onResume 才会执行。

- onStop()：表示 Activity 即将停止，可以做一些稍微重量级的回收工作，同样不能太耗时。

- onDestroy()：表示 Activity 即将被销毁，这是 Activity 生命周期中的最后一个回调，在这里我们可以做一些回收工作和最终的资源释放。

以上 7 个方法中除了 onRestart 方法外，其他都是两两相对的，从而又可以将活动分为 3 种生存期。

- 完整生存期。活动在 onCreate 方法和 onDestroy 方法之间所经历的，就是完整生存期。一般情况下，一个活动会在 onCreate 方法中完成各种初始化操作，而在 onDestroy 方法中完成释放内存的操作。

- 可见生存期。活动在 onStart 方法和 onStop 方法之间所经历的，就是可见生存期。在可见生存期内，活动对于用户总是可见的，即便有可能无法和用户进行交互。我们可以通过这两个方法，合理地管理那些对用户可见的资源。比如在 onStart 方法中对资源进行加载，而在 onStop 方法中对资源进行释放，从而保证处于停止状态的活动不会占用过多内存。

- 前台生存期。活动在 onResume 方法和 onPause 方法之间所经历的，就是前台生存期。在前台生存期内，活动总是处于运行状态，此时的活动是可以和用户进行交互的，我们平时看到和接触最多的也就是这个状态下的活动。

为了帮助我们能够更好地理解，Android 官方提供了一张活动生命周期的示意图，如图 3.24所示。

3.4.4　Activity 生命周期实例

讲了这么多理论知识，是时候实战一下了。下面我们将通过一个实例，更加直观地体验活动的生命周期。

这次我们不准备在 JobHunting 这个项目的基础上修改了，而是新建一个项目。因此，首先关闭 JobHunting 项目，点击导航栏 File→Close Project。然后再新建一个 ActivityLifeCycle 项目，新建项目的过程这里不再进行赘述，这次我们允许 Android Studio 帮助我们自动创建活动和布局，并且勾选 Launcher Activity 来将创建的活动设置为主活动，这样可以省去不少工作，创建的活动名和布局名都使用默认值。

这样主活动就创建完成了，我们还需要分别再创建两个子活动 NormalActivity 和 DialogActivity，下面一步步来实现。

右击包名 com.example.activitylifecycle，依次选择 New→Activity→Empty Activity，

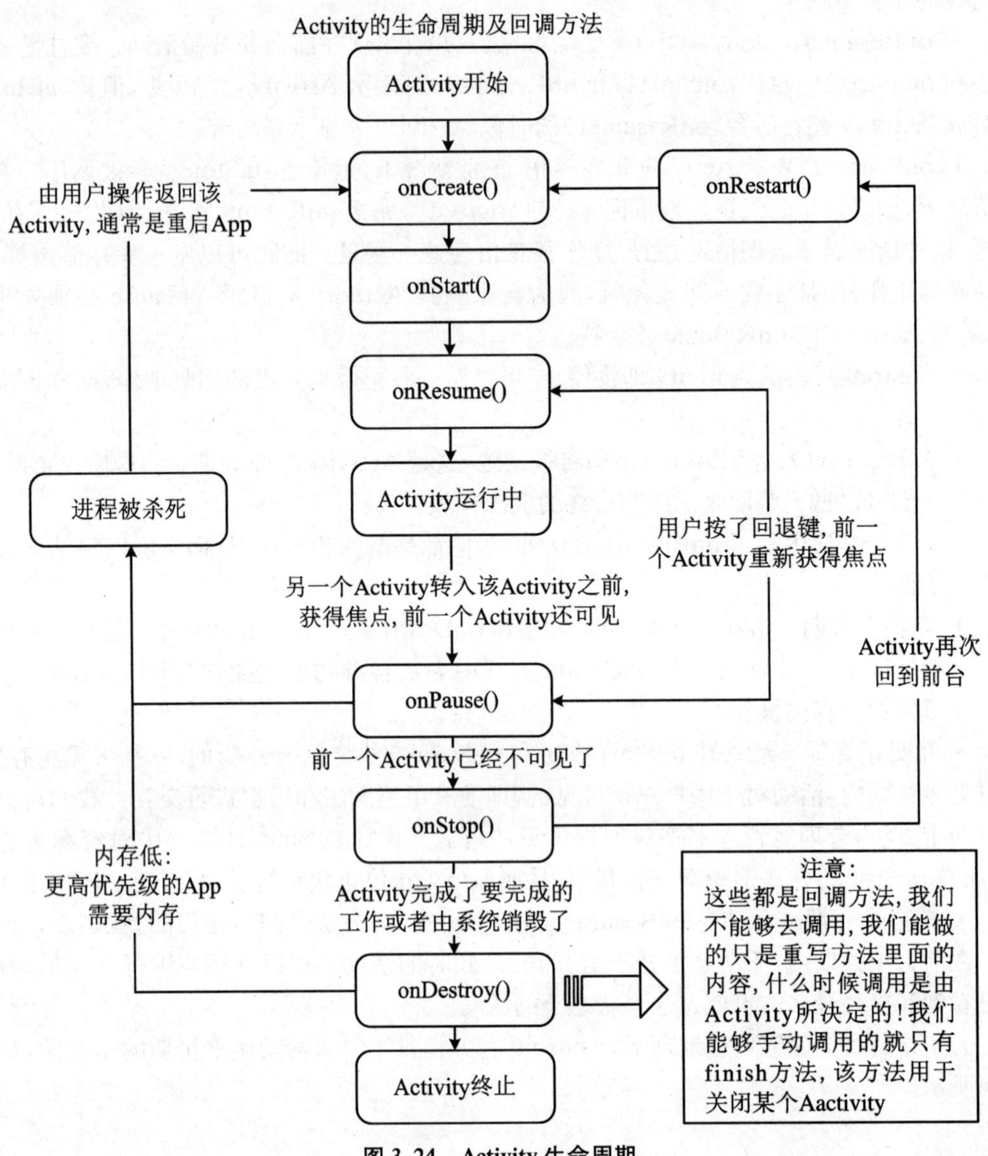

图 3.24 Activity 生命周期

新建 NormalActivity，布局采用默认名称 normal_activity。然后使用同样的方式创建 DialogActivity，同样采用默认布局名称 dialog_activity。

现在编辑 normal_activity.xml 文件，将里面的代码替换成如下内容：

```
<?xml version="1.0" encoding="utf-8"?>
<LinearLayout xmlns:android="http://schemas.android.com/apk/res/android"
    android:layout_width="match_parent"
    android:layout_height="match_parent">
    <TextView
        android:layout_width="match_parent"
        android:layout_height="match_parent"
        android:gravity="center"
```

```
        android:text="我是一个普通的 Activity"/>
</LinearLayout>
```

这个布局中我们非常简单地使用了一个 TextView,用于显示一行文字,在下一章中会对 TextView 的用法做详细的介绍。

再编辑 dialog_activity.xml 文件,将里面的代码替换成如下内容:

```
<?xml version="1.0" encoding="utf-8"?>
<LinearLayout xmlns:android="http://schemas.android.com/apk/res/android"
    android:layout_width="match_parent"
    android:layout_height="match_parent">
    <TextView
        android:layout_width="match_parent"
        android:layout_height="match_parent"
        android:gravity="center"
        android:text="我是一个对话框 Activity"/>
</LinearLayout>
```

两个布局文件的代码几乎没有区别,只是显示的文字不同而已。

NormalActivity 和 DialogActivity 中的代码我们保持默认就好,不需要改动。

其实从名字上就可以看出,这两个活动一个是普通的活动,一个是对话框式的活动。可是我们并没有修改活动的任何代码,两个活动的代码几乎是一模一样的,在哪里有体现出将活动设成对话框式的呢?别着急,下面我们马上开始设置。修改 AndroidManifest.xml 的 <activity> 标签的配置,如下所示:

```
<activity
    android:name=".DialogActivity"
    android:theme="@android:style/Theme.Dialog"/>
<activity android:name=".NormalActivity"/>
```

这里是两个活动的注册代码,但是 DialogActivity 的代码有些不同,我们给它使用了一个 android:theme 属性,这是用于给当前活动指定主题的,Android 系统内置有很多主题可以选择,当然我们也可以定制自己的主题,而这则毫无疑问是让 DialogActivity 使用对话框式的主题。

接下来我们修改 activity_main.xml,重新定制主活动的布局,将里面的代码替换成如下内容:

```
<?xml version="1.0" encoding="utf-8"?>
<LinearLayout xmlns:android="http://schemas.android.com/apk/res/android"
    android:layout_width="match_parent"
    android:layout_height="match_parent"
    android:orientation="vertical">
    <Button
        android:id="@+id/start_normal"
        android:layout_width="match_parent"
        android:layout_height="wrap_content"
```

```
        android:text="启动 NormalActivity"/>
    <Button
        android:id="@+id/start_dialog"
        android:layout_width="match_parent"
        android:layout_height="wrap_content"
        android:text="启动 DialogActivity"/>
</LinearLayout>
```

可以看到,我们在 LinearLayout 中加入了两个按钮,一个用于启动 NormalActivity,一个用于启动 DialogActivity。

最后修改 MainActivity 中的代码,如下所示:

```
public class MainActivity extends AppCompatActivity {
    private Button startNormalActivity;
    private Button startDialogActivity;
    @Override
    protected void onCreate(Bundle savedInstanceState) {
        super.onCreate(savedInstanceState);
        setContentView(R.layout.activity_main);
        startDialogActivity=findViewById(R.id.start_dialog);
        startNormalActivity=findViewById(R.id.start_normal);
        startNormalActivity.setOnClickListener(new View.OnClickListener() {
            @Override
            public void onClick(View view) {
                Intent intent=
new Intent(MainActivity.this,NormalActivity.class);
startActivity(intent);
}
});
        startDialogActivity.setOnClickListener(new View.OnClickListener() {
            @Override
            public void onClick(View view) {
                Intent intent=
new Intent(MainActivity.this,DialogActivity.class);
            startActivity(intent);
            }
        });
    }
    @Override
    protected void onStart() {
        super.onStart();
        Log.d("MainActivity","onStart Running");
```

```
    }
    @Override
    protected void onResume() {
        super.onResume();
        Log.d("MainActivity","onResume Running");
    }
    @Override
    protected void onPause() {
        super.onPause();
        Log.d("MainActivity","onPause Running");
    }
    @Override
    protected void onStop() {
        super.onStop();
        Log.d("MainActivity","onStop Running");
    }
    @Override
    protected void onDestroy() {
        super.onDestroy();
        Log.d("MainActivity","onDestroy Running");
    }
    @Override
    protected void onRestart() {
        super.onRestart();
        Log.d("MainActivity","onRestart Running");
    }
}
```

在 onCreate 方法中，我们分别为两个按钮注册了点击事件，点击第一个按钮会启动 NormalActivity，点击第二个按钮会启动 DialogActivity。然后在 Activity 的 7 个回调方法中分别打印了一句话，这样就可以通过观察日志来更直观地理解活动的生命周期。

现在运行程序，效果如图 3.25 所示。

这时观察 Logcat 中的打印日志，如图 3.26 所示。

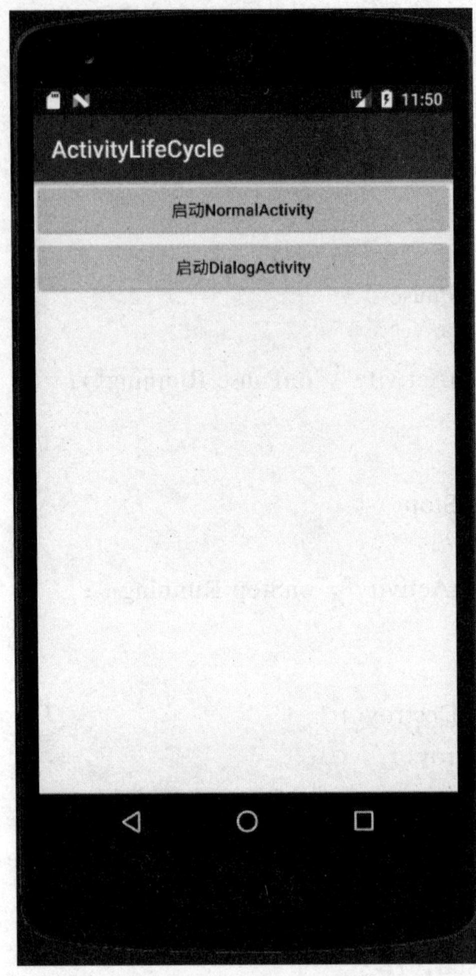

图 3.25 Activity 启动页

```
2019-04-10 19:52:57.160 7370-7370/zfang.taozhi.activitylifecycle D/MainActivity: onCreate Running
2019-04-10 19:52:57.161 7370-7370/zfang.taozhi.activitylifecycle D/MainActivity: onStart Running
2019-04-10 19:52:57.162 7370-7370/zfang.taozhi.activitylifecycle D/MainActivity: onResume Running
```

图 3.26 Activity 首次启动执行的生命周期事件

可以看到，当 MainActivity 第一次被创建时会依次执行 onCreate、onStart 和 onResume 方法。然后点击第一个按钮，启动 NormalActivity，如图 3.27 所示。

此时的打印信息如图 3.28 所示。

由于 NormalActivity 已经把 MainActivity 完全遮挡住，因此 onPause 和 onStop 方法都会得到执行。然后按下 Back 键返回 MainActivity，打印信息如图 3.29 所示。

由于之前 MainActivity 已经进入了停止状态，所以 onRestart 方法会执行，之后又会依次执行 onStart 和 onResume 方法。注意此时 onCreate 方法不会执行，因为 MainActivity 并没有重新创建。

然后再点击第二个按钮，启动 DialogActivity，如图 3.30 所示。

此时观察打印信息，如图 3.31 所示。

图 3.27　NormalActivity 执行效果

```
2019-01-10 19:51:35.483 7370-7370/zfang.taozhi.activitylifecycle D/MainActivity: onPause Running
2019-01-10 19:51:36.271 7370-7387/zfang.taozhi.activitylifecycle D/EGL_emulation: eglMakeCurrent: 0x7e1979036320: ver 2 0 (tinfo 0x7e197900c340)
2019-01-10 19:51:36.322 7370-7387/zfang.taozhi.activitylifecycle D/EGL_emulation: eglMakeCurrent: 0x7e1979036320: ver 2 0 (tinfo 0x7e197900c340)
2019-01-10 19:51:36.558 7370-7387/zfang.taozhi.activitylifecycle D/EGL_emulation: eglMakeCurrent: 0x7e1979036320: ver 2 0 (tinfo 0x7e197900c340)
2019-01-10 19:51:36.374 7370-7370/zfang.taozhi.activitylifecycle D/MainActivity: onStop Running
```

图 3.28　Activity 启动另一个普通 Activity 时执行的生命周期事件

```
2019-01-10 19:58:13.206 7370-7370/zfang.taozhi.activitylifecycle D/MainActivity: onRestart Running
2019-01-10 19:58:13.207 7370-7370/zfang.taozhi.activitylifecycle D/MainActivity: onStart Running
2019-01-10 19:58:13.207 7370-7370/zfang.taozhi.activitylifecycle D/MainActivity: onResume Running
```

图 3.29　由普通 Activity 返回时执行的生命周期事件

可以看到，只有 onPause 方法得到了执行，onStop 方法并没有执行，这是因为 DialogActivity 并没有完全遮挡住 MainActivity，此时 MainActivity 只是进入了暂停状态，并没有进入停止状态。相应地，按下 Back 键返回 MainActivity 也应该只有 onResume 方法会得到执行，如图 3.32 所示。

最后在 MainActivity 中按下 Back 键退出程序，打印信息如图 3.33 所示。

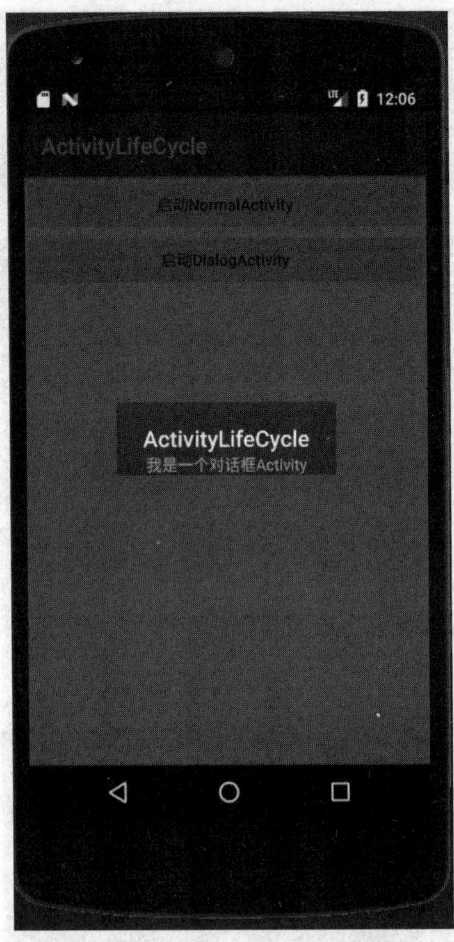

图 3.30　DialogActivity 执行效果

```
2019-04-10 20:08:57.617 7712-7712/zfang.taozhi.activitylifecycle D/MainActivity: onPause Running
```

图 3.31　Activity 启动另一个对话框式 Activity 时执行的生命周期事件

```
2019-04-10 20:10:16.809 7712-7712/zfang.taozhi.activitylifecycle D/MainActivity: onResume Running
```

图 3.32　由对话框式 Activity 返回时执行的生命周期事件

```
2019-04-10 20:10:58.546 7712-7712/zfang.taozhi.activitylifecycle D/MainActivity: onPause Running
2019-04-10 20:10:59.648 7712-7712/zfang.taozhi.activitylifecycle D/MainActivity: onStop Running
2019-04-10 20:10:59.649 7712-7712/zfang.taozhi.activitylifecycle D/MainActivity: onDestroy Running
```

图 3.33　结束当前 Activity 时执行的生命周期事件

可以看到，此时会依次执行 onPause、onStop 和 onDestroy 方法，最终销毁 MainActivity。这样活动完整的生命周期就完整地体验了一遍，是不是理解得更加深刻了？

3.5　Activity 的启动模式

活动的启动模式是个全新的概念，在实际项目中我们应该根据特定的需求为每个活动指定恰当的启动模式。启动模式一共有 4 种，分别是 standard、singleTop、singleTask 和 singleInstance，可以在 AndroidManifest. xml 中通过给<activity>标签指定 android：launchMode 属性来选择启动模式。下面我们逐个进行学习。

3.5.1　standard 模式

standard 是活动默认的启动模式，在不进行显式指定的情况下，所有活动都会自动使用这种启动模式。因此，到目前为止我们所写过的活动使用的都是 standard 模式。经过上一节的学习，我们已经知道了 Android 是使用返回栈来管理活动的，在 standard 模式(即默认情况)下，每当启动一个新的活动，它就会在返回栈中入栈，并处于栈顶的位置。对于使用 standard 模式的活动，系统不会在乎这个活动是否已经在返回栈中存在，每次启动都会创建该活动的一个新的实例。

我们现在通过实践来体会一下 standard 模式，在 JobHunting 项目的基础上进行修改。首先关闭 ActivityLifeCycle 项目，打开 JobHunting 项目。

在 onCreate 方法中修改 LoginActivity 中 startForgetBtnBtn 按钮的点击事件，并添加一行日志记录，如下所示：

```
Log.d("LoginActivity","LoginActivity Creating!");
startForgetPwdBtn.setOnClickListener(new View.OnClickListener() {
    @Override
    public void onClick(View view) {
        Intent intent = new Intent(LoginActivity.this,LoginActivity.class);
        intent.putExtra("username","我是来自 LoginActivity 的字符串");
        startActivity(intent);
    }
});
```

代码看起来有些奇怪吧，在 LoginActivity 的基础上再一次启动 LoginActivity，从逻辑上来讲这确实没什么意义，不过我们的重点在于研究 standard 模式，因此不必在意这段代码有什么实际用途。另外我们还在 onCreate 方法中添加了一行打印信息，用于打印当前活动的实例。

现在重新运行程序，然后在 LoginActivity 界面连续点击两次“进入忘记密码页面”按钮，可以看到 Logcat 中的打印信息如图 3.34 所示。

从打印信息我们可以看出，每点击一次按钮就会创建出一个新的 LoginActivity 实例。此时返回栈中也会存在 3 个 LoginActivity 的实例，因此你需要连按 3 次 Back 键才能退出程序。

```
2019-04-11 07:53:20.540 3646-3646/zfang.taozhi.jobhunting D/LoginActivity: LoginActivity Creating!
2019-04-11 07:53:20.832 3646-3661/zfang.taozhi.jobhunting I/OpenGLRenderer: Initialized EGL, version 1.4
2019-04-11 07:53:20.832 3646-3661/zfang.taozhi.jobhunting D/OpenGLRenderer: Swap behavior 1
2019-04-11 07:53:20.845 3646-3661/zfang.taozhi.jobhunting D/EGL_emulation: eglCreateContext: 0x7c7609a493c0: maj 2 min 0 rev 2
2019-04-11 07:53:20.849 3646-3661/zfang.taozhi.jobhunting D/EGL_emulation: eglMakeCurrent: 0x7c7609a493c0: ver 2 0 (tinfo 0x7c7609a0c680)
2019-04-11 07:53:20.962 3646-3661/zfang.taozhi.jobhunting D/EGL_emulation: eglMakeCurrent: 0x7c7609a493c0: ver 2 0 (tinfo 0x7c7609a0c680)
2019-04-11 07:53:21.609 3646-3646/zfang.taozhi.jobhunting I/Choreographer: Skipped 47 frames!  The application may be doing too much work on its main thread.
2019-04-11 07:54:15.557 3646-3646/zfang.taozhi.jobhunting D/LoginActivity: LoginActivity Creating!
2019-04-11 07:54:16.058 3646-3646/zfang.taozhi.jobhunting I/Choreographer: Skipped 32 frames!  The application may be doing too much work on its main thread.
2019-04-11 07:54:16.391 3646-3661/zfang.taozhi.jobhunting D/EGL_emulation: eglMakeCurrent: 0x7c7609a493c0: ver 2 0 (tinfo 0x7c7609a0c680)
2019-04-11 07:54:45.751 3646-3646/zfang.taozhi.jobhunting D/LoginActivity: LoginActivity Creating!
```

图 3.34 standard 模式启动 Activity

standard 模式的原理示意图如图 3.35 所示。

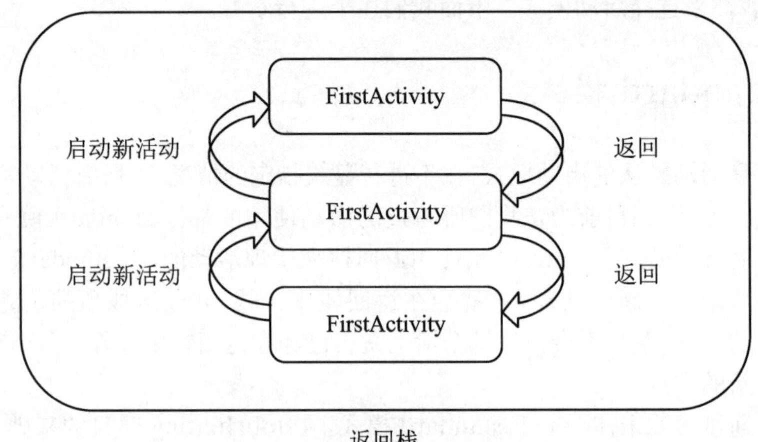

图 3.35 standard 模式原理示意图

3.5.2 singleTop 模式

可能在有些情况下，你会觉得 standard 模式不太合理。活动明明已经在栈顶了，为什么再次启动的时候还要创建一个新的活动实例呢？别着急，这只是系统默认的一种启动模式而已，你完全可以根据自己的需要进行修改，比如说使用 singleTop 模式。活动的启动模式指定为 singleTop 时，每次启动活动如果发现返回栈的栈顶已经是该活动，则认为可以直接使用它，不会再创建新的活动实例。

我们还是通过实践来体会一下，修改 AndroidManifest.xml 中 LoginActivity 的启动模式，如下所示：

```
<activity
    android:name=".activity.LoginActivity"
    android:launchMode="singleTop">
    <intent-filter>
        <action android:name="android.intent.action.MAIN"/>
        <category android:name="android.intent.category.LAUNCHER"/>
    </intent-filter>
</activity>
```

然后重新运行程序，这次再查看 Logcat，会看到已经创建了一个 LoginActivity 的实例，如图3.36 所示。

```
2019-04-11 08:02:50.836 3973-3973/zfang.taozhi.jobhunting D/LoginActivity: LoginActivity Creating!
```

图 3.36　singleTop 模式启动 Activity

但是之后不管你点击多少次按钮都不会再有新的打印信息出现，因为目前 LoginActivity 已经处于返回栈的栈顶，每当想要再启动一个 LoginActivity 时都会直接使用栈顶的活动，因此 LoginActivity 也只会有一个实例，仅按一次 Back 键就可以退出程序。

不过当 LoginActivity 并未处于栈顶位置时，这时再启动 LoginActivity，还是会创建新的实例的。

下面我们来实验一下，在 onCreate 方法中修改 LoginActivity 中 startRegistBtn 按钮的点击事件，如下所示：

```
startRegistBtn.setOnClickListener(new View.OnClickListener() {
    @Override
    public void onClick(View view) {
        Intent intent = new Intent(LoginActivity.this,RegistActivity.class);
        startActivity(intent);
    }
});
```

这次我们点击“进入免费注册页面”按钮后启动的是 RegistActivity。然后修改 RegistActivity 中 returnDataBtn 按钮的点击事件，并添加一条日志记录，如下所示：

```
Log.d("RegistActivity","RegistActivity Creating!");
returnDataBtn.setOnClickListener(new View.OnClickListener() {
    @Override
    public void onClick(View view) {
        Intent intent = new Intent(RegistActivity.this,LoginActivity.class);
        startActivity(intent);
    }
});
```

我们在 RegistActivity 中的按钮点击事件里又加入了启动 LoginActivity 的代码。现在重新运行程序，在 LoginActivity 界面点击按钮进入到 RegistActivity，然后在 RegistActivity 界面点击按钮，又会重新进入到 LoginActivity。

查看 Logcat 中的打印信息，如图 3.37 所示。

```
2019-04-11 08:17:30.926 4600-4600/zfang.taozhi.jobhunting D/LoginActivity: LoginActivity Creating!
2019-04-11 08:17:31.176 4600-4618/zfang.taozhi.jobhunting I/OpenGLRenderer: Initialized EGL, version 1.4
2019-04-11 08:17:31.476 4600-4618/zfang.taozhi.jobhunting D/OpenGLRenderer: Swap behavior 1
2019-04-11 08:17:31.496 4600-4618/zfang.taozhi.jobhunting D/EGL_emulation: eglCreateContext: 0x7c7609a49140: maj 2 min 0 rcv 2
2019-04-11 08:17:31.520 4600-4618/zfang.taozhi.jobhunting D/EGL_emulation: eglMakeCurrent: 0x7c7609a49140: ver 2 0 (tinfo 0x7c7609a0c680)
2019-04-11 08:17:31.599 4600-4618/zfang.taozhi.jobhunting D/EGL_emulation: eglMakeCurrent: 0x7c7609a49140: ver 2 0 (tinfo 0x7c7609a0c680)
2019-04-11 08:17:33.872 4600-4600/zfang.taozhi.jobhunting D/RegistActivity: RegistActivity Creating!
2019-04-11 08:17:34.408 4600-4618/zfang.taozhi.jobhunting D/EGL_emulation: eglMakeCurrent: 0x7c7609a49140: ver 2 0 (tinfo 0x7c7609a0c680)
2019-04-11 08:17:34.454 4600-4618/zfang.taozhi.jobhunting D/EGL_emulation: eglMakeCurrent: 0x7c7609a49140: ver 2 0 (tinfo 0x7c7609a0c680)
2019-04-11 08:17:34.574 4600-4618/zfang.taozhi.jobhunting D/EGL_emulation: eglMakeCurrent: 0x7c7609a49140: ver 2 0 (tinfo 0x7c7609a0c680)
2019-04-11 08:17:34.611 4600-4618/zfang.taozhi.jobhunting D/EGL_emulation: eglMakeCurrent: 0x7c7609a49140: ver 2 0 (tinfo 0x7c7609a0c680)
2019-04-11 08:17:34.672 4600-4618/zfang.taozhi.jobhunting D/EGL_emulation: eglMakeCurrent: 0x7c7609a49140: ver 2 0 (tinfo 0x7c7609a0c680)
2019-04-11 08:17:35.713 4600-4618/zfang.taozhi.jobhunting D/EGL_emulation: eglMakeCurrent: 0x7c7609a49140: ver 2 0 (tinfo 0x7c7609a0c680)
2019-04-11 08:17:36.004 4600-4600/zfang.taozhi.jobhunting D/LoginActivity: LoginActivity Creating!
```

图 3.37　Activity 不在栈顶时 singleTop 模式启动 Activity

可以看到系统创建了两个不同的 LoginActivity 实例，这是由于在 RegistActivity 中再次启动 LoginActivity 时，栈顶活动已经变成了 RegistActivity，因此会创建一个新的 LoginActivity 实例。现在按下 Back 键会返回到 RegistActivity，再次按下 Back 键又会回到 LoginActivity，再按一次 Back 键才会退出程序。

singleTop 模式的原理示意图如图 3.38 所示。

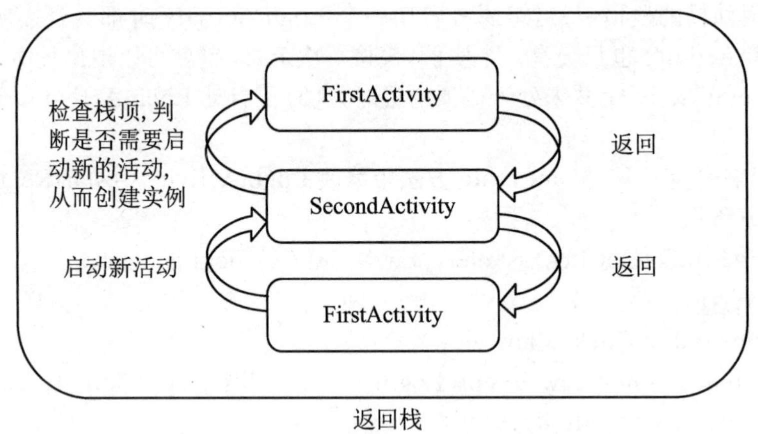

图 3.38　singleTop 模式原理示意图

3.5.3　singleTask 模式

使用 singleTop 模式可以很好地解决重复创建栈顶活动的问题，但是正如我们在上一节所看到的，如果该活动并没有处于栈顶的位置，还是可能会创建多个活动实例的。那么有没有什么办法可以让某个活动在整个应用程序的上下文中只存在一个实例呢？这就要借助 singleTask 模式来实现了。活动的启动模式指定为 singleTask 时，每次启动该活动系统首先会在返回栈中检查是否存在该活动的实例，如果发现已经存在则直接使用该实例，并把在这个活动之上的所有活动统统出栈，如果没有发现就会创建一个新的活动实例。

我们还是通过代码来更加直观地理解一下。修改 AndroidManifest.xml 中 LoginActivity 的启动模式：

```
<activity
    android:name=".activity.LoginActivity"
    android:launchMode="singleTask">
    <intent-filter>
        <action android:name="android.intent.action.MAIN"/>
        <category android:name="android.intent.category.LAUNCHER"/>
    </intent-filter>
</activity>
```

然后在 LoginActivity 中添加 onRestart 方法，并打印日志：

```
@Override
protected void onRestart() {
```

```
        super.onRestart();
        Log.d("LoginActivity","onRestart Running");
    }
```

最后在 RegsitActivity 中添加 onDestroy 方法，并打印日志：

```
    @Override
    protected void onDestroy() {
        super.onDestroy();
        Log.d("RegistActivity","RegistActivity Running!");
    }
```

现在重新运行程序，在 LoginActivity 界面点击“进入免费注册页面”按钮进入到 RegistActivity，然后在 RegistActivity 界面点击按钮，又重新进入到 LoginActivity。

查看 Logcat 中的打印信息，如图 3.39 所示。

```
2019-04-11 08:38:58.400 5220-5220/zfang.taozhi.jobhunting I/LoginActivity: LoginActivity Creating!
2019-04-11 08:38:58.935 5220-5238/zfang.taozhi.jobhunting I/OpenGLRenderer: Initialized EGL, version 1.4
2019-04-11 08:38:58.935 5220-5238/zfang.taozhi.jobhunting D/OpenGLRenderer: Swap behavior 1
2019-04-11 08:38:58.938 5220-5238/zfang.taozhi.jobhunting D/EGL_emulation: eglCreateContext: 0x7c7609a493c0: maj 2 min 0 rcv 2
2019-04-11 08:38:58.961 5220-5238/zfang.taozhi.jobhunting D/EGL_emulation: eglMakeCurrent: 0x7c7609a493c0: ver 2 0 (tinfo 0x7c7609a0c680)
2019-04-11 08:38:59.005 5220-5238/zfang.taozhi.jobhunting D/EGL_emulation: eglMakeCurrent: 0x7c7609a493c0: ver 2 0 (tinfo 0x7c7609a0c680)
2019-04-11 08:39:02.326 5220-5220/zfang.taozhi.jobhunting I/RegistActivity: RegistActivity Creating!
2019-04-11 08:39:03.056 5220-5220/zfang.taozhi.jobhunting I/Choreographer: Skipped 3? frames! The application may be doing too much work on its main thread.
2019-04-11 08:39:03.106 5220-5238/zfang.taozhi.jobhunting D/EGL_emulation: eglMakeCurrent: 0x7c7609a493c0: ver 2 0 (tinfo 0x7c7609a0c680)
2019-04-11 08:39:10.457 5220-5220/zfang.taozhi.jobhunting D/LoginActivity: onRestart Running!
2019-04-11 08:39:10.627 5220-5238/zfang.taozhi.jobhunting D/EGL_emulation: eglMakeCurrent: 0x7c7609a493c0: ver 2 0 (tinfo 0x7c7609a0c680)
2019-04-11 08:39:10.713 5220-5238/zfang.taozhi.jobhunting D/EGL_emulation: eglMakeCurrent: 0x7c7609a493c0: ver 2 0 (tinfo 0x7c7609a0c680)
2019-04-11 08:39:10.948 5220-5238/zfang.taozhi.jobhunting D/EGL_emulation: eglMakeCurrent: 0x7c7609a493c0: ver 2 0 (tinfo 0x7c7609a0c680)
2019-04-11 08:39:10.952 5220-5238/zfang.taozhi.jobhunting D/OpenGLRenderer: endAllActiveAnimators on 0x7c75f7ec2c00 (RippleDrawable) with handle 0x7c7609b10dc0
2019-04-11 08:39:11.212 5220-5220/zfang.taozhi.jobhunting I/RegistActivity: onDestroy Running!
```

图 3.39　singleTask 模式启动 Activity

从打印信息就可以明显看出来了，在 RegistActivity 中启动 LoginActivity 时，会发现返回栈中已经存在一个 LoginActivity 的实例，并且是在 RegistActivity 的下面，于是 RegistActivity 会从返回栈中出栈，而 LoginActivity 重新成为了栈顶活动，因此 LoginActivity 的 onRestart 方法和 RegistActivity 的 onDestroy 方法会得到执行。现在返回栈中应该只剩下一个 LoginActivity 的实例了，按一下 Back 键就可以退出程序。

singleTask 模式的原理示意图如图 3.40 所示。

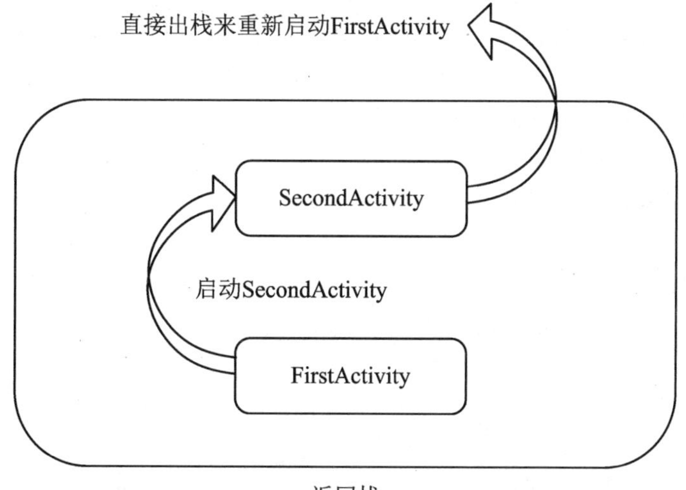

图 3.40　singleTask 模式原理示意图

3.5.4 singleInstance 模式

singleInstance 模式应该算是 4 种启动模式中最特殊也最复杂的一个了，我们也需要多花点功夫来理解这个模式。不同于以上 3 种启动模式，指定为 singleInstance 模式的活动会启用一个新的返回栈来管理这个活动（其实如果 singleTask 模式指定了不同的 taskAffinity，也会启动一个新的返回栈）。那么这样做有什么意义呢？想象以下场景：假设我们的程序中有一个活动是允许其他程序调用的，如果我们想实现其他程序和我们的程序可以共享这个活动的实例，应该如何实现呢？使用前面 3 种启动模式肯定是做不到的，因为每个应用程序都会有自己的返回栈，同一个活动在不同的返回栈中入栈时必然是创建了新的实例。而使用 singleInstance 模式就可以解决这个问题，在这种模式下会有一个单独的返回栈来管理这个活动，不管是哪个应用程序来访问这个活动，都共用同一个返回栈，也就解决了共享活动实例的问题。

为了更好地理解这种启动模式，我们还是来实践一下。修改 AndroidManifest. xml 中 RegistActivity 的启动模式：

```
<activity
    android:name=".activity.RegistActivity"
    android:launchMode="singleInstance">
</activity>
```

我们先将 RegistActivity 的启动模式指定为 singleInstance，然后修改 LoginActivity 中 onCreate 方法的代码，使用日志打印出当前返回栈的 id。

```
Log.d("LoginActivity","LoginActivity 所在的返回栈:"+getTaskId());
```

然后修改 RegistActivity 中 onCreate 方法的代码：

```
@Override
protected void onCreate(Bundle savedInstanceState) {
    super.onCreate(savedInstanceState);
    setContentView(R.layout.activity_regist);
    returnDataBtn=findViewById(R.id.regist_submit);
    Log.d("RegistActivity","RegistActivity 所在的返回栈:"+getTaskId());
    returnDataBtn.setOnClickListener(new View.OnClickListener() {
        @Override
        public void onClick(View view) {
            Intent intent=
new Intent(RegistActivity.this,ForgetPwdActivity.class);
            startActivity(intent);
        }
    });
}
```

同样在 onCreate 方法中打印了当前返回栈的 id，然后又修改了按钮点击事件的代码，用于启动 ForgetPwdActivity。最后修改 ForgetPwdActivity 中 onCreate 方法的代码：

```
@Override
protected void onCreate(Bundle savedInstanceState) {
    super.onCreate(savedInstanceState);
    setContentView(R.layout.activity_forget_pwd);
    Log.d("ForgetPwdActivity",
        "ForgetPwdActivity 所在的返回栈:" + getTaskId());
}
```

仍然是在 onCreate 方法中打印了当前返回栈的 id。

现在重新运行程序，在 LoginActivity 界面点击按钮进入到 RegistActivity，然后在 RegistActivity 界面点击按钮进入到 ForgetPwdActivity。

查看 Logcat 中的打印信息，如图 3.41 所示。

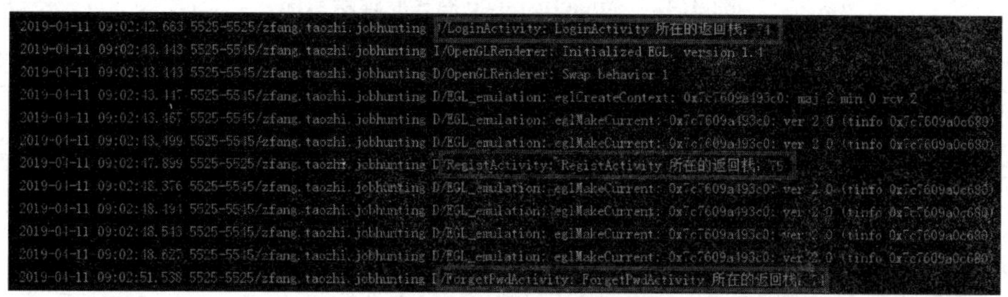

图 3.41　singleInstance 模式启动 Activity

可以看到，RegistActivity 的 TaskId 不同于 LoginActivity 和 ForgetPwdActivity，这说明 RegistActivity 确实是存放在一个单独的返回栈里的，而且这个栈中只有 RegistActivity 这一个活动。

然后我们按下 Back 键进行返回，我们会发现 ForgetPwdActivity 竟然直接返回到了 LoginActivity，再按下 Back 键又会返回到 RegistActivity，再按下 Back 键才会退出程序，这是为什么呢？其实原理很简单，由于 LoginActivity 和 ForgetPwdActivity 是存放在同一个返回栈里的，当在 ForgetPwdActivity 界面按下 Back 键，ForgetPwdActivity 会从返回栈中出栈，那么 LoginActivity 就成为了栈顶活动显示在界面上，因此也就出现了从 ForgetPwdActivity 直接返回到 LoginActivity 的情况。然后在 LoginActivity 界面再次按下 Back 键，这时当前的返回栈已经空了，于是就显示另一个返回栈的栈顶活动，即 RegistActivity。最后再次按下 Back 键，这时所有返回栈都已经空了，也就自然退出了程序。

singleInstance 模式的原理示意图如图 3.42 所示。

本 章 小 结

本章首先简要介绍了活动(Activity)的基本概念，接着从手动创建 Activity 开始，依次介绍了活动之间的跳转及传值、活动的生命周期和启动模式，其间对 Intent 的显式和隐式使用也做了详细的介绍。相信通过这一章的学习，大家可以随心所欲地创建和使用 Activity 了。

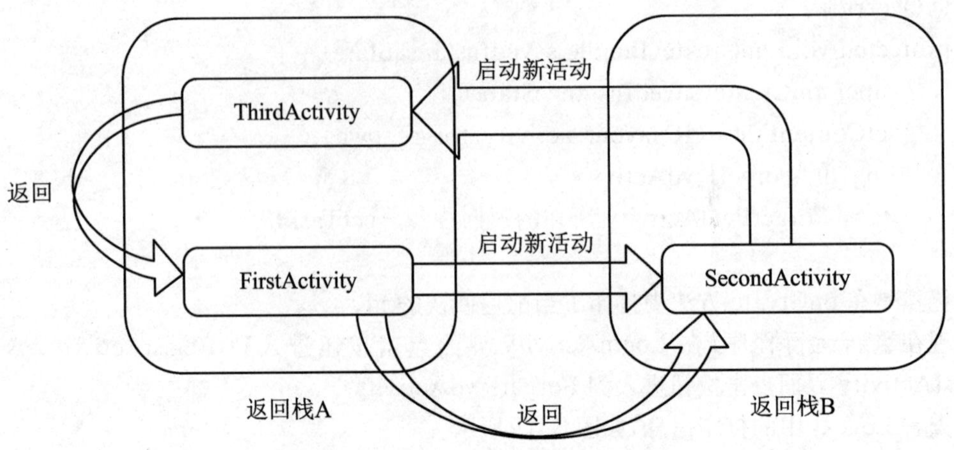

图 3.42 singleInstance 模式原理示意图

习 题 3

1. 什么是活动？什么是意图？它们之间有什么关系？
2. 如何创建一个活动？
3. 如何通过显式的 Intent 实现活动之间的跳转？写出具体实现方法。
4. 如何通过隐式的 Intent 实现活动之间的跳转？写出具体实现方法。
5. 简述活动的生命周期，并通过生命周期事件验证此过程。
6. 活动的启动模式有哪些？说明各启动模式的特点。

实验 2 Activity 组件的使用

实验性质

验证性(2 个学时)。

实验目标

(1) 了解 Activity 的概念与作用。
(2) 掌握 Activity 组件的创建过程。
(3) 掌握 Activity 中响应用户事件的方式。

实验内容

(1) Activicty 组件的创建及布局控件的加载与查找。

(2) 使用监听器改变控件的显示值。

实验步骤

(1) 新建一个 Android 工程,命名为 Experiment01。
(2) 添加 MainActivity. java 类,并继承 Activity。
(3) 为组件 MainActivity 设计 activity_main. xml:

```
<LinearLayout xmlns:android="http://schemas.android.com/apk/res/android"
    android:orientation="vertical"
    android:layout_width="fill_parent"
    android:layout_height="fill_parent" >
<TextView
    android:layout_width="fill_parent"
    android:layout_height="wrap_content"
    android:text="Hello Word"/>
<Button
    android:id="@+id/editText"
    android:layout_width="fill_parent"
    android:layout_height="wrap_content"
    android:text="点击我"/>
</LinearLayout>
```

(4) 为组件 MainActivity 添加布局 activity_main. xml:

```
public class MainActivity extends Activity {
    private static final String TAG = "ActivityDemo";
    private Button mButton;
    public void onCreate(Bundle savedInstanceState) {
        super. onCreate(savedInstanceState);
        setContentView(R. layout. activity_main);
}
}
```

(5) 在 AndroidManifest. xml 文件中为 Experiment01 项目配置入口 Activity 组件(MainActivity):

```
<activity
        android:name=".MainActivity"
        android:label="@string/app_name" >
        <intent-filter>
            <action android:name="android.intent.action.MAIN" />
            <category android:name="android.intent.category.LAUNCHER" />
        </intent-filter>
</activity>
```

(6) 查找需要监听的 UI 控件,为其添加监听器,响应用户的事件:

```
private Button mButton;
private TextView mTextView;
//定义一个 String 类型用来存取我们 EditText 输入的值
private String mString;
public void onCreate(Bundle savedInstanceState) {
    super.onCreate(savedInstanceState);
    setContentView(R.layout.activity_main);
    mButton=(Button)findViewById(R.id.editText);
    mTextView=(TextView) findViewById(R.id.zfang);
    mButton.setOnClickListener(new OnClickListener() {
        @Override
        public void onClick(View v) {
            // TODO Auto-generated method stub
            mTextView.setText("我已经响应了你的点击事件");
        }
    });
}
```

(7) 调试运行,运行效果如图 3.43 所示。

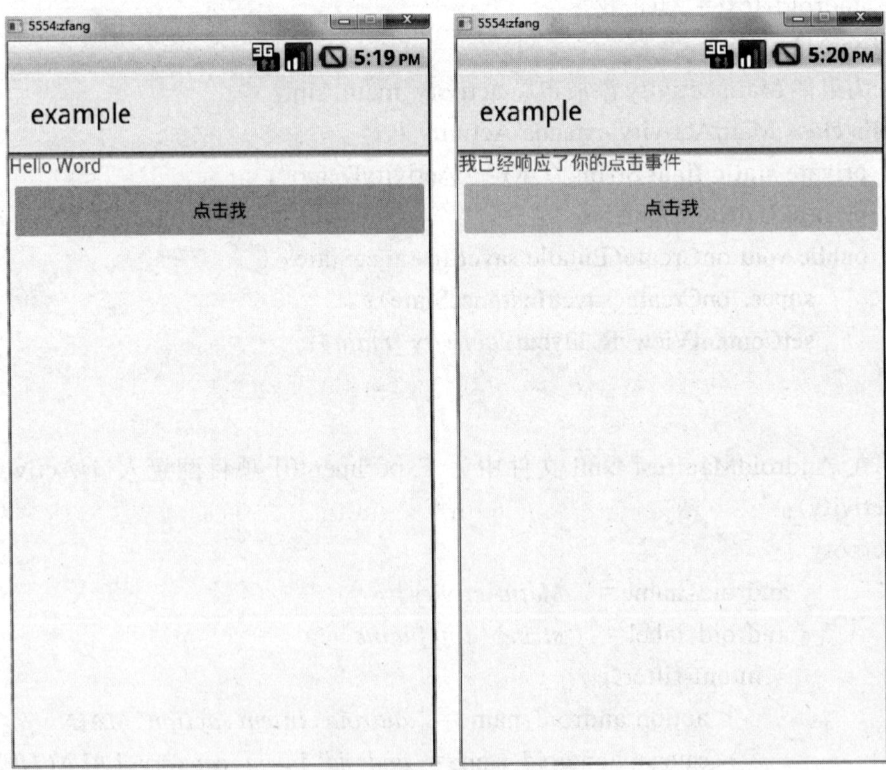

图 3.43　实验 1 运行效果图

实验 3　Intent 的使用

实验性质

验证性(2 个学时)。

实验目标

(1) 了解 Intent 的概念与作用。
(2) 掌握隐式 Intent 与显式 Intent 实现页面间跳转的方法。
(3) 掌握使用 Intent 实现不同组件间的参数传递。

实验内容

(1) 显式 Intent 的使用:同一应用程序中在 MainActivity 中启动 SecondActivity。

一般情况下,一个 Android 应用程序中需要多个屏幕,即多个 Activity 类,在这些 Activity 之间进行切换是通过 Intent 机制来实现的。在同一个应用程序中切换 Activity 时,我们通常都知道要启动的 Activity 具体是哪一个,因此常用显式的 Intent 来实现。

(2) 隐式 Intent 的使用:从当前 MainActivity 中隐式跳转到系统的拨号页面。

Android 需要解析隐式 Intent,通过解析,将 Intent 映射给可以处理该 Intent 的 Activity、Service 等。Intent 的解析机制主要是通过查找已经注册在 AndroidManifest.xml 中的所有 IntentFilter 以及其中定义的 Intent,最终找到匹配的 Intent。

(3) 利用 Intent 对象携带简单数据。

利用 Intent 的 Extra 部分来存储我们想要传递的数据,可以传送 int、long、char 等基础类型,对复杂的对象就无能为力了。

(4) 利用 Intent 对象传递序列化数据。

利用 Java 语言本身的特性,将数据序列化后,再将其传递出去。

实验步骤

(1) 创建 Android 项目,修改 activity_main.xml 布局文件,同时创建并修改 activity_second.xml。参考代码如下:

activity_second.xml:

```
<?xml version="1.0" encoding="utf-8"?>
<LinearLayout xmlns:android="http://schemas.android.com/apk/res/android"
    android:orientation="vertical"
    android:layout_width="fill_parent"
    android:layout_height="fill_parent">
    <TextView
        android:layout_width="fill_parent"
```

```
            android:layout_height = "wrap_content"
            android:text = "我是一个 MainActivity"/>
    <Button
            android:id = "@+ id/btn"
            android:layout_width = "wrap_content"
            android:layout_height = "wrap_content"
            android:text = "显式 Intent 转到同一个应用的 SecondActivity"/>
    </LinearLayout>
```

activity_second. xml：

```
    <? xml version = "1.0" encoding = "utf-8"? >
    <LinearLayout xmlns:android = "http://schemas.android.com/apk/res/android"
        android:orientation = "vertical"
        android:layout_width = "fill_parent"
        android:layout_height = "fill_parent">
        <TextView
            android:layout_width = "fill_parent"
            android:layout_height = "wrap_content"
            android:text = "我是 SecondActivity" />
        <Button
            android:id = "@+ id/secondBtn"
            android:layout_width = "wrap_content"
            android:layout_height = "wrap_content"
            android:text = "返回 MainActivity"/>
    </LinearLayout>
```

（2）修改 MainActity. java，同时创建并修改 SecondActivity. java 文件，完成跳转逻辑。参考代码如下：

MainActity. java：

```
private Button btn;
    public void onCreate(Bundle savedInstanceState) {
        super.onCreate(savedInstanceState);
        setContentView(R.layout.activity_main);
        btn = (Button)findViewById(R.id.btn);
        //响应按钮 btn 事件
        btn.setOnClickListener(new OnClickListener() {
          @Override
          public void onClick(View v) {
            //显式方式声明 Intent，直接启动 SecondActivity
            Intentit = new
                Intent(MainActivity.this,SecondActivity.class);
            //启动 Activity
```

```
                startActivity(it);
            }
        });
    }
SecondActivity:
private Button secondBtn;
    public void onCreate(Bundle savedInstanceState) {
        super.onCreate(savedInstanceState);
        setContentView(R.layout.activity_second);
        secondBtn = (Button)findViewById(R.id.secondBtn);
        //响应按钮 secondBtn 事件
        secondBtn.setOnClickListener(new OnClickListener() {
            @Override
            public void onClick(View v) {
                //显式方式声明 Intent,直接启动 MainActivity
                Intentintent = new
                    Intent(SecondActivity.this,MainActivity.class);
                //启动 Activity
                startActivity(intent);
            }
        });
}
```

(3) 在 AndroidManifest.xml 文件中注册 SecondActivity。参考代码如下：

```
<application
    android:allowBackup = "true"
    android:icon = "@drawable/ic_launcher"
    android:label = "@string/app_name"
    android:theme = "@style/AppTheme" >
    <activity
        android:name = ".MainActivity"
        android:label = "@string/app_name" >
        <intent-filter>
            <action android:name = "android.intent.action.MAIN" />
            <category android:name = "android.intent.category.LAUNCHER" />
        </intent-filter>
    </activity>
    <activity
            android:name = ".SecondActivity"
            android:label = "@string/app_name">
    </activity>
```

```
</application>
```

(4) 调试并运行 Android 项目，分析总结 Intent 显式跳转功能。

(5) 创建新的 Android 项目，修改布局页面 activity_main. xml。参考代码如下：

```
<? xml version = "1.0" encoding = "utf-8"? >
<LinearLayout xmlns:android = "http://schemas.android.com/apk/res/android"
    android:orientation = "vertical"
    android:layout_width = "fill_parent"
    android:layout_height = "fill_parent" >
    <TextView
        android:layout_width = "fill_parent"
        android:layout_height = "wrap_content"
        android:text = "我是一个 MainActivity"/>
    <Button
        android:id = "@+ id/btn"
        android:layout_width = "wrap_content"
        android:layout_height = "wrap_content"
        android:text = "隐式 Intent 转到不同应用的拨号页面"/>
    </LinearLayout>
```

(6) 修改 MainActitiy. java，完成隐式跳转功能。参考代码如下：

```
private Button btn;
    public void onCreate(Bundle savedInstanceState) {
        super.onCreate(savedInstanceState);
        setContentView(R.layout.activity_main);
        btn = (Button)findViewById(R.id.btn);
        //响应按钮 btn 事件
        btn.setOnClickListener(new OnClickListener() {
            @Override
            public void onClick(View v) {
                Intent intent = new
            Intent(Intent.ACTION_DIAL, Uri.parse("tel:13655345433"));
            intent.setFlags(Intent.FLAG_ACTIVITY_NEW_TASK);
                startActivity(intent);
            }
        });
    }
```

(7) 调试并运行程序，分析总结 Intent 隐式调转功能。

(8) 创建新的 Android 项目，修改 activity_main. xml 布局页面，创建并修改布局页面 activity_second. xml。参考代码如下：

activity_main. xml：

```
<? xml version = "1.0" encoding = "utf-8"? >
```

```
<LinearLayout xmlns:android="http://schemas.android.com/apk/res/android"
    android:orientation="vertical"
    android:layout_width="fill_parent"
    android:layout_height="fill_parent" >
    <TextView
        android:layout_width="fill_parent"
        android:layout_height="wrap_content"
        android:text="我是一个 MainActivity"/>
    <Button
        android:id="@+id/btn"
        android:layout_width="wrap_content"
        android:layout_height="wrap_content"
        android:text="显式 Intent 转到同一个应用的SecondActivity"/>
    </LinearLayout>
    activity_second.xml:
    <? xml version="1.0" encoding="utf-8"? >
    <LinearLayout xmlns:android="http://schemas.android.com/apk/res/android"
        android:orientation="vertical"
        android:layout_width="fill_parent"
        android:layout_height="fill_parent">
        <TextView
        android:layout_width="fill_parent"
        android:layout_height="wrap_content"
        android:text="我是 SecondActivity" />
    <Button
        android:id="@+id/secondBtn"
        android:layout_width="wrap_content"
        android:layout_height="wrap_content"
        android:text="返回 MainActivity"/>
</LinearLayout>
```

(9) 修改 MainActity.java，创建并修改 SecondActivity.java 文件，完成跳转及简单数据传递的功能。参考代码如下：

```
MainActivity:
private Button btn;
    public void onCreate(Bundle savedInstanceState) {
        super.onCreate(savedInstanceState);
        setContentView(R.layout.activity_main);
        btn = (Button)findViewById(R.id.btn);
        //响应按钮 btn 事件
        btn.setOnClickListener(new OnClickListener() {
```

```
                @Override
                public void onClick(View v) {
                    Intent intentSimple = new Intent();
intentSimple.setClass(MainActivity.this,SecondActivity.class);

                    Bundle bundleSimple = new Bundle();
                    bundleSimple.putString("message","hello SecondActivity,我给你
传数据了");
                    intentSimple.putExtras(bundleSimple);
                    startActivity(intentSimple);
                }
            });
        }
SecondActivity:
private Button secondBtn;
    private TextView mTextView;
    public void onCreate(Bundle savedInstanceState) {
        super.onCreate(savedInstanceState);
        setContentView(R.layout.activity_second);
        secondBtn = (Button)findViewById(R.id.secondBtn);
        mTextView = (TextView) findViewById(R.id.zfang);
        Bundlebunde = this.getIntent().getExtras();
        Stringmessage = bunde.getString("message");
        mTextView.setText(message);
        //响应按钮 secondBtn 事件
        secondBtn.setOnClickListener(new OnClickListener() {
            @Override
            public void onClick(View v) {
                //显式方式声明 Intent,直接启动 MainActivity
                Intentintent = new
            Intent(SecondActivity.this,MainActivity.class);
                //启动 Activity
                startActivity(intent);
            }
        });
}
```

(10) 调试并运行 Android 项目,分析总结 Intent 传递简单数据的功能。

(11) 修改上例中的 MainActivity 和 SecondActivity,代码如下:

```
MainActivity:
private Button btn;
```

```
public void onCreate(Bundle savedInstanceState) {
        super.onCreate(savedInstanceState);
        setContentView(R.layout.activity_main);
        btn = (Button)findViewById(R.id.btn);
        //响应按钮 btn 事件
        btn.setOnClickListener(new OnClickListener() {
            @Override
            public void onClick(View v) {
                //通过 Serializable 接口传参数的例子
                HashMap<String,String> map2 = new HashMap<String,String>();
                map2.put("user","zfang");
            map2.put("pass","123456");
            Bundle bundleSerializable = new Bundle();
            bundleSerializable.putSerializable("serializable",map2);
            Intent intentSerializable = new Intent();
            intentSerializable.putExtras(bundleSerializable);
            intentSerializable.setClass(MainActivity.this,SecondActivity.class);
            startActivity(intentSerializable);
            }
        });
    }
SecondActivity:
private Button secondBtn;
    private TextView mTextView;
    public void onCreate(Bundle savedInstanceState) {
        super.onCreate(savedInstanceState);
        setContentView(R.layout.activity_second);
        secondBtn = (Button)findViewById(R.id.secondBtn);
        mTextView = (TextView) findViewById(R.id.zfang);
        //接收参数
        Bundlebundle = this.getIntent().getExtras();
        HashMap<String,String>map =
            (HashMap<String,String>)bundle.getSerializable("serializable");
        Stringmessage = "map.size() = " + map.size();
        Iteratoriter = map.entrySet().iterator();
        while(iter.hasNext())
        {
                Map.Entry entry = (Map.Entry)iter.next();
                Object key = entry.getKey();
                Object value = entry.getValue();
```

```
                message += "\r\n key→" + (String)key;
                message += "\r\n value→" + (String)value;
            }
            mTextView.setText(message);
            //响应按钮 secondBtn 事件
            secondBtn.setOnClickListener(new OnClickListener() {
                @Override
                public void onClick(View v) {
                    //显式方式声明 Intent,直接启动 MainActivity
                    Intentintent = new
                        Intent(SecondActivity.this,MainActivity.class);
                    //启动 Activity
                    startActivity(intent);
                }
            });
        }
```

(12) 调试并运行 Android 项目,分析总结 Intent 传递复杂数据的功能。

第 4 章　Android UI 开发基础

学习目标

本章主要介绍 Android UI 设计的原则、常用的基本 UI 控件和布局控件，同时以职淘淘在线兼职平台的登录页面为例，对 UI 设计的各知识点进行整合讲解。通过本章的学习，要求读者达到以下学习目标：

(1) 掌握 Android UI 设计的原则。
(2) 掌握常用基本 UI 组件的作用和使用方法。
(3) 掌握各布局控件的特点和使用方法。
(4) 掌握 Android 页面设计的一般方法和技巧。

可能有人认为 UI 控件就是拖拖控件、设置一些属性、把控件拼装起来而已，并没有什么很高的技术含量，但实际上并不是如此简单，特别是 Android App 开发里面的一些复杂的带有动画的或者其他不规则特效的页面，这些 UI 控件将会给你带来很多意想不到的东西。

在开始接下来的讲解之前，对照职淘淘在线兼职平台的登录页面，如图 4.1 所示，请大家做出如下思考：

图 4.1　职淘淘手机客户端登录页面

问题一:这个界面包含哪些元素?

(1) 从宏观的角度来讲,我们很容易找到一些通用的元素,如标题栏上显示的“淘职宝”“免费注册”及最底部的“忘记密码”,这三个地方都是直接显示了一段文本。

(2) 用户头像和密码锁图片的右边,需要放置一个输入框,接受用户输入的账号和密码。

(3) 下面有“登录”按钮,当用户点击此按钮时,会触发一些具体的操作,完成登录的逻辑;左上角有一个向左的尖括号图标,当用户点击这个图标时,将返回到上层界面;同样,当用户点击“免费注册”文本和“忘记密码”文本时将分别跳转到注册界面和忘记密码界面。

问题二:这些元素的布置有哪些特点?

(1) 从这个界面我们可以看出:向左的图标、“淘职宝”文本以及右边的“免费注册”文本,都是在标题栏里面显示;下面用户头像和密码锁图片以及账号和密码的输入框,占据整个页面的中间区域;底下的“登录”按钮和“忘记密码”文本,则占据了页面的剩余部分。至此我们可以看到整个页面可以被分为3个区域,并按垂直方向排列,这就是布局控件可以做的事情,可对页面布局进行设计。

(2) 各元素在颜色上做了区分,如“淘职宝”3个字是红色的,“免费注册”是橙色的,而底部的“忘记密码”则用灰色显示;同时,标题栏有一个白色的背景,“登录”按钮的背景是橙色的,而整个页面的背景则是灰色的。另外还可以观察到字体大小也有不同,如“淘职宝”三个字的字体大小明显比“免费注册”和“忘记密码”要大。从这些界面元素所呈现的内容来看,我们可以观察到这些界面元素有一些相同点,也有一些不同点,即这些界面元素可以有各自的属性,如字体大小、字体颜色以及字体的背景等等。这种类型的相同之处可以归类为元素的属性。

从上面的例子我们可以看出,如果想让 Android 设备显示出这样的界面,作为开发者最关心的是界面元素有哪些,这些界面元素如何合理地排版以及它们的基本属性如何设置。那么接下来我们就开始一一为大家介绍。

4.1 Android UI 简介

Android 用户界面框架采用视图树(View Tree)模型,即在 Android 用户界面框架中,界面元素是以一种树形结构组织在一起的,称为视图树。视图树由 View 和 ViewGroup 构成,如图 4.2 所示。

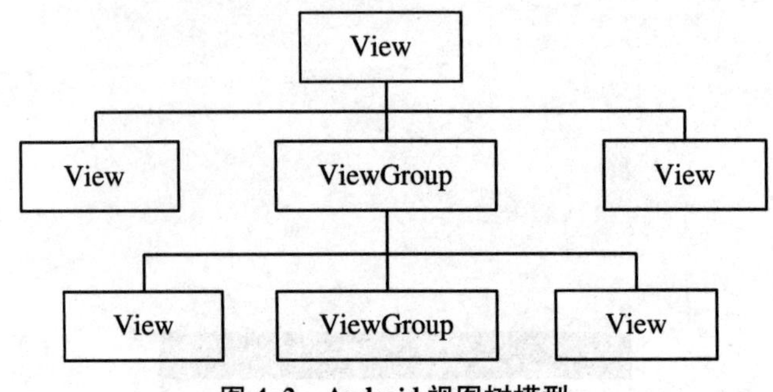

图 4.2 Android 视图树模型

Android 系统会依据视图树的结构从上至下绘制每一个界面元素。每个元素负责自身的绘制，如果元素包含子元素，该元素会通知其下所有子元素进行绘制。

4.1.1 Android UI 控件类介绍

在 Android 中使用各种控件可以实现 UI 的外观，而 View 是各类控件的基类，是创建交互式图形用户界面的基础。ViewGroup 作为 View 的一个特殊子类，主要用作为 View 的容器使用。下面就 View 类和 ViewGroup 类进行简单的介绍。

1. View 类

View 是界面上最基本的可视单元，呈现了最基本的 UI 构造块。一个视图占据屏幕上的一个方形区域，存储了屏幕上特定矩形区域内所显示内容的数据结构，并能够实现所占据区域的界面绘制、焦点变化、用户输入和界面事件处理等功能。

View 是 Android 中最基础的类之一，所有在界面上的可见元素都是 View 的子类，如按钮(Button)、文本视图(TextView)、图像视图(ImageView)和编辑框视图(EditText)等。

2. ViewGroup 类

ViewGroup 是一个特殊的 View，它继承于 android.view.View。它的功能就是装载和管理下一层的 View 对象或 ViewGroup 对象，也就是说它是一个容纳其他元素的容器。

ViewGroup 中还定义了一个嵌套类 ViewGroup.LayoutParams。这个类定义了一个显示对象的位置、大小等属性，View 通过 LayoutParams 中的这些属性值来告诉父级视图它们将如何放置。

ViewGroup 是一个抽象类，真正充当容器的是它的各子类，也就是下面要重点讲述的 LinearLayout、RelativeLayout、FrameLayout 等布局管理器。

4.1.2 Android UI 控件的通用属性

UI(用户界面)布局是用户界面的描述，定义了界面中的所有元素、结构以及它们之间的关系。通常情况下我们首先使用容器控件(ViewGroup)完成页面整体框架的搭建，然后使用各控件(View)的属性完成细节的处理。

对控件属性的控制有两种方法：

- 在布局文件中通过 xml 的标签属性进行控制。
- 在 Java 程序代码中通过调用控件的 set 等方法控制。

View 类是所有 UI 控件的基类，因此它包含的属性和方法是所有组件都可使用的。下面看一下 View 类所包含的通用的 xml 属性和方法，如表 4.1 所示。

表 4.1　View 的常用属性

属性名称	属性描述	应用举例
id	为控件定义一个 id。同一个布局中不可以有相同的 id,根据该 id,我们可以在 Java 代码中通过 findViewById()对其进行查看,进而进行控制	android:id = "@ + id/submit"
background	为控件设置背景色或者背景图片	android:background = "#ff00ff" android:background = "@drawable/lock"
padding	设置控件的内间距,即内容与控件边界的距离。也可以单独使用 padding_left、padding_top、padding_right、padding_buttom 分别设置左、上、右、下内边距。其单位可以是 dp 或者 dip	android:padding = "24dp" android:padding_left = "10dp"
margin	设置控件的外间距,即控件与控件之间的距离。也可以单独使用 margin_left、margin_top、margin_right、margin_buttom 分别设置左、上、右、下外边距。其单位可以是 dp 或者 dip	android:margin = "24dp" android:margin_left = "10dp"
visibility	设置控件是否可见,属性值有 gone、visible 和 invisible 三种,分别表示隐藏控件、控件可见和控件不可见,其中 gone 和 invisible 的区别在于界面是否保留了控件所占有的空间	android:visibility = "gone" android:visibility = "visible" android:visibility = "invisible"
layout_height	设置控件在布局中的高度。其取值有 match_parent、fill_parent、wrap_content 和具体的尺寸(如 24 dp)。其中 match_parent 和 fill_parent 都是填充父类控件,android 2.2(API8)之前都是用 fill_parent,API8 之后的新版本都是用 match_parent;wrap_content 表示包裹住控件中的内容即可	android:layout_height = "match_parent" android:layout_height = "wrap_content"
layout_width	设置控件在布局中的宽度,描述同 layout_height	android:layout_width = "match_parent" android:layout_width = "wrap_content"
width	设置控件的宽度,其属性值为具体尺寸信息,如 px、dp	android:width = "20dp"
height	设置控件的高度,其属性值为具体尺寸信息,如 px、dp	android:width = "20dp"
clickable	设置控件是否可以响应点击事件,属性值有 false 和 true	android:clickable = "true"

这里,善于发现问题的读者可能会问:layout_width 和 width 的区别在哪里？控件的尺寸单位 px、dip、dp、sp 有什么区别呢？别着急,我们接着跟大家解释一下。

(1) layout_width 和 width 的区别。

首先我们应该知道一个控件的大小并不是由它本身来决定的，而是由父类控件和它自身一起来决定的。layout_width 就是父控件允许 View 所占的宽度，而 width 是 View 的自身宽度。在 layout_width 和 width 都设置为具体数值的时候，width 是无效的。这也不难理解，父布局已经分配了具体的空间，不论 View 怎么设置 width，View 的宽度也只能是 layout_width。那么什么情况下 width 会起作用呢？当我们把 layout_width 设置成 wrap_content 的时候，父布局的意思是包裹 View，View 有多大就分配多大的空间给它，这时候 View 的宽度就取决于 width，假如不设置 width，那么系统就会根据 View 的内容自行测量大小。同理，layout_height 和 height 也是一样的。

(2) 尺寸单位 px、dip、dp 和 sp 的区别。

• dip。

在 Android 上开发的程序将会在不同分辨率的手机上运行，为了让程序外观不至于相差太大，所以引入了 dip 的概念。比如定义一个矩形 10 dip×10 dip，在分辨率为 160 px 的屏上(如 G1)，正好是 10×10 像素；而在 240 px 的屏上，则是 15×15 像素。它们之间的换算公式为 pixs = dips * (density/160)，density 就是屏的分辨率。

这里要特别注意 dip 与屏幕密度有关，而屏幕密度又与具体的硬件有关，硬件设置不正确，有可能导致 dip 不能正常显示。在屏幕密度为 160 的显示屏上，1 dip = 1 px，有时候可能你的屏幕分辨率很大如 480×800，但是屏幕密度没有正确设置比如说还是 160，那么这个时候凡是使用 dip 的都会显示异常，基本都是显示过小。

• dp。

与 dip 完全相同，只是名字不同而已。在早期的 Android 版本里多使用 dip，后来为了与 sp 统一就建议使用 dp 这个名字了。

• px。

即像素，1 px 代表屏幕上一个物理的像素点。但 px 单位不被建议使用，因为同样 100 px 的控件，在不同手机上显示的实际大小可能不同。

• sp。

主要处理字体的大小，与 dp 类似，但是它可以根据用户的字体大小首选项进行缩放，主要用于字体显示。

4.2　Android 常用布局控件

在 Android 系统中，布局控件是控件的容器。在窗体中摆放各种控件时，很难判断其具体位置和大小，使用 Android 布局控件可以很方便地对这些因素进行控制。Android 提供了 5 种布局管理器来管理控件，它们是线性布局管理器(LinearLayout)、表格布局管理器(TableLayout)、帧布局管理器(FrameLayout)、相对布局管理器(RelativeLayout)和绝对布局管理器(AbsoluteLayout)。布局管理器的作用主要有以下三个：

(1) 适应不同移动设备的不同屏幕分辨率。

(2) 方便横屏和竖屏之间的切换。

(3) 管理每个控件的大小以及位置。

4.2.1 线性布局

我们再看一下职淘淘的登录页面，如果让你设计这样的页面，你会怎么做呢？相信大多数人首先会做的就是分析页面的结构了，既然如此，我们就对该页面做如图4.3所示的分析。

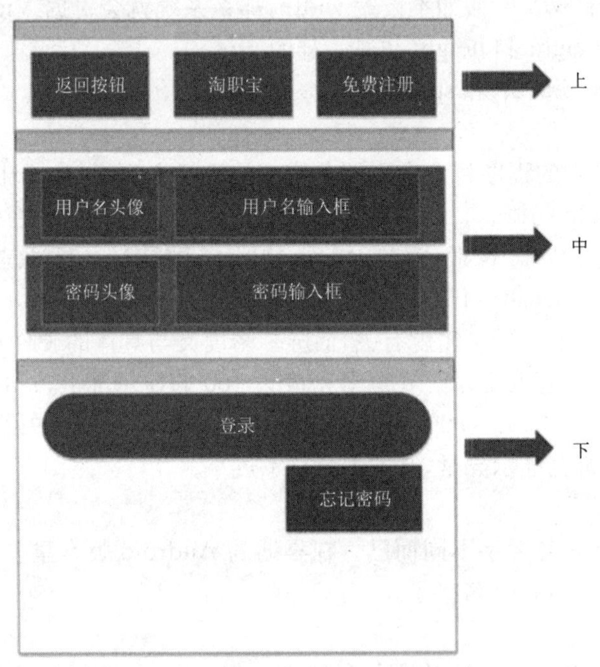

图 4.3 职淘淘登录页面结构分析

可以看到整个页面在垂直方向被分成上、中、下三个部分，且每个部分都有一个共同的特点，即其内部的子控件都是按照一定的方向（水平或者垂直）排列的。这里整个页面及其内部的三个部分可以看成 ViewGroup，因为其内部包含了其他部分，其他部分我们可以看成是 View。那么要如何在布局中设计这样的结构呢？别急，接下来要介绍的线性布局（LinearLayout）就能做到这点。

线性布局是一种常用的布局控件，它也是 RadioGroup、TabWidget、TableLayout、TableRow 和 ZoomControls 类的父类。线性布局可以让它的子元素以垂直或水平的方式排成一列或一行（不设置方向的时候默认按照水平方向排列）。

既然如此，我们接下来要做的是不是就是使用线性布局控件帮我们把登录页面的布局结构设计出来呢？是的，但是在这之前，我们还需要将线性布局控件的一些专有属性向大家做下介绍，如表4.2所示。

表 4.2　线性布局控件的常用属性

属性名称	属性描述	应用举例
orientation	表示这个线性布局是采用横向还是纵向布局，通常来说只有两个值：vertical 和 horizontal，分别表示垂直方向和水平方向，其中 horizontal 为默认值	android: orientation = "horizontal"
gravity	表示所有包含在线性布局中的控件采用某种方式对齐（默认左对齐），其可取以下属性值： center：垂直且水平居中。 center_horizontal：水平居中。 bottom：底部对齐。 center_vertical：垂直居中。 clip_horizontal：沿水平方向裁剪，当对象边缘超出容器的时候，将上、下边缘超出的部分剪切掉。剪切基于纵向对齐设置：顶部对齐时，剪切底部；底部对齐时，剪切顶部；除此之外剪切顶部和底部。 clip_vertical：沿垂直方向裁剪。当对象边缘超出容器的时候，将左、右边缘超出的部分剪切掉。剪切基于横向对齐设置：左对齐时，剪切右边部分；右对齐时，剪切左边部分；除此之外剪切左边和右边部分。 fill：必要的时候增加对象的横、纵向大小，以完全充满其容器。 fill_horizontal：必要的时候增加对象的横向大小，以完全充满其容器。水平方向填充。 fill_vertica：必要的时候增加对象的纵向大小，以完全充满其容器。垂直方向填充。 left：将对象放在其容器的左部，不改变其大小。 right：将对象放在其容器的右部，不改变其大小。 start：将对象放在其容器的开始位置，不改变其大小。 end：将对象放在其容器的结束位置，不改变其大小。 top：将对象放在其容器的顶部，不改变其大小	android: gravity = "center" android: gravity = "clip_horizontal"
layout_gravity	表示当前线性布局相对于父元素的对齐方式，其属性值含义和 gravity 相同	android: layout_gravity = "center" android: layout_gravity = "clip_horizontal"
weightSum	权重的总比例	android: weightSum = "5"
layout_weight	子元素对未占用空间水平或垂直分布的权重	android: layout_weight = "3"

接下来还是动手实践一下吧！打开 JobHunting 项目，修改 ativity_login. xml，代码如下：

```
<?xml version="1.0" encoding="utf-8"?>
<LinearLayout xmlns:android="http://schemas.android.com/apk/res/android"
    android:layout_width="match_parent"
    android:layout_height="match_parent"
    android:background="#aaaaaa"
    android:orientation="vertical">
    <LinearLayout
        android:layout_width="match_parent"
        android:layout_height="wrap_content"
        android:background="#ffffff"
        android:orientation="horizontal">
        <TextView
            android:layout_width="wrap_content"
            android:layout_height="wrap_content"
            android:padding="5dp"
            android:text="返回按钮"/>
        <TextView
            android:layout_width="wrap_content"
            android:layout_height="wrap_content"
            android:padding="5dp"
            android:text="职淘宝"/>
        <TextView
            android:layout_width="wrap_content"
            android:layout_height="wrap_content"
            android:padding="5dp"
            android:text="免费注册"/>
    </LinearLayout>
    <LinearLayout
        android:layout_width="match_parent"
        android:layout_height="wrap_content"
        android:background="#ffffff"
        android:orientation="vertical"
        android:layout_marginTop="20dp">
        <EditText
            android:layout_width="match_parent"
            android:layout_height="wrap_content"
            android:padding="5dp"
            android:hint="用户名"
            android:focusable="false"
            android:textColor="#ffffff"/>
```

```
        <EditText
            android:layout_width = "match_parent"
            android:layout_height = "wrap_content"
            android:padding = "5dp"
            android:hint = "密码"
            android:focusable = "false"
            android:textColor = "#ffffff"/>
    </LinearLayout>
    <LinearLayout
        android:layout_width = "match_parent"
        android:layout_height = "match_parent"
        android:background = "#ffffff"
        android:orientation = "vertical"
        android:layout_marginTop = "20dp">
        <Button
            android:layout_width = "match_parent"
            android:layout_height = "wrap_content"
            android:padding = "5dp"
            android:text = "登录"/>
        <TextView
            android:layout_width = "wrap_content"
            android:layout_height = "wrap_content"
            android:padding = "5dp"
            android:text = "忘记密码"/>
    </LinearLayout>
</LinearLayout>
```

这里我们采用 LinearLayout 作为页面布局的根布局，其内部放置三个子线性布局，第一个线性布局中放置了三个 TextView 控件，中间一个线性布局中放置了两个 EditText 控件，最后一个线性布局存放了一个 Button 按钮和一个 TextView 控件。这里 TextView 用来显示静态文本，EditText 提供一个用户输入框，Button 是一个按钮控件，它们都是基本 UI 控件，后面的章节中会对它们做详细的介绍，这里就不详述了。对四个 LinearLayout 做下说明：

(1) 根 LinearLayout 的高和宽均设置为 match_parent，即占据整个屏幕，orientation 属性值设置为 vertical，故其内部的三个子线性布局按照垂直方向排列，同时背景色通过 background 设置为灰色（#aaaaaa）。

(2) 三个子 LinearLayout 的背景色均为白色（#ffffff），宽均被设置为 match_parent，即占满整个根线性布局，容易知道，它们均等于屏幕宽度。前两个子线性布局的高度都设置为 wrap_content，表示其高度只需要将其内部的子控件包裹住就可以了；最后一个子线性布局的高设置为 match_parent，这样整个根线性布局的高度，除了前两个 LinearLayout，其余的高度均留给了第三个 LinearLayout。后两个线性布局的 margin_top 属性被设置为 20

dp,目的是为了将它们分隔开来。同时第一个子线性布局的 orientation 属性为 horizontal,故其内部的三个 TextView 按照水平方向依次排开,而后两个子线性布局的 orientation 的值为 vertical,故其内部的控件均按照垂直方向排列。

接着我们打开 LoginActivity. java 文件,删除其内部多余代码,只保留如下所示的代码:

```
public class LoginActivity extends AppCompatActivity {
    @Override
    protected void onCreate(Bundle savedInstanceState) {
        super.onCreate(savedInstanceState);
        setContentView(R.layout.activity_login);
    }
}
```

运行项目,运行结果如图 4.4 所示。

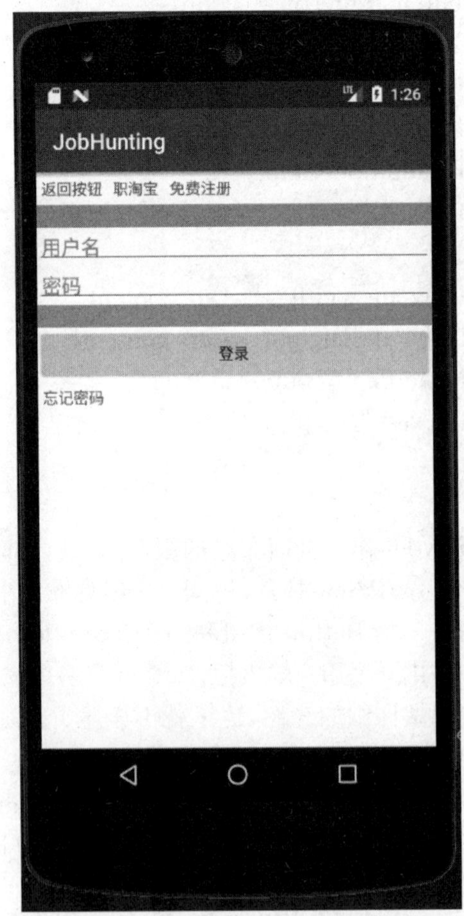

图 4.4 职淘淘登录页面整体布局

可以看到,整个页面的布局大概满足要求,但是还是存在一些问题需要修改,如第一个 LinearLayout 内部的第二个 TextView 应该在当前布局控件的中间显示,而第三个 TextView 应该在当前布局控件的右边显示;再比如第三个 LinearLayout 内部的 TextView 应该被放在右侧，然而当前却放在左边，遇到这样的问题该怎样处理呢？

大家还记不记得 gravity 属性？对，它可以设置 LinearLayout 内部控件的对齐方式，于是，我们将第三个 LinearLayout 的 gravity 属性设置为 right，这样其内部的按钮和 TextView 均会靠右侧对齐，但因为按钮的宽度为 match_parent，故对其没有影响。

第三个 LinearLayout 的问题解决了，那么第一个 LinearLayout 的问题怎么解决？这里我们就要用到 layout_weight 属性了。我们其实有两种思路：

(1) 将第一个 LinearLayout 的宽度平均分给三个 TextView，可将三个 TextView 的 layout_weight 属性均设置为 1，这样它们的权重相同，自然就能平分 LinearLayout 的宽度了。但是还有一个问题，那就是 TextView 中的内容默认是靠左显示的，这样看到的结果就是中间一个 TextView 并没有居中，而右侧的 TextView 也没有靠右，怎么办？这时候只要调用 TextView 的 gravity 属性即可。参考代码如下：

```
<TextView
    android:layout_width = "wrap_content"
    android:layout_height = "wrap_content"
    android:layout_weight = "1"
    android:padding = "5dp"
    android:text = "返回按钮"/>
<TextView
    android:layout_width = "0dp"
    android:layout_height = "wrap_content"
    android:layout_weight = "1"
    android:gravity = "center"
    android:padding = "5dp"
    android:text = "职淘宝"/>
<TextView
    android:layout_width = "wrap_content"
    android:layout_height = "wrap_content"
    android:layout_weight = "1"
    android:gravity = "right"
    android:padding = "5dp"
    android:text = "免费注册"/>
```

(2) 让第一个 TextView 和第三个 TextView 的宽度保持不变，包裹住内容即可，把布局中的剩余宽度全部给第二个 TextView。那么这种功能如何实现呢？也很好办，将第一个和第三个 TextView 的 layout_weight 属性设置为 0，而第二个 TextView 的 layout_weight 属性设置为 1，同时将第二个 TextView 的 layout_width 设置为 0 dp。当然这时候中间 TextView 的 gravity 属性也要重新设置一下，变成 center。参考代码如下：

```
<TextView
    android:layout_width = "wrap_content"
    android:layout_height = "wrap_content"
    android:layout_weight = "0"
```

```
    android:padding="5dp"
    android:text="返回按钮"/>
<TextView
    android:layout_width="0dp"
    android:layout_height="wrap_content"
    android:layout_weight="1"
    android:gravity="center"
    android:padding="5dp"
    android:text="职淘宝"/>
<TextView
    android:layout_width="wrap_content"
    android:layout_height="wrap_content"
    android:layout_weight="0"
    android:padding="5dp"
    android:text="免费注册"/>
```

任意采用一种思路，编写代码，重新运行项目，查看运行效果，如图 4.5 所示。

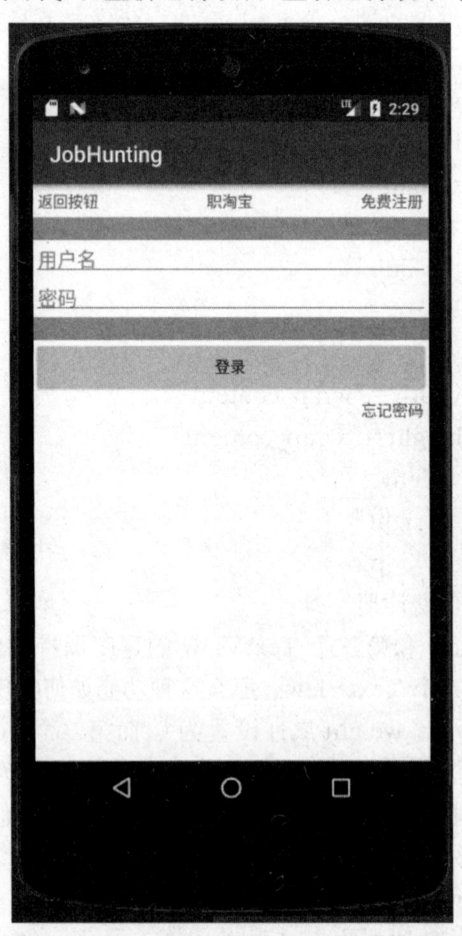

图 4.5 职淘淘登录页面整体布局的优化结果

4.2.2　相对布局

做好了登录页面的整体布局，接下来我们看看职淘淘的注册页面，如图 4.6 所示。

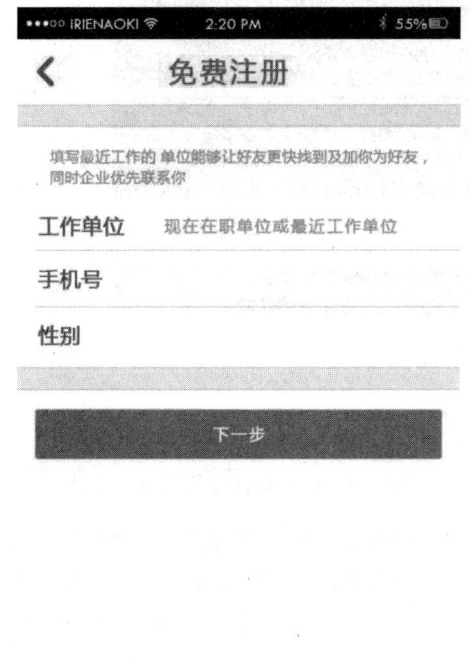

图 4.6　职淘淘注册页面效果图

如果让你设计这样的页面，你该怎么做呢？大家一定会说，诶，这不是和登录页面一样吗，继续采用线性布局控件就好了。确实我们完全可以使用线性布局控件完成，但是现在我想告诉大家的是，我们还可以用另一种布局控件来完成这样的任务，对，就是相对布局控件 RelativeLayout。和登录页面一样，我们首先对该注册页面做如图 4.7 所示的结构分析。

和登录页面不同，我们用另一种相对定位的思路对注册页面的结构进行分析。这样整个注册页面不管是容器控件 ViewGroup 还是单个控件 View，都是按照相对位置定位放置的。可以看到这里的相对位置有两种含义：一种是子类控件相对于父类控件的放置位置，如 View1 控件位于 ViewGroup1 控件的左侧；另一种就是单个控件相对于另一个控件的位置，如 View4 控件位于 View6 控件的上方。那么基于这种思路的页面结构该如何实现呢？相对布局控件 RelativeLayout，是不是一看它的名字，就能猜到它的功能了啊。

相对布局是另一种非常灵活的布局方式，按照控件指定的相对位置参数自动对控件进行排列，确定界面中所有元素的布局位置。和线性布局控件 LinearLayout 一样，实际开发中，相对布局控件 Relative Loyout 一般被推荐使用。

相对布局的特点：能够最大程度地保证在各种屏幕类型的手机上正确显示页面布局。

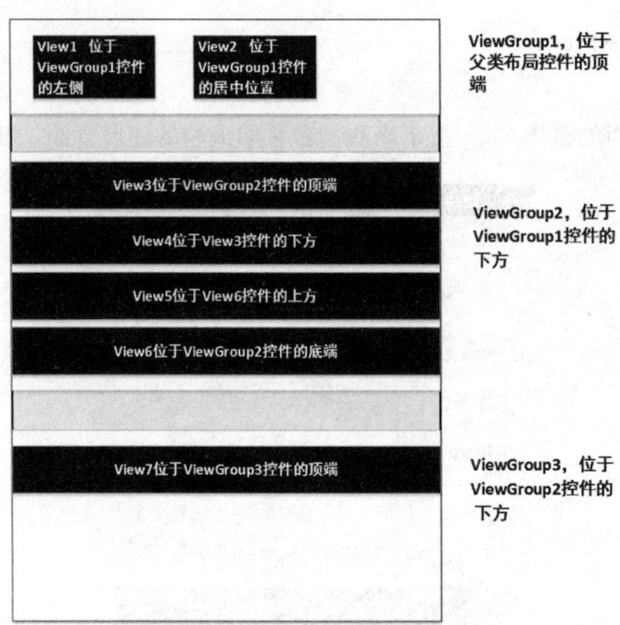

图 4.7 职淘淘注册页面结构分析

RelativeLayout 里的控件包含丰富的排列属性，详细说明见表 4.3，总的可以分为两类：

(1) 以 parent(父控件)为参照物的 XML 属性，属性取值可以为 true 或者 false。

(2) 以同布局控件中其他子控件为参照物的 XML 属性，如属性 layout_alignBottom、layout_toLeftOf、layout_above、layout_alignBaseline 等，该类属性的取值一般为其他控件的 id。

表 4.3 相对布局控件的常用属性

属性名称	属性描述	应用举例
layout_below	在指定控件 View 的下方，属性值为指定控件 View 的 id	android:layout_below = "@id/viewId"
layout_above	在指定控件 View 的上方，属性值为指定控件 View 的 id	android:layout_above = "@id/viewId"
layout_toLeftof	在指定控件 View 的左侧，属性值为指定控件 View 的 id	android:layout_toLeftof = "@id/viewId"
layout_toRightof	在指定控件 View 的右侧，属性值为指定控件 View 的 id	android: layout _ toRightof = "@id/viewId"
layout_alignParentLeft	在父元素内左边，属性值为 true 或者 flase	android: layout _ alignParentLeft = "true"
layout_alignParentRigh	在父元素内右边，属性值为 true 或者 flase	android: layout _ alignParentRight = "true"

续表

属性名称	属性描述	应用举例
layout_alignParentTo	在父元素内顶部,属性值为 true 或者 flase	android: layout _ alignParentTop = "true"
layout_alignParentBottom	在父元素内底部,属性值为 true 或者 flase	android: layout _ alignParentBottom = "true"
layout_centerInParent	在父类布局中居中放置,即水平和垂直均居中,属性值为 true 或者 flase	android: layout _ centerInParent = "true"
layout_centerHorizontal	在父类布局中水平居中放置,属性值为 true 或者 flase	android:layout_centerHorizontal = "true"
layout_centerVertical	在父类布局中垂直居中放置,属性值为 true 或者 flase	android: layout _ centerVertical = "true"
layout_alignTop	与指定 View 的上边界对齐,属性值为指定控件 View 的 id	android: layout _ alignTop = "@id/viewId"
layout_alignBottom	与指定 View 的下边界对齐,属性值为指定控件 View 的 id	android:layout_alignBottom = "@id/viewId"
layout_alignLeft	与指定 View 的左边界对齐,属性值为指定控件 View 的 id	android: layout _ alignLeft = "@id/viewId"
layout_alignRight	与指定 View 的右边界对齐,属性值为指定控件 View 的 id	android: layout _ alignRight = "@id/viewId"

在对 RelativeLayout 做实战练习之前,先提醒大家注意以下两点:

(1) 使用 RelativeLayout 的时候,尽量减少在程序运行时做控件布局的更改,因为 RelativeLayout 的属性之间很容易发生冲突。

(2) 相对布局的大小和它的子控件位置之间要避免出现循环依赖,如设置相对布局高度属性为 wrap_content,就不能再设置它的子控件高度属性为 align_parent_bottom。

打开 JobHunting 项目,修改 activity_regist.xml 文件,代码如下:

```
<?xml version="1.0" encoding="utf-8"?>
<RelativeLayout xmlns:android="http://schemas.android.com/apk/res/android"
    android:layout_width="match_parent"
    android:layout_height="match_parent"
    android:background="#aaaaaa">
    <RelativeLayout
        android:id="@+id/part_top"
        android:layout_width="match_parent"
        android:layout_height="wrap_content"
        android:background="#ffffff">
```

```
        <TextView
            android:layout_width="wrap_content"
            android:layout_height="wrap_content"
            android:text="返回按钮"
            android:layout_alignParentLeft="true"
            android:layout_centerVertical="true"/>
        <TextView
            android:layout_width="wrap_content"
            android:layout_height="wrap_content"
            android:text="免费注册"
            android:layout_centerInParent="true"/>
    </RelativeLayout>
    <RelativeLayout
        android:id="@+id/part_center"
        android:layout_width="match_parent"
        android:layout_height="wrap_content"
        android:background="#ffffff"
        android:layout_below="@id/part_top"
        android:layout_marginTop="20dp">
        <TextView
            android:id="@+id/worked_entreprise_tx"
            android:layout_width="match_parent"
            android:layout_height="wrap_content"
            android:text="填写最近工作的单位,有助于让企业优先联系你"/>
        <EditText
            android:id="@+id/worked_entreprise_edt"
            android:layout_width="match_parent"
            android:layout_height="wrap_content"
            android:hint="最近的工作单位"
            android:layout_below="@id/worked_entreprise_tx"/>
        <EditText
            android:id="@+id/phone_number"
            android:layout_width="match_parent"
            android:layout_height="wrap_content"
            android:hint="电话号码"
            android:layout_below="@id/worked_entreprise_edt"/>
        <EditText
            android:id="@+id/gender"
            android:layout_width="match_parent"
            android:layout_height="wrap_content"
```

```
            android:hint="性别"
            android:layout_below="@id/phone_number"/>
    </RelativeLayout>
    <RelativeLayout
android:id="@+id/part_buttom"
        android:layout_width="match_parent"
        android:layout_height="match_parent"
        android:background="#ffffff"
        android:layout_below="@+id/part_center"
        android:layout_marginTop="20dp">
        <Button
            android:layout_width="match_parent"
            android:layout_height="wrap_content"
            android:text="下一步"/>
    </RelativeLayout>
</RelativeLayout>
```

这里我们采用 RelativeLayout 作为页面布局的根布局，其内部放置了三个子相对布局控件。第一个子相对布局控件中放置了两个 TextView 控件；第二个子相对布局控件中包含一个 TextView 控件和三个 EditText 控件；最后一个子相对布局控件中只存在一个 Button 按钮。下面分别介绍一下它们的位置设置（这里对于和 activity_login.xml 中相似的属性就不做重复介绍了，如 margin_top、background、layout_width、layout_height 等属性）：

（1）根 RelativeLayout 内部的三个子 RelativeLayout 的 id 分别被设置为“part_top”“part_center”和“part_buttom”。其中第二个子 RelativeLayout 和第三个子 RelativeLayout 均使用 layout_below 属性，分别将自己定位在第一个子 RelativeLayout 和第二个子 RelativeLayout 的下方；第一个子 RelativeLayout 默认显示在父类 RelativeLayout 的顶端，所以这里并没有对它进行设置。

（2）第一个子 RelativeLayout 内部的两个 TextView 控件，在垂直方向都要居中，但是水平方向上，第一个 TextView 需要放在当前布局控件的左侧，而第二个 TextView 要求在当前布局控件的水平方向也居中。我们使用 layout_centerInParent 属性将第二个 TextView 设置为在当前布局控件中水平和垂直居中，同时使用 layout_alignParentLeft 和 layout_centerVertical 控制第一个 TextView 在当前布局控件的左侧垂直居中。

（3）第二个子 RelativeLayout 内部的三个 EditText 均使用 layout_below 属性，将其定位在前一个控件的下方。当然，要想完成这一属性设置，需要为它们的前一个控件添加 id 属性值。

（4）第三个子 RelativeLayout 内部只有一个 Button，因为其内部只有一个控件，默认就放在当前控件的顶端，所以这里未做任何设置。

接着我们打开 RegistActivity.java 文件，删除其内部多余代码，只保留如下所示的代码：

```
public class RegistActivity extends AppCompatActivity {
    @Override
```

```
    protected void onCreate(Bundle savedInstanceState) {
        super.onCreate(savedInstanceState);
        setContentView(R.layout.activity_regist);
    }
}
```

因为 RegistActivity 不是默认启动的 Activity，所以要想进入 RegistActivity 查看结果，需要在 LoginActivity 中为显示“免费注册”的 TextVeiw 设置点击事件，在点击事件中让其跳转到 RegistActivity。要想完成这一功能，首先我们需要编辑 activity_login. xml，为该 TextView 添加 id 属性，代码如下：

```
<TextView
    android:id="@+id/login_regist_tx"
    android:layout_width="wrap_content"
    android:layout_height="wrap_content"
    android:layout_weight="1"
    android:gravity="right"
    android:padding="5dp"
    android:text="免费注册"/>
```

接着打开 LoginActivity. java 文件，做以下修改：

```
public class LoginActivity extends AppCompatActivity {
    private TextView startRegist;
    @Override
    protected void onCreate(Bundle savedInstanceState) {
        super.onCreate(savedInstanceState);
        setContentView(R.layout.activity_login);
        startRegist = findViewById(R.id.login_regist_tx);
        startRegist.setOnClickListener(new View.OnClickListener() {
            @Override
            public void onClick(View view) {
                    Intent intent = new Intent(LoginActivity.this, RegistActivity.
class);
                startActivity(intent);
            }
        });
    }
}
```

这里的代码大家已经很熟悉了，就不做解释了。

运行程序，在 LoginActivity 中点击右上角的“免费注册”，进入 RegistActivity 页面，效果如图 4.8 所示。

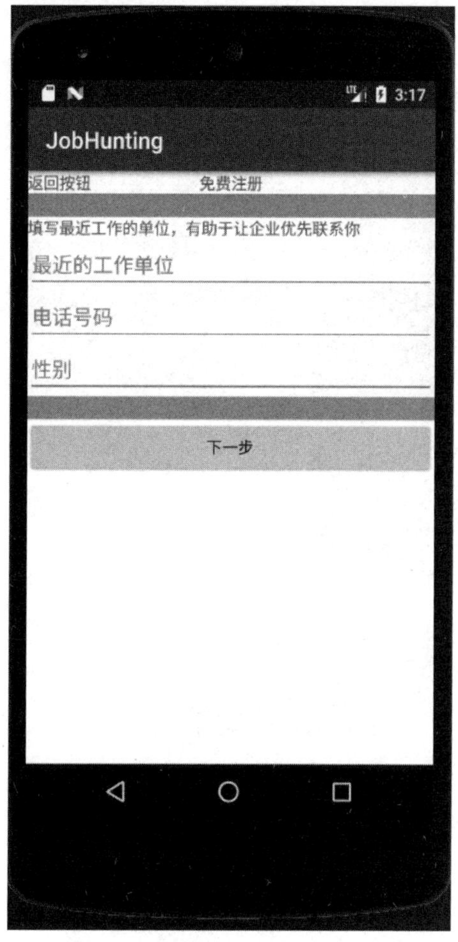

图 4.8　职淘淘注册页面整体布局

4.2.3　表格布局

接下来看看职淘淘的岗位分类界面，如图 4.9 所示。

观察效果图，我们可以看到这样的一个特点，就是我们可以将整个页面划分成 3×4 的表格，然后将必要的行和列进行合并就可以了，如图 4.10 所示。看到这里可能有些同学会问，为什么要嵌套一个表格啊，直接合并行和列不就可以了吗？别急，我们马上就会跟大家说明原因。

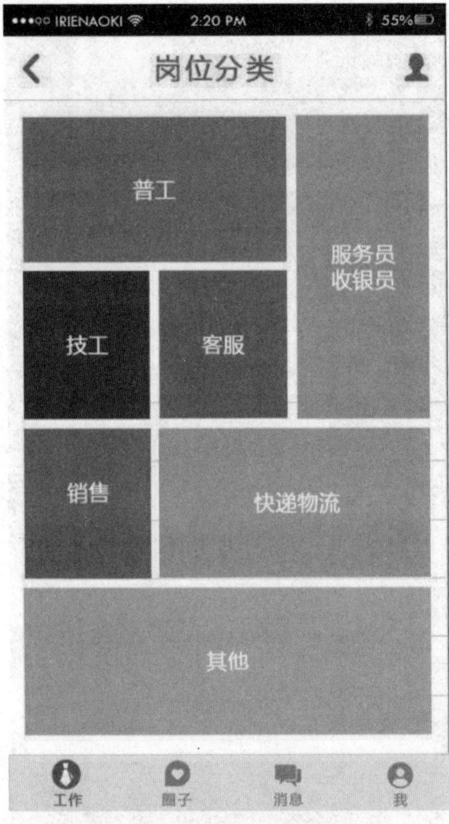

图 4.9　职淘淘岗位分类页面效果图

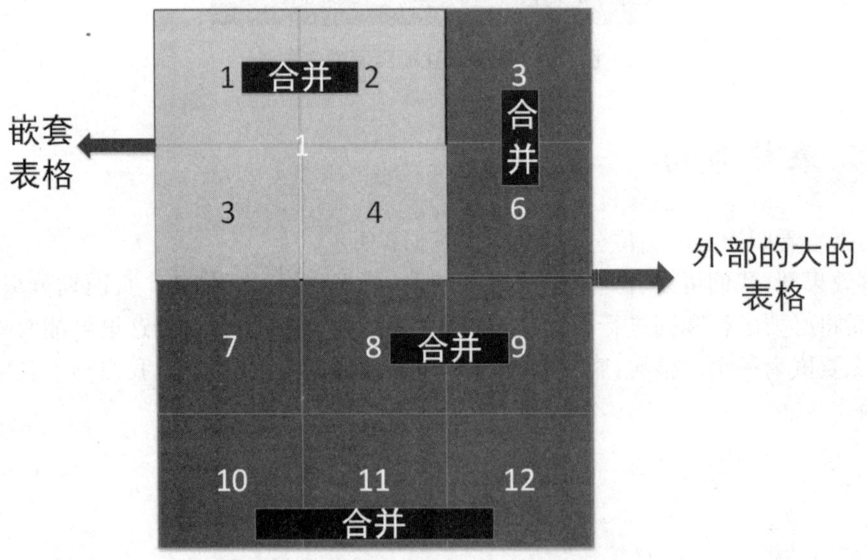

图 4.10　职淘淘岗位分类页面结构分析

根据惯例，我们之所以按照这样的思路分析页面结构，自然是因为 Android 提供了相应的布局控件了，是的，它就是表格布局控件 TableLayout，但是因为 TableLayout 没有提供合并行的功能，所以我们就只能弄出来这样一个嵌套表格了。

表格布局 TableLayout 也是一种常用的界面布局，采用行、列的形式来管理 UI 组件，它将屏幕划分成网格单元（网格的边界对用户是不可见的），然后通过指定行和列的方式将界面元素添加到网格中。它并不需要明确地声明包含多少行、列，而是通过添加 TableRow、其他组件来控制表格的行数和列数。每向 TableLayout 中添加一个 TableRow，该 TableRow 就是一个表格行。TableRow 也是容器，因此它可以不断地添加其他组件，每添加一个子组件该表格就增加一列。每一行可以有 0 个或多个单元格，每个单元格就是一个 View。一个 Table 中可以有空的单元格，单元格可以像在 HTML 中一样，合并多个单元格，跨越多列。对于这些 TableRow，单元格不能设置 layout_width，宽度属性默认值是 fill_ parent，只有高度 layout_ height 可以自定义，默认值是 wrap_content。

在表格布局中，一个列的宽度由该列中最宽的单元格决定。表格布局支持嵌套，可以将另一个表格布局放置在前一个表格布局的网格中，也可以在表格布局中添加其他页面布局，如线性布局、相对布局等。表格布局控件常用属性如表 4.4 所示。

表 4.4　表格布局控件的常用属性

属性名称	属性描述	应用举例
stretchColumns	全局属性也即列属性：设置表格可伸展的列，即有空白则进行填充	android：stretchColumns = "0"//第 0 列可伸展 android：stretchColumns = "0，1，2"//第 0,1,2 列可伸展 android：stretchColumns = " * "//所有列可伸展
shrinkColumns	全局属性也即列属性：设置可收缩的列，即内容过多，则收缩，扩展到第二行，控件没有布满 TableLayout 时不起作用	android：shrinkColumns = "0"//第 0 列可收缩 android：shrinkColumns = "0，1，2"//第 0,1,2 列可收缩 android：shrinkColumns = " * "//所有列可收缩
collapseColumns	全局属性也即列属性：设置要隐藏的列	android：collapseColumns = "0"//第 0 列隐藏 android：collapseColumns = "0，1，2"//第 0,1,2 列隐藏 android：collapseColumns = " * "//所有列隐藏
layout_column	单元格属性：指定该单元格在第几列显示	android：layout_column = "0"//显示在第 0 行
layout_span	单元格属性：指定该单元格占据的列数（未指定时为 1）	android：layout_span = "2"//该控件占据 2 列

关于表格布局控件，这里有几点需要提醒大家注意：

- 因为表格布局是线性布局的子类，故线性布局的所有属性对表格布局同样适用。
- 有多少个 TableRow 对象就有多少行。
- 列数等于最多子控件的 TableRow 的列数。
- 直接在 TableLayout 中添加控件，控件会占据一行。

好了，接下来我们就用 TableLayout 控件完成岗位分类页面的设计吧。打开 JobHunting 项目，按照第 2 章的介绍创建一个活动，取名为 StationCategoryActivity，注意选中 Generate Layout File，让 Android Studio 自动为我们创建布局文件 activity_station_category.xml。打开该布局文件，添加以下代码：

```
<? xml version="1.0" encoding="utf-8"? >
<TableLayout xmlns:android="http://schemas.android.com/apk/res/android"
    android:layout_width="match_parent"
    android:layout_height="match_parent"
    android:padding="5dp"
    android:stretchColumns="*"
    android:background="#aaaaaa">
    <TableRow
        android:layout_weight="2">
        <TableLayout
            android:layout_width="match_parent"
            android:layout_height="match_parent"
            android:stretchColumns="*"
            android:layout_span="2">
            <TableRow
                android:layout_weight="1">
                <TextView
                    android:layout_width="match_parent"
                    android:layout_height="match_parent"
                    android:text="我是第 1 个"
                    android:background="#41B4C9"
                    android:gravity="center"
                    android:layout_span="2"
                    android:layout_margin="5dp"/>
            </TableRow>
            <TableRow
                android:layout_weight="1">
                <TextView
                    android:layout_width="match_parent"
                    android:layout_height="match_parent"
                    android:text="我是第 2 个"
```

```
                android:background="#5F5D60"
                android:gravity="center"
                android:layout_margin="5dp"/>
            <TextView
                android:layout_width="match_parent"
                android:layout_height="match_parent"
                android:text="我是第 3 个"
                android:background="#9D68EA"
                android:gravity="center"
                android:layout_margin="5dp"/>
        </TableRow>
    </TableLayout>
    <TextView
        android:layout_width="match_parent"
        android:layout_height="match_parent"
        android:text="我是第 4 个"
        android:background="#B3CE1F"
        android:gravity="center"
        android:layout_margin="5dp"/>
</TableRow>
<TableRow
    android:layout_weight="1">
    <TextView
        android:layout_width="match_parent"
        android:layout_height="match_parent"
        android:text="我是第 5 个"
        android:background="#F86553"
        android:gravity="center"
        android:layout_margin="5dp"/>
    <TextView
        android:layout_width="match_parent"
        android:layout_height="match_parent"
        android:text="我是第 6 个"
        android:background="#EEB526"
        android:gravity="center"
        android:layout_span="2"
        android:layout_margin="5dp"/>
</TableRow>
<TableRow
    android:layout_weight="1"
```

```
        android:layout_margin="5dp">
        <TextView
            android:layout_width="match_parent"
            android:layout_height="match_parent"
            android:layout_weight="1"
            android:background="#EECB00"
            android:gravity="center"
            android:visibility="gone"/>
        <TextView
            android:layout_width="match_parent"
            android:layout_height="match_parent"
            android:layout_weight="1"
            android:text="我是第7个"
            android:background="#EECB00"
            android:gravity="center"/>
        <TextView
            android:layout_width="match_parent"
            android:layout_height="match_parent"
            android:layout_weight="1"
            android:background="#EECB00"
            android:gravity="center"
            android:visibility="gone"/>
    </TableRow>
</TableLayout>
```

简化我们的布局结构可以看到,我们的根标签是一个表格布局,其内部使用三个 TableRow 标签将页面分成三行,在第一个 TableRow 标签内部除了使用 TextView 占据一列之外,又嵌套了一个 TableLayout 表格,且该嵌套表格被分割成两行。

```
<TableLayout>
    <TableRow>
        <TableLayout>
            <TableRow></TableRow>
            <TableRow></TableRow>
        </TableLayout>
        <TextView/>
    </TableRow>
    <TableRow></TableRow>
    <TableRow></TableRow>
</TableLayout>
```

(1) TableLayout 的 stretchColumns 设置为“*”,这样其内部的所有单元格就能占满整个表格了。

(2) 另外根据我们上面的分析，整个表格应该有四行才对，为什么现在只看到三个 TableRow 呢？很明显在嵌套的表格中又分出了两行，所以共四行。但是这里需要注意，因为分出来的两列和外面的两列不在同一个父类控件中，所以不能用 layout_weigth 属性（之所以能用该属性，是因为表格布局是线性布局的一个子类）设置它们平均分配高度。为此，我们在根 TableLayout 布局控件中将第一个 TableRow 的权重设置为 2，而其他两个 TableRow 的权重分别设置为 1，接着将嵌套 TableLayout 布局控件中的两个 TableRow 的权重也设置为 1，即可达成目标。

(3) 为了让整个页面宽度平均分成三份，这里需要保证页面根 TableLayout 具有三列，为达到这样的效果，我们在第三个 TableRow 中添加了三个 TextView 控件（其中左侧和右侧的两个 TextView 均被设置为隐藏，因为根据效果图我们只需要一个 TextView 显示内容），这样就保证了 TableLayout 中有三列了。

(4) 根 TableLayout 共有三列，第一行的第一列和第二列，第二行的第二列和第三列，以及嵌套 TableLayout 中第一行的第一列和第二列需要合并单元格，这里通过设置 android:layout_span = "2"的方法就可以完成目标。

(5) 页面中所有 TableRow 标签的 layout_width 和 layout_height 都没有设置，均采用默认属性，即分别为 fill_parent 和 wrap_content。

(6) 页面中所有 TextView 标签的高和宽都设置为占满整个父类控件，同时 gravity 属性均被设置为 center，这样就保证了其内容能够居中显示了；当然为了使它们之间分隔开来，将它们的 margin 属性均设置成了 5 dp。

同样因为 StationCategoryActivity 不是默认启动的 Activity，所以要想进入 StationCategoryActivity 查看结果，需要在 LoginActivity 中为“登录”按钮设置点击事件，在点击事件中让其跳转到 StationCategoryActivity。要想完成这一功能，首先我们需要编辑 activity_login.xml，为该 Button 添加 id 属性，代码如下：

```
<Button
    android:id = "@ + id/login_submit_btn"
    android:layout_width = "match_parent"
    android:layout_height = "wrap_content"
    android:padding = "5dp"
    android:text = "登录"/>
```

接着打开 LoinActivity.java，为该按钮添加点击事件，代码如下：

```
TextView startLogin;
startLogin = findViewById(R.id.login_submit_btn);
startLogin.setOnClickListener(new View.OnClickListener() {
    @Override
    public void onClick(View view) {
        Intent intent =
new Intent(LoginActivity.this, StationCategoryActivity.class);
startActivity(intent);
    }
});
```

运行程序，进入登录页面，点击“登录”按钮，进入 StationCategoryActivity 页面，查看运行效果，如图 4.11 所示。

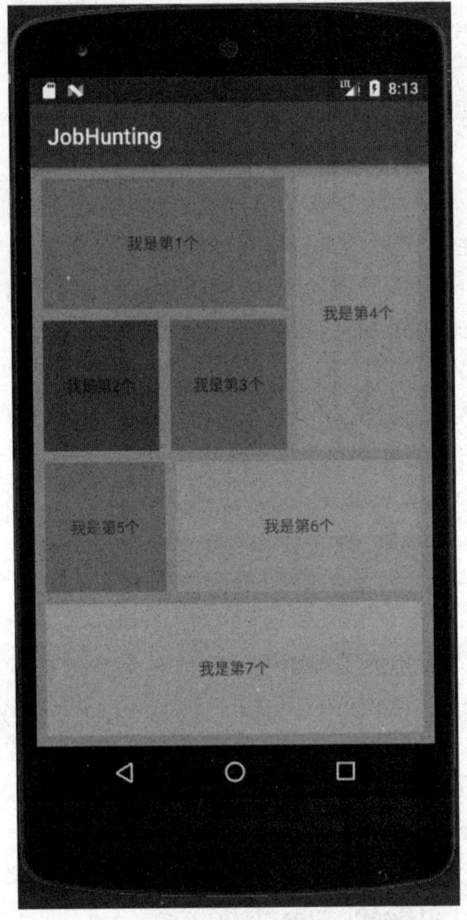

图 4.11 职淘淘岗位分类页面整体布局

4.2.4 帧布局

帧布局(FrameLayout)是 Android 布局系统中最简单的界面布局，是用来存放一个元素的空白空间，且子元素的位置是不能够指定的，只能够放置在空白空间的左上角。在帧布局中，如果先后存放多个子元素，后放置的子元素将遮挡先放置的子元素。

帧布局容器为每个加入其中的组件创建一个空白的区域，称为一帧，每个子组件占据一帧，这些帧都会根据 gravity 属性执行自动对齐，也就是说，把组件一个一个地叠加在一起。

FrameLayout 控件继承自 ViewGroup，它在 ViewGroup 的基础上定义了自己的三个属性，如表 4.5 所示。

表 4.5　帧布局控件的常用属性

属性名称	属性描述	应用举例
foreground	设置帧布局控件的前景图像,前景图像就是永远处于帧布局最上面,直接面对用户的图像,即不会被覆盖的图片。可取值图像,也可以是具体的颜色值	android:foreground="@drawable/image"
foregroundGravity	设置前景图像显示的位置,可以取如下值: center:垂直且水平居中。 center_horizontal:水平居中。 bottom:底部对齐。 center_vertical:垂直居中。 clip_horizontal:沿水平方向裁剪。当对象边缘超出容器的时候,将上、下边缘超出的部分剪切掉。剪切基于纵向对齐设置:顶部对齐时,剪切底部;底部对齐时,剪切顶部;除此之外剪切顶部和底部。 clip_vertical:垂直方向裁剪,当对象边缘超出容器的时候,将左、右边缘超出的部分剪切掉。剪切基于横向对齐设置:左对齐时,剪切右边部分;右对齐时,剪切左边部分;除此之外剪切左边和右边部分。 fill:必要的时候增加对象的横、纵向大小,以完全充满其容器。 fill_horizontal:必要的时候增加对象的横向大小,以完全充满其容器。水平方向填充。 fill_vertica:必要的时候增加对象的纵向大小,以完全充满其容器。垂直方向填充。 left:将对象放在其容器的左部,不改变其大小。 righ:将对象放在其容器的右部,不改变其大小。 start:将对象放在其容器的开始位置,不改变其大小。 end:将对象放在其容器的结束位置,不改变其大小。 top:将对象放在其容器的顶部,不改变其大小	android: foregroundGravity="end"
measureAllChildren	根据参数值,决定是测试所有的元素还是仅仅是设置为 Visible 或者 InVisible 的控件	android: measureAllChildren="true"

让我们通过例子体会一下 FrameLayout 的功能吧。这里我们创建一个新的项目 FrameLayoutTest,修改 activity_main.xml 如下:

```
<? xml version="1.0" encoding="utf-8"? >
<FrameLayout xmlns:android="http://schemas.android.com/apk/res/android"
```

```
    android:layout_width="match_parent"
    android:layout_height="match_parent">
    <TextView
        android:id="@+id/view01"
        android:layout_width="360dp"
        android:layout_height="360dp"
        android:background="#ff0000"/>
    <TextView
        android:id="@+id/view02"
        android:layout_width="280dp"
        android:layout_height="280dp"
        android:background="#00ff00"/>
    <TextView
        android:id="@+id/view03"
        android:layout_width="200dp"
        android:layout_height="200dp"
        android:background="#0000ff"/>
    <TextView
        android:id="@+id/view04"
        android:layout_width="120dp"
        android:layout_height="120dp"
        android:background="#ffff00"/>
    <TextView
        android:id="@+id/view05"
        android:layout_width="80dp"
        android:layout_height="80dp"
        android:background="#ff00ff"/>
</FrameLayout>
```

这里 FrameLayout 中放置了 5 个 TextView，并且通过 layout_gravity 属性将它们放置到布局控件的中心。

运行程序，效果如图 4.12 所示。

图 4.12　FrameLayout 运行结果

图 4.13　FrameLayout 自定义位置的运行结果

可以看到，5 个 TextView 默认均从左上角开始显示，且后面的 TextView 会依次覆盖在前面的 TextView 上。当然你可以改变 TextView 的 layout_gravity 的值用来指定其在 FrameLayout 中的对齐方式，这里将其设置为 center，这样再次运行程序，查看运行结果，如图 4.13 所示。

总体来讲，FrameLayout 由于定位方式的欠缺，导致它的应用场景比较少。一般情况下，它通常结合碎片（Fragment）和 ViewPaper 一起使用。

4.2.5　绝对布局

在设计页面时，为了做好适配，绝对布局（AbsutionLayout）很少被使用，所以这里我们只做一下简单的介绍。

绝对布局能通过指定界面元素的坐标位置来确定用户界面的整体布局。绝对布局是一种不推荐使用的界面布局，因为通过 X 轴和 Y 轴确定界面元素位置后，Android 系统不能够根据不同屏幕对界面元素的位置进行调整，降低了界面布局对不同类型和尺寸屏幕的适应能力。

4.3　Android常用基本UI组件

通过前面对布局控件的学习,给定效果图之后,我们大抵能够将页面的整体布局设计出来了,但是这还远远不够,我们还需要将一些基本的UI组件放置到布局控件的相应位置,同时通过设置它们的属性,改变它们的样式,从而完成完整的页面设计任务。那么接下来,我们将会详细介绍一些常用UI组件的功能和使用方法。

在这之前希望大家明白一件事,所有基本组件的控制方法都有两种,本节的讲解主要侧重在xml文件中,对于其对应的Java代码控制的方法,在后续需要的时候再详细说明。

(1) 在布局文件中,我们可以通过xml文件的属性标签对基本组件进行控制,如:

```
<TextView
        android:id="@+id/view05"
        android:layout_width="80dp"
        android:layout_height="80dp"
        android:background="#ff00ff"/>
```

(2) 在Java文件中,我们可以通过相应的set ***()方法对基本组件的属性进行控制,如:

```
TextView view05=findViewById(R.id.view05);
View05.setText("View05");
View05.setCorlor("#ff0000");
```

4.3.1　文本框TextView

android.widget包中的TextView是文本表示控件,直接继承View,一般用来展示文本,是一种用于显示字符串的控件。主要功能是向用户展示文本的内容,可以作为应用程序的标签或者用于邮件正文的显示,默认情况下不允许用户直接编辑。其常用属性及对应方法如表4.6所示,同时所有View控件的属性同样适用于TextView。

表4.5　TextView的常用属性及相应方法

属性名称	相应方法	属性描述
text	setText()	设置TextView中的显示内容,一般为字符串
textSize	setTextSize()	表示文字的大小。建议字体单位采用sp,默认情况下,1 sp和1 dp的大小是一样的。Android手机中可以通过系统设置调整字体的大小,sp会随着手机设置字体的大小变化而变化,而dp不会变(某些特殊的情况下会用dp作为单位表示字体大小)

续表

属性名称	相应方法	属性描述
textColor	setTextColor()	表示字体的颜色。颜色可以随便写一个“#000”形式的属性值，再通过点击左边显示行号旁边的颜色显示方块，弹出颜色选择器对颜色进行选择
autoLink	setAutoLinkMask()	表示自动识别文本中的链接。其属性值可选 all、phone、email、map、none、web
hint	setHint()	设置 TextView 中的显示内容为空时，显示该值，一般为字符串
height	setheight ()	设置文本区域的高度，支持度量单位：px、dp、sp、in 和 mm
minHeight	setMinHeight()	设置文本区域的最小高度，支持度量单位：px、dp、sp、in 和 mm
maxHeight	setMaxHeight()	设置文本区域的最大高度，支持度量单位：px、dp、sp、in 和 mm
width	setWidth()	设置文本区域的宽度，支持度量单位：px、dp、sp、in 和 mm
minWidth	setMinWidth()	设置文本区域的最小宽度，支持度量单位：px、dp、sp、in 和 mm
maxWidlh	setMaxWidlh()	设置文本区域的最大宽度，支持度量单位：px、dp、sp、in 和 mm
typeface	setTypeFace()	设置文字字体，必须是以下四种常量字体：normal(0)、sans(1)、serif (2)、monospace(3)
ellipsize	setEllipsize()	如果设置该属性，当 TextView 中要显示的内容超过 TextView 的长度时，会对内容进行省略，可取值 start、middle、end 和 marquee

打开 JobHunting 项目，重新修改 activity_login. xml、activity_regist. xml 和 activity_station_category. xml，主要根据效果图对 TextView 的外观、位置、内外边距进行设置。

首先打开 activity_login. xml，我们发现头部的“职淘宝”“免费注册”和底部的“忘记密码”均为静态文本，故均可使用 TextView 来显示。接着修改 TextView 控件的样式，参考代码如下：

```
<TextView
    android:layout_width = "0dp"
    android:layout_height = "wrap_content"
    android:layout_weight = "1"
    android:gravity = "center"
    android:padding = "5dp"
    android:text = "职淘宝"
    android:textColor = "#FB565F"
    android:textSize = "20sp"/>
<TextView
    android:id = "@ + id/login_regist_tx"
    android:layout_width = "wrap_content"
    android:layout_height = "wrap_content"
    android:layout_weight = "1"
```

```
        android:gravity = "right"
        android:padding = "5dp"
        android:text = "免费注册"
        android:textColor = "#F47829"
        android:textSize = "16sp"/>
    <TextView
        android:layout_width = "wrap_content"
        android:layout_height = "wrap_content"
        android:padding = "5dp"
        android:text = "忘记密码"
        android:textColor = "#B2B2B2"
        android:textSize = "16sp"/>
```

可以看到我们分别给“职淘宝”“免费注册”和“忘记密码”三个文本框设置了字体大小和颜色属性。

同样进入 activity_regist. xml,修改显示“免费注册”和“填写最近工作的单位,有助于让企业优先联系你”的 TextView,参考代码如下:

```
    <TextView
        android:layout_width = "wrap_content"
        android:layout_height = "wrap_content"
        android:text = "免费注册"
        android:layout_centerInParent = "true"
        android:padding = "5dp"
        android:textColor = "#FB565F"
        android:textSize = "20sp"/>
    <TextView
        android:id = "@+id/worked_entreprise_tx"
        android:layout_width = "match_parent"
        android:layout_height = "wrap_content"
        android:text = "填写最近工作的单位,有助于让企业优先联系你"
        android:gravity = "center"
        android:padding = "20dp"/>
```

接着打开 activity_station_category. xml,在其中七个 TextVeiw 的标签中添加以下属性,同时记得修改相应的 text 值,分别为“普工”“技工”“客服”“销售”“物流快递”“其他”“服务员\n 收银员”,其中转义字符“\n”表示换行。

```
    android:textSize = "30sp"
    android:textColor = "#ffffff"
```

重新运行程序,查看运行效果,如图 4.14 所示。

4.3.2 编辑框 EditText

编辑框(EditText)控件继承自 android. widget. TextView,在 android. widget 包中。

图 4.14　优化过 TextView 控件的职淘淘相关页面

EditText 为输入框，是编辑文本控件，主要功能是让用户输入文本内容，它是可以编辑的，是用来输入和编辑字符串的控件。

利用 EditText 控件不仅可以实现信息的输入，还可以根据需要对输入的信息进行限制约束。例如限制 EditText 控件的输入信息：

```
< EditText
android:layout_width = "fill_parent"
android:layout_height = Mwrap_content"
android:inputType = "numeber"/>
```

因为 EditText 继承自 TextView，故 TextView 的所有属性都适用于 EditText。表 4.6 给出了 EditText 的常用属性及相应方法。

表 4.6　EditText 的常用属性及相应方法

属性名称	相应方法	属性描述
hint		编辑框的提醒文字
inputype		设置编辑框输入内容的格式。 password：表示密码框，当为“true”时以“·”显示密码。 phoneNumber：表示电话输入框，当为“true”时，表明内容只能是电话号码。 digits：设置允许编辑框输入哪些形式的字符串，如“1234567890. +— * / %\ n( )”。 Numeric：设置编辑框的内容只能是数据，并且指定可输入的数据格式，可选值有 integer（正整数）、signed（整数）、decimal（浮点数）

续表

属性名称	相应方法	属性描述
singleLine	setTransformation-Method()	设置编辑框的单行显示模式
maxLenght	setFilters(InpulFilter)	设置编辑框的最大显示长度
lines	setLines(int)	通过设置编辑框固定行数来决定编辑框的高度
maxLines	setMaxLines(int)	设置最大行数
minLines	setMinLines(int)	设置最小行数
scrollHorizon-tally	setHorizontallyScroll-ing(boolean)	设置编辑框是否可以在水平方向滚动
selectAllOnFo-cus	setSelectAllOnFocus (boolean)	如果文本内容可选中,当文本获得聚焦时自动选中全部文本内容
shadowColor	setShadowLayer(float, float,float,int)	设置文本框的颜色阴影,需要和 shadowRadius 一起使用
shadowDx	setShadowLayer(float, float,float,int)	设置阴影横向坐标的起始位置,为浮点数
shadowDy	setShadowLayer (float,float,float,int)	设置阴影纵向坐标的起始位置,为浮点数
shadowRadius	setShadowLayer (float,float,float,int)	设置阴影的半径,为浮点数
drawbleRight		在编辑框的右侧放置一张图片
drawableLeft		在编辑框的左侧放置一张图片
drawablePad-ding		设置编辑框中的文本内容和图片的间距

打开 JobHunting 项目,重新修改 activity_login.xml 和 activity_regist.xml,主要根据效果图对 EditText 的外观、位置、内外边距进行设置。

首先打开 activity_login.xml,我们发现头部的“用户名”“密码”均为 EditText 输入框。通过属性设置改变其样式,参考代码如下:

```
<LinearLayout
    android:layout_width = "match_parent"
    android:layout_height = "wrap_content"
    android:background = "#ffffff"
    android:orientation = "vertical"
    android:layout_marginTop = "20dp">
    <EditText
        android:layout_width = "match_parent"
```

```
        android:layout_height="wrap_content"
        android:padding="5dp"
        android:hint="手机号/邮箱/用户名"
        android:background="@null"
        android:drawableLeft="@mipmap/username_img"
        android:drawablePadding="10dp"/>
    <View
        android:layout_width="match_parent"
        android:layout_height="1dp"
        android:background="#aaaaaa"/>
    <EditText
        android:layout_width="match_parent"
        android:layout_height="wrap_content"
        android:padding="5dp"
        android:hint="密码"
        android:background="@null"
        android:drawableLeft="@mipmap/password_img"
        android:drawablePadding="10dp"
        android:inputType="textPassword"/>
</LinearLayout>
```

Android 提供的 EditText 会自带默认的样式，但该样式无法满足我们的要求，故这里我们使用 android:background="@null"去除了其默认的样式。

查看效果图，我们注意到两个 EditText 之间有一条横线隔开。这个效果我们是这样实现的：在两个 EditText 之间添加一个 View 控件，将该控件的宽度设置为 match_parent，高度设置为 1 dp，当然还要将其背景设置为灰色，运行后我们看到的效果就是一条横线了。

另外两个编辑框中，分别将 hint 设置为"手机号/邮箱/用户名"和"密码"，提醒用户输入信息内容。

我们还使用 drawableLeft 属性在 EditText 的左侧添加了一个图片，并使用 drawablePadding 属性将左侧的图片和 EditText 中的文本内容隔开一些间距。这里可能有人会问，图片不是放在 drawable 文件夹下吗，怎么这里放在 mipmap 文件夹下了呢？其实是这样的，图片本来应该放在 drawable 文件夹下，而 mipmap 文件夹只适合放 app icons。之前 Android Studio 1.1 版本的时候 app icons 需要上传几个不同分辨率的图片，而现在 Android Studio 2.1.2 已经把 mipmap 文件夹默认分为了不同分辨率的文件夹，方便适配。

我们打开 activity_regist.xml 文件，对原先分析的 ViewGroup2 部分做以下修改：

```
<TableLayout
    android:id="@+id/part_center"
    android:layout_width="match_parent"
    android:layout_height="wrap_content"
    android:background="#ffffff"
    android:layout_below="@id/part_top"
```

```
android:layout_marginTop="20dp"
android:stretchColumns="1">
<TextView
    android:id="@+id/worked_entreprise_tx"
    android:layout_width="match_parent"
    android:layout_height="wrap_content"
    android:text="填写最近工作的单位,有助于让企业优先联系你"
    android:gravity="center"
    android:padding="20dp"/>
<TableRow>
    <TextView
        android:layout_width="match_parent"
        android:layout_height="wrap_content"
        android:text="工作单位"
        android:gravity="center"
        android:padding="10dp"
        android:layout_gravity="left"/>
    <EditText
        android:id="@+id/worked_entreprise_edt"
        android:layout_width="match_parent"
        android:layout_height="wrap_content"
        android:background="@null"
        android:padding="10dp"/>
</TableRow>
<View
    android:layout_width="match_parent"
    android:layout_height="1dp"
    android:background="#aaaaaa"/>
<TableRow>
    <TextView
        android:layout_width="match_parent"
        android:layout_height="wrap_content"
        android:text="手机号"
        android:gravity="center"
        android:padding="10dp"
        android:layout_gravity="left"/>
    <EditText
        android:id="@+id/worked_phone_edt"
        android:layout_width="match_parent"
        android:layout_height="wrap_content"
```

```
            android:background="@null"
            android:padding="10dp"
            android:inputType="phone"/>
    </TableRow>
    <View
        android:layout_width="match_parent"
        android:layout_height="1dp"
        android:background="#aaaaaa"/>
    <TableRow>
        <TextView
            android:layout_width="match_parent"
            android:layout_height="wrap_content"
            android:text="性别"
            android:gravity="center"
            android:padding="10dp"
            android:layout_gravity="left"/>
        <EditText
            android:id="@+id/worked_gender_edt"
            android:layout_width="match_parent"
            android:layout_height="wrap_content"
            android:hint="现在在职或者最近工作单位"
            android:background="@null"
            android:padding="10dp"/>
    </TableRow>
</TableLayout>
```

通过分析，我们将该部分规划为 6×2（包括三个 EditText 的两条分隔线）的表格，故采用表格布局对其进行重新设计。这里对最近工作单位、电话号码、性别等应按两列显示的行添加了 TableRow 标签，并分别在其中添加了一个 TextView 和一个 EditText，第一行的 TextView 设置保持不变，而第三行和第五行与 activity_login.xml 中的分割线一样，采用 View 控件实现。另外对于 TableRow 中 EditText 属性的设置，亦与 activity_login.xml 相同，这里就不再重复说明。需要提醒大家的是，这里我们将 TableLayout 控件的 stretchColumns 属性设置为 1，故我们看到的效果就是第一列的宽度为包裹住内容，而剩余的宽度全部留给了第二列。

重新运行程序，查看运行效果，如图 4.15 所示。

图 4.15 优化过 EditView 控件的职淘淘相关页面

4.3.3 图片控件 ImageView

图片控件(ImageView)是最常用的组件之一，继承自 android. view. View，它们的直接子类有 ImageButton、QuickContactBadge，已知间接子类有 ZoomButton。

ImageView 控件用于显示任意图像，除了可以显示图标，ImageView 还可以加载各种来源的图片(如资源或图片库)，其图片的来源可以是在资源文件中的 id，也可以是 Drawable 对象或者位图对象，还可以是 ContentProvider 的 URI。需要计算图像的尺寸，以便可以在其他布局中使用，并提供例如缩放和着色(渲染)等各种显示选项。

表 4.7 和表 4.8 分别给出了一些 ImageView 的常用属性和方法。

表 4.7 ImageView 的常用属性

属性名称	属性描述
adjustViewBounds	是否保持高宽比，需要与 maxHeight 和 maxWidth 配合使用，单独使用没有效果，可取值 true 和 false
tint	将图片渲染成指定颜色

续表

属性名称	属性描述
maxHeight	设置 ImageView 的最大高度
maxWidth	设置 ImageView 的最大宽度
src	需要显示图片的路径
scaleType	调整或移动图片，可取值： center：按图片的原来 size 居中显示，当图片长/宽超过 View 的长/宽，则截取图片的居中部分显示。 centerCrop：按比例扩大图片的 size 居中显示，使得图片长/宽等于或大于 View 的长/宽。 centerInside：将图片的内容完整居中显示，通过按比例缩小或原来的 size 使得图片长/宽等于或小于 View 的长/宽。 fitCenter：把图片按比例扩大/缩小到 View 的宽度，居中显示。 fitEnd：把图片按比例扩大/缩小到 View 的宽度，显示在 View 的下部分位置。 fitStart：把图片按比例扩大/缩小到 View 的宽度，显示在 View 的上部分位置。 fitXY：把图片不按比例扩大/缩小到 View 的大小显示。 matrix：用矩阵来绘制

表 4.8　ImageView 的常用方法

方法名称	对应的 XML 属性	方法描述
setImageBitmap(Bitmap)		设置位图作为 ImageView 的显示内容
setlmageDrawable(Drawable)		使用 Drawable 对象设置该 ImageView 显示的图片
setlmageURI(URI)		使用图片的 URI 设置该 ImageView 显示的图片
setSelected(boolean)		设置 ImageView 的选中状态
scasetlmageResource(int)	src	使用图片资源 id 设置该 ImageView 显示的图片

打开 JobHunting 项目，将 activity_login.xml 标题栏中的“返回按钮”TextView 替换成 ImageView，参考代码如下：

```
<ImageView
    android:layout_width="wrap_content"
    android:layout_height="wrap_content"
    android:layout_weight="1"
    android:src="@mipmap/title_bar_back"
    android:layout_gravity="center_vertical"
```

```
    android:scaleType = "fitStart"
    android:padding = "5dp"/>
```

这里通过 src 属性，将需要显示的图片告诉 ImageView。需要注意的是，此时因为 ImageView 和其他两个 TextView 均在同一个线性布局中，且它们的权重均为 1，这样图片就无法在页面的左侧显示了。为了解决这个问题，使用 scaleType 属性，在 ImageView 的最左边（默认居中显示）显示图片即可。同样将 activity_regist.xml 标题栏的"返回按钮"TextView 替换成 ImageView，参考代码如下：

```
<ImageView
    android:layout_width = "wrap_content"
    android:layout_height = "wrap_content"
    android:src = "@mipmap/title_bar_back"
    android:padding = "5dp"
    android:layout_alignParentLeft = "true"
    android:layout_centerVertical = "true"/>
```

这里代码很简单，就不做介绍了。重新运行项目，查看运行效果，如图 4.16 所示。

图 4.16　优化过 ImageView 控件的职淘淘相关页面

4.3.4　按钮控件 Button

按钮控件（Button）也是最常用的组件之一，继承自 android.widget.TextView，它的直接子类有 CheckBox、RadioButton 和 ToggleButton。它的设置和使用方法都和 TextView

相似，所以这里不做详细介绍。

打开 JobHunting 项目，分别修改 activity_login. xml 和 activity_regist. xml 中的按钮样式，代码如下：

```
<Button
    android:id="@+id/login_submit_btn"
    android:layout_width="match_parent"
    android:layout_height="wrap_content"
    android:background="#F47820"
    android:textSize="20sp"
    android:textColor="#ffffff"
    android:text="登录"
    android:layout_margin="5dp"/>
<Button
    android:layout_width="match_parent"
    android:layout_height="wrap_content"
    android:background="#F47820"
    android:textSize="20sp"
    android:textColor="#ffffff"
    android:text="下一步"
    android:layout_margin="10dp"/>
```

重新运行项目，查看运行效果，如图 4.17 所示。

图 4.17　优化过 Button 控件的职淘淘相关页面

4.4 自定义 Android UI 组件

通过上面两节的学习,对于一些基本的页面,相信大家应该可以独立完成了。但是这样真的就可以了吗?当然不是,不管是布局控件还是基本的 UI 控件,Android 都会提供一个默认的样式或者主题,这些默认样式或者主题能够满足我们的大部分需求,但是却不是全部,比如前述登录和注册页面中的按钮,我们查看效果图发现其实它们是需要带圆角显示的。像这样特殊的显示要求,我们应该如何实现?别急,接下来我们就开始介绍。

4.4.1 改变 UI 控件的形状和状态

既然提到了按钮的圆角问题,那么我们就先来看看按钮圆角的解决办法吧。Android 除了给我们提供了 xml 格式的布局文件,还给我们提供了另一类型为 shape 的 xml 文件,它的功能就是帮助我们自定义控件的形状。首先我们来看看 shape. xml 为我们提供了哪些标签,如表 4.9 所示。

表 4.9 shape. xml 的常用标签

属性名称	属性描述
corners	定义控件的圆角。 Radius:全部的圆角半径。 topLeftRadius:左上角的圆角半径。 topRightRadius:右上角的圆角半径。 bottomLeftRadius:左下角的圆角半径。 bottomRightRadius:右下角的圆角半径
solid	定义控件内部的填充颜色
gradient	定义控件的渐变色,可以定义两色渐变、三色渐变以及渐变样式。 type:渐变方式,可取值 linear(线性)、radial(放射性)、sweep(扫描性)。 startColor:渐变开始的颜色。 centerColor:渐变中间点的颜色,在开始与结束点之间,如果不使用 centerColor 属性就是双色渐变。 endColor:渐变结束点的颜色。 gradientRadius:渐变的半径,只有当渐变类型为 radial 时才能使用。 angle:渐变角度,必须为 45 的倍数,0 为从左到右,90 为从上到下。

续表

属性名称	属性描述
	centerX、centerY：设置渐变的中心点位置，仅当渐变类型为放射性渐变时有效，类型为分数或小数，不接受整数。默认值是 0.5，有效值是 0.0～1.0，超出该范围后看不出渐变效果
stroke	定义控件的描边属性，可以定义描边的宽度、颜色、虚实线等。 width：边框的宽度。 Color：边框的颜色。 dashWidth：边框为虚线时虚线的宽度，为 0 时是实线。 dashGap：边框为虚线时虚线的间隔，为 0 时是实线
size	定义控件的大小，基本不用，因为控件本身就有相关属性
padding	定义控件的内边距，基本不用，同上

那么接下来我们就使用 shapex.xml 继续优化 JobHunting 的登录和注册页面吧。

打开 JobHunting 项目，按图 4.18 所示将项目目录结构切换到 project 模式，如图 4.19 所示。

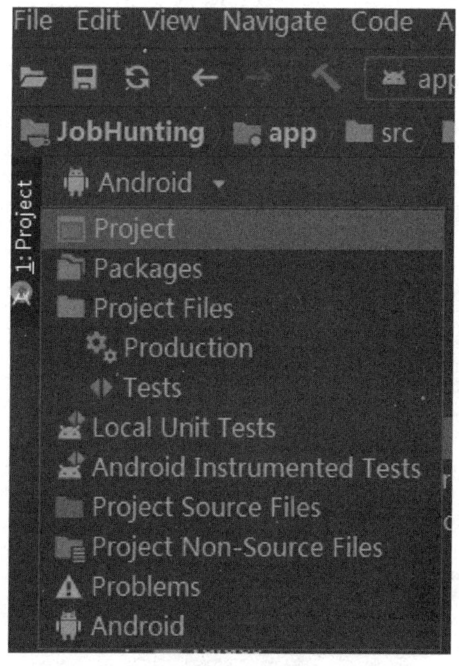

图 4.18　项目目录结构模式切换

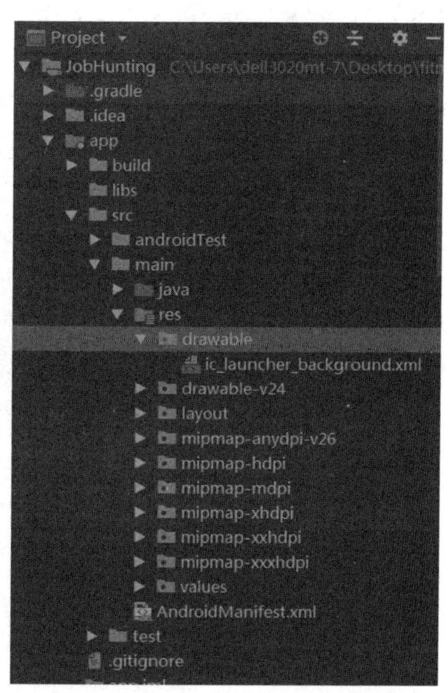

图 4.19　项目 project 模式目录结构

右键 res 文件夹下的 drawable 文件夹，依次选择 New→Drawable resource file，如图 4.20 所示，进入如图 4.21 所示的文件配置页面。

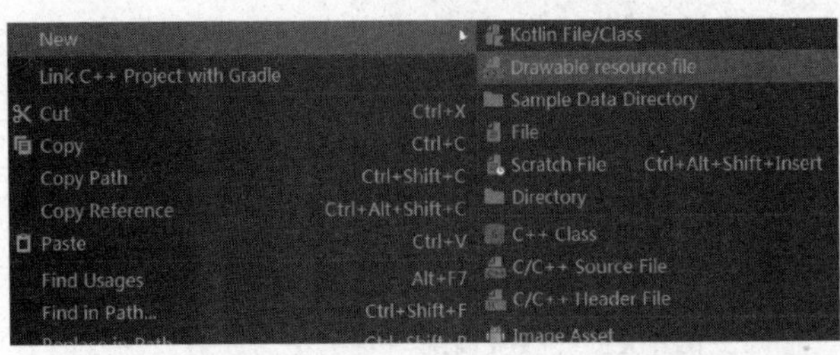

图 4.20 创建 shape.xml 文件

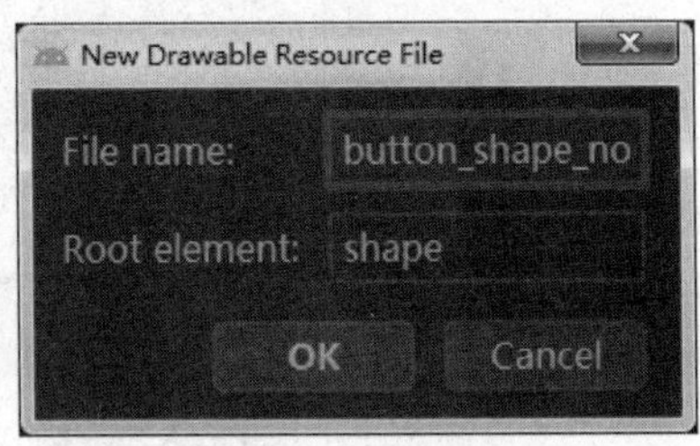

图 4.21 资源文件配置页面

此处将 File name 设置为 button_shape_normal，将 Root element 设置为 shape，点击"OK"按钮，进入文件编辑页面，输入以下内容：

```
<? xml version = "1.0" encoding = "utf-8"? >
<shape xmlns:android = "http://schemas.android.com/apk/res/android">
    <corners android:radius = "10dp"/>
    <solid android:color = "#F47820"/>
</shape>
```

可以看到我们这里只使用了 corners 标签和 solid 标签。通过把 corners 标签的 radius 属性值设置为 10 dp，实现控件上下左右四个拐角处的圆角，这里 10 dp 表示圆的半径大小。另外通过 solid 标签的 color 属性将控件的内部颜色填充为我们需要的橙色。

button_shape_normal.xml 我们创建好了，那么如何使用呢？很简单，打开 activity_login.xml 和 activity_regist.xml，将其中按钮 Button 的 background 属性值替换为该 shape 文件即可：

```
android:background = "@drawable/button_shape_normal"
```

重新运行程序，我们可以看到登录和注册页面中的按钮均具有了圆角效果，如果 4.22 所示。

解决了按钮的形状问题，我们再来看看另一个问题。一般情况下，Button 按钮有两种状态，即点击和不点击应该是两种不同的状态展示；同样 EditText 编辑框也有两种状态，即聚焦和不聚焦同样应有不同的状态。针对这种需求应该怎么解决呢？让我们接下来看看另一种特殊的 xml 文件 select.xml，它的功能就是帮助我们为控件设置多种状态的。同样我们先来看看它的标签和常用属性，如表 4.10 所示。

图 4.22　带有圆角的 Button 效果

表 4.10　select.xml 的常用标签

属性名称	属性描述
item	定义各种不同状态下的控件样式。 color = "hex_color"：颜色值。 state_pressed = ["true" | "false"]：控件是否被按下。 state_focused = ["true" | "false"]：控件是否获得焦点。 state_selected = ["true" | "false"]：控件是否被选择。 state_checkable = ["true" | "false"]：控件是否可选。 state_checked = ["true" | "false"]：控件是否选中。 state_enabled = ["true" | "false"]：控件是否可用。 state_window_focused = ["true" | "false"]：是否窗口聚焦。 drawable：控件的状态描述(shape.xml | image | color)

现在就让我们使用 select.xml 为 JobHunting 中的按钮控件添加点击和不点击时的状态吧。这时我们需要为 Button 添加两种状态的显示样式，那么第一件事就应该是创建两个 shape 文件，分别表示两种状态下的显示样式。按照上面的说明，再创建一个名为 button_shape_pressed.xml 的 shape 文件，表示按钮被按下去时的样式，这里只将填充色变深一些，代码如下所示：

```
<?xml version="1.0" encoding="utf-8"?>
<shape xmlns:android="http://schemas.android.com/apk/res/android">
    <corners android:radius="10dp"/>
```

```
    <solid android:color = "#F45520"/>
</shape>
```

接着按照相同的步骤，创建一个名为 button_selector 的 Drawable resource file 文件，但是需要注意的是 Root element 这里采用默认值，即 selector。进入编辑页面之后，写入以下代码：

```
<?xml version = "1.0" encoding = "utf-8"?>
<selector xmlns:android = "http://schemas.android.com/apk/res/android">
    <item
        android:state_pressed = "false" android:drawable = "@drawable/button_shape_normal"/>
    <item
        android:state_pressed = "true"
        android:drawable = "@drawable/button_shape_pressed"/>
</selector>
```

这里我们添加了两个 item，分别表示按钮按下（android:state_pressed = "true"）和未按下（android:state_pressed = "false"）时选用的样式。

最后在 activity_login.xml 和 activity_regist.xml 中，将按钮 Button 的 background 属性值替换为该 selector 文件即可：

```
android:background = "@drawable/button_selector"
```

运行程序，查看效果，如图 4.23 所示。可以看到，按下时，按钮的颜色明显加深，和未按下时不同。

图 4.23　Button 按下和未按下时的效果对比

4.4.2　自定义 UI 控件

我们重新观察 JobHunting 项目中登录、注册、岗位列表、忘记密码等其他页面的效果图，发现它们的头部其实结构和内容是相似的，均可看成三个显示部分，左侧是返回按钮，中间显示页面的标题，右侧根据需要显示，如果不需要可以调用 setVisible 方法隐藏起来。既然如此，我们能不能考虑把这种布局抽取出来，变成一个和 Android UI 控件一样的东西，这样我们在使用的时候，就可以像调用 UI 控件一样，直接调用标签就可以了。答案是肯定的，那么接下来就讲讲自定义控件的方法吧。

1. 引入布局

创建布局文件，取名为 title_bar.xml，根据登录、注册页面标题栏布局的特点，使用线性布局实现。此处代码与 activity_login.xml 中相同，可直接复制过来，如下所示：

```
<?xml version="1.0" encoding="utf-8"?>
<LinearLayout xmlns:android="http://schemas.android.com/apk/res/android"
    android:layout_width="match_parent"
    android:layout_height="wrap_content"
    android:background="#ffffff"
    android:orientation="horizontal">
    <ImageView
        android:id="@+id/title_back"
        android:layout_width="wrap_content"
        android:layout_height="wrap_content"
        android:layout_weight="0"
        android:src="@mipmap/title_bar_back"
        android:layout_gravity="center_vertical"
        android:scaleType="fitStart"
        android:padding="5dp"/>
    <TextView
        android:id="@+id/title_name"
        android:layout_width="0dp"
        android:layout_height="wrap_content"
        android:layout_weight="1"
        android:gravity="center"
        android:padding="5dp"
        android:text="title_bar_middle"
        android:textColor="#FB565F"
        android:textSize="20sp"/>
    <TextView
        android:id="@+id/title_right"
```

```
        android:layout_width="wrap_content"
        android:layout_height="wrap_content"
        android:layout_weight="0"
        android:gravity="right"
        android:padding="5dp"
        android:text="title_bar_right"
        android:textColor="#F47829"
        android:textSize="16sp"/>
</LinearLayout>
```

此处代码很简单,且在 activity_activity.xml 中已做过介绍,这里就不再介绍了,但是需要提醒大家的是,这里我们分别为三个控件的 id 设置了属性值,以方便后面在代码中控制操作它们。

现在标题栏布局已经编写完成了,接下来就是如何在程序中使用这个标题栏了。

打开 activity_login.xml,将原先设计标题栏的代码替换成下面这行代码,同时在 activity_station_category.xml 中的第一个 TbaleRow 标签前也加上这样一行代码:

```
<include layout="@layout/title_bar"/>
```

将 activity_regist.xml 中原先设计标题栏的代码替换成如下两行代码,这里之所以添加一个 id 属性,是因为 activity_regist 整体布局采用的是相对布局,当前标题栏下面的部分需要根据此处的 id 通过 layout_below 进行定位。

```
<include
    Android:id="@+id/part_top"
    layout="@layout/title_bar"/>
```

这里我们看到 activity_activity.xml、activity_regist.xml 和 activity_station_category.xml 都使用了同一个 title_bar,这样势必要对其显示的内容进行设置,比如设置各自的标题。另外注册和岗位分类页面右侧的控件是不存在的,所以还需要设置为不可见。

首先打开 LoginActivity.java,进行如下修改:

```
public class LoginActivity extends AppCompatActivity {
    private ImageView startBack;
    private TextView titelName;
    private TextView titleRight;
    private TextView startLogin;
    @Override
    protected void onCreate(Bundle savedInstanceState) {
        super.onCreate(savedInstanceState);
        setContentView(R.layout.activity_login);
        startBack=findViewById(R.id.title_back);
        titelName=findViewById(R.id.title_name);
        startRegist=findViewById(R.id.title_right);
        titelName.setText("登 录");
        titelRight.setText("免费注册");
```

```
        ......
    }
}
```

这里我们首先添加了两个全局变量 startBack 和 titelName，接着在 onCreate 方法中通过 findViewById()对它们进行赋值，然后调用 titelName 的 setText 方法设置标题内容。需要注意的是，为了统一，我们把全局变量 startRegist 修改成了 titleRight，同时在布局文件中将其对应的 TextView 控件的 id 值也做了改变，所以这里大家记着需要修改。

接着对 RegistActivity 和 StationCategoryActivity 中的代码均做如下修改：

```
public class RegistActivity extends AppCompatActivity {
    private ImageView startBack;
    private TextView titelName;
    private TextView titleRight;
    @Override
    protected void onCreate(Bundle savedInstanceState) {
        super.onCreate(savedInstanceState);
        setContentView(R.layout.activity_regist);
        startBack = findViewById(R.id.title_back);
        titelName = findViewById(R.id.title_name);
        titleRight = findViewById(R.id.title_right);
        titelName.setText("免费注册");
        titleRight.setVisibility(View.GONE);
    }
}
```

这里给出的是 RegistActivity 中的代码，StationCategoryActivity 中只要将 titelName.setText("免费注册")替换为 titelName.setText("岗位分类")，setContentView(R.layout.activity_regist)修改为 setContentView(R.layout.activity_station_category)即可。这里需要解释的就是 setVisibility 方法，该方法可传入三个值：View.GONE、View.INVISIBLE 和 View.VISIBLE，分别将控件设置为隐藏、不可见和可见。

重新运行程序，查看运行结果，如图 4.24 所示。

2. 创建自定义控件

引入布局的技巧确实解决了重复编写布局代码的问题，但是如果布局中有一些控件要求能够响应事件，我们还是需要在每个活动中为这些控件单独编写一次事件注册的代码。比如说标题栏中的返回按钮，其实不管是在哪一个活动中，这个按钮的功能都是相同的，即销毁当前活动。而如果在每一个活动中都重新注册一遍返回按钮的点击事件，无疑会增加很多重复代码，这种情况最好是使用自定义控件的方式来解决。

为方便管理代码，我们在 src 下新建一个 view 包，专门存放一些自定义控件。右键刚创建的包名，新建类 TitleBarView 继承 LinearLayout，让它成为我们自定义的标题栏控件，代码如下所示：

图 4.24 抽取 title_bar 后的运行效果

```
public class TitleBarView extends LinearLayout {
    public TitleBarView(Context context,AttributeSet attrs) {
        super(context,attrs);
        LayoutInflater.from(context).inflate(R.layout.title_bar,this);
    }
}
```

这里我们首先重写了 LinearLayout 中带有两个参数的构造函数，在布局中引入 TitleBarView 控件就会调用这个构造函数。然后在构造函数中需要对标题栏布局进行动态加载，这就要借助 Layoutlnflater 来实现了。通过 Layoutlnflater 的 from 方法可以构建出一个 Layoutlnflater 对象，然后调用 inflate 方法就可以动态地加载一个布局文件。inflate 方法接收两个参数，第一个参数是要加载的布局文件的 id，这里我们传入 R. layout. title，第二个参数是给加载好的布局再添加一个父布局，这里我们想要指定为 TitleLayout，于是直接传入 this。

现在自定义控件已经创建好了，接下来我们需要在布局文件中添加这个自定义控件。修改 activity_activity. xml、activity_regist. xml 和 activity_station_category. xml 中的代码，将<include>标签用以下代码代替：

```
<view.TitleBarView
    android:id="@+id/part_top"
    android:layout_width="match_parent"
    android:layout_height="wrap_content"/>
```

可以看到，添加自定义控件和添加普通控件的方式基本是一样的，只不过在添加自定义控件的时候，我们需要指明控件的完整类名，包名在这里是不可以省略的。

重新运行程序，你会发现此时的效果和使用引入布局方式的效果是一样的，但是并没有达到减少重复代码的目的。

下面我们尝试为标题栏中的按钮注册点击事件，并提供设置标题内容和隐藏右侧控件的对外接口。修改 TitleBarView 中的代码，如下所示：

```
public class TitleBarView extends LinearLayout {
    private ImageView startBack;
    private TextView titelName;
    private TextView titleRight;
    public TitleBarView(Context context, AttributeSet attrs) {
        super(context, attrs);
        LayoutInflater.from(context).inflate(R.layout.title_bar, this);
        startBack = findViewById(R.id.title_back);
        titelName = findViewById(R.id.title_name);
        titleRight = findViewById(R.id.title_right);
        startBack.setOnClickListener(new OnClickListener() {
            @Override
            public void onClick(View view) {
                ((Activity)getContext()).finish();
            }
        });
    }
    public void setTitelName(String titelNameSte){
        titelName.setText(titelNameSte);
    }
    public void setTitleRightVisible(Boolean visible){
        if(visible){
            titleRight.setVisibility(View.VISIBLE);
        }else{
            titleRight.setVisibility(View.GONE);
        }
    }
public voidgetTitelRight(){
        return titleRight;
    }
}
```

首先还是通过 findViewById 方法分别得到按钮的实例，然后调用返回图像 startBack 的 setOnClickListener 方法注册点击事件，当点击返回按钮时销毁当前活动。然后提供了三个对外的方法，分别用于实现标题栏的设置、标题右侧得到显示及右侧 TextView 的获取(因为每个页面对 titleRight 的用法不同，所以需要在各自的页面中单独处理)。

修改完之后，接着我们再替换几个 Ativity 中的内容，这里只对 RegistActivity 进行说明，登录和岗位分类中使用方法相同，故不再赘述。参考代码如下：

```
public class RegistActivity extends AppCompatActivity {
```

```
    private TitleBarView titleBarView;
    @Override
    protected void onCreate(Bundle savedInstanceState) {
        super.onCreate(savedInstanceState);
        setContentView(R.layout.activity_regist);
        titleBarView = findViewById(R.id.part_top);
        titleBarView.setTitelName("免费注册");
        titleBarView.setTitleRightVisible(false);
    }
}
```

重新运行程序，效果如图 4.2 所示，此时点击返回按钮，可以结束当前活动，返回上一个活动。

这样的话，每当我们在一个布局中引入 TitleLayout 时，返回按钮的点击事件就已经自动实现好了，这就省去了很多编写重复代码的工作。

本 章 小 结

本章主要介绍了 UI 设计相关的知识点，从 UI 设计基础的类和通用属性开始，依次介绍了 Android 的四个常用布局控件和四个常用 UI 控件，然后从特殊需求：按钮的圆角和点击状态的改变引出，对自定义控件的知识进行了介绍。通过本章的学习，对于一般性的 Android UI 界面，相信应该难不倒大家了。

习 题 4

1. 简述 Android UI 框架的视图结构。
2. 简述布局控件的作用，以及四个布局控件的特点。
3. 给出如图 4.25 所示的三个效果图，根据布局控件的特点，选择相应的布局控件分析页面结构。
4. 根据上题所示的效果图，使用布局控件和基本 UI 组件完成页面设计。
5. 查阅资料了解更多的基本 UI 组件的功能和使用方法。
6. 使用 shape.xml 为图 4.25(c)中显示福利的四个 TextView 添加圆角和背景功能。
7. 使用 selector.xml 为图 4.25(a)中的四个编辑框添加自定义的聚焦效果。

(a) 注册页面　　(b) 个人资料页面

(c) 岗位列表页面

图 4.25　职淘淘在线兼职平台页面效果图

实验 4　职淘淘岗位详情页面的设计与实现

实验性质

设计性(2 个学时)。

实验目标

(1) 熟练掌握线性布局控件 LinerLayout 的使用方法。

(2) 熟练掌握基础控件 TextView、Button 等的使用方法，包括作用、基本属性。

(3) 掌握使用 shape. xml 绘制简单形状的方法，实现定义矩形、椭圆、环形、直线等效果。

(4) 掌握使用 selector. xml 设置控件(如 Button、ImageView、TextView 等)背景的方法。

实验内容

(1) 观察岗位详情页面的效果图,如图4.26所示,分析页面结构。
(2) 使用布局控件实现岗位详情页面的页面结构。
(3) 配合布局控件的性质,使用基本控件完成岗位详情页面雏形的设计与实现。
(4) 使用shape.xml绘制按钮未点击和点击样式:圆角,橙色背景,白色字体。
(5) 使用shape.xml绘制用户名和密码的编辑框样式:5 dp的内边距,无边框。
(6) 使用selector.xml选择不同状态下按钮的样式。

实验步骤

(1) 分析如图4.26所示效果图的页面结构。

(2) 创建Android项目,使用线性布局控件,修改main_activity.xml文件,实现页面整体结构。

(3) 根据设计好的页面结构,添加ImageView、TextView、Button等控件完成岗位详情页面雏形的设计。

(4) 使用基本控件的相关属性完善页面效果。

(5) 编写button_normal.xml和button_pressed.xml文件,自定义"免费报名"按钮样式。

(6) 编写textview_shape.xml文件,自定义福利编辑框样式。

(7) 编写button_selector.xml文件,自定义按钮的状态选择器。

(8) 使用login_button_selector.xml样式。

(9) 调试并运行该Android项目。

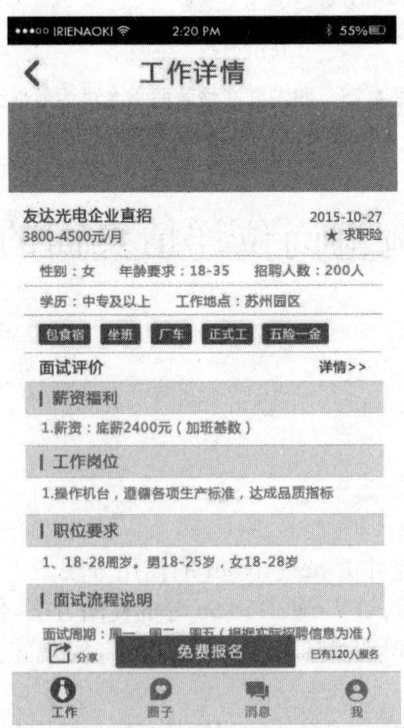

图4.26　职淘淘在线兼职平台岗位详情页面效果图

第 5 章 Android UI 开发进阶

学习目标

本章主要深入介绍 Android UI 系统控件中的列表控件 ListVIew、下拉列表控件 Spinner、对话框控件、评分控件 RatingBar、进度表控件 ProgressBar、滚动条 ScrolView。通过本章的学习，要求读者达到以下学习目标：

（1）掌握列表控件 ListVIew 的常用属性、基本使用方法以及自定义数据适配器的方法。

（2）掌握下拉列表控件 Spinner 的常用属性、基本使用方法。

（3）掌握评分控件 RatingBar 的常用属性、基本使用方法。

（4）掌握进度表控件 ProgressBar 的常用属性、基本使用方法。

（5）掌握滚动条 ScrolView 的常用属性、基本使用方法。

通过上一章的学习，我们已经可以编写一些相对简单的用户界面，当然我相信大家肯定不会就满足于此吧。所以接下来，请大家看看如图 5.1 所示的几张效果图，并思考，如何实现左侧的列表数据显示、中间的弹出对话框显示以及右侧的星形评分功能呢？自然仅仅使用第 4 章介绍的基本 UI 控件是无法做到的，那怎么办？别急，本章我们会一一介绍。

图 5.1　几种复杂控件的应用场景

5.1 ListView 控件的使用

ListView 绝对可以称得上是 Android 中最常用的控件之一，几乎所有的应用程序都会用到它。手机屏幕空间有限，能够一次性在屏幕上显示的内容并不多，当我们的程序中有大量的数据需要展示的时候，就可以借助 ListView 来实现。ListView 允许用户通过手指上下滑动的方式将屏幕外的数据滚动到屏幕内，同时屏幕上原有的数据则会滚动出屏幕。相信你每天都在使用这个控件，比如查看 QQ 聊天记录，翻阅微信朋友圈最新消息，等等。

不过比起前面介绍的几种控件，ListView 的用法也相对复杂了很多，因此我们单独使用一节的篇幅来对 ListView 进行足够详细的讲解。

使用 ListView 时，通常需要四个要素：

- ListView 控件本身。
- 需要显示的列表数据 List<T>，数据的类型需要根据具体的业务逻辑实现确定。
- 数据需要展示的方式，即页面布局。
- 数据适配器。充当桥梁作用：通过其内部的 getView 方法将数据 List<T>填充到页面中，接着通过 ListView 控件的 setAdapter 方法将自己传递给 LsitView，进而完成数据的绑定。

5.1.1 ListView 的简单使用

这里我们依旧沿用 JobHunting 项目，那么我们要在该项目中继续完善什么呢？很简单，我们为 JobHunting 项目再创建一个活动 StationListAcitiy，点击岗位分类页面的任意一个类别，进入该活动页面，并在该活动中简单显示 20 条岗位招聘信息的标题。

首先按照前面章节的介绍，创建一个名为 StationListAcitiy 的活动，并采用默认的布局名称 activity_station_list.xml。然后修改 activity_station_list.xml 中的代码，如下所示：

```
<? xml version = "1.0" encoding = "utf-8"? >
<LinearLayout xmlns:android = "http://schemas.android.com/apk/res/android"
    android:layout_width = "match_parent"
    android:layout_height = "match_parent">
   <ListView
        android:id = "@ + id/station_list"
        android:layout_width = "match_parent"
        android:layout_height = "match_parent"/>
</LinearLayout>
```

在布局中加入 ListView 控件还算简单，先为 ListView 指定一个 id，然后将宽度和高度都设置为 match_parent，这样 ListView 也就占满了整个布局的空间。

接下来修改 StationListActivity 中的代码，如下所示：

```
public class StationListActivity extends AppCompatActivity {
```

```
    private List<String> stationInfos = new ArrayList<>();
    private ListView stationLv;
    @Override
    protected void onCreate(Bundle savedInstanceState) {
        super.onCreate(savedInstanceState);
        setContentView(R.layout.activity_station_list);
        stationLv = findViewById(R.id.station_list);
        for (int i = 20;i>0;i--){
            stationInfos.add("招聘岗位标题" + i);
        }
        ArrayAdapter<String> arrayAdapter = new ArrayAdapter<String>(
StationListActivity.this,android.R.layout.simple_list_item_1,stationInfos);
        stationLv.setAdapter(arrayAdapter);
    }
}
```

ListView 是用于展示大量数据的，正常情况下，这些数据都是由服务器提供的，但考虑到我们还没有跟大家讲解网络请求的处理，所以这里就简单地用一个字符串集合 stationInfos 来测试，并通过 for 循环为其添加了 20 条数据。

不过，集合中的数据是无法直接传递给 ListView 的，我们还需要借助适配器来完成。Android 中提供了很多适配器的实现类，其中我认为最好用的就是 ArrayAdapter。它可以通过泛型来指定要适配的数据类型，然后在构造函数中把要适配的数据传入。ArrayAdapter 有多个构造函数的重载，你应该根据实际情况选择最合适的一种。这里由于我们提供的数据都是字符串，因此将 ArrayAdapter 的泛型指定为 String，然后在 ArrayAdapter 的构造函数中依次传入当前上下文、ListView 子项布局的 id，以及要适配的数据。注意，我们使用了 android.R.layout.simple_ list_item_1 作为 ListView 子项布局的 id，这是一个 Android 内置的布局文件，里面只有一个 TextView，可用于简单地显示一段文本。这样适配器对象就构建好了。

接着，还需要调用 ListView 的 setAdapter 方法，将构建好的适配器对象传递进去，这样 ListView 和数据之间的关联就建立完成了。

最后为了运行查看效果，需要为 StationCategoryActivity 中的 7 个 TextView 添加点击事件。为完成该任务，首先需要在其布局文件 activity_station_category.xml 中为 7 个显示岗位类别的 TextView 添加 id 属性值，这里分别取值为 station_category_x(其中 x 表示 1～7 等数字)。接着修改 StationCategoryActivity.java 中的代码，如下所示：

```
public class StationCategoryActivity extends AppCompatActivity
implements View.OnClickListener {
private TitleBarView titleBarView;
    private TextView categoryTx1;
    private TextView categoryTx2;
    private TextView categoryTx3;
    private TextView categoryTx4;
```

```
    private TextView categoryTx5;
    private TextView categoryTx6;
    private TextView categoryTx7;
    @Override
    protected void onCreate(Bundle savedInstanceState) {
        super.onCreate(savedInstanceState);
        setContentView(R.layout.activity_station_category);
        titleBarView = findViewById(R.id.part_top);
        titleBarView.setTitelName("岗位列表");
        titleBarView.setTitleRightVisible(false);

        categoryTx1 = findViewById(R.id.station_categoty_1);
        categoryTx2 = findViewById(R.id.station_categoty_2);
        categoryTx3 = findViewById(R.id.station_categoty_3);
        categoryTx4 = findViewById(R.id.station_categoty_4);
        categoryTx5 = findViewById(R.id.station_categoty_5);
        categoryTx6 = findViewById(R.id.station_categoty_6);
        categoryTx7 = findViewById(R.id.station_categoty_7);

        categoryTx1.setOnClickListener(this);
        categoryTx2.setOnClickListener(this);
        categoryTx3.setOnClickListener(this);
        categoryTx4.setOnClickListener(this);
        categoryTx5.setOnClickListener(this);
        categoryTx6.setOnClickListener(this);
        categoryTx7.setOnClickListener(this);
    }
    @Override
    public void onClick(View view) {
        Intent intent = new Intent(StationCategoryActivity.this,StationListActivi-
ty.class);
    switch (view.getId()){
            case R.id.station_categoty_1:
                intent.putExtra("category",categoryTx1.getText());
                break;
            case R.id.station_categoty_2:
                intent.putExtra("category",categoryTx2.getText());
                break;
            case R.id.station_categoty_3:
                intent.putExtra("category",categoryTx3.getText());
```

```
                break;
            case R.id.station_categoty_4:
                intent.putExtra("category",categoryTx4.getText());
                break;
            case R.id.station_categoty_5:
                intent.putExtra("category",categoryTx5.getText());
                break;
            case R.id.station_categoty_6:
                intent.putExtra("category",categoryTx6.getText());
                break;
            case R.id.station_categoty_7:
                intent.putExtra("category",categoryTx7.getText());
                break;
            default:
                break;
        }
        startActivity(intent);
    }
}
```

虽然代码有些长,但是要做的事情很简单,就是分别查找到 7 个 TextView,然后为它们添加点击事件。和之前的介绍不同的是,这里我们调用 setOnClickListener 方法添加点击事件时,不再是 new 一个 OnClickListener ,而是直接传入一个 this。为什么能够直接传入 this? 是因为我们让 StationCategoryActivity 实现了 OnClickListener 接口(这里要注意,继承了 OnClickListener 接口之后,需要重写接口中的 onClick 方法)。为什么要这样做? 很简单,因为传入 OnClickListener 这段代码冗余了,7 个 TextView 就得创建 7 个 OnClickListener,而 7 个 OnClickListener 中除回调函数 onClick()中内容不同之外,其他都相同。现在我们改用传入 this,这样不管是哪个控件被点击,都会执行 onClick 方法,该方法中内容也很简单,无论是哪个 TextView 被点击,最终的目的都是跳转到岗位列表页面,不同的是需要传入不同岗位类别的关键字,这样方便进入岗位列表页面之后显示对应类别的岗位,这里我们通过 switch 语句完成这样的逻辑。

运行程序,在登录页面点击"登录"按钮,进入到岗位分类页面,然后随意点击一个岗位类别进入岗位列表页面,运行效果如图 5.2 所示,可以通过滚动的方式来查看屏幕外的数据。

图 5.2　ListView 简单案例效果

5.1.2　定制 ListView 的界面

只能显示一段文本的 ListView 实在是太单调了，我们现在就来对 ListView 的界面进行定制，让它可以显示更加丰富的内容，这里以图 5.1 左侧第一张效果图所示的岗位列表为例。

首先我们需要根据效果对需要显示的岗位信息进行抽象，封装成 javaBean 对象 StationInfo，如下所示：

```
public class StationInfo {
    //id
    private String id;
    //公司名称
    private String entrepriseName;
    //岗位种类
    private String categoryName;
    //发布时间
```

```
private String publicDate;
//工资范围
private String payRang;
//岗位名称
private String stationTitle;
//招聘人数
private Integer recruitCount;
//工作地点
private String workAddress;
//岗位工作内容
private String stationContent;
//面试流程
private String interviewProcess;
//报名人数
private Integer entriedCount;
//评价人数
private Integer evaluteCount;
//岗位要求
private String[] stationDemands;
//岗位福利
private String[] stationWelfares;
public String getId() {
    return id;
}
public void setId(String id) {
    this.id=id;
}
public String getEntrepriseName() {
    return entrepriseName;
}
public void setEntrepriseName(String entrepriseName) {
    this.entrepriseName=entrepriseName;
}
public String getCategoryName() {
    return categoryName;
}
public void setCategoryName(String categoryName) {
    this.categoryName=categoryName;
}
public String getPublicDate() {
```

```
        return publicDate;
    }
    public void setPublicDate(String publicDate) {
        this.publicDate = publicDate;
    }
    public String getPayRang() {
        return payRang;
    }
    public void setPayRang(String payRang) {
        this.payRang = payRang;
    }
    public String getStationTitle() {
        return stationTitle;
    }
    public void setStationTitle(String stationTitle) {
        this.stationTitle = stationTitle;
    }
    public Integer getRecruitCount() {
        return recruitCount;
    }
    public void setRecruitCount(Integer recruitCount) {
        this.recruitCount = recruitCount;
    }
    public String getWorkAddress() {
        return workAddress;
    }
    public void setWorkAddress(String workAddress) {
        this.workAddress = workAddress;
    }
    public String getStationContent() {
        return stationContent;
    }
    public void setStationContent(String stationContent) {
        this.stationContent = stationContent;
    }
    public String getInterviewProcess() {
        return interviewProcess;
    }
    public void setInterviewProcess(String interviewProcess) {
        this.interviewProcess = interviewProcess;
```

```
        }
        public Integer getEntriedCount() {
            return entriedCount;
        }
        public void setEntriedCount(Integer entriedCount) {
            this.entriedCount = entriedCount;
        }
        public Integer getEvaluteCount() {
            return evaluteCount;
        }
        public void setEvaluteCount(Integer evaluteCount) {
            this.evaluteCount = evaluteCount;
        }
        public String[] getStationDemands() {
            return stationDemands;
        }
        public void setStationDemands(String[] stationDemands) {
            this.stationDemands = stationDemands;
        }
        public String[] getStationWelfares() {
            return stationWelfares;
        }
        public void setStationWelfares(String[] stationWelfares) {
            this.stationWelfares = stationWelfares;
        }
    }
```

StationInfo 类含有 14 个字段,具体含义见代码中的注释,其中大部分属性和岗位列表的效果图需要显示的属性一一对应,还有一部分多余出来的属性是需要在后面的岗位详情页面显示出来的。

然后需要为 ListView 的子项指定一个我们自定义的布局,在 layout 目录下新建 station_item.xml,代码如下所示:

```
<?xml version="1.0" encoding="utf-8"?>
<LinearLayout xmlns:android="http://schemas.android.com/apk/res/android"
    android:orientation="vertical"
    android:layout_width="match_parent"
    android:layout_height="wrap_content"
    android:background="#eeeeee">
    <LinearLayout
        android:layout_width="match_parent"
        android:layout_height="wrap_content"
```

```
android:orientation="vertical"
android:padding="10dp">
<LinearLayout
    android:layout_width="match_parent"
    android:layout_height="wrap_content"
    android:orientation="horizontal"
    android:gravity="center_vertical">
    <TextView
        android:id="@+id/station_list_item_name"
        android:layout_width="0dp"
        android:layout_height="wrap_content"
        android:layout_weight="1"
        android:padding="5dp"
        android:text="岗位标题"
        android:textSize="18sp"
        android:textColor="#7C7C7C"/>
    <TextView
        android:id="@+id/station_list_item_public_date"
        android:layout_width="wrap_content"
        android:layout_height="wrap_content"
        android:layout_weight="0"
        android:layout_gravity="right"
        android:padding="5dp"
        android:text="岗位发布时间"
        android:textSize="14sp"
        android:textColor="#7C7C7C"/>
</LinearLayout>
<LinearLayout
    android:layout_width="match_parent"
    android:layout_height="wrap_content"
    android:orientation="horizontal"
    android:gravity="top">
    <TextView
        android:id="@+id/station_list_item_payrang"
        android:layout_width="0dp"
        android:layout_height="wrap_content"
        android:layout_weight="1"
        android:padding="5dp"
        android:text="工资范围"
        android:textSize="14sp"
```

```
        android:textColor="#FC5454"/>
    <TextView
        android:id="@+id/station_list_item_count"
        android:layout_width="wrap_content"
        android:layout_height="wrap_content"
        android:layout_weight="0"
        android:layout_gravity="right"
        android:text="招聘人数"
        android:textSize="14sp"
        android:padding="5dp"
        android:textColor="#7C7C7C"/>
</LinearLayout>
<LinearLayout
    android:layout_width="match_parent"
    android:layout_height="wrap_content"
    android:orientation="horizontal"
    android:gravity="top">
    <TextView
        android:id="@+id/station_list_item_demand"
        android:layout_width="0dp"
        android:layout_height="wrap_content"
        android:layout_weight="1"
        android:padding="5dp"
        android:text="岗位要求"
        android:textSize="14sp"
        android:textColor="#7C7C7C"/>
    <LinearLayout
        android:layout_width="wrap_content"
        android:layout_height="wrap_content"
        android:orientation="vertical"
        android:padding="5dp"
        android:layout_weight="0">
        <TextView
            android:id="@+id/station_list_item_entrycount"
            android:layout_width="wrap_content"
            android:layout_height="wrap_content"
            android:layout_weight="0"
            android:layout_gravity="right"
            android:text="报名人数"
            android:textSize="14sp"
```

```
            android:textColor="#F18D3C"/>
        <TextView
            android:id="@+id/station_list_item_evalutecount"
            android:layout_width="wrap_content"
            android:layout_height="wrap_content"
            android:layout_weight="0"
            android:layout_gravity="right"
            android:text="评价人数"
            android:textSize="14sp"
            android:textColor="#F18D3C"/>
    </LinearLayout>
</LinearLayout>
<LinearLayout
    android:layout_width="match_parent"
    android:layout_height="wrap_content"
    android:orientation="horizontal"
    android:padding="5dp"
    android:gravity="center_vertical">
    <TextView
        android:id="@+id/station_list_item_welfare1"
        android:layout_width="wrap_content"
        android:layout_height="wrap_content"
        android:layout_weight="1"
        android:padding="5dp"
        android:layout_marginRight="8dp"
        android:gravity="center"
        android:text="福利 1"
        android:background="@drawable/txt_shape_pressed"
        android:textSize="14sp"
        android:textColor="#FFFFFF"/>
    <TextView
        android:id="@+id/station_list_item_welfare2"
        android:layout_width="wrap_content"
        android:layout_height="wrap_content"
        android:layout_weight="1"
        android:padding="5dp"
        android:layout_marginRight="8dp"
        android:gravity="center"
        android:text="福利 2"
        android:background="@drawable/txt_shape_pressed"
```

```
                android:textSize="14sp"
                android:textColor="#FFFFFF"/>
            <TextView
                android:id="@+id/station_list_item_welfare3"
                android:layout_width="wrap_content"
                android:layout_height="wrap_content"
                android:layout_weight="1"
                android:padding="5dp"
                android:layout_marginRight="8dp"
                android:gravity="center"
                android:text="福利 3"
                android:background="@drawable/txt_shape_pressed"
                android:textSize="14sp"
                android:textColor="#FFFFFF"/>
            <TextView
                android:id="@+id/station_list_item_welfare4"
                android:layout_width="wrap_content"
                android:layout_height="wrap_content"
                android:layout_weight="1"
                android:padding="5dp"
                android:layout_marginRight="8dp"
                android:gravity="center"
                android:text="福利 4"
                android:background="@drawable/txt_shape_pressed"
                android:textSize="14sp"
                android:textColor="#FFFFFF"/>
        </LinearLayout>
    </LinearLayout>
    <View
        android:layout_width="match_parent"
        android:layout_height="4dp"
        android:layout_marginTop="4dp"
        android:background="#EEEEEE">
    </View>
</LinearLayout>
```

代码结构很简单，这里不做详细说明，采用线性布局作为根布局，并嵌套了 4 个子线性布局，其中均采用 TextView 用来显示相应的信息，同时为了后面在代码中便于操作，这里均为它们添加了 id 值。

接下来需要创建一个自定义的适配器，这个适配器继承自 BaseAdapter。创建包 adapter，并在该包下新建类 StationInfoAdapter，代码如下所示：

```
public class StationInfoAdapter extends BaseAdapter {
    private Context mContext;
    private List<StationInfo> stationInfoList;
    private int resoureId;
    public StationInfoAdapter(Context mContext,int resoureId,List<StationInfo>
stationInfoList) {
    this.mContext = mContext;
        this.stationInfoList = stationInfoList;
        this.resoureId = resoureId;
    }
    @Override
    public int getCount() {
        return stationInfoList.size();
    }
    @Override
    public Object getItem(int i) {
        return null;
    }
    @Override
    public long getItemId(int i) {
        return 0;
    }
    @Override
    public View getView(int position,View convertView,ViewGroup parent) {
        //查找布局
        View view =
LayoutInflater.from(mContext).inflate(resoureId,parent,false);
        //查找布局中的控件
        TextView stationName =
view.findViewById(R.id.station_list_item_name);
TextView stationPublicDate =
view.findViewById(R.id.station_list_item_public_date);
    TextView stationPayrang =
view.findViewById(R.id.station_list_item_payrang);
    TextView stationCount =
view.findViewById(R.id.station_list_item_count);
    TextView stationDemand =
view.findViewById(R.id.station_list_item_demand);
    TextView interviewEntryCount =
view.findViewById(R.id.station_list_item_entrycount);
```

```
    TextView interviewEvaluteCount =
view.findViewById(R.id.station_list_item_evalutecount);
    TextView stationWelfare1 =
view.findViewById(R.id.station_list_item_welfare1);
    TextView stationWelfare2 =
view.findViewById(R.id.station_list_item_welfare2);
    TextView stationWelfare3 =
view.findViewById(R.id.station_list_item_welfare3);
    TextView stationWelfare4 =
view.findViewById(R.id.station_list_item_welfare4);
        //查找当前需要显示的数据
        StationInfo stationInfo = stationInfoList.get(position);
        //填充数据
        stationName.setText(stationInfo.getStationTitle());
        stationPublicDate.setText(stationInfo.getPublicDate());
        stationPayrang.setText(stationInfo.getPayRang());
        stationCount.setText("招聘人数" + stationInfo.getRecruitCount() + "人");
        interviewEntryCount.setText("" + stationInfo.getEntriedCount() + "人报名");
    interviewEvaluteCount.setText("" + stationInfo.getEvaluteCount() + "人评价");
    String  stationDemandStr = "";
        for (int i = 0;i<stationInfo.getStationDemands().length;i++){
            stationDemandStr += stationInfo.getStationDemands()[i] + "/";
        }
        stationDemandStr =
    stationDemandStr.substring(0,stationDemandStr.length()-1);
    stationDemand.setText(stationDemandStr);
        switch (stationInfo.getStationWelfares().length){
            case 0:
                stationWelfare1.setVisibility(View.GONE);
                stationWelfare2.setVisibility(View.GONE);
                stationWelfare3.setVisibility(View.GONE);
                stationWelfare4.setVisibility(View.GONE);
            case 1:
              stationWelfare1.setText(stationInfo.getStationWelfares()[0]);
              stationWelfare2.setVisibility(View.GONE);
              stationWelfare3.setVisibility(View.GONE);
              stationWelfare4.setVisibility(View.GONE);
              break;
            case 2:
              stationWelfare1.setText(stationInfo.getStationWelfares()[0]);
```

```
                stationWelfare2.setText(stationInfo.getStationWelfares()[1]);
                stationWelfare3.setVisibility(View.GONE);
                stationWelfare4.setVisibility(View.GONE);
                break;
            case 3:
                stationWelfare1.setText(stationInfo.getStationWelfares()[0]);
                stationWelfare2.setText(stationInfo.getStationWelfares()[1]);
                stationWelfare3.setText(stationInfo.getStationWelfares()[2]);
                stationWelfare4.setVisibility(View.GONE);
                break;
            default:
                stationWelfare1.setText(stationInfo.getStationWelfares()[0]);
                stationWelfare2.setText(stationInfo.getStationWelfares()[1]);
                stationWelfare3.setText(stationInfo.getStationWelfares()[2]);
                stationWelfare4.setText(stationInfo.getStationWelfares()[3]);
                break;
        }
        return view;
    }
}
```

StationInfoAdapter 重写了父类的一组构造函数，用于将上下文、ListView 子项布局的 id 和数据传递进来。另外又重写了 getView 方法，这个方法在每个子项被滚动到屏幕内的时候会被调用。数据适配器的主要功能都是在该方法中完成的，故在其中需要完成三件事情：查找到布局文件；获取到当前需要显示的数据；将数据填充到布局文件相应的控件中去。

(1) 查找布局。这里继续使用 LayoutInflater 对象。在对自定义控件进行介绍时已经说明过，相信大家已经熟悉了，LayoutInflater 的 inflate 方法接收 3 个参数，前两个参数我们已经知道是什么意思了，第三个参数指定成 false，表示只让我们在父布局中声明的 layout 属性生效，但不为这个 View 添加父布局，因为一旦 View 有了父布局之后，它就不能再添加到 ListView 中了。如果你现在还不能理解这段话的含义也没关系，只需要知道这是 ListView 中的标准写法就可以了，当你以后对 View 理解得更加深刻的时候，再来读这段话就没有问题了。

(2) 查找数据。我们知道所有数据均放在参数 stationInfoList 中，而 getView 方法中的第一参数就是需要显示数据的位置，故直接使用 get 方法，传入位置参数即可获得相应的数据了。

(3) 数据填充。这里要做的是将数据相关的属性值填充到相应的布局控件中去，所以接下来调用 View 的 findViewById 方法获得视图中所有的 TextView 控件，然后调用 setText 方法完成数据的填充。这里的岗位福利和岗位要求因为均是以数组的形式存储的，所以在填充数据的时候做了一些额外的处理。如岗位要求，我们通过 for 循环将它们进行拼接；对于岗位福利，页面上提供了 4 个 TextView 显示，而真实情况是有些岗位不止 4 项福利，而有些岗位又没有 4 项福利，这时候就需要对 TextView 做不可见的处理了，我们采用

switch 分支结构实现该功能。最后将布局返回，这样我们自定义的适配器就完成了。

最后需要提醒大家的是，我们还重写了 getCount 方法，该方法用于说明需要显示多少条数据，即需要执行多少次 getView 方法，如果不重写，默认返回 0，则不会调用 getView 方法，即不会完成数据的显示。

下面修改 StationListActivity 中的代码，如下所示：

```
public class StationListActivity extends AppCompatActivity {
    private List<StationInfo> stationInfos = new ArrayList<>();
    private StationInfoAdapter stationInfoAdapter;
    private ListView stationLv;
    @Override
    protected void onCreate(Bundle savedInstanceState) {
        super.onCreate(savedInstanceState);
        setContentView(R.layout.activity_station_list);
        stationLv = findViewById(R.id.station_list);
        for (int i = 20;i>0;i--){
            StationInfo stationInfo = new StationInfo();
            stationInfo.setStationTitle("巢湖学院直招" + i);
            stationInfo.setPublicDate("2019-4-15");
            stationInfo.setPayRang(i * 3 + "000 - " + i * 4 + "500");
            stationInfo.setRecruitCount(i * 3);
            stationInfo.setEvaluteCount(i);
            stationInfo.setEntriedCount(i * 2);
            if(i%2 == 0){
                String[] demands = {"本科","男","20～40 岁"};
                String[] welfares = {"五险","厂车","食宿"};
                stationInfo.setStationWelfares(welfares);
                stationInfo.setStationDemands(demands);
            }else{
                String[] demands = {"研究生","女","25～45 岁"};
                String[] welfares = {"五险一金","车补","食宿","年底奖金"};
                stationInfo.setStationWelfares(welfares);
                stationInfo.setStationDemands(demands);
            }
            stationInfos.add(stationInfo);
        }
        stationInfoAdapter = new StationInfoAdapter(
StationListActivity.this,R.layout.station_item,stationInfos);
        stationLv.setAdapter(stationInfoAdapter);
    }
}
```

这里和之前 StationListActivity 的代码类似，但做了以下变化：首先将 List<String> 变成了 List<StationInfo>，因为我们需要显示的就是 StationInfo 数据；接着我们在 onCreate 方法中通过循环创建了 20 条数据存放在 StationInfos 中；另外将之前的 ArrayAdapter 替换成我们刚才创建的 StationInfoAdapter。其他未做修改。

重新运行程序，效果如图 5.3 所示。

图 5.3　ListView 自定义布局案例效果

虽然目前我们定制的界面还很简单，但是相信聪明的你已经领悟到了诀窍，只要添加并修改 station_item.xml 中的内容，就可以定制出其他复杂的界面了。

5.1.3　ListView 的优化

之所以说 ListView 这个控件很难用，是因为它有很多细节可以优化，其中运行效率就是很重要的一点。目前我们的 ListView 的运行效率是很低的：

(1) getView 方法中，每显示一条数据，都要将布局重新加载一遍。

(2) getView 方法中，每显示一条数据，都要重新查找一次布局中的控件。

在数据量较少且用户滑动不频繁的时候，以上这两点我们不会察觉有何不妥，但是当 ListView 快速滚动的时候，这就会成为性能的瓶颈。

仔细观察会发现，getView 方法中还有一个 convertView 参数，这个参数用于缓存之前加载好的布局，以便之后进行重用。修改 StationAdapter 中 getView()的代码，如下所示：

```
public View getView(int position, View convertView, ViewGroup parent) {
    //查找布局
    View view;
    if(convertView = = null){
        view = LayoutInflater.from(mContext).inflate(resoureId, parent, false);
    }else{
        view = convertView;
    }
    ……
    return view;
}
```

可以看到，现在我们在 getView 方法中进行了判断，如果 convertView 为 null，则使用 Layoutlnflater 去加载布局，如果不为 null，则直接对 convertView 进行重用。这样就大大提高了 ListView 的运行效率，在快速滚动的时候也可以表现出很好的性能。

接着我们来优化第二个问题。参考第一次优化的思路，可将控件第一次通过 findViewById 方法查找到之后就缓存起来，等待下次用的时候再取出来，现在的问题是：怎么存？存在哪？别急，我们可以借助一个 ViewHolder 来装载控件，并通过 View 的 setTage 方法将控件一次性全部存在 View 中。修改 StationAdapter 中的代码，如下所示：

```
public class StationInfoAdapter extends BaseAdapter {
    ……
    @Override
    public View getView(int position, View convertView, ViewGroup parent) {
        View view = null;
        ViewHolder viewHolder;
        StationInfo stationInfo = stationInfoList.get(position);
        if (convertView = = null) {
            /* 加载布局 */
            view = LayoutInflater.from(mContext).inflate(resoureId, parent, false);
            viewHolder = new ViewHolder();
            viewHolder.stationName = view.findViewById(R.id.station_list_item
_name);
            ……
        view.setTag(viewHolder);
        } else {
            view = convertView;
            viewHolder = (ViewHolder) view.getTag();
        }
        viewHolder.stationName.setText(stationInfo.getStationTitle());
```

```
        ……
return view;
}
    private class ViewHolder {
        public TextView stationName;
        public TextView stationPublicDate;
        public TextView stationPayrang;
        public TextView stationCount;
        public TextView stationDemand;
        public TextView interviewEntryCount;
        public TextView interviewEvaluteCount;
        public TextView stationWelfare1;
        public TextView stationWelfare2;
        public TextView stationWelfare3;
        public TextView stationWelfare4;
    }
}
```

上面我们新增了一个内部类 ViewHolder，用于对控件的实例进行缓存。当 convertView 为 null 的时候，创建一个 ViewHolder 对象，并将控件的实例都存放在 ViewHolder 里，然后调用 View 的 setTag 方法，将 ViewHolder 对象存储在 View 中。当 convertView 不为 null 的时候，则调用 View 的 getTag 方法，把 ViewHolder 重新取出。这样所有控件的实例都缓存在了 ViewHolder 中，就没有必要每次都通过 findViewByld 方法来获取控件实例了。

通过这两步优化之后，我们的 ListView 的运行效率会大大提高。

5.1.4 ListView Item 的点击事件

话说回来，ListView 的滚动毕竟只是满足了我们视觉上的要求，可是如果 ListView 中的子项不能点击的话，这个控件就没有什么实际的用途了。因此，本小节我们就来学习一下 ListView 如何才能响应用户的点击事件。

修改 StationListActivity 中的代码，如下所示：

```
public class StationListActivity extends AppCompatActivity {
    ……
    @Override
    protected void onCreate(Bundle savedInstanceState) {
        super.onCreate(savedInstanceState);
        ……
        stationLv.setOnItemClickListener(newAdapterView.OnItemClickListener(){
        @Override
            public void onItemClick(AdapterView<?> adapterView, View
```

```
view,int i,long l) {
                    Toast.makeText(StationListActivity.this,"第" + (stationInfos.size()
- i) + "条数据",Toast.LENGTH_LONG).show();
            }
            });
        }
    }
```

上面的代码中,我们使用 setOnItemClickListener 方法为 ListView 注册了一个监听器,当用户点击了 ListView 中的任何一个子项时,就会回调 onItemClick 方法。这个方法可以通过参数 i 判断出用户点击的是哪一个子项,并通过 Toast 将当前数据的位置显示出来。

重新运行程序,并点击一下第 19 条数据,效果如图 5.4 所示。

图 5.4　ListView 点击事件案例效果

5.2 对话框控件的使用

5.2.1 使用 AlertDialog 创建对话框

AlertDialog 可以在当前的界面中弹出一个对话框,这个对话框置于所有界面元素之上,能够屏蔽掉其他控件的交互能力,因此 AlertDialog 一般都是应用于提示一些非常重要的内容或者警告信息,比如为了防止用户误删重要内容,在删除前弹出一个确认对话框。AlertDialog 创建对话框的方式有六种,以下为创建对话框的基本步骤:

(1) 创建 AlertDialog. Builder 对象。

(2) 调用 Builder 对象的 setTitle 方法设置标题,调用 setIcon 方法设置图标。

(3) 调用 Builder 相关方法如 setMessage 方法、setItems 方法、setSingleChoiceItems 方法、setMultiChoiceItems 方法、setAdapter 方法、setView 方法设置不同类型的对话框内容。

(4) 调用 setPositiveButton、setNegativeButton、setNeutralButton 设置多个按钮。

(5) 调用 Builder 对象的 create 方法创建 AlertDialog 对象。

(6) 调用 AlertDialog 对象的 show 方法将对话框显示出来。

考虑衔接问题,这里创建一个新的 Android 项目对这六种方式进行说明。修改 activity_main. xml 代码如下:

```
<?xml version="1.0" encoding="utf-8"?>
<LinearLayout xmlns:android="http://schemas.android.com/apk/res/android"
    android:layout_width="match_parent"
    android:layout_height="match_parent"
    android:orientation="vertical">
    <Button
        android:id="@+id/common_dialog"
        android:layout_width="match_parent"
        android:layout_height="wrap_content"
        android:text="创建普通对话框"/>
    <Button
        android:id="@+id/list_dialog"
        android:layout_width="match_parent"
        android:layout_height="wrap_content"
        android:text="创建普通列表对话框"/>
    <Button
        android:id="@+id/single_list_dialog"
        android:layout_width="match_parent"
        android:layout_height="wrap_content"
```

```
        android:text="创建单选项列表对话框"/>
    <Button
        android:id="@+id//check_list_dialog"
        android:layout_width="match_parent"
        android:layout_height="wrap_content"
        android:text="创建复选项列表对话框"/>
    <Button
        android:id="@+id/adapter_list_dialog"
        android:layout_width="match_parent"
        android:layout_height="wrap_content"
        android:text="使用数据适配器创建列表对话框"/>
    <Button
        android:id="@+id/custom_dialog"
        android:layout_width="match_parent"
        android:layout_height="wrap_content"
        android:text="创建自定义对话框"/>
</LinearLayout>
```

接着打开 MainActivity.java 为 6 个按钮分别添加点击事件：

```
public class MainActivity extends AppCompatActivity implements
View.OnClickListener {
private Button commonDialog;
    private Button listDialog;
    private Button singleListDialog;
    private Button checkListDialog;
    private Button adapterListDialog;
    private Button customDialog;
    @Override
    protected void onCreate(Bundle savedInstanceState){
        super.onCreate(savedInstanceState);
        setContentView(R.layout.activity_main);
        commonDialog=findViewById(R.id.common_dialog);
        listDialog=findViewById(R.id.list_dialog);
        singleListDialog=findViewById(R.id.single_list_dialog);
        checkListDialog=findViewById(R.id.check_list_dialog);
        adapterListDialog=findViewById(R.id.adapter_list_dialog);
        customDialog=findViewById(R.id.custom_dialog);

        commonDialog.setOnClickListener(this);
        listDialog.setOnClickListener(this);
        singleListDialog.setOnClickListener(this);
```

```
        checkListDialog.setOnClickListener(this);
        adapterListDialog.setOnClickListener(this);
        customDialog.setOnClickListener(this);
    }
    @Override
    public void onClick(View view) {
        AlertDialog.Builder builder = new AlertDialog.Builder(this);
        switch (view.getId()){
            case R.id.common_dialog:
                break;
            case R.id.list_dialog:
                break;
            case R.id.single_list_dialog:
                break;
            case R.id.check_list_dialog:
                break;
            case R.id.adapter_list_dialog:
                break;
            case R.id.custom_dialog:
                break;
        }
        builder.create();
        builder.show();
    }
}
```

此处代码很简单，查找到相应的按钮之后分别给它们注册点击事件，并在回调函数中通过 switch 分支为各按钮添加点击逻辑，需要和大家详细说明的是 switch 分支前后的三句代码。

AlertDialog 采用了 Builder 设计模式，把对话框的构建和表示分离开来，使得同样的构建过程可以创建不同的表示。AlertDialog 的构建是在 Builder.create 方法中进行的，而视图初始化和显示则是在 Builder.show 方法中。使用自定义 AlertDialog 时需要注意一点：只有调用 Builder.show 方法之后，才能获取布局中的 View 并进行初始化。

所以在使用 AlertDialog 之前，我们首先需要创建 Builder 对象，接着通过 Builder 对象完成一些对话框的配置工作，最后分别调用 builder 对象的 create()和 show()完成 AlertDialog 的创建和视图展示。

接下来我们来完成一些 AlertDialog 的配置逻辑吧。首先我们为 switch 的第一个分支添加逻辑，用于创建一个普通的对话框：

```
builder.setTitle("普通对话框")
        .setIcon(R.mipmap.ic_launcher)
        .setMessage("本书的描述方式你可以接受吗")
```

```
        .setPositiveButton("挺好的",new DialogInterface.OnClickListener() {
            @Override
            public void onClick(DialogInterface dialog,int which) {
                Toast.makeText(MainActivity.this,"感谢您的肯定",Toast.
LENGTH_LONG).show();
            }
        })
        .setNegativeButton("太差了",new DialogInterface.OnClickListener() {
            @Override
            public void onClick(DialogInterface dialog,int which) {
                Toast.makeText(MainActivity.this,"我们尽快做出调整",Toast.
LENGTH_LONG) .show();
            }
        })
        .setNeutralButton("一般般",new DialogInterface.OnClickListener() {
            @Override
            public void onClick(DialogInterface dialog,int which) {
                Toast.makeText(MainActivity.this,"欢迎提出建议",Toast.
LENGTH_LONG).show();
        }
    });
```

上面的代码也很好理解,无非是通过 set *** 方法完成对对话框的配置。其中 setTitle()用于设置对话框的标题;setIcon()是为对话框提供图标;setMessage()主要用于设置对话框的提醒内容;另外三个设置方法 setNegativeButton()、setNegativeButton()和 setNeutralButton()用于提供供用户选择的选项按钮(可以根据需要设置一个、两个或者三个),依次表示肯定、否定和中间级别的选项,当用户点击相应的按钮时,会执行对应的逻辑。和普通按钮的点击事件不同,这里注册的点击事件是 DialogInterface 接口中的 OnClickListener,而普通 Button 按钮注册点击事件用的是 view.View 中的 OnClickListener。但是不管是哪一种,都需要重写回调函数 onClick(),这里我们只是简单地调用 Toast 弹出一个提醒框。

运行程序,进入主页,接着点击第一个按钮,弹出普通对话框,这里大家可以看看相关设置在对话框中的显示位置,加深一下印象,接着可以点击下面的三个选项,查看运行后的效果,如图 5.5 所示。

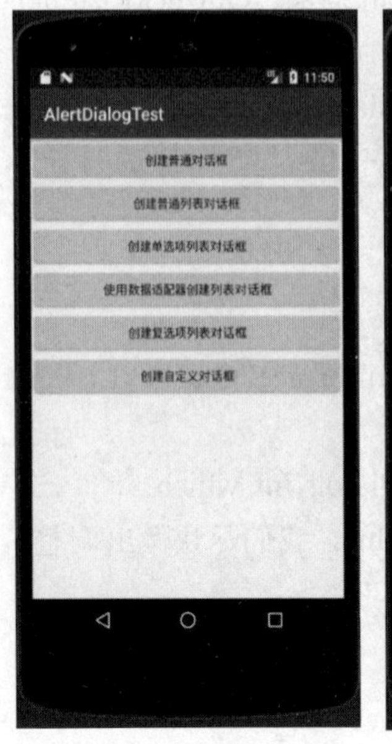

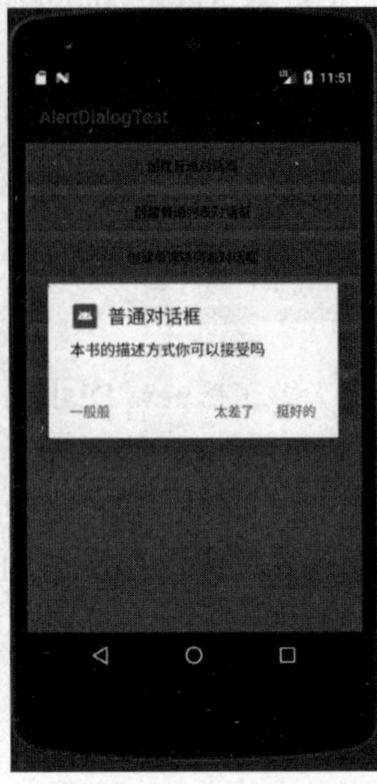

图 5.5 普通对话框运行效果

接着我们给第二个按钮添加点击事件。这里我们的目标是创建一个普通的列表控件,代码如下:

```
final String[] authors = {"徐鑫鑫","苗萌","刘波","吴其林","刘备森"};builder.setTitle("本书参编人员")
        .setIcon(R.mipmap.ic_launcher)
        .setItems(authors,new DialogInterface.OnClickListener() {
            @Override
            public void onClick(DialogInterface dialogInterface,int i) {
                Toast.makeText(MainActivity.this,authors[i] + "很不错",
                        Toast.LENGTH_SHORT).show();
            }
        });
```

这里我们首先定义了一个需要在对话框中显示的字符串数组,然后调用 Builder 对象的 setItems 方法将数据填充到对话框中,这里 setItems 的第二个参数同样是一个 DialogInterface 的点击监听器。在回调函数 onClick 方法中,使用 Toast 将用户点击的数据显示出来,这里 onClick 方法的第二个参数就是用户当前点击 item 的索引号。

重新运行代码,查看运行效果,如图 5.6 所示。

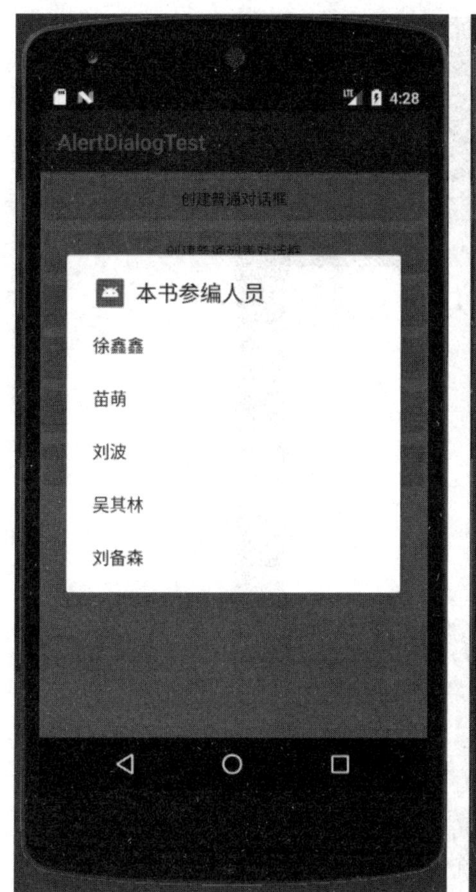

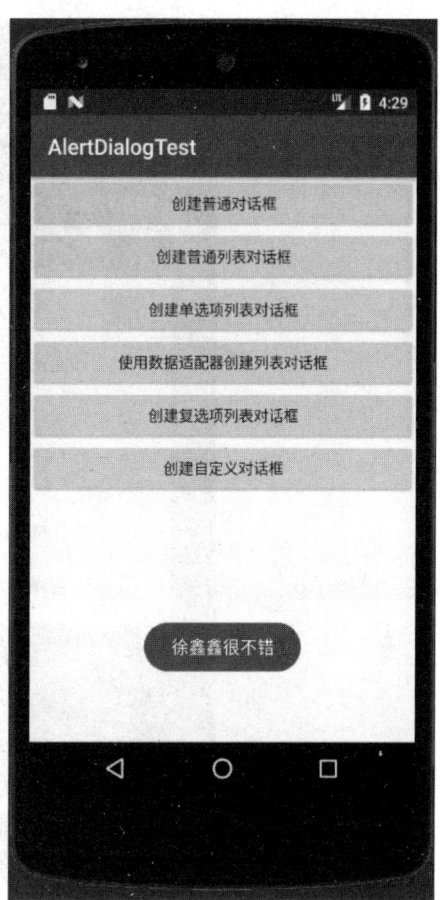

图 5.6　普通列表对话框运行效果

在第三个按钮的点击事件中，我们使用 Builder 对象的 setSingleChoiceItems 方法创建一个单选的列表对话框，代码如下：

```
.setSingleChoiceItems(authors,0,new DialogInterface.OnClickListener() {
    @Override
    public void onClick(DialogInterface dialogInterface,int i) {
            Toast.makeText(MainActivity.this, authors[i] + "很不错", Toast.
LENGTH_SHORT).show();
    }
});
```

这里只是将普通列表对话框中的 setItems 方法替换成了 setSingleChoiceItems 方法，该函数有三个参数需要传递，其中第一个和第三个和普通列表控件相同，第二个参数为 int 类型，表示设置默认的选中项，这里默认将第一条数据作为选中项。

运行程序，点击第三个按钮，查看运行效果，如图 5.7 所示。

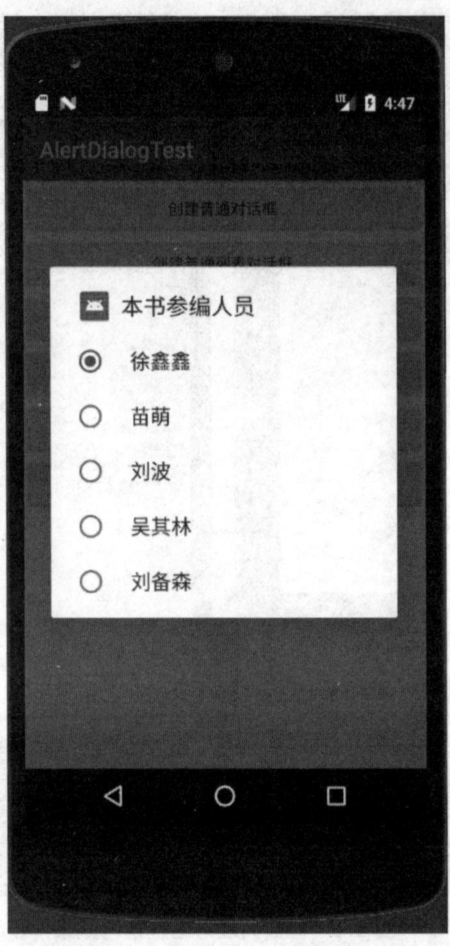

图 5.7 单选列表对话框运行效果

接下来我们再来看看复选列表对话框如何实现吧。相信大家应该可以猜到，肯定也是替换 setItem 方法，那么应该替换成什么呢？别急，看下面的代码：

```
.setMultiChoiceItems(authors,new boolean[]{true,true,false,false,false},
new DialogInterface.OnMultiChoiceClickListener() {
    @Override
    public void onClick(DialogInterface dialogInterface,int i,boolean b) {
        if(b){
                Toast.makeText(MainActivity.this,authors[i] + "很不错",Toast.
LENGTH_SHORT).show();
        }
    }
});
```

对，我们采用 setMultiChoiceItems()为对话框创建一个复选列表。可以想象，复选框可以同时选中多项，故其默认项目也能设置为多项，所以 setMultiChoiceItems()函数的第二个参数与 setSingleChoiceItems 方法不同，它需要传入的是一个 boolean 类型的数组。另外第三个参数和 setSingleChoiceItems 方法也不同，它需要传入的是一个 OnMultiChoiceClick-

Listener 监听器，该监听器的回调函数，除了对话框本身和当前选中项的索引以外，还有第三个参数，该参数表明用户是否选中当前项。在该方法中，我们仅针对用户选中的项弹出提醒。

运行程序，点击第四个按钮，查看运行效果，如图 5.8 所示。

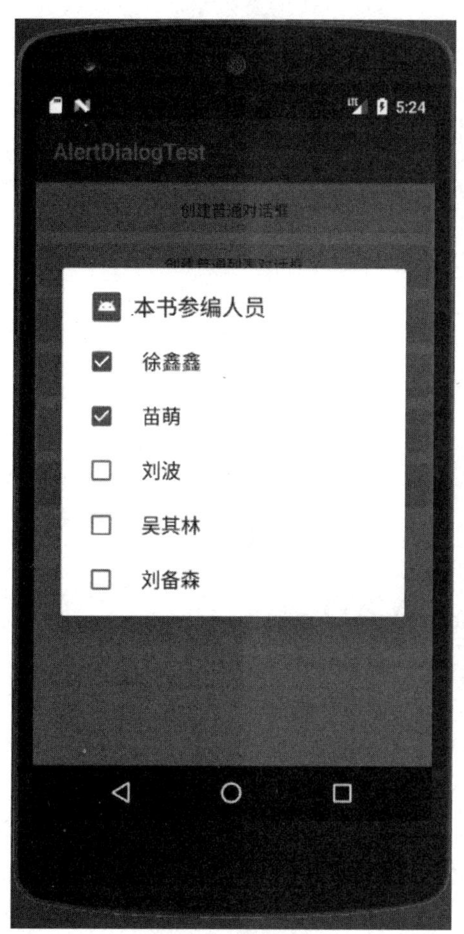

图 5.8　复选列表对话框运行效果

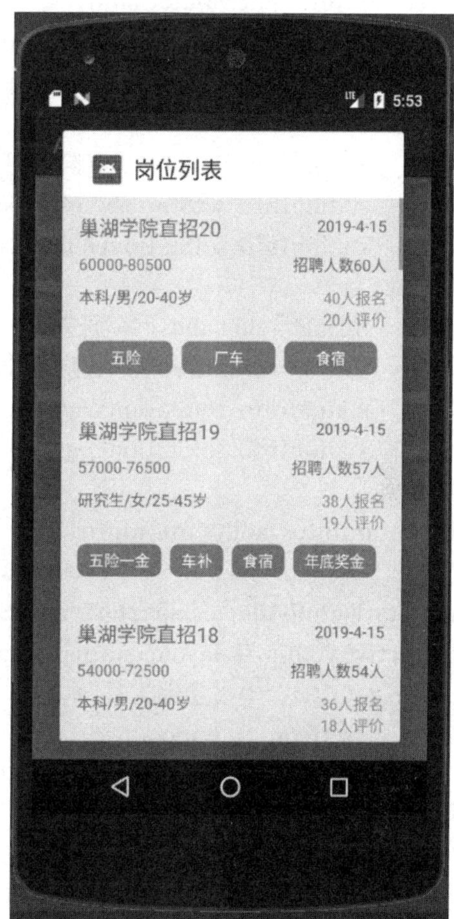

图 5.9　自定义布局的列表对话框运行效果

相信介绍到这里，大家对对话框 AlertDialog 的使用已经熟悉了，但是这里还有两个问题：

- 如果列表对话框中需要显示的是一个自定义布局的 Item，怎么办？
- 对于普通对话框中需要显示的自定义布局，又该怎么办？

首先我们来看看第一个需求。为了帮助大家理解，我们使用上文 ListView 的例子进行介绍，将上节中的 StationInfo.java 和 StationInfoAdapter.java 复制进本项目 src 文件夹下的 java 包内，同时将上节中的 station_item.xml 文件和 txt_shape_pressed.xml 文件分别复制进 layout 和 drawable 文件夹下。

接着我们完善第五个按钮的点击事件，代码如下：

```
final List<StationInfo> stationInfos = new ArrayList<>();
for (int i = 20;i>0;i--){
    StationInfo stationInfo = new StationInfo();
```

```
        stationInfo.setStationTitle("巢湖学院直招" + i);
        stationInfo.setPublicDate("2019-4-15");
        stationInfo.setPayRang(i * 3 + "000 - " + i * 4 + "500");
        stationInfo.setRecruitCount(i * 3);
        stationInfo.setEvaluteCount(i);
        stationInfo.setEntriedCount(i * 2);
        if(i%2 = = 0){
            String[] demands = {"本科","男","20～40 岁"};
            String[] welfares = {"五险","厂车","食宿"};
            stationInfo.setStationWelfares(welfares);
            stationInfo.setStationDemands(demands);
        }else{
            String[] demands = {"研究生","女","25～45 岁"};
            String[] welfares = {"五险一金","车补","食宿","年底奖金"};
            stationInfo.setStationWelfares(welfares);
            stationInfo.setStationDemands(demands);
        }
        stationInfos.add(stationInfo);
    }
    final StationInfoAdapter adapter = new StationInfoAdapter(
    MainActivity.this,R.layout.station_item,stationInfos);
    builder.setTitle("本书参编人员")
            .setIcon(R.mipmap.ic_launcher)
            .setAdapter(adapter,new DialogInterface.OnClickListener() {
                @Override
                public void onClick(DialogInterface dialogInterface,int i) {
                        Toast.makeText(MainActivity.this,stationInfos.get(i).getSta-
tionTitle(),Toast.LENGTH_SHORT).show();
                }
        });
```

这里我们声明了 stationInfos 和 adpater 两个变量，接着使用 for 循环为 stationInfos 集合添加 20 条数据，同时创建了 StationInfoAdapter 对象，这里的初始化操作和 ListView 案例相同，故不做多余介绍。再来看看 Builder 对象的 setApater 方法，该方法需要传递两个参数，第一个参数即根据我们需要传入的数据适配器，这里我们传入的是 StationInfoAdapter，第二个参数和之前相同，是一个点击监听器，用于判断用户选中的 item，并做相应的处理。

运行程序，点击第五个按钮，运行效果如图 5.9 所示。

接着我们来看看第二个需求：如何在普通的对话框中使用自己的布局。右键单击 layout 文件夹，创建 login_item.xml，修改代码如下：

```
<? xml version = "1.0" encoding = "utf-8"? >
<TableLayout xmlns:android = "http://schemas.android.com/apk/res/android"
```

```
    android:layout_width="match_parent"
    android:layout_height="wrap_content"
    android:orientation="vertical"
    android:stretchColumns="1"
    android:gravity="center">
    <TableRow>
        <TextView
            android:layout_width="wrap_content"
            android:layout_height="wrap_content"
            android:text="用户名"
            android:textSize="20sp"/>
        <EditText
            android:layout_width="wrap_content"
            android:layout_height="wrap_content"
            android:hint="电话号码"/>
    </TableRow>
    <TableRow>
        <TextView
            android:layout_width="wrap_content"
            android:layout_height="wrap_content"
            android:text="密码"
            android:textSize="20sp"/>
        <EditText
            android:layout_width="wrap_content"
            android:layout_height="wrap_content"
            android:inputType="textPassword"/>
    </TableRow>
</TableLayout>
```

这里我们使用 TableLayout 创建了一个登录页面，代码内容比较简单，所以这里不做详细说明。我们接着完善第六个按钮的点击事件，代码如下：

```
// 获取布局
View dialog_view = View.inflate(MainActivity.this,
R.layout.dialog_login_item, null);
// 获取布局中的控件
final EditText username = (EditText) dialog_view.findViewById(R.id.username);
final EditText password = (EditText) dialog_view.findViewById(R.id.password);
final Button button = (Button) dialog_view.findViewById(R.id.submit);
// 设置参数
builder.setTitle("登录").setIcon(R.mipmap.ic_launcher)
.setView(dialog_view);
button.setOnClickListener(new View.OnClickListener() {
```

```
        @Override
        public void onClick(View v) {
            String uname = username.getText().toString().trim();
            String psd = password.getText().toString().trim();
            if (uname.equals("zfang") && psd.equals("123456")) {
                    Toast.makeText(MainActivity.this,"登录成功",Toast.LENGTH_
LONG).show();}else{
                    Toast.makeText(MainActivity.this,"登录失败",Toast.LENGTH_
LONG).show();
            }
        }
    });
```

这里我们首先通过 View 的 inflate 方法加载自定义的布局文件,该方法的三个参数与 LayoutInflater 的 inflate()参数含义相同。接着调用 View 的 findViewById()查找到对应的视图的相关控件。然后我们调用 builder 的 setView 方法将我们自定义的布局添加到对话框中,这样我们就完成了自定义布局的对话框功能。为了让大家明白如何在自定义对话框中完成用户交互的逻辑,我们为布局中的按钮添加了点击事件,并在该点击事件的回调函数中完成了登录逻辑。

运行程序,分别输入正确和错误的两种登录信息,查看运行效果,如图 5.10 所示。

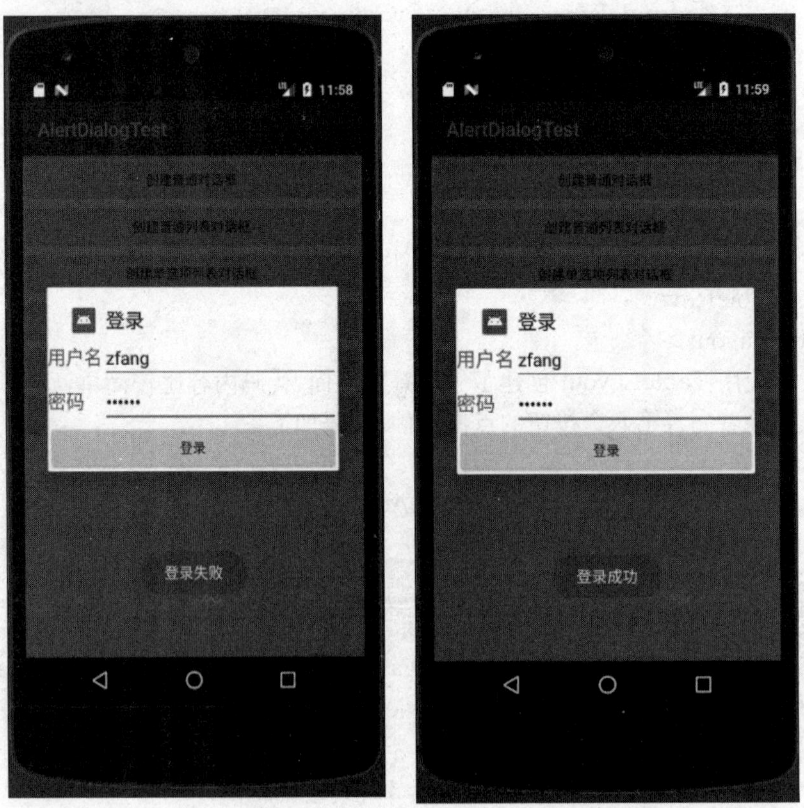

图 5.10 自定义布局对话框运行效果

5.2.2　弹框控件 PopupWindow

AlertDialog 和 PoPupWindow 均能实现弹出对话框的功能，它们最关键的区别是 AlertDialog 不能指定显示位置，只能默认显示在屏幕最中间（可以通过设置 WindowManager 参数来改变位置）；而 PopupWindow 是可以指定显示位置的，任意哪个位置都可以，更加灵活。

PoPupWindow 控件有以下 4 个构造函数：

```
public PopupWindow (Context context)
public PopupWindow(View contentView)
public PopupWindow(View contentView,int width,int height)
public PopupWindow(View contentView,int width,int height,boolean focusable)
```

需要注意的是，这里虽然提供了四个构造函数，但要生成一个 PopupWindow，最基本的三个条件是一定要设置的：View contentView，int width，int height，缺少任何一个都不能弹出来 PopupWindow！所以，如果想通过第一个构造函数创建 PopupWindow，那完整的构造代码应该是这样的：

```
View contentView = LayoutInflater.from(MainActivity.this).
inflate(R.layout.popuplayout,null);
PopupWindow popWnd = PopupWindow (context);
popWnd.setContentView(contentView);
popWnd.setWidth(ViewGroup.LayoutParams.WRAP_CONTENT);
popWnd.setHeight(ViewGroup.LayoutParams.WRAP_CONTENT);
```

关于为什么一定要设置 width 和 height 的原因，我们后面会讲，现在主要看一下这里是如何动态设置 PopupWindow 控件的高和宽的：直接为 setWidth 方法传入一个 LayoutParams 对象中的 WRAP_CONTENT 常量值。

LayoutParams 继承于 Android.View.ViewGroup.LayoutParams，相当于一个 Layout 的信息包，它封装了 Layout 的位置、高、宽等信息。假设在屏幕上一块区域是由一个 Layout 占领的，如果将一个 View 添加到一个 Layout 中，最好告诉 Layout 用户期望的布局方式，也就是将一个认可的 layoutParams 传递进去。ViewGroup.LayoutParams 类只能简单地设置高 height 以及宽 width 两个基本的属性，宽和高都可以设置成三种值：

（1）一个确定的值。

（2）MATCH_PARENT。

（3）WRAP_CONTENT。

接着说一下为什么要强制设置 contentView。很简单，因为 PopupWindow 没有默认布局，它不像 AlertDialog 那样只需要一个 setTitle，就能弹出来一个框，它的布局只有通过我们自己设置才行。由于第三个构造函数中含有了这三个必备条件，不用单独设置 contentview 或者 width、height，所以构造方法三是用得最多的一个构造方法。方法四中的 focusable 变量不是必须的，表示 PopupWindow 是否具有获取焦点的能力，默认为 False，一般来讲是没有用的，因为普通的控件是不需要获取焦点的。

看完构造函数，我们再来看看几个显示函数：

showAsDropDown(View anchor)

showAsDropDown(View anchor,int xoff,int yoff)

showAtLocation(View parent,int gravity,int x,int y)

这里有两种显示方式:

(1) 显示在某个指定控件的下方。

showAsDropDown(View anchor):相对某个控件的位置(正左下方),无偏移。

showAsDropDown(View anchor,int xoff,int yoff):相对某个控件的位置,有偏移。xoff 表示相对 X 轴的偏移,正值表示向左,负值表示向右;yoff 表示相对 Y 轴的偏移,正值是向下,负值是向上。

(2) 指定父视图显示。

showAtLocation(View parent,int gravity,int x,int y):相对于父控件的位置(例如正中央 Gravity.CENTER、下方 Gravity.BOTTOM 等),可以设置偏移或无偏移。

除了构造函数和显示函数,PopupWindow 还为我们提供了其他的一些函数,下面我们就来看看这些函数:

```
public void dismiss()
public void setFocusable(boolean focusable)
public void setTouchable(boolean touchable)
public void setOutsideTouchable(boolean touchable)
public void setBackgroundDrawable(Drawable background)
```

这几个函数里,dismiss()用于不需要的时候将窗体隐藏,其他几个函数的含义,我们在使用的时候再做详细说明。

好了,废话不多说了,接下来我们通过一个简单的例子来看一下。创建一个 Android 项目,修改默认布局 activity_main.xml,代码如下:

```
<?xml version="1.0" encoding="utf-8"?>
<LinearLayout xmlns:android="http://schemas.android.com/apk/res/android"
    android:layout_width="match_parent"
    android:layout_height="match_parent"
    android:orientation="vertical">
    <Button
        android:id="@+id/btn"
        android:layout_width="match_parent"
        android:layout_height="wrap_content"
        android:text="弹出 popWindow"/>
</LinearLayout>
```

在前面的介绍中,我们提到了,必须为 PopupWindow 设置布局,接下来我们就创建一个布局文件 popuwidoew_item.xml,并修改代码如下:

```
<?xml version="1.0" encoding="utf-8"?>
<LinearLayout
    xmlns:android="http://schemas.android.com/apk/res/android"
    android:layout_width="match_parent"
```

```
    android:layout_height = "wrap_content"
    android:background = "#ffffff"
    android:orientation = "vertical"
    android:paddingBottom = "2dp">
    <TextView
        android:id = "@ + id/pop_layout"
        android:layout_width = "match_parent"
        android:layout_height = "wrap_content"
        android:text = "UI 布局控件"
        android:gravity = "center"/>
    <TextView
        android:id = "@ + id/pop_simple"
        android:layout_width = "match_parent"
        android:layout_height = "wrap_content"
        android:text = "UI 基本控件"
        android:gravity = "center"/>
    <TextView
        android:id = "@ + id/pop_complex"
        android:layout_width = "match_parent"
        android:layout_height = "wrap_content"
        android:text = "UI 复杂控件"
        android:gravity = "center"/>
</LinearLayout>
```

这里的布局很简单，只是在线性布局中添加了三个 TextView 而已。随后我们打开 MainActivity.java，完整代码如下：

```
public class MainActivity extends AppCompatActivity implements
View.OnClickListener {
private PopupWindow mPopWindow;
    @Override
    public void onCreate(Bundle savedInstanceState) {
        super.onCreate(savedInstanceState);
        setContentView(R.layout.activity_main);
        Button btn = (Button) findViewById(R.id.btn);
        btn.setOnClickListener(new View.OnClickListener() {
            @Override
            public void onClick(View v) {
                showPopupWindow();
            }
        });
    }
```

```
    private void showPopupWindow() {
        //设置 contentView
        View contentView = LayoutInflater.from(MainActivity.this)
  .inflate(R.layout.popuwidoew_item,null);
    mPopWindow = new PopupWindow(contentView,
  ViewGroup.LayoutParams.WRAP_CONTENT,
  ViewGroup.LayoutParams.WRAP_CONTENT,true);
    mPopWindow.setContentView(contentView);
        //设置各个控件的点击响应
        TextView tv1 = (TextView)contentView.findViewById(R.id.pop_layout);
        TextView tv2 = (TextView)contentView.findViewById(R.id.pop_simple);
        TextView tv3 = (TextView)contentView.findViewById(R.id.pop_complex);
        tv1.setOnClickListener(this);
        tv2.setOnClickListener(this);
        tv3.setOnClickListener(this);
        //显示 PopupWindow
        View rootview = LayoutInflater.from(MainActivity.this).
  inflate(R.layout.activity_main,null);
  mPopWindow.showAtLocation(rootview,Gravity.BOTTOM,0,0);
    }
    @Override
    public void onClick(View v) {
        int id = v.getId();
        switch (id){
            case R.id.pop_layout:{
                Toast.makeText(this,"clicked UI 布局控件",Toast.LENGTH_
SHORT).show();
            mPopWindow.dismiss();
            }
            break;
            case R.id.pop_simple:{
                Toast.makeText(this,"clicked UI 基本控件",Toast.LENGTH_
SHORT).show();
            mPopWindow.dismiss();
            }
            break;
            case R.id.pop_complex:{
                Toast.makeText(this,"clicked UI 复杂控件",Toast.LENGTH_
SHORT).show();
            mPopWindow.dismiss();
```

```
            }
            break;
        }
    }
}
```

在 OnCreate()中只设置了一个操作,即为 Button 添加点击事件,并在回调函数 onClick()中调用 showPopupWindow 方法显示窗体。

接着我们就来看看 showPopupWindow 方法,这里同样分为三部分,见上述的代码注释。

第一部分,设置 ContentView。

利用 LayoutInflater 获取 R.layout.popuwidoew_item 对应的 View,然后利用我们上面所讲的构造函数三来生成 mPopWindow。这里要注意一个问题:在这个构造函数里,我们传进去的 width 和 height 全部都是 WRAP_CONTENT,而在 popuwidoew_item.xml 的根布局中,我们定义的 width 和 height 代码是:

layout_width = "match_parent",layout_height = "wrap_content";

这里就有冲突了,显示出来的 popupWindow 是遵从哪个方法的呢?

从下面的效果图图 5.11 来看,明显 PopupWindow 的宽度并没有全屏,显然是按代码中的布局为准。这说明:如果在代码中重新设置了 popupWindow 的宽和高,那就以代码中所设置的为准。

第二部分,设置各个控件的点击响应。

这部分没什么好讲了,就是设置 PopupWindow 中各个控件的点击响应,但一定要注意的是,PopupWindow 中各个控件所在的布局是 contentView,而不是在 Activity 中,如果大家直接使用 findViewById(),肯定会报错,因为 R.id.pop_XXX 这些 id 值在当前 Activtiy 的布局文件中是找不到的,只有在 R.layout.popuwidoew_item 的布局文件中才会有。这就是为什么要在 findViewById(R.id.pop_computer)前指定 contentView 的原因!在实际项目中,很容易遇到像这种需要指定根布局的情况,大家需要注意。

有关响应,也没什么好讲的了,因为我们在类顶部派生了 View.OnClickListener,所以在 OnClick 函数中直接处理即可(在点击不同的 item 时,一边弹出不同的 Toast,一边将 PopupWindow 隐藏掉)。

第三部分,showAtLocation 显示窗体。

showAtLocation 的显示是将 PopupWindow 的实例放在一个父容器中,然后指定显示在父容器中的位置。

这里我们要将 mPopWindow 放在整个屏幕的最底部,所以用 R.layout.activity_main 作为它的父容器,将其显示在 BOTTOM 的位置。

到这里,有关 PopupWindow 的显示及其中控件的响应基本都讲完了,运行程序,查看运行效果,如图 5.11 所示。

除了 showAtLocation 方法外,PopupWindow 还有另外一个 showAsDropDown 方法可以实现类似菜单下拉功能,如它就可以帮助我们实现图 5.1 左侧第一张效果图中的搜索条件下拉框。考虑到篇幅限制,这里还是重新创建一个项目进行说明,但是大家看完之后,一定可以举一反三,实现 JobHunting 项目中的需求。

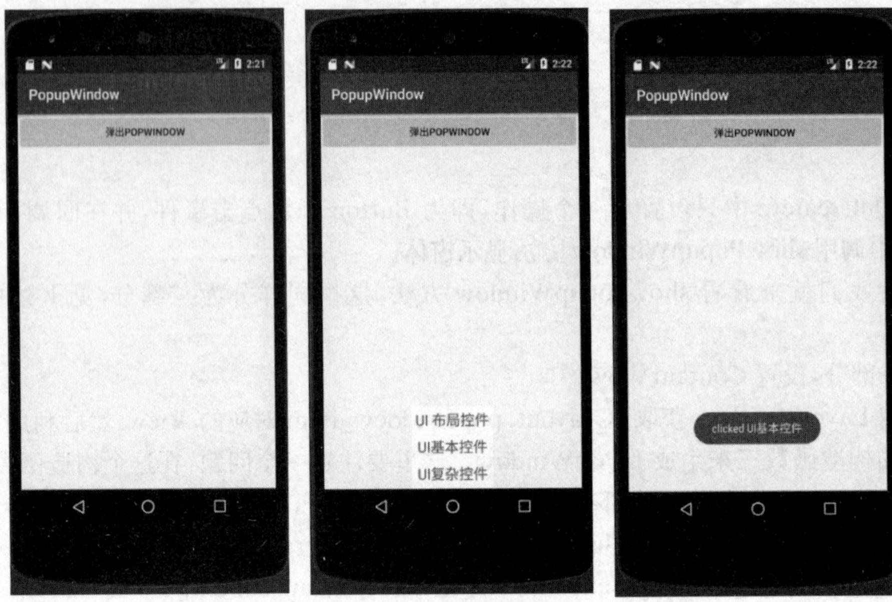

图 5.11 PopupWindow 运行效果

在新项目中,打开默认布局文件 activity_main.xml,做以下修改:

```
<? xml version="1.0" encoding="utf-8"? >
<LinearLayout xmlns:android="http://schemas.android.com/apk/res/android"
    android:orientation="vertical"
    android:layout_width="match_parent"
    android:layout_height="match_parent">
    <RelativeLayout android:layout_width="match_parent"
        android:layout_height="wrap_content"
        android:background="#ffffff">
        <TextView android:layout_width="wrap_content"
            android:layout_height="wrap_content"
            android:layout_alignParentLeft="true"
            android:textColor="#50484b"
            android:padding="10dp"
            android:text="返回"/>
        <TextView
            android:id="@+id/menu"
            android:layout_width="wrap_content"
            android:layout_height="wrap_content"
            android:layout_alignParentRight="true"
            android:textColor="#50484b"
            android:padding="10dp"
            android:text="菜单"/>
```

```
    </RelativeLayout>
</LinearLayout>
```

这段代码的布局很简单，就是生成一个标题栏，上面有两个按钮："返回"和"菜单"。接下来和前面的例子相同，为 PopupWindow 创建一个弹框视图 popupwindow_item. xml，这里采用上例中的布局。当然在实际项目中，大家应该使用 ListView 来动态生成列表，这样生成的 PopupWindow 就可以复用了。

打开 MainActivity. java，做以下修改：

```
public class MainActivity extends Activity implements View.OnClickListener{
    private PopupWindow mPopWindow;
    private TextView mMenuTv;
    @Override
    public void onCreate(Bundle savedInstanceState) {
        super.onCreate(savedInstanceState);
        setContentView(R.layout.activity_main);
        mMenuTv = (TextView)findViewById(R.id.menu);
        mMenuTv.setOnClickListener(new View.OnClickListener() {
            @Override
            public void onClick(View v) {
                showPopupWindow();
            }
        });
    }
    private void showPopupWindow() {
        View contentView = LayoutInflater.from(MainActivity.this)
.inflate(R.layout.popuwidoew_item, null);
        mPopWindow = new PopupWindow(contentView);
        mPopWindow.setWidth(ViewGroup.LayoutParams.WRAP_CONTENT);
        mPopWindow.setHeight(ViewGroup.LayoutParams.WRAP_CONTENT);

        TextView tv1 = (TextView)contentView.findViewById(R.id.pop_layout);
        TextView tv2 = (TextView)contentView.findViewById(R.id.pop_simple);
        TextView tv3 = (TextView)contentView.findViewById(R.id.pop_complex);
        tv1.setOnClickListener(this);
        tv2.setOnClickListener(this);
        tv3.setOnClickListener(this);
        //相对位置 以 mMenuTv 为坐标
        mPopWindow.showAsDropDown(mMenuTv);
    }
……
}
```

这段代码的意义就是点击 menu 弹出 popupwindow，然后对各个 item 进行响应。我们主要讲讲 showPopupWindow() 这部分，item 响应的部分(省略号代替部分)与上个示例一样，就不再细讲了。

showPopupWindow()中我们首先使用构造方法二生成 PopupWindow 实例，同样，再强调一遍：contentView、Width、Height 这三个元素是必须设置的，缺一不可！然后就是使用 showAsDropDown()显示 PopupWindow，大家也同样可以使用 showAsDropDown(View anchor，int xoff，int yoff)来添加相对 X 轴和 Y 轴的位移量。具体用法不再细讲，没什么难度，大家试一试即可。运行程序，效果如图 5.12 所示。

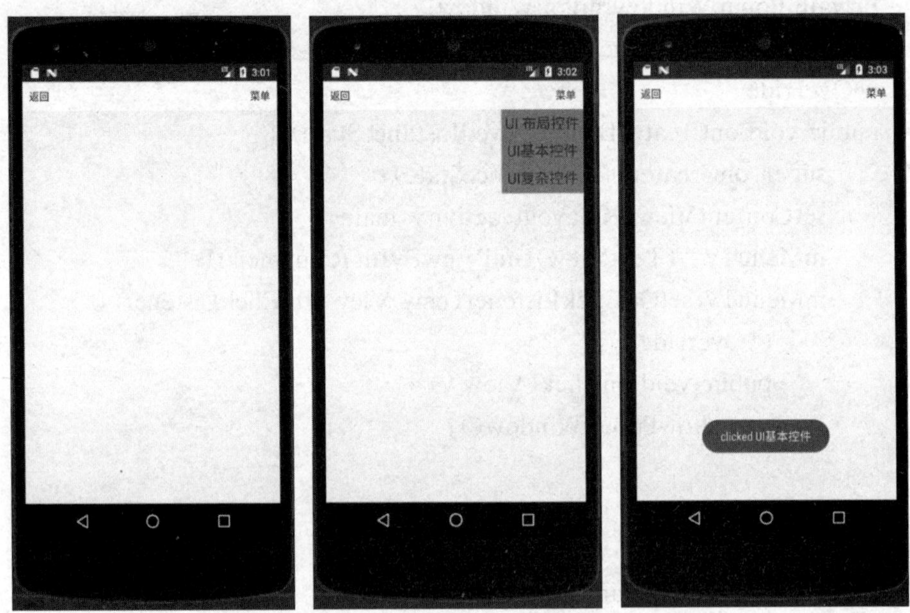

图 5.12 利用 PopupWindow 实现菜单运行效果

5.2.3 ListPopupWindow 结合 EditText 实现历史记录功能

说完了 PopupWindow，我们再来看看职淘淘兼职平台示例中如图 5.13 所示的需求，即点击用户名编辑框右侧的向下箭头，弹出最近登录过的历史用户名，选中其中任意一个，即可自动填充到编辑框中。

针对这种需求，我们应该如何实现？当然，只要我们动动脑筋，通过 LsitView、PopupWindow、PopupMenu、AutoCompleteTextView 等控件都是可以实现的，不过这里我们介绍一种更加便捷的控件：ListPopupWindow。因为该控件的使用方法大抵和 PopupWindow 相同，所以我们就直接使用案例进行说明了。

打开 JubHunting 项目的 activity. login. xml 文件，为输入用户名的 EditText 添加一条属性如下：

android：drawableRight = "@android：drawable/arrow_down_float"

这里的 drawableRight 属性和 drawableLeft 相同，都是在编辑框的右侧添加一个图标，这里使用了 Android 系统自带的图片 arrow_down_float，它是一个向下的箭头。

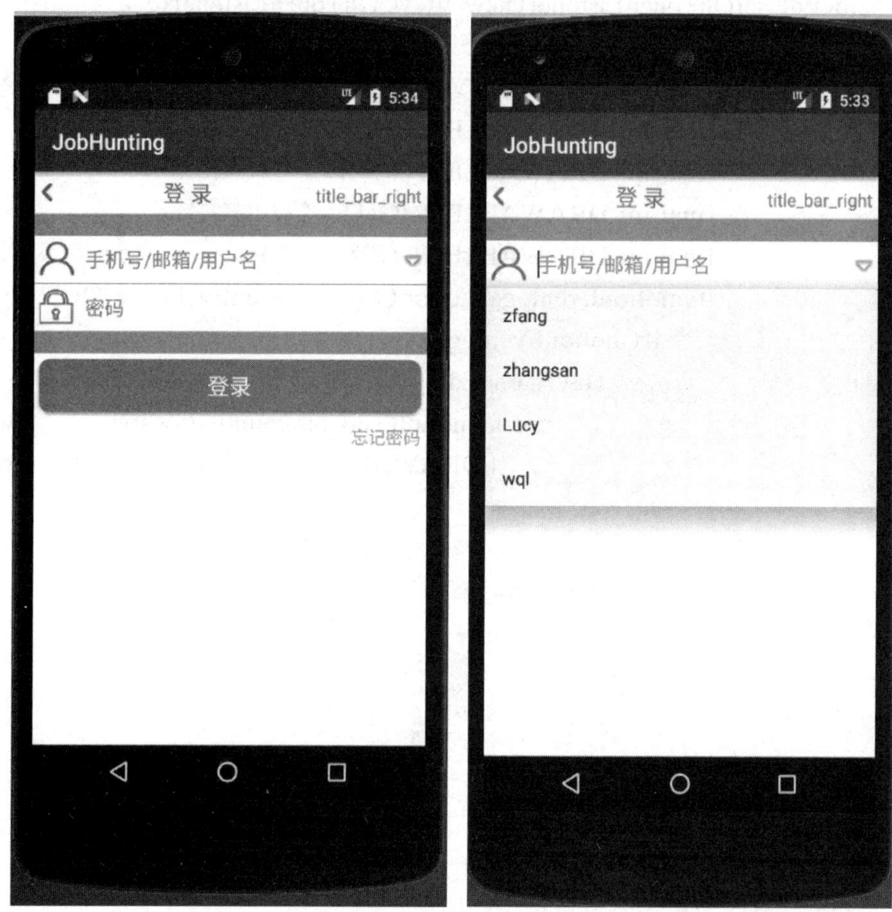

图 5.13　职淘淘登录页面用户名历史记录效果

接着打开 LoginActivity. java，做以下修改（这里提醒大家注意，代码中使用“……”替代的部分表示保持之前的代码不变）：

```
public class LoginActivity extends AppCompatActivity {
……
//1. 初始化相关控件
private EditText usernameEdt;
    private EditText passwordEdt;
    private ListPopupWindow lpw;
    @Override
    protected void onCreate(Bundle savedInstanceState) {
        super.onCreate(savedInstanceState);
        setContentView(R.layout.activity_login);
        ……
        usernameEdt = findViewById(R.id.login_usernmae);
        passwordEdt = findViewById(R.id.login_password);
//2. 为编辑框右侧的向下箭头提供监听器
```

```
usernameEdt.setOnTouchListener(new View.OnTouchListener() {
            @Override
            public boolean onTouch(View view,MotionEvent motionEvent) {
                final int DRAWABLE_LEFT = 0;
                final int DRAWABLE_TOP = 1;
                final int DRAWABLE_RIGHT = 2;
                final int DRAWABLE_BOTTOM = 3;
                if(motionEvent.getAction() == MotionEvent.ACTION_UP){
                    if(motionEvent.getX() >=
                        (usernameEdt.getWidth() -
                            usernameEdt.getCompoundDrawables()
                                [DRAWABLE_RIGHT].getBounds().width()
                    )
                ){
                        lpw.show();
                    return true;
                }
            }
        return false;
    }
});
//3. 创建并配置 ListPopupWindow
    final String[] list = { "zfang","zhangsan","Lucy","wql" };
        lpw = new ListPopupWindow(this);
        lpw.setAdapter(new ArrayAdapter<String>(this,
                                android.R.layout.simple_list_item_1,list));
        lpw.setAnchorView(usernameEdt);
        lpw.setModal(true);
        lpw.setOnItemClickListener(new AdapterView.OnItemClickListener() {
            @Override
            public void onItemClick(AdapterView<? > adapterView,
View view,int i,long l) {
                usernameEdt.setText(list[i]);
                lpw.dismiss();
            }
        });
    }
}
```

这里的代码分成三个部分(见代码的注释):控件初始化部分;编辑框右侧图标的监听器功能;ListPoPupWindow 的创建和配置。其中第一部分没有什么好说明的,相信大家已经很熟悉了，接下来我们来详细看看另外两个部分的实现。

（1）先看看编辑框图标的点击事件。

我们之前为控件添加过点击事件 OnClickkListener，也为 ListView 控件添加过 item 的点击事件 OnItemClickListener，但是对于这种为控件内部的子控件添加点击事件的需求，该如何实现呢？

这里我们采用这样的思路：为 usernameEdt 添加一个触摸监听器 OnTouchListener，该监听器会监听整个 EditText 所占区域，但我们需要的仅仅是它的右侧向下箭头所占部分，那怎么办呢？我们可以采取这样的思路，将整个 EditText 所占区域分成两个部分，即左侧部分和右侧部分，并用 x 坐标值作为区分，至于具体的 x 坐标值的取值，很简单，整个 usernameEdt 的宽度值减去右侧图标的宽度值即可。

这里调用方法 setOnTouchListener 为 usernameEdt 添加了一个触摸监听器，并创建了一个 OnTouchListener 作为参数传给该方法。而在创建 OnTouchListener 时，需要重写 onTouch 方法，该方法有两个参数，分别是 View 和 MotionEvent ，其中 View 很简单，表示当前被触摸的控件。那 MotionEvent 又是什么呢？其实它就是一个用于表示触摸信息的对象，我们先看看它包含的一些触摸事件，如表 5.1 所示。

表 5.1　MotionEvent 包含的事件常量

事件	含义
ACTION_DOWN	手指初次接触到屏幕时触发
ACTION_MOVE	手指在屏幕上滑动时触发，会多次触发
ACTION_UP	手指离开屏幕时触发
ACTION_CANCEL	事件被上层拦截时触发
ACTION_OUTSIDE	手指不在控件区域时触发

接着我们再来看看 MotionEvent 为我们提供的一些常用方法，如表 5.2 所示。

表 5.2　MotionEvent 提供的常用方法

事件	含义
getAction()	获取事件类型
getX()	获得触摸点在当前 View 的 X 轴坐标
getY()	获得触摸点在当前 View 的 Y 轴坐标
getRawX()	获得触摸点在整个屏幕的 X 轴坐标
getRawY()	获得触摸点在整个屏幕的 Y 轴坐标

介绍了 MotionEvent 的这些事件和方法之后，相信再来看这段代码就显得轻松多了吧，首先调用 getAction 方法判断触摸操作是否已经结束，如果结束，我们再次判断用户点击的 X 坐标值是否在小三角所在区域，至于如何判断，我们在上面已经做过分析，这里就不介绍了。这里需要向大家介绍的是 EditeText 的 getCompoundDrawables 方法和 getBounds 方法。

- getCompoundDrawables 方法用于获取 EditText 控件中四个位置的图片，其返回的是一个 Drawable 数组,分别存放左、上、右、下四张图片,它们在 Drawable[]数组中的索引分别是 0,1,2,3。

- Drawable 对象的 getBounds 方法用于获得图标所在的矩形区域。

(2) 再来看看 ListPoPupWidow 控件的创建和配置。

首先我们创建了一个 String[]数组,用于在下拉列表中显示。

接着我们调用 ListPoPupWindow 的构造函数 ListPoPupWindow(Context)创建了一个 ListPoPupWindow。当然除了该构造函数,还有以下三种构造函数:

public ListPopupWindow(Context context,AttributeSet attrs)

public ListPopupWindow(Context context,AttributeSet attrs,int defStyleAttr)

public ListPopupWindow(Context context, AttributeSet attrs, int defStyleAttr, int defStyleRes)

因为我们最常用的还是第一个构造函数,所以对后三种构造函数就不再做介绍了。

然后我们调用 setAdapter 方法传入了一个 ArrayAdapter 对象,该数据适配器我们在介绍 ListView 时已做过介绍,如果忘记了,大家可以回去查看一下。接着 setAnchorView(View anchor)方法被调用,用于设置 ListPopupWindow 的锚点,即将 ListPopupWindow 的显示位置和这个锚点 View 关联,默认情况是将 ListPopupWindow 显示在锚点 View 的下方,这里我们传入的是编辑框 EditText。然后我们调用 setModal 方法设置了 ListPopupWindow 的模式,这里一般情况下传入"true"。最后我们调用 setOnItemClickListener 方法设置了监听器,监听器的回调函数也很简单,就是将当前用户点击的选项内容填在用户名编辑框中,然后调用 ListPopupWindow 的 dismiss 方法,隐藏该下拉列表。

运行程序,就可以看到我们开篇所讲的效果了。

5.3 RatingBar 控件的使用

针对图 5.1 所示右侧面试评价页面中的评分功能,思考一下该如何实现呢? RatingBar? 对,Android 专门为我们提供了这样的一个评分控件。

RatingBar 是基于 SeekBar(拖动条)和 ProgressBar(状态条)的扩展,用星形来显示等级评定。星级评分条与拖动条有相同的父类:AbsSeekBar,因此它们十分相似。它们都允许用户通过拖动条来改变进度。RatingBar 与 SeekBar 的最大区别在于:RatingBar 通过星星来表示进度。

使用 RatingBar 的默认大小时,用户可以触摸/拖动或使用键来设置评分,它有两种样式(小风格用 ratingBarStyleSmall,大风格用 ratingBarStyleIndicator),其中大风格只适合指示,不适合于用户交互。

当使用可以支持用户交互的 RatingBar 时,无论将控件(widgets)放在它的左边还是右边都是不合适的。只有当布局的宽被设置为 wrap_content 时,设置的星星数量(通过函数 setNumStars(int)或者在 XML 的布局文件中定义)才显示出来。

为了让程序能响应星级评分条评分的改变,可以考虑为它绑定一个 OnRatingBarChangeListener 监听器。

我们先来看看它有哪些常用属性，如表5.3所示。

表5.3　RatingBar 控件的常用属性

常用属性	含义
android:isIndicator	RatingBar 是否是一个指示器(用户无法进行更改)
android:numStars	显示的星星数量，必须是一个整型值，例如100
android:rating	默认的评分，必须是浮点类型，如1.2
android:stepSize	评分的步长，必须是浮点类型，如1.2

接着我们再来看看 RatingBar 为我们提供的一些常用方法，如表5.4所示。

表5.4　RatingBar 控件的常用方法

常用方法	含义
int getNumStars()	返回显示的星星数量
RatingBar.OnRatingBarChangeListener getOnRatingBarChangeListener()	监听器(可能为空)监听评分改变事件
float getRating ()	获取当前的评分(填充的星星的数量)
float getStepSize ()	获取评分条的步长
boolean isIndicator ()	判断当前的评分条是否仅仅是一个指示器(即能否被修改)
void setIsIndicator (boolean isIndicator)	设置当前的评分条是否仅仅是一个指示器(这样用户就不能进行修改操作了)
synchronized void setMax (int max)	设置评分等级的范围，从0到max
void setNumStars (int numStars)	设置显示的星星的数量
void setOnRatingBarChangeListener (RatingBar.OnRatingBarChangeListener listener)	设置当评分等级发生改变时回调的监听器
void setRating (float rating)	设置分数(星星的数量)
void setStepSize (float stepSize)	设置当前评分条的步长(step size)

介绍了 RatingBar 的这些事件和方法之后，相信再来看接下来这段代码就显得轻松多了吧。考虑到当前的 JobHunting 并未连贯到面试评价这部分，故这里创建一个新的项目进行实践说明。修改默认布局 activity_main.xml，代码如下：

```
<RelativeLayout xmlns:android="http://schemas.android.com/apk/res/android"
    xmlns:app="http://schemas.android.com/apk/res-auto"
    xmlns:tools="http://schemas.android.com/tools"
    android:layout_width="match_parent"
    android:layout_height="match_parent"
    tools:context=".MainActivity">
    <RatingBar
```

```
        android:id="@+id/ratingBar_evaluate"
        android:layout_width="wrap_content"
        android:layout_height="wrap_content"
        //设定总评分
        android:numStars="5"
        //评分变化频率(为1时每次可改变一颗星)
        android:stepSize="1"
        android:layout_centerInParent="true"
        android:layout_alignParentTop="true"/>
    <EditText
        android:id="@+id/edit_evaluate"
        android:layout_width="match_parent"
        android:layout_height="150dp"
        android:hint="请输入您的评价"
        android:gravity="center"
        android:layout_below="@+id/ratingBar_evaluate"/>
    <Button
        android:id="@+id/button_evaluate"
        android:layout_width="match_parent"
        android:layout_height="wrap_content"
        android:text="提交评价"
        android:layout_below="@+id/edit_evaluate"/>
</RelativeLayout>
```

这段代码的布局很简单，就是生成一个五角星评分栏，下面有一个“请输入您的评价”输入框和“提交评价”按钮。“android:numStars="5"”表示总评分为 5 颗星，“android:stepSize="1"”则表示每次评分只可变化 1 颗星，我们也可以根据实际需要更改变化的评分数。接下来要做的就是在 MainActivity 中进行引用了。在实际项目中，大家还可以根据自己的需要，在 res 文件夹下的 value 中的 styles 处对星星的颜色进行修改。现在我们来写能够让用户自由更改评价的代码。

打开 MainActivity，输入如下代码：

```
public class MainActivity extends AppCompatActivity{
    //定义评分组件
    private RatingBar ratingBar;
    private Button button;
    private EditText ratingBarNums;
    @Override
    protected void onCreate(Bundle savedInstanceState) {
        super.onCreate(savedInstanceState);
        setContentView(R.layout.activity_main);
        ratingBar=findViewById(R.id.ratingBar_evaluate);
```

```
            ratingBarNums = findViewById(R.id.edit_evaluate);
            button = findViewById(R.id.button_evaluate);

            button.setOnClickListener(new View.OnClickListener() {
                @Override
                public void onClick(View view) {
                    if(! ratingBarNums.getText().toString().isEmpty()){
                            ratingBar.setRating(Integer.parseInt(ratingBarNums.get-
Text().toString()));
                        Toast.makeText(MainActivity.this,"你给出的评分是" + rating-
Bar.getRating(),Toast.LENGTH_SHORT).show();
                    }
                }
            });
            ratingBar.setOnRatingBarChangeListener(new
                        RatingBar.OnRatingBarChangeListener(){
                    @Override
             public void onRatingChanged(RatingBar ratingBar,float v,boolean b)
{Toast.makeText(MainActivity.this,"你给出的评分是" + ratingBar.getRating(),Toast.
LENGTH_SHORT).show();
                }
            });
        }
    }
```

这里我们首先声明了三个控件变量，分别为按钮、编辑框和 RatingBar 控件，接着在 onCreate 方法中查找到该控件，同时为按钮添加点击事件，为 RatingBar 提供评分监听器。在点击监听器中我们首先获取用户在编辑框中输入的评分值，然后通过 RatingBar 的 setRating 方法设置评分值，最后通过 getRating()获取评分值并弹出显示出来。另外在 OnRatingBarChangeListener 监听器中，直接通过 getRating()获取评分值显示。这里需要说明的是，每点击 RatingBar 一次，就会增加或者减少一次 stepSize 数值的评分数。

运行程序，进入主界面，分别点击按钮和 RatingBar，效果如图 5.14 所示。

介绍到这里，Android 开发的 UI 设计部分我们就介绍完了，下一章我们会带着大家去看一看丰富多彩的网络世界。

习　题　5

1. 简述 ListView 控件的使用方法。
2. 使用 ListView 完成如图 5.15 所示的职淘淘在线兼职平台的面试评价列表功能。

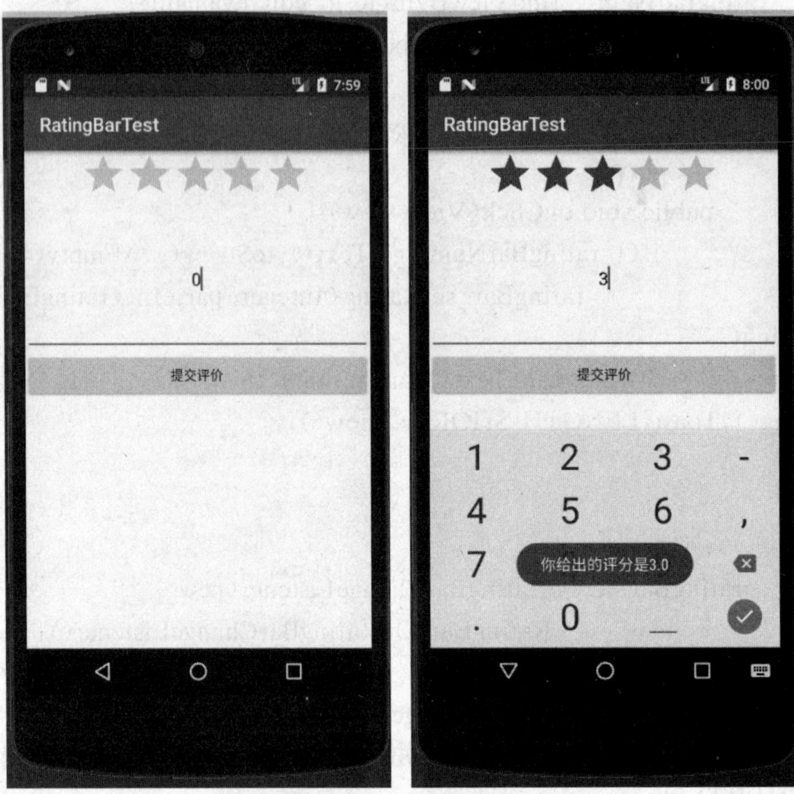

图 5.14 RatingBar 评分控件效果

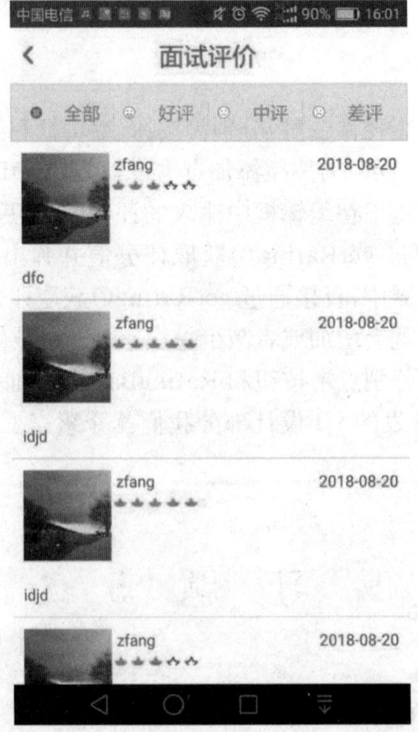

图 5.15 职淘淘在线兼职平台面试评价效果图

3. 简述 AlertDialog 控件的使用方法。
4. 使用 AlertDialog 完成如图 5.16 所示的弹出对话框功能。

图 5.16　弹出对话框效果图

5. 简述 PopupWindow 控件的使用方法。
6. 使用 PopupWindow 完成 QQ 消息页面右上角的弹框功能，如图 5.17 所示。

图 5.17　QQ 消息页面弹出式对话框效果图

7. 简述 RatingBar 控件的使用方法。

实验 5 ListView 控件的基本使用方法

实验性质

验证性(2 个学时)。

实验目标

(1) 了解 ListView 控件的概念与作用。
(2) 掌握 ListView 控件的使用方法。

实验内容

(1) 使用 ArrayAdapter、Listview 显示列表数据。
(2) 自定义数据适配器 Adapter 和布局样式,显示较复杂的列表数据。

实验步骤

在 Android 开发中,ListView 是比较常用的组件,它以列表的形式展示具体内容,并且能够根据数据的长度自适应显示。

列表的显示需要三个元素:
(1) ListVeiw。用来展示列表的 View。
(2) 适配器。用来把数据映射到 ListView 上的中介。
(3) 数据。具体的将被映射的字符串、图片或者基本组件。

参考代码 1

```
private ListView listView;
@Override
protected void onCreate(Bundle savedInstanceState) {
    super.onCreate(savedInstanceState);
    setContentView(R.layout.activity_main);

    listView = new ListView(this);
        listView.setAdapter(new ArrayAdapter<String>(this,
            android.R.layout.simple_expandable_list_item_1,getData()));
        setContentView(listView);
}
private List<String> getData(){

        List<String>data = new ArrayList<String>();
```

```
        data.add("测试数据 1");
        data.add("测试数据 2");
        data.add("测试数据 3");
        data.add("测试数据 4");

        return data;
    }
```

参考代码 2

主布局：

```
<RelativeLayout xmlns:android="http://schemas.android.com/apk/res/android"
    xmlns:tools="http://schemas.android.com/tools"
    android:layout_width="match_parent"
    android:layout_height="match_parent"
    android:paddingBottom="@dimen/activity_vertical_margin"
    android:paddingLeft="@dimen/activity_horizontal_margin"
    android:paddingRight="@dimen/activity_horizontal_margin"
    android:paddingTop="@dimen/activity_vertical_margin"
    tools:context=".MainActivity">
    <ListView
        android:id="@+id/list"
        android:layout_width="fill_parent"
        android:layout_height="fill_parent">
</ListView>
</RelativeLayout>
```

每个 ListView 的 Item 样式：

```
<?xml version="1.0" encoding="utf-8"?>
<LinearLayout xmlns:android="http://schemas.android.com/apk/res/android"
    android:layout_width="match_parent"
    android:layout_height="match_parent"
    android:orientation="vertical">
    <LinearLayout android:layout_width="match_parent"
        android:layout_height="match_parent"
        android:orientation="horizontal"
    android:background="#f1e4f1">
        <ImageView
            android:id="@+id/image"
            android:layout_width="wrap_content"
```

```
            android:layout_height="wrap_content"/>
        <TextView
            android:id="@+id/title"
            android:layout_width="wrap_content"
            android:layout_height="wrap_content"
            android:textColor="#666872"/>
        <Button
            android:id="@+id/view"
            android:layout_width="wrap_content"
            android:layout_height="wrap_content"
            android:text="详细"/>
    </LinearLayout>
    <TextView
        android:id="@+id/info"
        android:layout_width="wrap_content"
        android:layout_height="wrap_content"
        android:textColor="#666872"/>
</LinearLayout>
```

数据适配器：

```
public class MyAdspter extends BaseAdapter {

    private List<Map<String,Object>> data;
    private LayoutInflater layoutInflater;
    private Context context;
    public MyAdspter(Context context,List<Map<String,Object>> data){
        this.context=context;
        this.data=data;
        this.layoutInflater=LayoutInflater.from(context);
    }
    /**
     *组件集合,对应 list.xml 中的控件
     *@author Administrator
     */
    public final class Zujian{
        public ImageView image;
        public TextView title;
        public Button view;
        public TextView info;
    }
```

```
        @Override
        public int getCount() {
            return data.size();
        }
        /**
         * 获得某一位置的数据
         */
        @Override
        public Object getItem(int position) {
            return data.get(position);
        }
        /**
         *获得唯一标识
         */
        @Override
        public long getItemId(int position) {
            return position;
        }

        @Override
        public View getView(int position,View convertView,
ViewGroupparent) {
            Zujian zujian=null;
            if(convertView==null){
                zujian=new Zujian();
                //获得组件,实例化组件
                convertView=layoutInflater.inflate
(R.layout.listview_item,null);
                zujian.image=(ImageView)convertView.findViewById(R.id.image)
                zujian.title=(TextView)convertView.findViewById(R.id.title);
                zujian.view=(Button)convertView.findViewById(R.id.view);
                zujian.info=(TextView)convertView.findViewById(R.id.info);
                convertView.setTag(zujian);
            }else{
                zujian=(Zujian)convertView.getTag();
            }
            //绑定数据
            zujian.image.setBackgroundResource(
(Integer)data.get(position).get("image"));
            zujian.title.setText((String)data.get(position).get("title"));
```

```
            zujian.info.setText((String)data.get(position).get("info"));
            return convertView;
        }

}
```

调用 ListView 的主 Activity：

```
private ListView listView = null;
@Override
protected void onCreate(Bundle savedInstanceState) {
    super.onCreate(savedInstanceState);
    setContentView(R.layout.activity_main);

    listView = (ListView)findViewById(R.id.list);
        List<Map<String,Object>>list = getData();
        listView.setAdapter(new MyAdspter(this,list));
}

public List<Map<String,Object>> getData(){
        List<Map<String,Object>>list = new
                    ArrayList<Map<String,Object>>();
        for(int i = 0; i < 10; i++) {
            Map<String,Object>map = new HashMap<String,Object>();
            map.put("image",R.drawable.ic_launcher);
            map.put("title","这是一个标题" + i);
            map.put("info","这是一个详细信息" + i);
            list.add(map);
        }
        return list;
}
```

实验 6 职淘淘在线兼职平台面试记录列表功能的设计与实现

实验性质

设计性(4 个学分)。

实验目标

熟练掌握自定义 Adapter 的方法。

实验内容

(1) 根据效果图实现 ListView 的布局样式，页面效果图如图 5.18 所示。
(2) 根据 ListView 的 Item 布局分析并创建 InterViewRecord 对象。
(3) 根据 ListView 的布局和封装完成对象自定义数据适配器的定义。

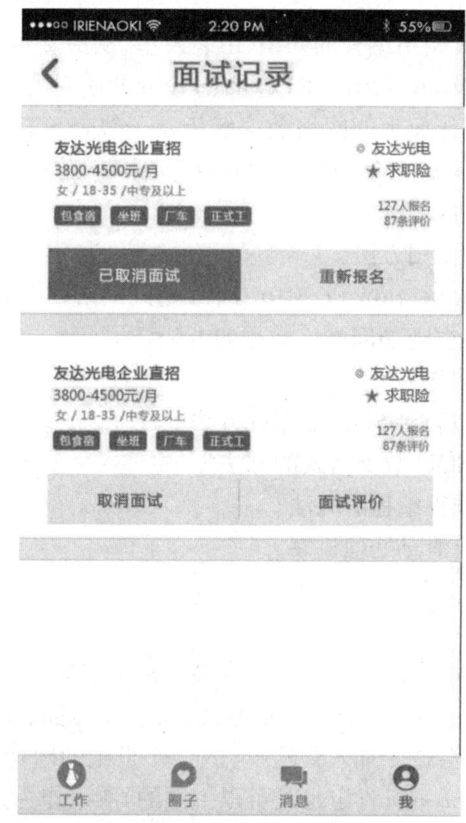

图 5.18　职淘淘在线兼职平台岗位面试消息效果图

第 6 章　Android 网络编程

学习目标

本章主要介绍 Android 网络编程的知识,由表及里,从最基本的对 HTTP 协议的理解,到 Android 中原生的 WebView、HttpURLConnection 的使用,再到著名的网络框架 OkHttp 的基础用法,同时针对相伴而生的网络数据解析及子线程更新 UI 的问题做了较详细的讲解。通过本章的学习,要求读者达到以下学习目标:

(1) 了解 HTTP 网络协议。

(2) 掌握 WebView 的使用方法。

(3) 掌握 HttpURLConnection 和 HttpClient 访问网络数据的方法。

(4) 掌握 OkHttp 网络框架访问网络数据的方法。

(5) 了解 JSON 数据格式。

(6) 掌握 JSONObject 解析 JSON 数据的方法。

(7) 掌握 Gson 解析 JSON 数据格式的方法。

(8) 了解 Android 多线程编程的方法。

(9) 掌握 Handler 异步消息处理机制。

(10) 掌握 AsyncTask 异步任务使用方法。

如果你在玩手机的时候不能上网,那你一定会感到特别的枯燥乏味。没错,现在早已不是玩单机的时代了,无论 PC、手机、平板还是电视,几乎都具备上网的功能,未来甚至手表、眼镜、拖鞋这些设备也可能会逐个加入到这个行列,21 世纪的确是互联网的时代。

那么不用多说,Android 手机肯定也是可以上网的,所以作为开发者的我们就需要考虑如何编写出更加出色的网络应用程序,像 QQ、微博、今日头条等常见的应用都会大量地使用到网络技术。本章主要会讲述如何在手机端使用 HTTP 协议和服务器端进行网络交互,并对服务器返回的数据进行解析,同时进行 UI 更新,这也是 Android 中最常使用到的网络技术了,下面就让我们一起来学习一下吧。

6.1　解析 JSON 数据格式

职淘淘在线兼职平台以 Android 客户端 App 作为数据展示端,同时配备有一个自己的 Web 服务器端程序,我们可以向服务器提交数据,也可以从服务器上获取数据。不过这个时候就出现了一个问题,这些数据到底要以什么样的格式在网络上传输呢?随便传递一段文本肯定是不行的，因为另一方根本就不会知道这段文本的用途是什么。因此，一般我们都会在网络上传输一些格式化后的数据，这种数据会有一定的结构规格和语义，当另一方收到数据消息之后就可以按照相同的结构规格进行解析，从而得到想要的那部分内容。

在网络上传输数据时最常用的格式有两种：XML 和 JSON，比起 XML，JSON 的主要优势在于它的体积更小，在网络上传输的时候可以更省流量，因此大多数的服务器接口数据都被设计为 JSON 格式，故本节主要学习如何解析 JSON 格式的数据。

6.1.1 JSON 数据介绍

JSON 指的是 JavaScript 对象表示法(JavaScript Object Notation)，它是一种轻量级的文本数据交换格式，类似于 XML，但比 XML 更小、更快、更易解析。

JSON 是 JavaScript 的一个子集，它使用 JavaScript 语法来描述数据对象，但 JSON 仍然独立于语言和平台。JSON 解析器和 JSON 库支持许多不同的编程语言。这些特性都使得 JSON 成为理想的数据交换语言，易于人们阅读和编写，同时也易于机器解析和生成。

JSON 的优点如下：

- 数据格式比较简单，易于读写，格式都是压缩的，占用带宽小。
- 易于解析语言，客户端 JavaScript 可以简单地通过 eval()进行 JSON 数据的读取。
- 支持多种语言，包括 ActionScript、C、C#、ColdFusion、Java、JavaScript、Perl、PHP、Python、Ruby 等服务器端语言，便于服务器端的解析。
- 众多服务器端的对象、数组等能够直接生成 JSON 格式，便于客户端的访问提取。
- JSON 格式能够直接为服务器端代码使用，大大简化了服务器端和客户端的代码开发量，但是完成的任务不变，且易于维护。

JSON 用于描述数据结构，有以下两种形式：

(1)“名称/值”对的集合。

“名称/值”对的集合形式又称为 JSONObject，其名称和值之间使用“:”隔开，一般形式如下：

{name:value}

例如：

```
{
    "code": 0,
    "msg":"获取数据成功",
    "obj": null
}
```

其中名称是字符串；值可以是字符串、数值、对象、布尔值、有序列表或者 null 值。字符串是以“""”括起来的一串字符；数值是一系列 0 ～ 9 的数字组合，可以为负数或者小数，还可以用 e 或者 E 表示为指数形式；布尔值表示为 true 或者 false。

上述是以“{”开始，以“}”结束的一系列非排序的“名称/值”对(每个“名称/值”对之间使用“,”分隔)。不同的语言中，这种“名称/值”对可以理解为对象(Object)、记录(Record)、结构(Struct)、字典(Dictionary)、哈希表(Hash Table)、有键列表(Keyedlist)或者关联数组(Associative Array)等。

(2) 值的有序列表。

值的有序列表形式又称为JSONArray。在大部分语言中，值的有序列表被理解为数组(Array)，一个或者多个值用“,”分隔后，使用“[”和“]”括起来就形成了这样的列表，如下所示：

[collection，collection]

例如：

```
{
        "code": 0,
        "msg":"获取广告成功",
        "obj": [
{
        "advertiseName":"招聘",
        "advertiseContent":"数学教授",
         "advertiseUrl":"http://localhost:8080/system/showImage? fileName =
1533217306289--4972683369271453960.jpg&&type = 1"
},
{
        "advertiseName":"招聘",
        "advertiseContent":"软件工程硕士",
         "advertiseUrl":"http://localhost:8080/system/showImage? fileName =
1533217264890--4972683369271453960.jpg&&type = 1"
},
{
        "advertiseName":"招聘教师",
        "advertiseContent":"物理学教授",
         "advertiseUrl":"http://localhost:8080/system/showImage? fileName =
1533217225105--4972683369271453960.jpg&&type = 1"
},
{
        "advertiseName":"计算机程序设计大赛",
        "advertiseContent":"宣传",
         "advertiseUrl":"http://localhost:8080/system/showImage? fileName =
1532761956719--4972683369271453960.jpg&&type = 1"
        }
],
      "success": true
}
```

现在已经掌握了什么是JSON数据，那么接下来我们就要去学习一下如何解析JSON格式的数据了。在开始之前我们还需要先解决一个问题，就是从哪儿才能获取一段JSON格式的数据呢？因为到目前为止我们还没有学习如何访问网络数据，所以我们需要准备一个存放JSON数据的文件，这里我们将文件存在Android项目的Asserts文件夹下。为方便后续学习，这里提供一个读取 Asserts 文件夹下资源文件的工具类，代码如下：

```
public String readDataFromAsserts(Context context,String fileName) {
    InputStream myInput = null;
    String content = ""
    try{
        myInput = context.getAssets().open(fileName);
        byte[] buffer = new byte[1024];
        int length;
        while((length = myInput.read(buffer)) > 0) {
            content + = new String(buffer,0,length,"UTF-8");
        }
        myInput.close();
    }catch (IOException e) {
        e.printStackTrace();
    }
    return content;
}
```

创建 Android 项目 Book_Json_Example，右键单击 java 文件夹，依次选择 New→Folder→Asserts Folder，如图 6.1 所示，创建 Asserts 文件夹，并在该文件夹下分别创建 JsonObject.json 文件和 JsonArray.json 文件，然后分别编辑这两个文件，加入上例中两种形式的 JSON 数据。

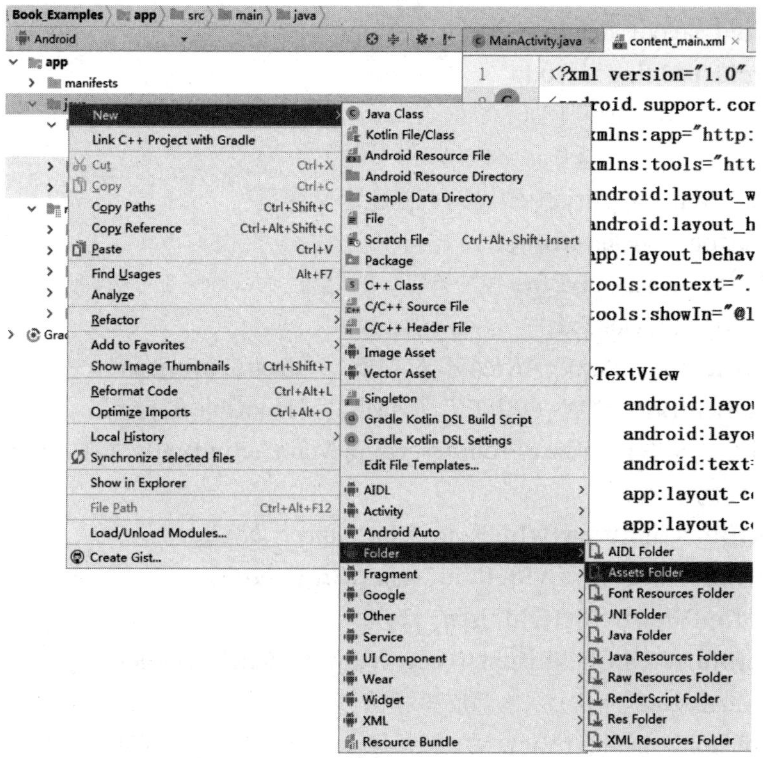

图 6.1　创建 Assets 文件夹

修改 activity_main.xml 中的代码,如下所示:

```
<? xml version="1.0" encoding="utf-8"? >
<LinearLayout xmlns:android="http://schemas.android.com/apk/res/android"
    xmlns:tools="http://schemas.android.com/tools"
    android:layout_width="match_parent"
    android:layout_height="match_parent"
    tools:context=".MainActivity"
    android:orientation="vertical">
<Button
    android:id="@+id/json_object_btn"
    android:layout_width="match_parent"
    android:layout_height="wrap_content"
    android:text="获取 JsonObject 数据"/>
<Button
    android:id="@+id/json_array_btn"
    android:layout_width="match_parent"
    android:layout_height="wrap_content"
    android:text="获取 JsonArray 数据"/>
<TextView
    android:id="@+id/json_txt"
    android:layout_width="match_parent"
    android:layout_height="wrap_content"
    android:padding="10dp"
    android:textSize="16sp"/>
</LinearLayout>
```

接下来修改 MainActivity 中的代码。首先定义变量:

```
private Button jsonObjectBtn;
private Button jsonArrayBtn;
private TextView jsonTxt;
private staticString JSON_ARRAY_NAME = "JsonArray.json";
private staticString JSON_OBJECT_NAME = "JsonObject.json";
```

然后复制工具方法 readDataFromAsserts 到 MainActivity 中,并在 onCreate 方法中添加下面的几行代码:

```
jsonObjectBtn=findViewById(R.id.json_object_btn);
jsonArrayBtn=findViewById(R.id.json_array_btn);
jsonTxt=findViewById(R.id.json_txt);
jsonObjectBtn.setOnClickListener(new View.OnClickListener() {
    @Override
    public void onClick(View v) {
        jsonTxt.setText(
```

```
readDataFromAsserts(MainActivity.this, JSON_OBJECT_NAME));
            }
        });
        jsonArrayBtn.setOnClickListener(new View.OnClickListener() {
            @Override
            public void onClick(View v) {
                jsonTxt.setText(
readDataFromAsserts(MainActivity.this, JSON_ARRAY_NAME));
            }
        });
```

运行程序，效果如图 6.2 所示，可以通过点击按钮获取相应的 JSON 数据。

图 6.2　JSON 数据读取效果

6.1.2　利用 JSONObject 解析 JSON 数据

解析 JSON 数据有很多种方法，可以使用官方提供的 JSONObject，也可以使用谷歌的开源库 Gson。另外，一些第三方的开源库如 Jackson、FastJSON 等也非常不错。本节中我们就来学习一下前两种解析方式的用法。

修改 MainActivity 中的代码，如下所示：

```
jsonObjectBtn.setOnClickListener(new View.OnClickListener() {
    @Override
    public void onClick(View v) {
        jsonTxt.setText(
readDataFromAsserts(MainActivity.this,JSON_OBJECT_NAME));
        try{
            JSONObject jsonObject =
                            new JSONObject(jsonTxt.getText().toString());
            Integer code = jsonObject.getInt("code");
            String msg = jsonObject.getString("msg");
            Object obj = jsonObject.get("obj");
            Log.e("MainActivity","====================");
            Log.e("MainActivity","coe id" + code);
            Log.e("MainActivity","msg id" + msg);
            Log.e("MainActivity","obj id" + obj.toString());
            Log.e("MainActivity","====================");
        }catch (JSONException e) {
            e.printStackTrace();
        }
    }
});
jsonArrayBtn.setOnClickListener(new View.OnClickListener() {
    @Override
    public void onClick(View v) {
        jsonTxt.setText(
                readDataFromAsserts(MainActivity.this,JSON_ARRAY_NAME));
        try{
            JSONObject jsonObject =
new JSONObject(jsonTxt.getText().toString());
            JSONArray jsonArray = jsonObject.getJSONArray("obj");
            for(int i = 0;i<jsonArray.length();i++){
                JSONObject jsonObjectTemp = jsonArray.getJSONObject(i);
                String advertiseContent =
                    jsonObjectTemp.getString("advertiseContent");
                String advertiseName =
                    jsonObjectTemp.getString("advertiseName");
                String advertiseUrl =
                    jsonObjectTemp.getString("advertiseUrl");
```

```
                    Log.e("MainActivity","==================");
                    Log.e("MainActivity","第"+i+"条广告的"
                        +"advertiseName id"+advertiseName);
                    Log.e("MainActivity","第"+i+"条广告的"
                        +"advertiseContent id" +advertiseContent);
                    Log.e("MainActivity","第"+i+"条广告的"
                        +"advertiseUrl id"+advertiseUrl);
                    Log.e("MainActivity","==================");
                }
            }catch (JSONException e) {
                e.printStackTrace();
            }
        }
    });
```

可以看到，解析 JSON 的代码真的非常简单。由于在 JsonObject.json 文件和 JsonArray.json 文件中定义的分别是 JSON 对象和 JSON 数组，因此这里解析时应分别将文件中的数据传入到一个 JSONObject 对象和一个 JSONArray 对象中。对于 JSONArray 对象，需要循环遍历这个 JSONArray，从中取出的每一个元素都是一个 JSONObject 对象，每个 JSONObject 对象中又会包含 advertiseName、advertiseContent 和 advertiseUrl 这些数据。接下来只需要调用 getString 方法将这些数据取出，并打印出来即可。

好了，就是这么简单！现在重新运行一下程序，分别点击两个按钮，结果分别如图 6.3、图 6.4 所示。

```
=========================
coe id 0
msg id 获取数据成功
obj id null
=========================
```

图 6.3　JSONObject 解析效果

```
=========================
第1条广告的advertiseName id 招聘
第1条广告的advertiseContent id 软件工程硕士
第1条广告的advertiseUrl id http://localhost:8080/system/showImage?fileName=1533217264890--4972683369271453960.jpg&&type=1
=========================
=========================
第2条广告的advertiseName id 招聘教师
第2条广告的advertiseContent id 物理学教授
第2条广告的advertiseUrl id http://localhost:8080/system/showImage?fileName=1533217225105--4972683369271453960.jpg&&type=1
=========================
=========================
第3条广告的advertiseName id 计算机程序设计大赛
第3条广告的advertiseContent id 宣传
第3条广告的advertiseUrl id http://localhost:8080/system/showImage?fileName=1532761956719--4972683369271453960.jpg&&type=1
=========================
```

图 6.4　JSONArray 解析效果

6.1.3 利用 Gson 解析 JSON 数据

如果你认为使用 JSONObject 来解析 JSON 数据已经非常简单了，那你就太容易满足了。谷歌提供的 Gson 开源库可以让解析 JSON 数据的工作简单到让你不敢想象的地步，那我们肯定是不能错过这个学习机会的。

不过 Gson 并没有被添加到 Android 官方的 API 中，因此如果想要使用这个功能的话，就必须要在项目中添加 Gson 库的依赖。编辑 app/build.gradle 文件，在 dependencies 闭包中添加如下内容：

```
compile'com.google.code.gson:gson:2.8.0'
```

那么 Gson 库究竟神奇在哪里呢？其实它主要就是可以将一段 JSON 格式的字符串自动映射成一个对象，从而不需要我们再手动去编写代码进行解析了。

比如说一段 JSON 格式的数据如下所示：

```
{"name":"Tom","age":20}
```

那我们就可以定义一个 Person 类，并加入 name 和 age 这两个字段，然后只需要简单地调用如下代码就可以将 JSON 数据自动解析成一个 Person 对象了：

```
Gson gson = new Gson();
Person person = gson.fromJson(jsonData,Person.class);
```

如果需要解析的是一段 JSON 数组，会稍微麻烦一点，我们需要借助 TypeToken 将期望解析成的数据类型传入到 fromJson 方法中，如下所示：

```
Lsit<Person> people =
        gson.fromJson(jsonData,new TypeToken<List<Person>>(){}.getType)
```

好了，基本的用法就是这样。下面就让我们以上例中的 JsonArray 为例来真正地尝试一下吧。分析 JsonArray 数据结构，我们可以新增一个 ReturnData 类和一个 Advertise 类（需要注意的是，类的属性名一定要和 JSON 数据中的键值名称一致），各自的字段如下所示：

```
public class ReturnData {
    private Integer code;
    private String msg;
    private Object obj;
    public Integer getCode() {
        return code;
    }
    public void setCode(Integer code) {
        this.code = code;
    }
    public String getMsg() {
        return msg;
    }
    public void setMsg(String msg) {
```

```
        this.msg = msg;
    }
    public Object getObj() {
        return obj;
    }
    public void setObj(Object obj) {
        this.obj = obj;
    }
}

public class Advertise {
    private String advertiseName;
    private String advertiseContent;
    private String advertiseUrl;
    public String getAdvertiseName() {
        return advertiseName;
    }
    public void setAdvertiseName(String advertiseName) {
        this.advertiseName = advertiseName;
    }
    public String getAdvertiseContent() {
        return advertiseContent;
    }
    public void setAdvertiseContent(String advertiseContent) {
        this.advertiseContent = advertiseContent;
    }
    public String getAdvertiseUrl() {
        return advertiseUrl;
    }
    public void setAdvertiseUrl(String advertiseUrl) {
        this.advertiseUrl = advertiseUrl;
    }
}
```

在布局文件 activity_main.xml 中添加如下按钮：

```
<Button
    android:id = "@ + id/json_gson_btn"
    android:layout_width = "match_parent"
    android:layout_height = "wrap_content"
    android:textAllCaps = "false"
    android:text = "使用 Gson 获取 JsonArray 数据"/>
```

接着在 MainActivity 中添加下列代码。其中 readDataFromAsserts(MainActivity.this,*JSON_ARRAY_NAME*)的作用是从 Assert 文件夹中读取 JSONArray 数据。因为 ReturnData 中的字段 obj 的类型是 Object,所以要想利用 Gson 工具将其转化成 List<Advertise>,就需要先将其转化成 JSON 数据,而 gson.toJson(returnData.getObj())这段代码的功能就能达到这个目的。

```
jsonGsonBtn = findViewById(R.id.json_gson_btn);
jsonGsonBtn.setOnClickListener(new View.OnClickListener() {
    @Override
    public void onClick(View v) {
        String showData = "";
        Gson gson = new Gson();
        ReturnData returnData = gson.fromJson(
            readDataFromAsserts(MainActivity.this,JSON_ARRAY_NAME),
            ReturnData.class);
        if(returnData ! = null){
            Log.e("MainActivity1","消息码 code:" + returnData.getCode());
            Log.e("MainActivity2","消息描述 msg:" + returnData.getMsg());
            if(returnData.getObj() ! = null){
                List<Advertise> advertises = gson.fromJson(
                gson.toJson(returnData.getObj()),
                new TypeToken<List<Advertise>>(){}.getType());
                for(int i = 0;i <advertises.size(); i + +){
                    Log.e("MainActivity3","消息体 obj:第" + i + "条消息 \n");
                        Log.e("MainActivity4","广告名:" + advertises.get(i).
getAdvertiseName());
                      Log.e("MainActivity5","广告内容:" + advertises.get(i).
getAdvertiseContent());
                      Log.e("MainActivity6","广告地址:" + advertises.get(i).
getAdvertiseUrl());
                    Log.e("MainActivity7","消息体 obj:第" + i + "条消息\n");
                }
            }
        }
        jsonTxt.setText(showData);
    }
});
```

重新运行项目,即可查看到如图 6.5 所示的运行效果,即完成了 JSON 数据到对象的转化。

好了,这样我们就算是把 JSON 数据格式最常用的两种解析方法都学习完了,在网络数据的解析方面,你已经成功毕业了。

```
E/MainActivity1: 消息码code:0
E/MainActivity2: 消息描述msg:获取广告成功
E/MainActivity3: 消息体obj:第0条消息Start
E/MainActivity4: 广告名:招聘
E/MainActivity5: 广告内容:数学教授
E/MainActivity6: 广告地址:http://localhost:8080/system/showImage?fileName=1533217306289--4972683369271453960.jpg&&type=1
E/MainActivity7: 消息体obj:第0条消息End
E/MainActivity3: 消息体obj:第1条消息Start
E/MainActivity4: 广告名:招聘
E/MainActivity5: 广告内容:软件工程硕士
E/MainActivity6: 广告地址:http://localhost:8080/system/showImage?fileName=1533217264890--4972683369271453960.jpg&&type=1
E/MainActivity7: 消息体obj:第1条消息End
E/MainActivity3: 消息体obj:第2条消息Start
E/MainActivity4: 广告名:招聘教师
E/MainActivity5: 广告内容:物理学教授
E/MainActivity6: 广告地址:http://localhost:8080/system/showImage?fileName=1533217225105--4972683369271453960.jpg&&type=1
E/MainActivity7: 消息体obj:第2条消息End
E/MainActivity3: 消息体obj:第3条消息Start
E/MainActivity4: 广告名:计算机程序设计大赛
E/MainActivity5: 广告内容:宣传
E/MainActivity6: 广告地址:http://localhost:8080/system/showImage?fileName=1532761956719--4972683369271453960.jpg&&type=1
E/MainActivity7: 消息体obj:第3条消息End
```

图 6.5　Gson 解析效果

6.1.4　最佳实践:接口数据格式的定义

项目开发过程中,移动端和服务器端经常需要进行数据的交换,在这样的需求背景下,一个好的统一的接口数据格式是非常必要的,它可以帮助前端人员与服务端人员就如何获取数据、如何解析数据、如何传输协议达成一致,提高工作效率的同时,又有利于后期维护。试想一下前端和后端没有统一返回数据格式的情况,我们来看一下会发生什么:

后台开发人员 A,在接口返回时,习惯返回一个返回码“code = 0000”,然后返回数据。

后台开发人员 B,在接口返回时,习惯直接返回一个 boolean 类型的“success = true”,然后返回数据。

后台开发人员 C,在接口返回时,习惯在接口失败时返回“code = 0000”。

可以看到,上面三个开发人员的做法都没有什么大问题,没有谁对谁错,只要给前端接口文档,前端都是可以接上接口的。但是,在项目功能越来越多,接口数量持续增长之后,对开发人员而言,这种不统一就会变成一种灾难。同一个前端人员,如果同时对接后台人员 A 和 C,那他在对接接口时会很崩溃。因为返回的 code,同样是 0000,但是一个代表成功,一个代表失败,这时前端就会去找两个人沟通,看可不可以统一一下,但是两个人一看,最近写了几十个接口了,还和别人对接过,牵一发动全身,没法做改动了,这就是灾难。

所以,在项目开发中,初期搭建框架时,定义好通用的接口数据返回格式,定义好全局的状态码,是非常有必要的。一个项目,甚至整个公司,遵循同一套接口返回格式规范,这样可以极大地提高进度,降低沟通成本。

以职淘淘在线兼职平台为例,我们采用如下的接口形式。

```
{
    "code": 0,
    "msg":"获取数据成功",
    "obj": null
}
```

其中,code 为返回状态码,0 表示成功;data 为领域业务数据,由接口自定义;msg 为错误的提示信息。下面分别解释之。

(1) 返回状态码 code。

• 0:接口正常请求并返回。当返回 0 时,需要同时返回 obj 的部分数据,以便客户端实现所需要的业务功能。

• 4XX:客户端非法请求。此类请求是由客户端不正确调用引起的,如请求的接口服务不存在,或者接口参数不对、验证失败等等。当这种情况发生时,客户端人员只需要调整修正调用即可。对于此系统状态码,在进行接口开发时,可由项目开发人员自已定义约定。

• 5XX:服务器运行错误。此类错误是应该避免的,当客户端发现有这种情况时,应该知会后台接口开发人员进行修正。当配置的参数规则不符合要求时,或者获取了不存在的参数等,即会触发此类异常错误,通常由框架抛出。

(2) 业务数据 obj。

obj 为接口和客户端主要沟通对接的数据部分,可以为任何类型,由接口自定义,但为了更好地扩展、向后兼容,建议都使用 Object。

(3) 错误信息 msg。

当返回状态码不为 200 时,此字段不为空。即有异常(如上面所说的客户端非法请求和服务端运行错误两大类)触发时,会自动将异常的错误信息作为错误信息 msg 返回。

对于服务端的异常,出于对接口隐私的保护,框架在给出错误信息时往往不会给出过于具体的描述;相反,对于客户端的异常,则会进行必要的说明,以提醒客户端该如何进行调用调整。

6.2 使用 HTTP 协议访问网络数据

6.2.1 HTTP 协议介绍

HTTP 是一个适用于分布式超媒体信息系统的应用层协议。它于 1990 年被提出,现已得到广泛使用,并得到不断完善和扩展。HTTP 是万维网协会(World Wide Web Consortium)和 Internet 工作小组(Internet Engineering Task Force)合作的结果,他们最终发布了一系列的 RFC:RFC 1945 定义了 HTTP/1.0 版本;RFC 2616 定义了今天普遍使用的一个版本——HTTP 1.1。

HTTP 协议的主要特点如下:

• 支持 C/S (客户端/服务器)模式。

• 简单快速。客户向服务器请求服务时,只需传送请求方法和路径。请求方法常用的有 GET、HEAD、POST,每种方法规定了客户与服务器联系的不同类型。HTTP 协议比较简单,HTTP 服务器的程序规模较小,因而其通信速度很快。

• 灵活。HTTP 允许传输任意类型的数据对象。正在传输的类型由 Content-Type 加以标记。

• 无连接。无连接的含义是限制每次连接只处理一个请求。服务器处理完客户的请求，并收到客户的应答后，即断开连接。

• 无状态。HTTP协议是无状态协议。无状态是指协议对于事务处理没有记忆能力。缺少状态意味着如果后续处理需要前面的信息，则它必须重传，这样可能导致每次连接传送的数据量增大。另一方面，在服务器不需要先前信息时它的应答就较快。

绝大多数的Web开发都是构建在HTTP协议之上的Web应用。要想了解Web开发，先要了解HTTP的URL，其一般形式如下：

http://host[:port][abs_path]

其中，http表示要通过HTTP协议来定位网络资源；host表示合法的Internet主机域名或者IP地址；port指定一个端口号，为空时则使用默认端口80；abs_path指定请求资源的URI(Uniform Resource Identifier，通用资源标志符，指Web上任意的可用资源)。

HTTP报文是面向文本的，报文中的每一个字段都是一些ASCII码串，各个字段的长度是不确定的。

HTTP有两类报文：请求报文和响应报文。

1. HTTP请求报文

一个HTTP请求报文由请求行、请求报头、空行、请求数据4个部分组成。请求报文的一般格式如图6.6所示。

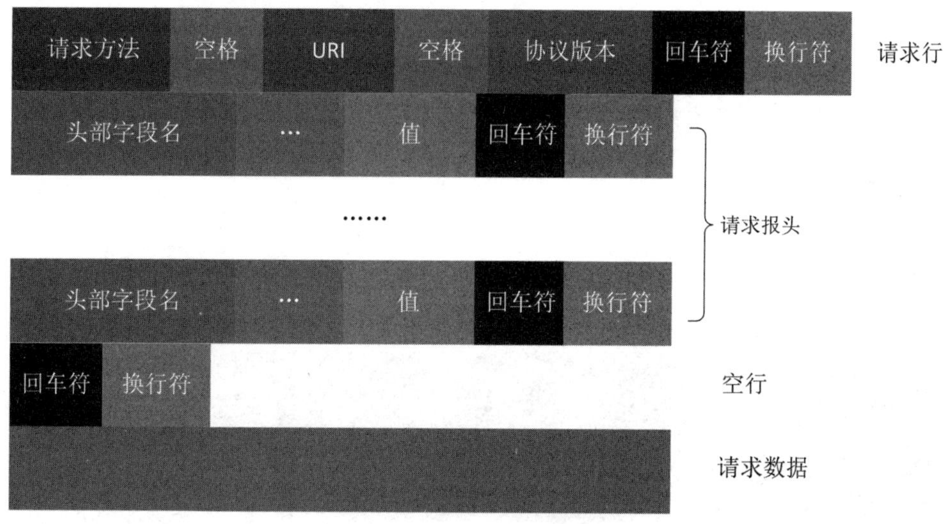

图6.6　请求报文的一般格式

(1) 请求行

请求行由请求方法字段、URI字段和HTTP协议版本字段组成，它们之间用空格分隔。格式如下：

Method Request-URI HTTP-Version CRLF

其中，Method表示请求方法；Request-URI是一个统一资源标识符；HTTP-Version表示请求的HTTP协议版本；CRLF表示回车和换行(除了作为结尾的CRLF外，不允许出现单独的CR或LF字符)。

例如：POST /form.html HTTP/1.1 (CRLF)。

请求方法有多种，各种方法的解释如表6.1所示。

表6.1　HTTP请求报文中的请求方法及含义

请求方法	含义
GET	请求获取Request-URI所标识的资源
POST	在Request-URI所标识的资源后附加新的数据
HEAD	请求获取由Request-URI所标识的资源的响应消息报头
PUT	请求服务器存储一个资源，并用Request-URI作为其标识
DELETE	请求服务器删除Request-URI所标识的资源
TRACE	请求服务器回送收到的请求信息，主要用于测试或诊断
CONNECT	保留将来使用
OPTIONS	请求查询服务器的性能，或者查询与资源相关的选项和需求

(2) 请求报头

这部分的内容后边会有详细介绍，这里就不赘述了。

(3) 空行

最后一个请求报头之后是一个空行，发送回车符和换行符，通知服务器以下不再有请求报头。

(4) 请求数据

请求数据不在GET方法中使用，而是在POST方法中使用。POST方法适用于需要客户填写表单的场合。与请求数据相关的最常使用的请求报头是Content-Type和Content-Length。在接收和解释请求消息后，服务器会返回一个HTTP响应消息。

2. HTTP响应报文

HTTP响应报文也是由4个部分组成的，分别是状态行、响应报头、空行、响应正文，如图6.7所示。

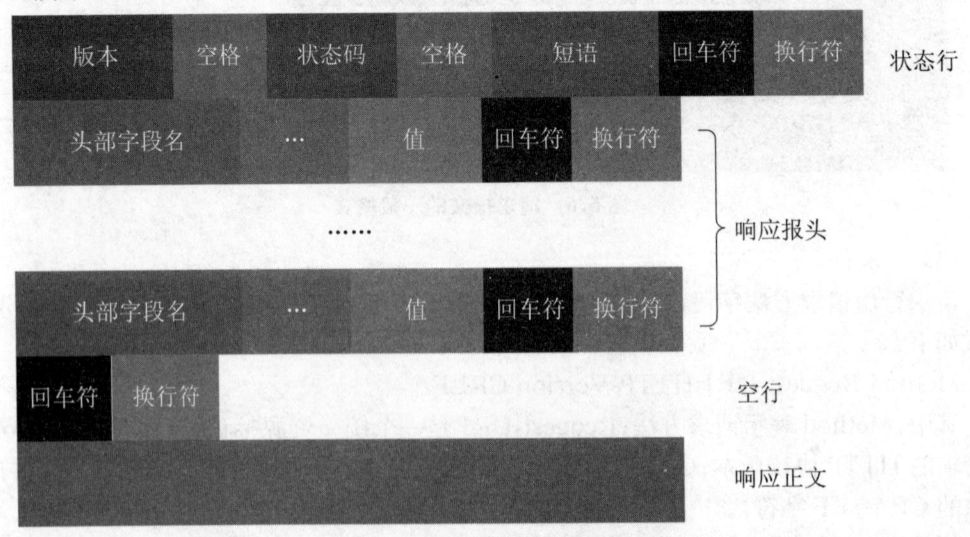

图6.7　HTTP响应报文

(1) 状态行

状态行的格式如下:

HTTP-Version Status-Code Reason-Phrase CRLF

其中,HTTP-Version 表示服务器 HTTP 协议的版本;Status-Code 表示服务器发回的响应状态代码;Reason-Phrase 表示状态码的文本描述。

例如:HTTP/1.1 200 OK (CRLF)。

状态代码由 3 位数字组成,第一个数字定义了响应的类别,有 5 种可能取值,如表 6.2 所示。

表 6.2　状态代码的可能取值及其含义

状态代码	含义
1xx	指示信息,表示请求已接受,继续处理
2xx	成功,表示请求已被成功接收、理解、处理
3xx	重定向,要完成请求必须进行进一步的操作
4xx	客户端错误,请求有语法错误或者无法实现
5xx	服务器端错误,服务器未能实现合法的请求

状态代码的具体种类有很多,可查阅相关文档,这里列出最常见的一些状态代码及其状态描述,如表 6.3 所示。

表 6.3　常见状态代码及其状态描述

状态代码	状态描述
200　OK	客户端请求成功
400　Bad Request	客户端请求有语法错误,不能被服务器所理解
401　Unauthorized	请求未经授权
403　Forbidden	服务器收到请求,但是拒绝提供服务
404　Not Found	请求资源不存在,比如输入了错误的 URL
500　Internal Server Error	服务器发生不可预期的错误
503　Server Unavailable	服务器当前不能处理客户端的请求,一段时间后可能恢复正常

(2) 响应报头

这部分内容后边会有详细介绍,在这里就不赘述了。

(3) 空行

这一行是空的,起分隔作用。

(4) 响应正文

响应正文就是服务器返回的资源内容。

3. HTTP 消息报头

如前所述,HTTP 消息由客户端对服务器的请求和服务器对客户端的响应组成。请求消息和响应消息都由开始行(对于请求消息,开始行就是请求行;对于响应消息,开始行就是状态行)、消息报头(可选)、空行(只有 CRLF 的行)、消息正文(可选)4 部分组成。

消息报头包括普通报头、请求报头、响应报头、实体报头。消息报头由“头部字段名/值”对组成,每行一对,头部字段名和值用英文冒号分隔,形式如下:

头部字段名+:+空格+值

其中头部字段名是大小写无关的。

报头描述了客户端或者服务器端的属性、被传输的资源以及应该实现的连接。

4 种不同类型的消息报头:

(1) 普通报头。既可用于请求,也可用于响应,不用于被传输的实体,只用于传输消息,是作为一个整体而不是特定资源与事务相关联。比如,Date 普通报头表示消息产生的日期和时间;Connection 普通报头允许发送指定连接的选项,例如指定连接是连续,或者指定 close 选项,通知服务器在响应完成后关闭连接。

(2) 请求报头。允许客户端传递关于自身的消息和希望的响应形式。请求报头通知服务器有关客户端请求的消息,典型的请求报头有如下几种:

- User-Agent。包含产生请求的操作系统、浏览器类型等信息。
- Accept。客户端可识别的内容类型列表,用于指定客户端接受哪些类型的消息。
- Host。请求的主机名,允许多个域名同处于一个 IP 地址,即虚拟机。

(3) 响应报头。用于服务器传递自身消息的响应。典型的响应报头有如下两种:

- Location。用于重定向接受者到一个新的位置。Location 响应报头常用在更换域名的时候。
- Server。包含了服务器用来处理请求的系统信息,与 User-Agent 请求报头相对应。

(4) 实体报头。定义被传送资源的信息。既可用于请求,也可用于响应。请求和响应消息都可以传送一个实体。典型的实体报头有如下几种:

- Content-Encoding。被用作媒体类型的修饰符。它的值指示了已经被应用到实体正文的附加内容的编码,因而要获得 Content-Type 报头中所引用的媒体类型,必须采用相应的解码机制。
- Content-Type。描述了资源类型,如 text/html、multipart/form-data、application/json 等。
- Content-Language。描述了资源所用的自然语言。没有设置该选项则认为实体内容将提供给所有的语言阅读。
- Content-Length。用于指明实体正文的长度,以用字节方式存储的十进制数字表示。
- Last-Modified。用于指示资源的最后修改日期和时间。

注意 这里只是列出了各种消息报头的典型形式,更多信息大家可以查阅 RFC 文档。官方的文档地址是 http://www.ietf.org/rfc.html,用户可以在主页通过 RFC 文档号或者协议名查找自己需要的 RFC 文档,如可以输入 2616 或者 Hypertext Transfer Protocol--HTTP/1.1 找到 HTTP 1.1 的 RFC 文档。

6.2.2 WebView 的使用方法

了解了 HTTP 协议之后,我们继续往下学习。有时候我们可能会碰到一些比较特殊的需求，比如说要求在应用程序里展示一些网页。相信每个人都知道，加载和显示网页通常都是浏览器的任务，但是需求里又明确指出，不允许打开系统浏览器，而我们当然也不可能自己去编写一个浏览器出来，这时应该怎么办呢？

不用担心，Android 早就已经考虑到了这种需求，并提供了一个 WebView 控件，借助它我们就可以在自己的应用程序里嵌入一个浏览器，从而非常轻松地展示各种各样的网页。

WebView 的用法也是相当简单的，下面我们就通过一个例子来学习一下吧。新建一个 Example_6.02 项目，然后修改 activity_main.xml 中的代码，如下所示：

```
<? xml version = "1.0" encoding = "utf-8"? >
<LinearLayout xmlns:android = "http://schemas.android.com/apk/res/android"
    android:layout_width = "match_parent"
    android:layout_height = "match_parent">
    <WebView
        android:id = "@ + id/web_view"
        android:layout_width = "match_parent"
        android:layout_height = "match_parent">
    </WebView>
</LinearLayout>
```

可以看到，我们在布局文件中使用了一个新的控件：WebView。这个控件当然也就是用来显示网页的了，这里的写法很简单，给它设置了一个 id，并让它铺满整个屏幕。

然后修改 MainActivity 中的代码，如下所示：

```
public class MainActivity extends Activity {
    @Override
    protected void onCreate(Bundle savedInstanceState) {
    super.onCreate(savedInstanceState);
        setContentView(R.layout.activity_main);
        WebView webView = findViewById(R.id.web_view);
        //启用 js 支持
        webView.getSettings().setJavaScriptEnabled(true);
        webView.setWebViewClient(new WebViewClient());
        webView.loadUrl("http://222.195.117.211:8080/login");
    }
}
```

MainActivity 中的代码也很短，首先使用 findViewById 方法获取到 WebView 的实例，然后调用 WebView 的 getSettings 方法去设置一些浏览器的属性，这里我们并没有去设置过多的属性，只是调用了 setJavaScriptEnabled 方法来让 WebView 支持 JavaScript 脚本。

接下来是非常重要的一个部分：我们调用了 WebView 的 setWebViewClient 方法，并传入了一个 WebViewClient 的实例。这段代码的作用是：当需要从一个网页跳转到另一个网页时，我们希望目标网页仍然在当前 WebView 中显示，而不是打开系统浏览器。

最后一步就非常简单了，调用 WebView 的 loadUrl 方法，将网址传入，即可展示相应网页的内容。

另外还需要注意,由于本程序使用到了网络功能,而访问网络是需要声明权限的,因此我们要修改 AndroidManifest.xml 文件,加入权限声明,如下所示:

```
<uses-permission android:name="android.permission.INTERNET"/>
```

在开始运行之前,首先需要保证手机或模拟器是联网的,如果使用的是模拟器,只需保证电脑能正常上网即可。然后就可以运行程序了,效果如图 6.8 所示。

图 6.8 WebView 加载网页

可以看到,Example_6.02 这个程序现在已经具备了一个简易浏览器的功能,不仅成功将职淘淘后台管理系统的登录页面展示了出来,还可以通过点击链接浏览更多的网页。

当然,WebView 还有很多更加高级的使用技巧,我们就不再继续进行探讨了,因为那不是本章的重点。这里先介绍了一下 Web View 的用法,只是希望你能对 HTTP 协议的使用有一个最基本的认识,接下来我们就要利用这个协议来做一些真正的网络开发工作了。

6.2.3 使用 HttpURLConnection 访问网络数据

通过对 HTTP 协议和 VebView 控件的学习,我们应该可以大概了解 WebView 的运行机制了,简单来说,WebView 已经在后台帮我们处理好了发送 HTTP 请求、接收服务响应、解析返回数据以及最终的页面展示这几步工作,不过由于它封装得实在是太好了,反而使得我们不能那么直观地看出 HTTP 协议到底是如何工作的。因此,接下来就让我们通过手动发送 HTTP 请求的方式，来更加深入地了解一下这个过程。

在过去，Android 发送 HTTP 请求一般有两种方式：HttpURLConnection 和 HttpClient。不过由于 HttpClient 存在 API 数量过多、扩展困难等缺点，Android 团队越来越不建议我们使用这种方式。最终在 Android 6.0 系统中，HttpClient 的功能被完全移除了，这标志着此功能被正式弃用。因此本小节我们就学习一下官方现在建议使用的 HttpURLConnection 的用法。

首先需要获取到 HttpURLConnection 的实例，一般只需新建一个 URL 对象，并传入目标的网络地址，然后调用一下 openConnection 方法即可，如下所示：

```
URL url = new URL("http://222.195.117.211:8080/login");
HttpURLConnection connection = (HttpURLConnection) url.openConnection();
```

在得到了 HttpURLConnection 的实例之后，我们可以设置一下 HTTP 请求使用的方法。常用的方法主要有两个：GET 和 POST。GET 表示希望从服务器那里获取数据，而 POST 则表示希望提交数据给服务器。写法如下：

```
connection.setRequestMethod("POST");
```

接下来就可以进行一些自由的定制了，比如设置连接超时、读取超时的毫秒数以及服务器希望得到的一些消息头等。这部分内容应根据自己的实际情况进行编写，示例写法如下：

```
connection.setConnectTimeout(8000);
connection.setReadTimeout(8000);
```

之后再调用 getInputStream 方法就可以获取到服务器返回的输入流了，剩下的任务就是对输入流进行读取，如下所示：

```
InputStream in = connection.getInputStream();
```

最后可以调用 disconnects 方法将这个 HTTP 连接关闭掉，如下所示：

```
connection.disconnect();
```

下面就让我们以职淘淘在线兼职平台的登录功能为例来真正体验一下 HttpURLConnection 的用法。在开始之前对服务器端的登录接口进行简单的介绍。

接口说明：用户登录接口。

请求格式：

http://IP:8080/api /user/login? username = username&&password = password

其中 IP 为部署服务器端程序的电脑的 IP 地址或域名。

请求方式：GET 方式。

使用协议：HTTP。

请求参数：具体描述见表 6.4。

表 6.4　登录接口参数描述

参数	类型	是否必填	描述
username	String	必填	长度为 20 的合法用户名
password	String	必填	长度为 6～16 位由数字、字母组成的合法的用户密码

返回参数:JSON 数据,具体描述见表 6.5。

表 6.5 登录接口返回数据描述

参数	类型	是否必填	描述
code	Integer	必填	消息码:0 表示处理成功,其他表示处理失败
msg	String	code! =0 时,必填	错误消息描述,当 code! =0 时,有相应的错误描述
obj	Object	code=0 时,必填	返回用户对象,当 code=0 时,返回用户信息

新建一个 Example_6.03 项目,首先修改 activity_main.xml 中的代码,如下所示:

```
<? xml version="1.0" encoding="utf-8"? >
<LinearLayout xmlns:android="http://schemas.android.com/apk/res/android"
    android:layout_width="match_parent"
    android:layout_height="match_parent"
    android:orientation="vertical">
    <EditText
        android:id="@+id/username"
        android:layout_width="match_parent"
        android:layout_height="wrap_content"
        android:layout_marginTop="10dp"
        android:background="@drawable/edit_shap"
        android:drawableLeft="@mipmap/username_img"
        android:drawablePadding="5dp"
        android:textSize="18sp"
        android:hint="username"/>
    <EditText
        android:id="@+id/password"
        android:layout_width="match_parent"
        android:layout_height="wrap_content"
        android:layout_marginTop="10dp"
        android:background="@drawable/edit_shap"
        android:drawableLeft="@mipmap/password_img"
        android:drawablePadding="5dp"
        android:textSize="18sp"
        android:hint="password"/>
    <Button
        android:id="@+id/login_btn"
        android:layout_width="match_parent"
        android:layout_height="wrap_content"
```

```
        android:layout_marginTop="10dp"
        android:textSize="20sp"
        android:background="@drawable/button_shap"
        android:layout_margin="15dp"
        android:text="登录"/>
    <TextView
        android:id="@+id/user_info"
        android:layout_width="match_parent"
        android:layout_height="wrap_content"/>
</LinearLayout>
```

布局中放置了两个 EditText、一个 Button 和一个 TextView，两个 EditText 分别用于填写用户名和密码，Button 用于发送 HTTP 请求，TextView 用于将服务器返回的数据显示出来。同时为了页面美观，我们使用 drawableLeft 属性在两个编辑框的左边分别添加了一个图标，用于提醒用户输入内容。另外大家注意到，两个 EditText 和一个 Button 我们都添加了一个 background 属性，并添加了对应的 shap. xml 文件，它的主要作用就是帮助我们自定义控件样式。本例中用到的两个 shap 文件的代码如下所示。

button_shap. xml 文件代码：

```
<?xml version="1.0" encoding="utf-8"?>
<shape xmlns:android="http://schemas.android.com/apk/res/android">
    <padding android:top="5dp"
        android:left="5dp"
        android:right="5dp"
        android:bottom="5dp">
    </padding>
    <corners android:radius="10dp"></corners>
    <solid android:color="#FF8000"></solid>
</shape>
```

edit_shap. xml 文件代码：

```
<?xml version="1.0" encoding="utf-8"?>
<shape xmlns:android="http://schemas.android.com/apk/res/android">
    <stroke android:width="1dp"></stroke>
    <padding android:top="5dp"
        android:left="5dp"
        android:right="5dp"
        android:bottom="5dp">
    </padding>
</shape>
```

结合 6.1.4 节对接口返回数据格式的介绍，我们很容易想到封装 ReturnData 和 UserDto 两个对象(其中 ReturnData 对象后面多次使用，不做重复介绍，如有遗忘，可回到此处查看)，以便于使用 Gson 工具快速地解析，代码如下。注意 UserDto 中 getter 和 setter 方法之后，我们还添加了一个toString方法，它主要用于格式化打印数据，以便于查看。

```
public class ReturnData {
    private Integer code;
    private String msg;
    private Object obj;
    public Integer getCode() {
        return code;
    }
    public void setCode(Integer code) {
        this.code = code;
    }
    public String getMsg() {
        return msg;
    }
    public void setMsg(String msg) {
        this.msg = msg;
    }
    public Object getObj() {
        return obj;
    }
    public void setObj(Object obj) {
        this.obj = obj;
    }
}
public class UserDto {
    //id
    private String id;
    //用户账号
    private String userName;
    //密码
    private String passWord;
    //姓名
    private String realName;
    //性别:1.男;2.女
    private int gender;
    //头像地址
    private String imgUrl;
    //电话号码
    private String phoneNumber;
    //邮箱
```

```
private String email;
//qq
private String qq;
//出生地
private String bornAddress;
//当前所在城市
private String nowCity;
//就业状态:1. 待业;2. 上班
private int workState;
//就业单位
private String workEntreprise;
//备注
private String remark;
public String getUserName() {
    return userName;
}
public void setUserName(String userName) {
    this.userName = userName;
}
public String getPassWord() {
    return passWord;
}
public void setPassWord(String passWord) {
    this.passWord = passWord;
}
public String getRealName() {
    return realName;
}
public void setRealName(String realName) {
    this.realName = realName;
}
public int getGender() {
    return gender;
}
public void setGender(int gender) {
    this.gender = gender;
}
public String getImgUrl() {
    return imgUrl;
}
```

```
public void setImgUrl(String imgUrl) {
    this.imgUrl = imgUrl;
}
public String getPhoneNumber() {
    return phoneNumber;
}
public void setPhoneNumber(String phoneNumber) {
    this.phoneNumber = phoneNumber;
}
public String getEmail() {
    return email;
}
public void setEmail(String email) {
    this.email = email;
}
public String getQq() {
    return qq;
}
public void setQq(String qq) {
    this.qq = qq;
}
public String getBornAddress() {
    return bornAddress;
}
public void setBornAddress(String bornAddress) {
    this.bornAddress = bornAddress;
}
public String getNowCity() {
    return nowCity;
}
public void setNowCity(String nowCity) {
    this.nowCity = nowCity;
}
public String getRemark() {
    return remark;
}
public void setRemark(String remark) {
    this.remark = remark;
}
public int getWorkState() {
```

```
        return workState;
    }
    public void setWorkState(int workState) {
        this.workState = workState;
    }
    public String getWorkEntreprise() {
        return workEntreprise;
    }
    public void setWorkEntreprise(String workEntreprise) {
        this.workEntreprise = workEntreprise;
    }
    public String getId() {
        return id;
    }
    public void setId(String id) {
        this.id = id;
    }
    @Override
    public String toString() {
        return "UserDto{" +
            "id='" + id + '\'' + "\n" +
            ",userName='" + userName + '\'' + "\n" +
            ",passWord='" + passWord + '\'' + "\n" +
            ",realName='" + realName + '\'' + "\n" +
            ",gender=" + gender + "\n" +
            ",imgUrl='" + imgUrl + '\'' + "\n" +
            ",phoneNumber='" + phoneNumber + '\'' + "\n" +
            ",email='" + email + '\'' + "\n" +
            ",qq='" + qq + '\'' + "\n" +
            ",bornAddress='" + bornAddress + '\'' + "\n" +
            ",nowCity='" + nowCity + '\'' + "\n" +
            ",workState=" + workState + "\n" +
            ",workEntreprise='" + workEntreprise + '\'' + "\n" +
            ",remark='" + remark + '\'' +'}';
    }
}
```

接着修改 MainActivity 中的代码，如下所示：

```
public class MainActivity extends Activity {

    private EditText userNameEdt;
```

```
private EditText passwordEdt;
private TextView userInfoTxt;
private Button loginBtn;
@Override
protected void onCreate(Bundle savedInstanceState) {
    super.onCreate(savedInstanceState);
    setContentView(R.layout.activity_main);

    userNameEdt = findViewById(R.id.username);
    passwordEdt = findViewById(R.id.password);
    userInfoTxt = findViewById(R.id.user_info);
    loginBtn = findViewById(R.id.login_btn);

    loginBtn.setOnClickListener(new View.OnClickListener() {
        @Override
        public void onClick(View v) {
            login();
        }
    });
}

public void login(){
    new Thread(new Runnable() {
        @Override
        public void run() {
            HttpURLConnection connection = null;
            BufferedReader reader = null;
            try {
                URL url = new
            URL("http://222.195.117.211:8080/api/user/login? username = "
                        + userNameEdt.getText().toString()
                        + "&password = " + passwordEdt.getText().toString());
                connection = (HttpURLConnection) url.openConnection();
                connection.setRequestMethod("GET");
                connection.setConnectTimeout(8000);
                connection.setReadTimeout(8000);
                InputStream in = connection.getInputStream();
                //下面对获取到的输入流进行读取
                reader = new BufferedReader(new InputStreamReader(in));
                StringBuilder response = new StringBuilder();
```

```
                String line;
                while ((line = reader.readLine()) != null) {
                    response.append(line);
                }
                showResponse(response.toString());
            }catch (Exception e) {
                e.printStackTrace();
            }finally {
                if (reader != null){
                    try {
                        reader.close();
                    }catch (IOException e) {
                        e.printStackTrace();
                    }
                }
                if(connection != null){
                    connection.disconnect();
                }
            }
        }
    }).start();
}
private void showResponse(final String response){
    runOnUiThread(new Runnable() {
        @Override
        public void run() {
            //这里根据登录的结果更新 UI
            Gson gson = new Gson();
            ReturnData result = null;
            if(response != null && ! response.isEmpty()){
                result = gson.fromJson(response,ReturnData.class);
            }
            if(result != null && result.getCode() == 0){
                UserDto userDto =
                    gson.fromJson(gson.toJson(result.getObj())
,UserDto.class);
                userInfoTxt.setText(userDto.toString());
            }else{
                userInfoTxt.setText(result.getMsg());
            }
```

```
            }
        });
    }
}
```

可以看到我们在登录按钮的点击事件里调用了 login 方法，这个方法先开启了一个子线程，然后在子线程里使用 HttpURLConnection 发送一条 HTTP 请求，请求的目标地址就是职淘淘项目的登录接口。接着利用 BufferReader 对服务器返回的流进行读取，并将结果传入到 showResponse 方法中。而在 showResponse 方法里则是调用了一个 runOnUiThread 方法，在这个方法中我们首先使用 Gson 工具(使用之前别忘了在 build. gradle 文件中添加对 Gson 的引用哦！)将服务器返回的数据解析成 ReturnData 对象，然后根据 ReturnData 的 code 值判断是否登录成功。如果登录不成功，我们直接将错误信息显示出来；如果成功，继续使用 Gson 工具类将 ReturnData 中的 obj 数据解析成 UserDto 对象并显示到界面上(这里我们先使用 Gson 将 obj 数据转化成 JSON 数据，这样才能正确解析成 UserDto 对象，因为原始的 obj 数据并不是正确的 JSON 格式的数据，而是一个 object 对象)。那么这里为什么要用这个 runOnUiThread 方法呢？这是因为 Android 是不允许在子线程中进行 UI 操作的，我们需要通过这个方法将线程切换到主线程，然后再更新 UI 元素。关于这部分内容，我们将会在下一节中进行详细讲解，现在你只需要记得必须这么写就可以了。

完整的一套流程就是这样，不过在开始运行之前，仍然别忘了要声明一下网络权限。修改 AndroidManifest. xml 中的代码，如下所示：

```
<uses-permission android:name = "android. permission. INTERNET"/ >
```

好了，现在运行一下程序，并点击“登录”按钮，效果如图 6.9 所示。

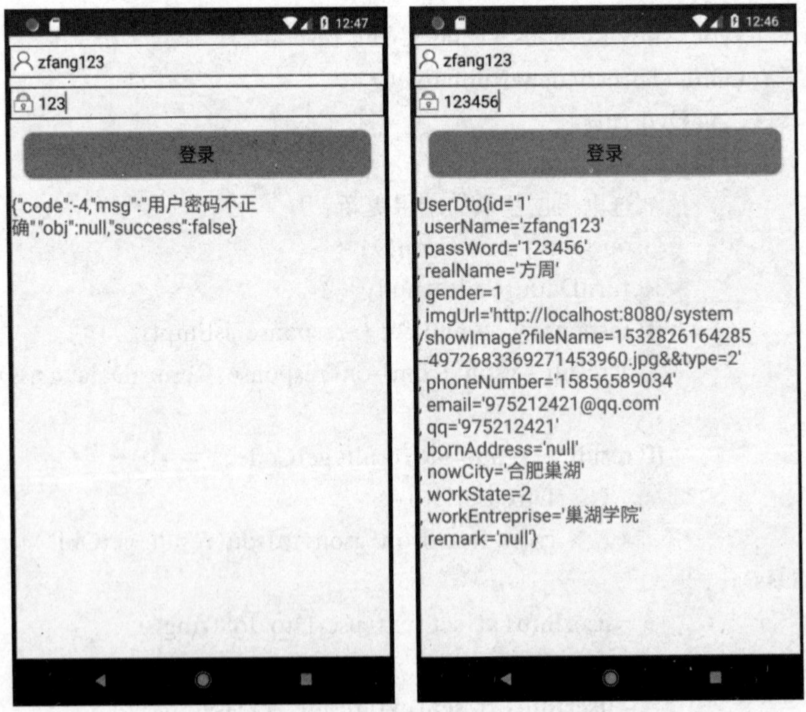

图 6.9 HttpURLConnection GET 方法返回数据

至此，对于 HttpURLConnection，我们已经学习了使用 GET 方式发送请求，那么如果有某一个接口使用的是 POST 方式的话，我们应该怎么办呢？其实也不复杂，只需要将 HTTP 请求的方法改成 POST，并在获取输入流时把要提交的数据写出即可。注意每条数据都要以键值对的形式存在，数据与数据之间用“&”符号隔开，比如说我们想要向服务器提交用户名和密码，就可以这样写：

```
connection.setRequestMethod("POST");
DataOutputStream out = new DataOutputStream(connection.get0utputStream());
out.writeBytes("username = zfang&password = 123456");
```

好了，相信你已经将 HttpURLConnection 的用法熟练地掌握了。

6.2.4 使用 OkHttp 访问网络数据

当然我们并不是只能使用 HttpURLConnection，完全没有任何其他选择，事实上在开源盛行的今天，有许多出色的网络通信库都可以替代原生的 HttpURLConnection，而其中 OkHttp 无疑是做得最出色的一个。

OkHttp 是由大名鼎鼎的 Square 公司开发的，这个公司在开源事业上面贡献良多，除了 OkHttp 之外，还开发了如 Picasso、Retrofit 等著名的开源项目。OkHttp 不仅在接口封装上面做得简单易用，就连在底层实现上也是自成一派，比起原生的 HttpURLConnection，完全是有过之而无不及，现在已经成了广大 Android 开发者首选的网络通信库。本小节我们就来学习一下 OkHttp 的用法，OkHttp 的项目主页地址是：https://github.com/square/okhttp。

在使用 OkHttp 之前，我们需要先在项目中添加 OkHttp 库的依赖。编辑 app/ build.gradle 文件，在 dependencies 闭包中添加如下内容：

```
compile'com.squareup.okhttp3:okhttp:3.7.0'
```

添加上述依赖会自动下载两个库，一个是 OkHttp 库，一个是 Okio 库，后者是前者的通信基础。其中 3.7.0 是我写本书时 OkHttp 的最新版本，你可以访问 OkHttp 的项目主页来查看当前最新版本号。

下面我们来看一下 OkHttp 的具体用法。首先需要创建一个 OkHttpClient 的实例，如下所示：

```
OkHttpClient client = new OkHttpClient();
```

接下来如果想要发起一条 HTTP 请求，就需要创建一个 Request 对象：

```
Request request = new Request.Builder().build();
```

当然，上述代码只是创建了一个空的 Request 对象，并没有什么实际作用，我们可以在最终的 build 方法之前连缀很多其他方法来丰富这个 Request 对象。比如可以通过 url 方法来设置目标的网络地址，如下所示：

```
Request request = new Request.Builder()
        .url("http://www.baidu.com")
        .build();
```

之后调用 OkHttpClient 的 newCall 方法来创建一个 Call 对象，并调用它的 execute 方法来发送请求并获取服务器返回的数据，写法如下：

```
Response response = client.newCall(request).execute();
```

其中 Response 对象就是服务器返回的数据了，我们可以使用如下写法来得到返回的具体内容：

```
String responseData = response.body().string();
```

如果发起的是一条 POST 请求，会比 GET 请求稍微复杂一点。我们需要先构建出一个 Request Body 对象来存放待提交的参数，如下所示：

```
RequestBody requestBody = new FormBody.Builder()
                .add("username","zfang")
                .add("password","123456")
                .build();
```

然后在 Request.Builder 中调用一下 post 方法，并将 RequestBody 对象传入：

```
Request request = new Request.Builder()
                .url("http://222.195.117.211:8080/api/user/login ")
                .post(requestBody)
                .buil();
```

接下来的操作就和 GET 请求一样了，调用 execute 方法发送请求并获取服务器返回的数据即可。

好了，OkHttp 的基本用法就先学到这里，本书后面所有与网络相关的功能我们都将会使用 OkHttp 来实现，到时候再进行进一步的学习。那么现在让我们使用 OkHttp 获取职淘淘在线兼职平台的最新广告数据吧。同样在开始之前对服务器端获取广告列表的接口进行简单的介绍。

接口说明：广告列表接口。

请求格式：

http://IP:8080/api/advertise/getAdvertiseList

其中 IP 为部署服务器端程序的电脑的 IP 地址或域名。

请求方式：POST 方式。

使用协议：HTTP。

请求参数：JSON 数据类型，具体描述见表 6.6。

表 6.6　广告列表接口参数描述

参数	类型	是否必填	描述
pageIndex	String	必填	每次查询的起始页
pageSize	String	必填	每次查询的条数
pageSort	String	选填	每次查询根据哪个字段排序，本例中使用更新时间(updateDate)排序
pageSortBy	String	选填	每次查询的排序方法，如“Desc”或“Asc”
pageKey	String	选填	每次查询的搜索关键字

返回参数：JSON 数据，具体描述见表 6.7。

表 6.7　接口返回数据描述

参数	类型	是否必填	描述
code	Integer	必填	消息码:0 表示处理成功,其他表示处理失败
msg	String	code!　=0 时,必填	错误消息描述,当 code!　=0 时,有相应的错误描述
obj	Object	code=0 时,必填	返回广告列表对象,当 code = 0 时,返回广告列表信息

创建 Android 项目 Example_6.04,页面布局大体采用 Example_6.03 的布局,其他资源(shap.xml)不再赘述,代码如下:

```
<? xml version="1.0" encoding="utf-8"? >
<LinearLayout xmlns:android="http://schemas.android.com/apk/res/android"
android:layout_width="match_parent"
android:layout_height="match_parent"
android:orientation="vertical">
    <EditText
        android:id="@+id/page_index"
        android:layout_width="match_parent"
        android:layout_height="wrap_content"
        android:layout_marginTop="10dp"
        android:background="@drawable/edit_shap"
        android:drawablePadding="5dp"
        android:textSize="18sp"
        android:hint="每次请求的起始页"/>
    <EditText
        android:id="@+id/page_size"
        android:layout_width="match_parent"
        android:layout_height="wrap_content"
        android:layout_marginTop="10dp"
        android:background="@drawable/edit_shap"
        android:drawablePadding="5dp"
        android:textSize="18sp"
        android:hint="每次请求的条数"/>
    <EditText
        android:id="@+id/page_sort"
        android:layout_width="match_parent"
        android:layout_height="wrap_content"
        android:layout_marginTop="10dp"
        android:background="@drawable/edit_shap"
```

```
        android:drawablePadding = "5dp"
        android:textSize = "18sp"
        android:hint = "每次请求的排序方式"/>
    <EditText
        android:id = "@ + id/page_sortby"
        android:layout_width = "match_parent"
        android:layout_height = "wrap_content"
        android:layout_marginTop = "10dp"
        android:background = "@drawable/edit_shap"
        android:drawablePadding = "5dp"
        android:textSize = "18sp"
        android:hint = "每次请求的排序字段"/>
    <EditText
        android:id = "@ + id/page_search_key"
        android:layout_width = "match_parent"
        android:layout_height = "wrap_content"
        android:layout_marginTop = "10dp"
        android:background = "@drawable/edit_shap"
        android:drawablePadding = "5dp"
        android:textSize = "18sp"
        android:hint = "每次请求的搜索关键字"/>
    <Button
        android:id = "@ + id/search_btn"
        android:layout_width = "match_parent"
        android:layout_height = "wrap_content"
        android:layout_marginTop = "10dp"
        android:textSize = "20sp"
        android:background = "@drawable/button_shap"
        android:layout_margin = "15dp"
        android:text = "登录"/>
    <ScrollView
        android:layout_width = "match_parent"
        android:layout_height = "match_parent">
        <TextView
            android:id = "@ + id/advertise_info"
            android:layout_width = "match_parent"
            android:layout_height = "wrap_content"
            android:textSize = "20sp"/>
    </ScrollView>
</LinearLayout>
```

注意，这里我们使用了一个新的控件：ScrollView，它是用来做什么的呢？手机屏幕的空间一般都比较小，有时候过多的内容一屏是显示不下的，借助 ScrollView 控件的话，我们就可以以滚动的形式查看屏幕以外的那部分内容了。

第二步，在 app/build.gradle 中，添加对 OkHttp 和 Gson 的引用。

```
/* OkHttp */
compile'com.squareup.okhttp3:okhttp:3.7.0'
/* Gson */
compile'com.google.code.gson:gson:2.8.0'
```

第三步，创建 ReturnData 类和 Advertise 类，具体属性分别在 Example_6.01 中已经做了介绍，这里不再赘述。

准备工作结束了，让我们开始对 MainActivity 进行修改，完成对接口的请求。

```
public class MainActivity extends Activity {
    private EditText pageIndexEdt;
    private EditText pageSizeEdt;
    private EditText pageSortEdt;
    private EditText pageSortByEdt;
    private EditText pageSearchEdt;
    private TextView advertiseInfoTxt;
    private Button searchBtn;
    @Override
    protected void onCreate(Bundle savedInstanceState) {
        super.onCreate(savedInstanceState);
        setContentView(R.layout.activity_main);

        pageIndexEdt = findViewById(R.id.page_index);
        pageSizeEdt = findViewById(R.id.page_size);
        pageSortEdt = findViewById(R.id.page_sort);
        pageSortByEdt = findViewById(R.id.page_sortby);
        pageSearchEdt = findViewById(R.id.page_search_key);
        advertiseInfoTxt = findViewById(R.id.advertise_info);
        searchBtn = findViewById(R.id.search_btn);
        searchBtn.setOnClickListener(new View.OnClickListener() {
            @Override
            public void onClick(View v) {
                try {
                    getAdervertiseList();
                }catch (IOException e) {
                    e.printStackTrace();
                }
            }
```

```
    });
}
public void getAdervertiseList() throws IOException {
    new Thread(new Runnable() {
        @Override
        public void run() {
                //设置提交参数的类型
                final MediaType MEDIA_TYPE_JSON =
                    MediaType.parse("application/json; charset = utf-8");
                //封装参数
                HashMap<String,String> paramsMap = new HashMap<>();
                paramsMap.put("pageIndex",pageIndexEdt.
                                getText().toString());
                paramsMap.put("pageSize",pageSizeEdt.
                                getText().toString());
                paramsMap.put("pageSort",pageSortEdt.
                                getText().toString());
                paramsMap.put("pageSortBy",pageSortByEdt.
                                getText().toString());
                paramsMap.put("pageKey",pageSearchEdt.
                                getText().toString());
                //使用 Gson 将参数转换成接口需要的 JSON 格式
                Gson gson = new Gson();
                OkHttpClient client = new OkHttpClient();
                RequestBody body = RequestBody.create
                        (MEDIA_TYPE_JSON,gson.toJson(paramsMap));
                String requestUrl = "http://222.195.117.211:8080/api/
                                advertise/getAdvertiseList";
                final Request request = new Request.Builder()
                        .url(requestUrl)
                        .post(body)
                        .build();
                Response response = null;
                String result = null;
                try {
                    response = client.newCall(request).execute();
                    result = response.body().string();
                }catch (IOException e) {
                    e.printStackTrace();
                }
```

```
                showResponse(result);
            }
        }).start();
    }
private void showResponse(final String response){
        runOnUiThread(new Runnable() {
            @Override
            public void run() {
                Gson gson = new Gson();
                ReturnData result = null;
                if(response != null && ! response.isEmpty()){
                    result = gson.fromJson(response,ReturnData.class);
                }
                if(result != null && result.getCode() == 0){
                    List<Advertise> advertises = gson.fromJson(
                            gson.toJson(result.getObj()),
                            new TypeToken <List<Advertise>>(){}.getType());
                    String advertiseInfo = "";
                    for(int i = 0;i <advertises.size(); i++){
                        advertiseInfo += "消息体 obj:第" + i + "条消息 Start\n";
                        advertiseInfo += "广告名:"
                            + advertises.get(i).getAdvertiseName() + "\n";
                        advertiseInfo += "广告内容:"
                            + advertises.get(i).getAdvertiseContent() + "\n";
                        advertiseInfo += "广告地址:"
                            + advertises.get(i).getAdvertiseUrl() + "\n";
                        advertiseInfo += "消息体 obj:第" + i + "条消息 End\n";
                    }
                    advertiseInfoTxt.setText(advertiseInfo);
                }else{
                    advertiseInfoTxt.setText(response);
                }
            }
        });
    }
}
```

可以看到我们在广告查询按钮的点击事件里调用了 getAdervertiseList 方法，同样在这个方法中先开启一个子线程，然后在子线程里定义了一个 MediaType 类型的变量，告诉 OkHttp 我们将用 JSON 的数据格式提交参数，接着我们创建了一个 HashMap 变量作为提交给服务器的参数，并将用户输入的值赋给 HashMap，同时使用 Gson 工具类将其转化成服务器接口需要的 JSON 数据。然后分别创建 OkHttpClient、RequestBody 和 request 对象，简单配置之后使用 OkHttpClient 发送请求，并将服务器接口返回的数据在 showResponse() 中进行解析和显示，因为这部分的内容已经在 Example_6.01 中做了详细的介绍，这里就不做介绍了。

好了，现在运行一下程序，点击“获取广告列表”按钮，效果如图 6.10 所示。

图 6.10 OkHttp POST 方法返回数据

6.2.5 最佳实践：封装网络请求工具类

目前你已经掌握了 HttpURLConnection 和 OkHttp 的用法，知道了如何发起 HTTP 请求，以及解析服务器返回的数据，但也许你还没有发现，之前我们的写法其实是很有问题的：一个应用程序很可能会在许多地方都使用到网络功能，而发送 HTTP 请求的代码基本都是相同的，如果我们每次都去编写一遍发送 HTTP 请求的代码，这显然是非常不高效的做法。

没错，通常情况下我们都应该将这些通用的网络操作提取到一个公共的类里，并提供一个静态方法，当想要发起网络请求的时候，只需简单地调用一下这个方法即可。比如使用如下的写法：

```
public class HttpUtil {
/**
   * Post 服务请求
   *
   * @param requestUrl 请求地址
```

```
     * @param requestbody 请求参数
     * @return
   */
  public static String sendPost(String requestUrl,String requestbody){
          try {
              //建立连接
              URL url = new URL(requestUrl);
              HttpURLConnection connection
                  = (HttpURLConnection) url.openConnection();
              //设置连接属性
              connection.setDoOutput(true); //使用 URL 连接进行输出
              connection.setDoInput(true); //使用 URL 连接进行输入
              connection.setUseCaches(false); //忽略缓存
              connection.setRequestMethod("POST"); //设置 URL 请求方法
              String requestString = requestbody;
              //设置请求属性
              byte[] requestStringBytes
                  = requestString.getBytes();//获取数据字节数据
              connection.setRequestProperty
                      ("Content-length","" + requestStringBytes.length);
              connection.setRequestProperty
                      ("Content-Type","application/octet-stream");
              connection.setRequestProperty
                      ("Connection","Keep-Alive");// 维持长连接
              connection.setRequestProperty("Charset","UTF-8");
              connection.setConnectTimeout(8000);
              connection.setReadTimeout(8000);
              //建立输出流,并写入数据
              OutputStream outputStream = connection.getOutputStream();
              outputStream.write(requestStringBytes);
              outputStream.close();
              //获取响应状态
              int responseCode = connection.getResponseCode();
              if (HttpURLConnection.HTTP_OK == responseCode) {//连接成功
                  //当正确响应时处理数据
                  StringBuffer buffer = new StringBuffer();
                  String readLine;
                  BufferedReader responseReader;
                  //处理响应流
                  responseReader = new BufferedReader
```

```
                (new InputStreamReader(connection.getInputStream()));
            while ((readLine = responseReader.readLine()) ! = null) {
                buffer.append(readLine).append("\n");
            }
            responseReader.close();
            Log.d("HttpPOST",buffer.toString());
            return buffer.toString();//成功
        }
    }catch (Exception e){
        e.printStackTrace();
    }
    return null;//失败
}
/**
 * Get 服务请求
 *
 * @param requestUrl
 * @return
 */
public static String sendGet(String requestUrl){
    try{
        //建立连接
        URL url = new URL(requestUrl);
        HttpURLConnection connection
                = (HttpURLConnection) url.openConnection();
        connection.setRequestMethod("GET");
        connection.setDoOutput(false);
        connection.setDoInput(true);
        connection.setConnectTimeout(8000);
        connection.setReadTimeout(8000);
        connection.connect();
        //获取响应状态
        int responseCode = connection.getResponseCode();
        if (HttpURLConnection.HTTP_OK = = responseCode) {//连接成功
            //当正确响应时处理数据
            StringBuffer buffer = new StringBuffer();
            String readLine;
            BufferedReader responseReader;
            //处理响应流
            responseReader = new BufferedReader
```

```
                (new InputStreamReader(connection.getInputStream()));
            while ((readLine = responseReader.readLine()) != null) {
                buffer.append(readLine).append("\n");
            }
            responseReader.close();
            Log.d("HttpGET",buffer.toString());
            return buffer.toString();
        }
    }catch (Exception e){
        e.printStackTrace();
    }
    return null;
  }
}
```

以后每当需要发起一条 HTTP 请求的时候就可以这样写：

```
String address = "http://www.baidu.com";
String response = HttpUtil.sendGet(address);
```

或者

```
String address = "http://www.baidu.com";
String params = "username = zfang&password = 123";
String res ponse = HttpUtil.sendPost(address,params);
```

大家注意上面的工具类中我们添加了很多之前没有介绍的一些配置，考虑到篇幅限制，这里就不再一一介绍了，大家感兴趣的话可以查找相关资料了解。在获取到服务器响应的数据后，我们就可以对它进行解析和处理了。但是需要注意，网络请求通常都属于耗时操作，sendPost 和 setGet 方法的内部并没有开启线程，这样就有可能导致在调用的时候使得主线程被阻塞住。

你可能会说，很简单嘛，在 sendGet()和 setPost()内部开启一个线程不就解决这个问题了吗？事实没有你想象中的那么容易，因为如果我们在 sendGet()或者 sendPost()中开启了一个线程来发起 HTTP 请求，那么服务器响应的数据是无法返回的，所有的耗时逻辑都是在子线程里进行的，sendGet()或者 sendPost()会在服务器还没来得及响应的时候就执行结束了，当然也就无法返回响应的数据了。

那么遇到这种情况时应该怎么办呢？其实解决方法并不难，只需要使用 Java 的回调机制就可以了，下面就让我们来学习一下回调机制到底是如何使用的。

首先需要定义一个接口，比如将它命名成 ReqCallBack，代码如下所示：

```
public interfaceReqCallBack<T> {
    /**
     * 响应成功
     */
    void onReqSuccess(T result);
    /**
```

```
    * 响应失败
    */
void onReqFailed(String errorMsg);
}
```

可以看到,我们在接口中定义了两个方法,onReqSuccess()表示当服务器成功响应我们请求的时候调用,onReqFailed()表示当进行网络操作出现错误的时候调用。这两个方法都带有参数,onReqSuccess 方法中的参数代表着服务器返回的数据,而 onReqFailed 方法中的参数记录着错误的详细信息。

接着修改 HttpUtil 中的代码,如下所示:

```
public class HttpUtil {
    public static void sendPost(final String requestUrl,final String
                                    requestbody,final ReqCallBack callBack){
        new Thread(new Runnable() {
            @Override
            public void run() {
                HttpURLConnection connection = null;
                try {
                    //建立连接
                    URL url = new URL(requestUrl);
                    connection = (HttpURLConnection) url.openConnection();
                    //设置连接属性
                    connection.setDoOutput(true); //使用 URL 连接进行输出
                    connection.setDoInput(true); //使用 URL 连接进行输入
                    connection.setUseCaches(false); //忽略缓存
                    connection.setRequestMethod("POST"); //设置 URL 请求方法
                    String requestString = requestbody;
                    //设置请求属性
                    byte[] requestStringBytes = requestString.getBytes();
                    connection.setRequestProperty
                        ("Content-length","" + requestStringBytes.length);
                    connection.setRequestProperty
                        ("Content-Type","application/octet-stream");
                    connection.setRequestProperty
                        ("Connection","Keep-Alive");// 维持长连接
                    connection.setRequestProperty("Charset","UTF-8");
                    connection.setConnectTimeout(8000);
                    connection.setReadTimeout(8000);
                    //建立输出流,并写入数据
                    OutputStream outputStream =
                                        connection.getOutputStream();
```

```
                    outputStream.write(requestStringBytes);
                    outputStream.close();
                    //获取响应状态
                    int responseCode = connection.getResponseCode();
                    if (HttpURLConnection.HTTP_OK == responseCode) {
                        //连接成功
                        //当正确响应时处理数据
                        StringBuffer buffer = new StringBuffer();
                        String readLine;
                        BufferedReader responseReader;
                        //处理响应流
                        responseReader = new BufferedReade(
                        new InputStreamReader(connection.getInputStream())
                        );
                        while ((readLine = responseReader.readLine())
                                    != null){
                            buffer.append(readLine).append("\n");
                        }
                        responseReader.close();
                        Log.d("HttpPOST",buffer.toString());
                        if(callBack != null){
                            callBack.onReqSuccess(buffer.toString());
                        }
                    }
                }catch (Exception e){
                    e.printStackTrace();
                    if(callBack != null){
                        callBack.onReqFailed(e.toString());
                    }
                }finally {
                    if(connection != null){
                        connection.disconnect();
                    }
                }
            }
        }).start();
    }
    public static void sendGet(final String requestUrl,
                               final ReqCallBack callBack){
        new Thread(new Runnable() {
```

```
@Override
public void run() {
    HttpURLConnection connection = null;
    try{
        //建立连接
        URL url = new URL(requestUrl);
        connection = (HttpURLConnection) url.openConnection();
        connection.setRequestMethod("GET");
        connection.setDoOutput(false);
        connection.setDoInput(true);
        connection.setConnectTimeout(8000);
        connection.setReadTimeout(8000);
        connection.connect();
        //获取响应状态
        int responseCode = connection.getResponseCode();
        if (HttpURLConnection.HTTP_OK == responseCode) {
            //连接成功
            //当正确响应时处理数据
            StringBuffer buffer = new StringBuffer();
            String readLine;
            BufferedReader responseReader;
            //处理响应流
            responseReader = new BufferedReader(new
                InputStreamReader(connection.getInputStream())
            );
            while ((readLine = responseReader.readLine())
                                                    != null){
                buffer.append(readLine).append("\n");
            }
            responseReader.close();
            Log.d("HttpGET",buffer.toString());
            if(callBack != null){
                callBack.onReqSuccess(buffer.toString());
            }
        }
    }catch (Exception e){
        e.printStackTrace();
        if(callBack != null){
            callBack.onReqFailed (e.toString());
        }
```

```
                    } finally {
                        if(connection ! = null){
                            connection.disconnect();
                        }
                    }
                }
            }).start();
        }
    }
```

上面的代码中，我们首先给 sendPost 方法和 sendGet 方法添加了一个 ReqCallBack 参数，并在方法的内部开启了一个子线程，然后在子线程里去执行具体的网络操作。注意，子线程中是无法通过 return 语句来返回数据的，因此这里我们将服务器响应的数据传入 ReqCallBack 的 onReqSuccess 方法中，如果出现了异常，就将异常原因传入到 onReqFailed 方法中。

现在 sendPost 方法接收三个参数，sendGet 方法接收两个参数，我们在调用它们的时候还需要将 ReqCallBack 的实例传入，如下所示：

```
final String address = "http://www.baidu.com";
final ReqCallBack<String> reqCallBack = new ReqCallBack<String>() {
    @Override
    public void onReqSuccess(String result) {
        //在这里根据返回内容执行具体的逻辑
    }
    @Override
    public void onReqFailed(String errorMsg) {
        //在这里对异常情况进行处理
    }
};
HttpUtil.sendGet(address,reqCallBack);
```

这样的话，当服务器成功响应的时候，我们就可以在 onReqSuccess 方法里对响应数据进行处理了。类似地，如果出现了异常，可以在 onReqFailed 方法里对异常情况进行处理。如此一来，我们就巧妙地利用回调机制将响应数据成功返回给了调用方。

不过你会发现，上述使用 HttpURLConnection 的写法总体来说还是比较复杂的，那么使用 OkHttp 会变得简单吗？答案是肯定的，而且要简单得多，下面我们来具体看一下，如何在 HttpUtil 中加入一个 sendOkHttpRequest 方法，如下所示：

```
public static void sendOkHttpRequest(String address,
okhttp3.Callback callback){
        OkHttpClient client = new OkHttpClient();
        Request request = new Request.Builder()
                .url(address)
                .build();
```

```
    client.newCall(request).enqueue(callback);
}
```

可以看到，sendOkHttpRequest 方法中有一个 okhttp3. Callback 参数，这个是 OkHttp 库中自带的一个回调接口，类似于我们刚才自己编写的 ReqCallBack。然后在 client. newCall()之后没有像之前那样一直调用 execute 方法，而是调用了一个 enqueue 方法，并把 okhttp3. Callback 参数传入。相信聪明的你已经猜到，OkHttp 在 enqueue 方法的内部已经帮我们开好了子线程，然后会在子线程中去执行 HTTP 请求，并将最终的请求结果回调到 okhttp3. Callback 当中。

那么我们在调用 sendOkHttpRequest 方法的时候就可以这样写：

```
HttpUtil.sendOkHttpRequest("http://www.baidu.com",new Callback() {
    @Override
    public void onFailure(Call call,IOException e) {
        //在这里对异常情况进行处理
    }
    @Override
    public void onResponse(Call call,Response response)
throws IOException {
        //在这里根据返回内容执行具体的逻辑
        String responseData = response.body().string();
    }
});
```

由此可以看出，OkHttp 的接口设计得的确非常人性化，它将一些常用的功能进行了友好的封装，使得我们只需编写少量的代码就能完成较为复杂的网络操作。当然我们以上对 OkHttp 的封装也只是简单地提供了思路。

另外需要注意的是，不管是使用 HttpURLConnection 还是 OkHttp，最终的回调接口都还是在子线程中运行的，因此我们不可以在这里执行任何的 UI 操作，除非借助 runOnUiThread 方法来进行线程转换。至于具体的原因，我们很快就会在下一节中学习到。

6.3 Android 多线程编程

熟悉 Java 的你，对多线程编程一定不会陌生吧。当我们需要执行一些耗时操作，比如说发起一条网络请求时，考虑到网速等原因，服务器未必会立刻响应我们的请求，如果不将这类操作放在子线程里去运行，就会导致主线程被阻塞住，从而影响用户对软件的正常使用。那么就让我们从线程的基本用法开始学习吧。

6.3.1 线程的基本用法

Android 多线程编程其实并不比 Java 多线程编程特殊，基本都是使用相同的语法。比如说，定义一个线程只需要新建一个类继承自 Thread，然后重写父类的 run 方法，并在里面编写耗时逻辑即可，如下所示：

```
class MyThread extends Thread{
    @Override
    public void run() {
        super.run();
        //完成自己的耗时操作
    }
}
```

那么该如何启动这个线程呢？其实也很简单，只需要 new 出 MyThread 的实例，然后调用它的 start 方法，这样 run 方法中的代码就会在子线程当中运行了，如下所示：

```
new MyThread().start();
```

当然，使用继承的方式耦合性有点高，更多的时候我们都会选择使用实现 Runnable 接口的方式来定义一个线程，如下所示：

```
class MyThread implements Runnable{
    @Override
    public void run() {
        //完成自己的耗时操作
    }
}
```

如果使用了这种写法，启动线程的方法也需要进行相应的改变，如下所示：

```
MyThread myThread = new MyThread();
new Thread(myThread).start();
```

可以看到，Thread 的构造函数接收一个 Runnable 参数，而我们 new 的 MyThread 正是一个实现了 Runable 接口的对象，所以可以直接将它传入到 Thread 的构造函数中。接着调用 Thread 的 start 方法，run 方法里面的代码就会在子线程当中运行了。

当然，如果你不想专门再定义一个类去实现 Runnable 接口，也可以使用匿名类的方式，这种写法更为常见，如下所示：

```
new Thread(new Runnable() {
    @Override
    public void run() {
        //完成自己的耗时操作
    }
}).start();
```

以上几种线程的使用方式相信你都不会感到陌生，因为在 Java 中创建和启动线程也是使用同样的方式。了解了线程的基本用法后，下面我们来看一下 Android 多线程编程与 Java 多线程编程不同的地方。

6.3.2　Android 多线程编程

和许多其他的 GUI 库一样，Android 的 UI 也是线程不安全的。也就是说，如果想要更新应用程序里的 UI 元素，则必须在主线程中进行，否则就会出现异常。

眼见为实，让我们通过一个具体的例子来验证一下吧。新建一个 Example_6.05 项目，然后修改 activity_main.xml 中的代码，如下所示：

```
<?xml version="1.0" encoding="utf-8"?>
<LinearLayout xmlns:android="http://schemas.android.com/apk/res/android"
    android:layout_width="match_parent"
    android:layout_height="match_parent"
    android:orientation="vertical">
    <Button
        android:id="@+id/modify_txt"
        android:layout_width="match_parent"
        android:layout_height="wrap_content"
        android:layout_weight="0"
        android:text="改变文本框的值"/>
    <TextView
        android:id="@+id/text"
        android:layout_width="match_parent"
        android:layout_height="0dp"
        android:padding="10dp"
        android:gravity="center"
        android:layout_weight="1"
        android:text="看看能不能在子线程里改变我的值"
        android:textSize="20sp"/>
</LinearLayout>
```

布局文件中定义了两个控件，TextView 用于在屏幕的正中央显示“看看能不能在子线程里改变我的值”这个字符串，Button 用于改变 TextView 中显示的内容，我们预期在点击 Button 后可以把 TextView 中显示的字符串改成“看，我已经在子线程改变值了”。注意我们让 TextView 占据了屏幕中除 Button 之外的所有空间，要想在 LinearLayout 中实现这种功能，只需要将目标控件在 LinearLayout 排列方向上的尺寸（本例为 layout_height）设置为 0dp，同时分别把目标控件和其他控件的 layout_weight 属性设置为 1 和 0 即可。其中 layout_weight 属性是用来设置子控件在 LinearLayout 布局中所占权重的。

接下来修改 MainActivity 中的代码，如下所示：

```
public class MainActivity extends Activity {
    private TextView showTxt;
    private Button changeBtn;
    @Override
    protected void onCreate(Bundle savedInstanceState) {
        super.onCreate(savedInstanceState);
        setContentView(R.layout.activity_main);
```

```
        showTxt = findViewById(R.id.text);
        changeBtn = findViewById(R.id.modify_txt);
        changeBtn.setOnClickListener(new View.OnClickListener() {
            @Override
            public void onClick(View v) {
                new Thread(new Runnable() {
                    @Override
                    public void run() {
                        showTxt.setText("看,我已经在子线程改变值了");
                    }
                }).start();
            }
        });
    }
}
```

可以看到,我们在 changeBtn 按钮的点击事件里面开启了一个子线程,然后在子线程中调用 TextView 的 setText 方法将显示的字符串改成"看,我已经在子线程改变值了"。代码的逻辑非常简单,只不过我们是在子线程中更新 UI 的。现在运行一下程序,并点击 changeBtn 按钮,你会发现程序果然崩溃了,如图 6.11 所示。

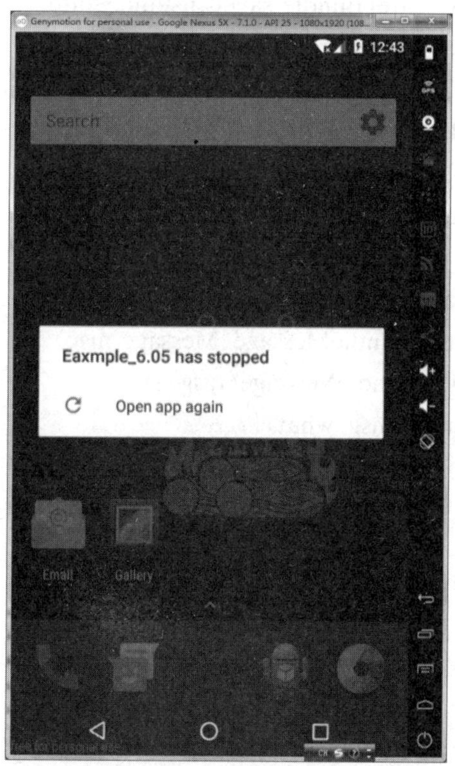

图 6.11　子线程中更新 UI 导致崩溃

然后查看 Logcat 中的错误日志，可以看到错误是由于在子线程中更新 UI 所导致的，如图 6.12 所示。

```
android.view.ViewRootImpl$CalledFromWrongThreadException: Only the original thread that created a view hierarchy can touch its views.
    at android.view.ViewRootImpl.checkThread(ViewRootImpl.java:6723)
    at android.view.ViewRootImpl.invalidateChildInParent(ViewRootImpl.java:991)
```

图 6.12　崩溃的详细信息

由此证实了 Android 确实是不允许在子线程中进行 UI 操作的。但是有些时候，我们必须在子线程里去执行一些耗时任务，然后根据任务的执行结果来更新相应的 UI 控件，这该如何是好呢?

对于这种情况，Android 提供了一套异步消息处理机制，完美地解决了在子线程中进行 UI 操作的问题。本小节中我们先来学习一下异步消息处理的使用方法，下一小节中再去分析它的原理。

修改 MainActivity 中的代码，如下所示：

```
public class MainActivity extends Activity implements View.OnClickListener{
    private TextView showTxt;
    private Button changeBtn;
    private static final int UPDATE_TEXT = 1;
    private Handler mHander;
    @Override
    protected void onCreate(Bundle savedInstanceState) {
        super.onCreate(savedInstanceState);
        setContentView(R.layout.activity_main);
        showTxt = findViewById(R.id.showData);
        changeBtn = findViewById(R.id.modify_txt);
        changeBtn.setOnClickListener(this);
        mHander = new Handler(){
            @Override
            public void handleMessage(Message msg) {
                super.handleMessage(msg);
                switch (msg.what){
                    case UPDATE_TEXT:
                        showTxt.setText(msg.obj.toString());
                        break;
                    default:
                        break;
                }
            }
        };
    }
    @Override
```

```
    public void onClick(View v) {
        if(v.getId() == R.id.modify_txt){
            new Thread(new Runnable() {
                @Override
                public void run() {
                    Message message = new Message();
                    message.what = UPDATE_TEXT;
                    message.obj = "看,我已经在子线程改变值了";
                    mHander.sendMessage(message);// 将 Message 对象发送出去
                }
            }).start();
        }
    }
}
```

这里我们先是定义了一个整型常量 UPDATE_TEXT,用于表示更新 TextView 这个动作。然后新增一个 Handler 对象,并重写父类的 handleMessage 方法,在这里对具体的 Message 进行处理。如果发现 Message 的 what 字段的值等于 UPDATE_TEXT,就将 TextView 显示的内容改成 Message 的 obj 字段的值。

下面再来看一下 changeBtn 按钮的点击事件中的代码。可以看到,这次我们并没有在子线程里直接进行 UI 操作,而是创建了一个 Message (android.os.Message)对象,并将它的 what 字段的值指定为 UPDATE_TEXT,obj 字段的值设置为"看,我已经在子线程改变值了",然后调用 Handler 的 sendMessage 方法将这条 Message 发送出去。很快,Handler 就会收到这条 Message,并在 handleMessage 方法中对它进行处理。注意此时 handleMessage 方法中的代码就是在主线程当中运行的,所以我们可以放心地在这里进行 UI 操作。接下来对 Message 携带的 what 字段的值进行判断,如果等于 UPDATE_TEXT, 就将 TextView 显示的内容改成 obj 字段的值。

现在重新运行程序,可以看到屏幕的正中央显示着"看看能不能在子线程里改变我的值",如图 6.13 所示,点击一下 changeBtn 按钮,显示的内容就被替换成"看,我已经在子线程改变值了",如图 6.14 所示。

这样我们就掌握了 Android 异步消息处理的基本用法,使用这种机制就可以出色地解决在子线程中更新 UI 的问题。不过恐怕你对它的工作原理还不是很清楚,下面我们就来分析一下 Android 异步消息处理机制到底是如何工作的。

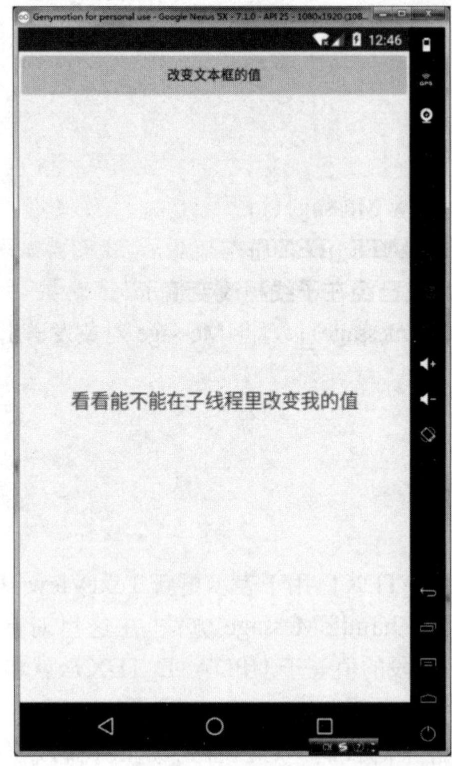

图 6.13 未点击按钮时显示的文字

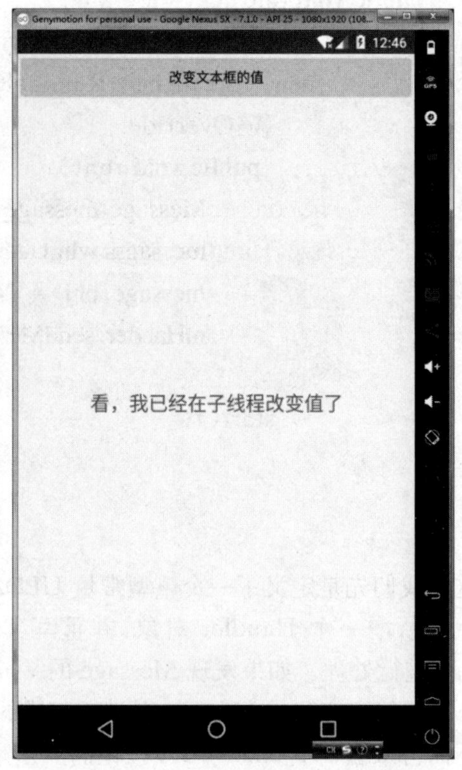

图 6.14 点击按钮后显示的文字

6.3.3 解析异步消息处理机制

Android 中的异步消息处理主要由 4 个部分组成：Message、Handler、MessageQueue 和 Looper。其中 Message 和 Handler 在上一小节中我们已经接触过了，而 MessageQueue 和 Looper 对于你来说还是全新的概念，下面我们就对这 4 个部分进行一个简要的介绍。

1. Message

Message 是在线程之间传递的消息，它可以在内部携带少量的信息，在不同线程之间交换数据。上一节中我们使用了 Message 的 what 和 obj 字段(携带一个 Object 对象)，除此之外还可以使用 arg1 和 arg2 字段来携带一些整型数据。

2. Handler

Handler 是处理者的意思，它主要是用于发送和处理消息的。发送消息一般是使用 Handler 的 sendMessage 方法，而发出的消息经过一系列的辗转处理后，最终会传递到 Handler 的 handleMessage 方法中。

3. MessageQueue

MessageQueue 是消息队列的意思，它主要用于存放所有通过 Handler 发送的消息。这部分消息会一直存在于消息队列中，等待被处理。每个线程中只会有一个 MessageQueue

对象。

4. Looper

Looper 是每个线程中的 MessageQueue 的管家，调用 Looper 的 loop 方法后，就会进入到一个无限循环当中，然后每当发现 MessageQueue 中存在一条消息，就会将它取出，并传递到 Handler 的 handleMessage 方法中。每个线程中也只会有一个 Looper 对象。

了解了 Message、Handler、MessageQueue 以及 Looper 的基本概念后，我们再来把异步消息处理的整个流程梳理一遍。首先需要在主线程当中创建一个 Handler 对象，并重写 handleMessage 方法。然后当子线程中需要进行 UI 操作时，就创建一个 Message 对象，并通过 Handler 将这条消息发送出去。之后这条消息会被添加到 MessageQueue 的队列中等待被处理，而 Looper 则会一直尝试从 MessageQueue 中取出待处理消息，最后分发回 Handler 的 handleMessage 方法中。由于 Handler 是在主线程中创建的，所以此时 handleMessage 方法中的代码也会在主线程中运行，于是我们在这里就可以安心地进行 UI 操作了。整个异步消息处理机制的流程示意图如图 6.15 所示。

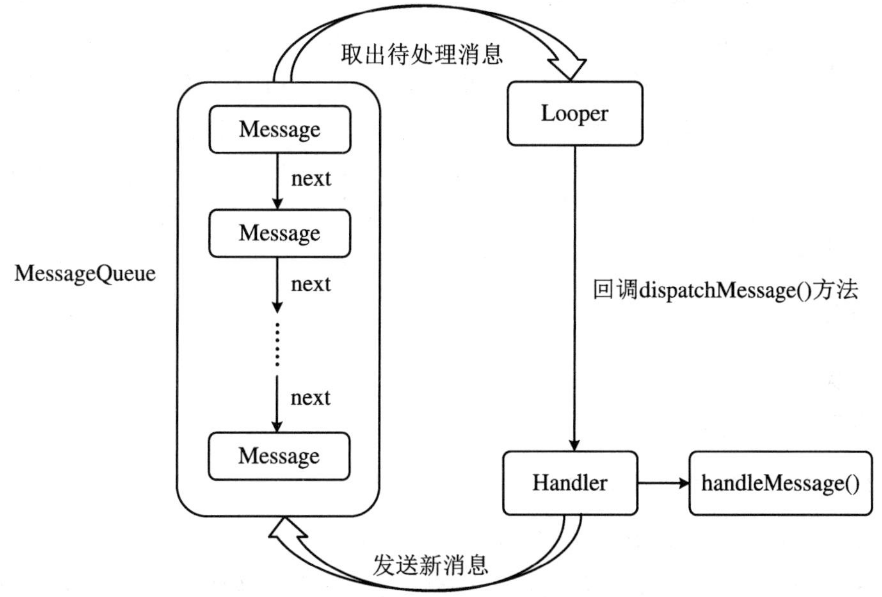

图 6.15 异步消息处理机制流程示意图

一条 Message 经过这样一个流程的辗转调用后，也就从子线程进入到了主线程，从不能更新 UI 变成了可以更新 UI，整个异步消息处理的核心思想就是如此。

而我们在 6.2.4 小节和 6.2.5 小节中使用到的 runOnUiThead 方法其实就是一个异步消息处理机制的接口封装，虽然表面上看起来它的用法更为简单，但其实背后的实现原理和图 6.13 中的描述是一样的。

6.3.4 AsyncTask 的使用

为了更加方便我们在子线程中对 UI 进行操作，Android 还提供了另外一些好用的工具，比如 AsyncTask。借助 AsyncTask，即使你对异步消息处理机制完全不了解，也可以十分简单地从子线程切换到主线程。当然,AsyncTask 背后的实现原理也是基于异步消息处理机制的,只是 Android 帮我们做了很好的封装而已。

首先来看一下 AsyncTask 的基本用法。AsyncTask 是一个抽象类,所以如果我们想要使用它,就必须要创建一个子类去继承它。在继承时我们可以为 AsyncTask 类指定 3 个泛型参数,这 3 个参数及其用途如下:

• Params。执行 AsyncTask 时需要传入的参数,可用于在后台任务中使用。

• Progress。后台任务执行时,如果需要在界面上显示当前的进度,则使用这里指定的泛型作为进度单位。

• Result。当任务执行完毕后,如果需要对结果进行返回,则使用这里指定的泛型作为返回值类型。

因此,一个最简单的自定义 AsyncTask 就可以写成如下形式:

```
class UploadTask extends AsyncTask<String,Integer,Boolean>{
    ......
}
```

这里我们把 AsyncTask 的第一个泛型参数指定为 String,表示在执行 AsyncTask 的时候需要传入 String 类型的参数给后台任务。第二个泛型参数指定为 Integer,表示使用整型数据来作为进度显示单位。第三个泛型参数指定为 Boolean,表示使用布尔型数据来反馈执行结果。

当然,目前我们自定义的 UploadTask 还只是一个空任务,并不能进行任何实际的操作,我们还需要去重写 AsyncTask 中的几个方法才能完成对任务的定制。经常需要去重写的方法有以下 4 个:

1. onPreExecute

这个方法会在后台任务开始执行之前调用,用于进行一些界面上的初始化操作,比如显示一个进度条对话框等。

2. doInBackground(Params…)

这个方法中的所有代码都会在子线程中运行,我们应该在这里去处理所有耗时任务。任务一旦完成就可以通过 return 语句将任务的执行结果返回,如果 AsyncTask 的第三个泛型参数指定的是 Void,则可以不返回任务执行结果。注意,在这个方法中是不可以进行 UI 操作的,如果需要更新 UI 元素,比如说反馈当前任务的执行进度,可以调用 publishProgress(Progress…)方法来完成。

3. onProgressUpdate(Progress…)

当在后台任务中调用了 publishProgess(Progress…)方法后,onProgressUpdate(Progress…)方法就会很快被调用,该方法中携带的参数就是在后台任务中传递过来的。在这个方法中可以对 UI 进行操作,利用参数中的数值就可以对界面元素进行相应的更新。

4. onPostExecute(Result)

当后台任务执行完毕并通过 return 语句进行返回时,这个方法就会很快被调用。返回的数据会作为参数传递到此方法中,可以利用返回的数据来进行一些 UI 操作,比如说提醒任务执行的结果,以及关闭掉进度条对话框等。

因此,一个比较完整的自定义 AsyncTask 就可以写成如下形式了:

```
classUploadTask extends AsyncTask<String,Integer,Boolean>{
    @Override
    protected void onPreExecute() {
        super.onPreExecute();
        progressBar.show();  //显示进度对话框
    }
    @Override
    protected Boolean doInBackground(String… strings) {
        try{
            while(true){
                int uploadPercent = doDownload(); //这是一个虚构的方法
                publishProgress(uploadPercent);
                if(uploadPercent >= 100){
                    break;
                }
            }
        }catch (Exception e){
            return false;
        }
        return null;
    }
    @Override
    protected void onProgressUpdate(Integer… values) {
        super.onProgressUpdate(values);
        progressBar.setMessage("Uploadload " + values[0] + "%");
    }

    @Override
    protected void onPostExecute(Boolean aBoolean) {
        super.onPostExecute(aBoolean);
        progressBar.dismiss();
        /* 提醒上传结果 */
        if(aBoolean){
            Toast.makeText(content,"Uploadload
                        sucessed",Toast.LENGTH_SHORT).show();
        }else{
            Toast.makeText(content,"Uploadload
```

```
                    failed",Toast.LENGTH_SHORT).show();
            }
        }
    }
```

在这个 UploadTask 中,我们在 doInBackground 方法中执行具体的上传任务。这个方法里的代码都是在子线程中运行的,因而不会影响到主线程的运行。注意这里虚构了一个 doUpload 方法,这个方法用于计算当前的上传进度并返回,我们假设这个方法已经存在了。在得到了当前的上传进度后,下面就该考虑如何把它显示到界面上了。doInBackground 方法是在子线程中运行的,在这里肯定不能进行 UI 操作,我们可以调用 publishProgress 方法并将当前的上传进度传进去,这样 onProgressUpdate 方法就会很快被调用,在这里就可以进行 UI 操作了。

当下载完成后,doInBackground 方法会返回一个布尔型变量,这样 onPostExecute 方法就会很快被调用,这个方法也是在主线程中运行的,在这里我们会根据上传的结果弹出相应的 Toast 提示,从而完成整个 UploadTask 任务。

简单来说,使用 AsyncTask 的诀窍就是:在 doInBackground 方法中执行具体的耗时任务, 在 publishProgress 方法中进行 UI 操作,在 onPostExecute 方法中执行一些任务的收尾工作。

最后,如果想要启动这个任务,只需编写以下代码即可:

```
new DownloadTask().execute();
```

以上就是 AsyncTask 的基本用法,怎么样,是不是感觉简单方便了许多?我们并不需要去考虑什么异步消息处理机制,也不需要专门使用一个 Handler 来发送和接收消息,只需要调用一下 publishProgress 方法,就可以轻松地从子线程切换到 UI 线程。

在本节的最佳实践环节,我们会对上传这个功能进行完整的实践。

6.3.5 最佳实践:完整的上传示例

本章中你已经掌握了很多关于网络数据请求和处理的使用技巧,但是当在真正的项目里需要用到服务的时候,可能还会有一些棘手的问题让你不知所措。因此,我们就来综合运用一下,尝试实现职淘淘项目中进行岗位报名时使用到的简历上传功能,为了方便说明,这里将它独立到一个单独的案例中进行讲解。准备好了吗?创建一个 Example_6.06 项目,然后开始本小节的学习之旅吧。

首先我们需要将项目中会使用到的依赖库添加好。编辑 app/build.gradle 文件,在 dependencies 闭包中添加如下内容:

```
dependencies {
    implementation fileTree(dir: 'libs', include: ['*.jar'])
    implementation'com.android.support:appcompat-v7:27.1.1'
    implementation
            'com.android.support.constraint:constraint-layout:1.1.2'
    implementation 'com.android.support:design:27.1.1'
    testImplementation 'junit:junit:4.12'
```

```
        androidTestImplementation 'com.android.support.test:runner:1.0.2'
        androidTestImplementation
                'com.android.support.test.espresso:espresso-core:3.0.2'
        /* okhttp */
        compile 'com.squareup.okhttp3:okhttp:3.7.0'
    }
```

这里只添加了对 OkHttp 的依赖，待会儿在编写网络相关的功能时，我们将使用 OkHttp 来进行实现。

接下来需要定义一个回调接口，用于对上传过程中的各种状态进行监听和回调。新建一个 UploadListener 接口，代码如下所示：

```
    public interfaceUploadListener {
        void onProgress(int progress);
        void onSuccess();
        void onFailed();
        void onCanceled();
    }
```

可以看到，这里我们一共定义了 4 个回调方法，onProgress 方法用于通知当前的上传进度，onSuccess 方法用于通知上传成功事件，onFailed 方法用于通知上传失败事件，onCanceled 方法用于通知上传取消事件。

回调接口定义好了之后，下面我们就可以开始编写上传功能了，这里我们准备使用本章中刚学的 AsyncTask 来进行实现。新建一个 UploadTask 继承自 AsyncTask，代码如下所示：

```
    public classUploadTask extends AsyncTask<Void,Integer,Integer> {

        public static final int TYPE_SUCCESS = 0;
        public static final int TYPE_FAILED = 1;
        public static final int TYPE_CANCELED = 2;

        public UploadListener listener;

        private boolean isCanceled = false;
        private boolean isSuccessed = false;
        private boolean isFailed = false;

        private int lastProgress;

        private String uri;
        File uploadFile ;
        long mTtotalSize ; // 上传文件的总大小
```

```
public UploadTask(String fileName,String uri,UploadListener listener){
    this.uri = uri;
    this.listener = listener;
    uploadFile= new File(fileName);
    mTtotalSize = uploadFile.length();
}

/**
 *开始上传文件
 *@param objects
 *@return
 */
@Override
public Integer doInBackground(Void… objects) {
      if(! uploadFile.exists()){
        return TYPE_FAILED;
    }
    Integer result;
    try{
        //初始化 OkHttpClient
        final OkHttpClient mOkHttpClient = new OkHttpClient()
                .newBuilder()
                .connectTimeout(10,TimeUnit.SECONDS)//设置超时时间
                .readTimeout(10,TimeUnit.SECONDS)//设置读取超时时间
                .writeTimeout(10,TimeUnit.SECONDS)//设置写入超时时间
                .build();
        MediaType MEDIA_TYPE_FILE =
                            MediaType.parse("application/octet-stream");
        MultipartBody.Builder builder = new MultipartBody.Builder();
        builder.setType(MultipartBody.FORM);

        if (uploadFile.exists()) {
                RequestBody requestBody =
                                        BodyUtil.getCustomRequestBody
                (MEDIA_TYPE_FILE,uploadFile,new ProgressListener() {
            @Override
            public void onProgress(long totalBytes,long
                                        remainingBytes,boolean done) {
                publishProgress(int((totalBytes-remainingBytes)
                                                  *100/totalBytes));
```

```
                }
            });
            builder.addFormDataPart("userResume",
                                    uploadFile.getName(),requestBody);
        }
        //构建
        MultipartBody multipartBody = builder.build();
        //创建 Request
        final Request request = new Request.Builder().url(uri)
            .post(multipartBody).tag(this).build();
        Call call = mOkHttpClient.newCall(request);
        call.enqueue(new Callback() {
            @Override
            public void onFailure(Call call,IOException e) {
                isFailed= true;
            }
            @Override
            public void onResponse(Call call,Response response)
                                                throws IOException {
                isSuccessed = true;
            }
        });
        while (true){
            if(isSuccessed){
                return TYPE_SUCCESS;
            }else if(isCanceled){
                call.cancel();
                return TYPE_CANCELED;
            }else if(isFailed){
                return TYPE_FAILED;
            }
        }
    }catch (Exception e){
        e.printStackTrace();
    }
    return TYPE_SUCCESS;
}

@Override
protected void onProgressUpdate(Integer… values) {
```

```
            int progress = values[0];
            if(progress > lastProgress){
                listener.onProgress(progress);
                lastProgress = progress;
            }
        }

        @Override
        protected void onPostExecute(Integer status){
            super.onPostExecute(status);
            switch (status){
                case TYPE_SUCCESS:
                    listener.onSuccess();
                    break;
                case TYPE_FAILED:
                    listener.onFailed();
                    break;
                case TYPE_CANCELED:
                    listener.onCanceled();
                    break;
            }
        }

        public void cancelUpload(){
            isCanceled = true;
        }

    }
```

这段代码比较长,我们需要一步步地进行分析。首先看一下 AsyncTask 中的 3 个泛型参数:第一个泛型参数指定为 Void,表示在执行 AsyncTask 的时候不需要传入参数给后台任务;第二个泛型参数指定为 Integer,表示使用整型数据作为进度显示单位;第三个泛型参数指定为 Integer,表示使用整型数据来反馈执行结果。

接下来我们定义了 3 个整型常量用于表示上传的最终状态,TYPE_SUCCESS 表示上传成功,TYPE_FAILED 表示上传失败,TYPE_CANCELED 表示取消上传。同时我们定义了 3 个 boolean 类型的变量表示上传过程状态。然后在 UploadTask 的构造函数中要求传入刚刚定义的上传文件的路径 fileName(用于获取上传文件 uploadFile)、接口地址 url 及 UploadListener 参数,我们待会就会将上传的状态通过这个参数进行回调。

接着就是要重写 doInBackground()、onProgressUpdate()和 onPostExecute()这 3 个方法了,我们之前已经学习过这 3 个方法各自的作用,因此在这里它们各自所负责的任务也是明确的:doInBackground()用于在后台执行具体的下载逻辑,onProgressUpdate()用于在界面上更新当前的下载进度，onPostExecute()用于通知最终的上传结果。

先来看一下 doInBackground 方法。因为我们是用 OkHttp 来完成上传功能的，所以在开始之前我们再来回顾并继续深入了解一下 OkHttp。我们知道，使用 OkHttp 访问网络的流程是这样的：首先需要创建一个 OkHttpClient 的实例，然后创建一个 Request 对象，接着调用 OkHttpClient 的 newCall 方法来创建一个 Call 对象，并调用它的 execute 方法来发送请求并获取服务器返回的数据。如果在请求网络数据时需要传递参数，我们还得创建一个 RequestBody 对象用来保存参数。但是，通常情况下我们并不会直接使用 create 方法来创建一个 RequestBody 对象，而是使用 RequestBody 的两个子类：FormBody 和 MultipartBody。其中 FormBody 专门用来提交表单数据类，设置请求体的代码是如下的 Key-Value 形式：

```
FormBody.Builder build = new FormBody.Builder()
        .add("username","zfang")
        .add("password","123456");
```

而 MultipartBody 主要是用来实现文件上传的，使用方法如下：

```
MultipartBody.Builder builder = new MultipartBody.Builder()
        .addFormDataPart("uaserName","zfang")
        .addFormDataPart("userResume",uploadFile.getName(),
            RequestBody.create(MediaType.parse("image"),uploadFile));
```

可以看到，MultipartBody 的 addFormDataPart 和 FormBody 的 add 方法一样，可以用来提交表单数据。如果需要提交文件的话，我们就会用到它的第二个重载方法了，该方法需要传递三个参数：接口的参数名(需要和服务器端一致)，需上传文件的名称，以及上传内容 RequestBody，在创建 RequestBody 对象时还需要给出文件类型和文件信息。好了，学习到这里其实我们就可以完成文件上传的任务了，但是别忘了我们的需求里面还有一块内容是实时显示上传的进度，要想实现这个功能，我们就需要自己定义一个 RequestBody 对象，用以捕获上传进度，本例中的自定义 RequestBody 代码如下：

```
public class BodyUtil {
    public static RequestBody getCustomRequestBody(
            final MediaType contentType, final File file,
                                final ProgressListener listener) {
        return new RequestBody() {
            @Override public MediaType contentType() {
                return contentType;
            }
            @Override public long contentLength() {
                return file.length();
            }
            @Override public void writeTo(BufferedSink sink)
                                        throws IOException {
                Source source;
```

```
                try {
                    source = Okio.source(file);
                    Buffer buf = new Buffer();
                    Long remaining = contentLength();
                    for (long readCount;
                            (readCount = source.read(buf,1024)) ! = -1;) {
                        sink.write(buf,readCount);
                        listener.onProgress(contentLength(),remaining - =
                                            readCount,remaining = = 0);
                    }
                }catch (Exception e) {
                    e.printStackTrace();
                }
            }
        };
    }
}
```

可以看到,我们重写了 RequestBody 对象的 writeTo 方法,这里我们首先通过 Okio 框架(Okio 是一款轻量级 IO 框架,由安卓大区最强王者 Square 公司打造,是著名网络框架 OkHttp 的基石)读取文件,并获得文件长度,在每次读取 1024 KB 数据之后,就调用 ProgressListener 的 onProgress 方法显示上传进度,其中 ProgressListener 是我们自定义的接口,代码如下:

```
public interface ProgressListener {
    void onProgress(long totalBytes,long remainingBytes,boolean done);
}
```

至此,再回到 doBackground 方法中,我们首先判断上传文件是否存在,如果不存在,则返回上传失败状态。否则我们依次创建 OkHttpClient 对象、MultipartBody 对象、Request 对象及 Call 对象,最后调用 Call 对象的 enqueue 方法,将请求存入队列中,等待异步请求的发送,这里除了自定义的 RequestBody 的创建,其他内容不再赘述。在创建自定义的 RequestBody 对象时,我们传入了三个对象:上传文件类型,上传文件,ProgressListener,在 ProgressListener 的 onProgress 方法中我们直接调用了 publishProgress 方法。因为是异步网络请求,我们在提交请求之后,创建了一个 while 循环,用来判断上传的中间状态,并做相应的处理。

接下来看一下 onProgressUpdate 方法,这个方法就简单得多了,它首先从参数中获取到当前的上传进度,然后和上一次的上传进度进行对比,如果有变化的话,则调用 UploadListener 的 onProcess 方法来通知上传进度。

最后是 onPostExecute 方法,也非常简单,就是根据参数中传入的上传状态进行回调。上传成功就调用 UploadListener 的 onSuccess 方法,上传失败就调用 onFailed 方法,取消上传就调用 onCanceled 方法。

这样我们就把具体的上传功能完成了。为将具有良好交互性的上传功能呈现给用户,我们需要编写一下前端部分，代码如下：

```
<?xml version="1.0" encoding="utf-8"?>
<LinearLayout xmlns:android="http://schemas.android.com/apk/res/android"
    android:layout_width="match_parent"
    android:layout_height="match_parent"
    android:orientation="vertical">
    <LinearLayout
        android:layout_width="match_parent"
        android:layout_height="wrap_content"
        android:orientation="horizontal"
        android:layout_marginTop="30dp">
        <TextView
            android:id="@+id/file_path"
            android:layout_width="0dp"
            android:layout_height="wrap_content"
            android:layout_weight="1"
            android:padding="5dp"
            android:textSize="18sp"/>
        <Button
            android:id="@+id/choose_btn"
            android:layout_width="wrap_content"
            android:layout_height="wrap_content"
            android:padding="5dp"
            android:textSize="18sp"
            android:text="选择文件"/>
    </LinearLayout>
    <Button
        android:id="@+id/upload_btn"
        android:layout_width="match_parent"
        android:layout_height="wrap_content"
        android:padding="5dp"
        android:textSize="18sp"
        android:text="上传文件"/>
    <Button
        android:id="@+id/cancel_btn"
        android:layout_width="match_parent"
        android:layout_height="wrap_content"
        android:padding="5dp"
        android:textSize="18sp"
        android:text="取消上传"/>
```

```
</LinearLayout>
```

布局文件还是非常简单，这里在 LinearLayout 中放置了一个 TextView 和三个 Button，其中 TextView 用来显示文件路径，三个按钮分别表示选择文件、开始上传和取消上传。

然后修改 MainActivity 中的代码，如下所示：

```
public class MainActivity extends Activity implements View.OnClickListener{

    private TextView filePath;
    private Button chooseBtn;
    private Button uploadBtn;
    private Button cancelBtn;

    private static final int FILE_SELECT_CODE = 0;

    public static String uploadActionUrl =
        "http://222.195.117.211:8080/api/user/uploadUserResume";

    private UploadTask uploadTask;
    @Override
    protected void onCreate(Bundle savedInstanceState) {
        super.onCreate(savedInstanceState);
        setContentView(R.layout.activity_main);

        filePath = findViewById(R.id.file_path);
        chooseBtn = findViewById(R.id.choose_btn);
        uploadBtn = findViewById(R.id.upload_btn);
        cancelBtn = findViewById(R.id.cancel_btn);

        uploadBtn.setEnabled(false);
        cancelBtn.setEnabled(false);

        chooseBtn.setOnClickListener(this);
        uploadBtn.setOnClickListener(this);
        cancelBtn.setOnClickListener(this);
    }

    @Override
    public void onClick(View v) {
        switch (v.getId()){
            case R.id.choose_btn:
                chooseBtn.setEnabled(false);
```

```
            if(ContextCompat.checkSelfPermission(MainActivity.this,
                  Manifest.permission.WRITE_EXTERNAL_STORAGE)! =
                                PackageManager.PERMISSION_GRANTED
                  || ContextCompat.checkSelfPermission(MainActivity.this,
                  Manifest.permission.READ_EXTERNAL_STORAGE)! =
                                PackageManager.PERMISSION_GRANTED){
                      ActivityCompat.requestPermissions(MainActivity.this,
                      new String[]{
                  Manifest.permission.WRITE_EXTERNAL_STORAGE,
                  Manifest.permission.READ_EXTERNAL_STORAGE},1);
            }else{
                Intent intent = new Intent(Intent.ACTION_GET_CONTENT);
                intent.setType("*/*");//无类型限制
                intent.addCategory(Intent.CATEGORY_OPENABLE);
                try {
                    startActivityForResult(Intent.createChooser(intent,
                                "选择文件"),FILE_SELECT_CODE);
                }catch (android.content.ActivityNotFoundException ex) {
                    Toast.makeText(this,"亲,木有文件管理器啊-_-!!",
                                Toast.LENGTH_SHORT).show();
                }
            }
            break;
        case R.id.upload_btn:
            uploadBtn.setEnabled(false);
            cancelBtn.setEnabled(true);
            String fileName = filePath.getText().toString();
            if(fileName.isEmpty()){
                Toast.makeText(this,"请选择个人简历",
                                Toast.LENGTH_SHORT).show();
                uploadBtn.setEnabled(true);
                break;
            }else{
                File uploadFile = new File(fileName);
                if(! uploadFile.exists()){
                    Toast.makeText(this,"个人简历不存在",
                                Toast.LENGTH_SHORT).show();
                    uploadBtn.setEnabled(true);
                    break;
                }
```

```
                    uploadTask = new UploadTask(fileName,uploadActionUrl,
                                                            new UploadListener() {
                        @Override
                        public void onProgress(int progress) {
                            uploadBtn.setText(progress + "%");
                        }
                        @Override
                        public void onSuccess() {
                            chooseBtn.setEnabled(true);
                            uploadBtn.setEnabled(false);
                            cancelBtn.setEnabled(false);
                            uploadBtn.setText("上传成功");
                        }
                        @Override
                        public void onFailed() {
                            chooseBtn.setEnabled(true);
                            uploadBtn.setEnabled(true);
                            cancelBtn.setEnabled(false);
                            uploadBtn.setText("上传失败,重新上传");
                        }
                        @Override
                        public void onCanceled() {
                            chooseBtn.setEnabled(true);
                            cancelBtn.setEnabled(false);
                            uploadBtn.setEnabled(true);
                            uploadBtn.setText("已取消,重新上传");
                        }
                    });
                    uploadTask.execute();
                }
                break;
            case R.id.cancel_btn:
                uploadTask.cancelUpload();
                break;
            default:
                break;
        }
    }
private String getImagePath(Uri uri,String selection) {
        String path = null;
```

```
        //通过 URI 和 selection 来获取真实的图片路径
        Cursor cursor = getContentResolver().
                                        query(uri,null,selection,null,null);
        if (cursor != null) {
            if (cursor.moveToFirst()) {
                path = cursor.getString(cursor
                    .getColumnIndex(MediaStore.Images.Media.DATA));
            }
            cursor.close();
        }
        return path;
    }
private String handlerImageBeforeKitKat(Intent data){
        Uri cropUri=data.getData();
        String filename = "";
        if (data.getScheme().toString().compareTo("content") == 0) {
            Cursor cursor = getContentResolver().query(cropUri,
                new String[] {MediaStore.Audio.Media.DATA},
                                                        null,null,null);
            if (cursor.moveToFirst()) {
                filename = cursor.getString(0);
            }
        }else if (data.getScheme().toString().compareTo("file") == 0) {
            filename = data.toString();
            filename = data.toString().replace("file://","");
            if(! filename.startsWith("/mnt")){
                filename += "/mnt";
            }
        }
        return filename;
    }
    @RequiresApi(api = Build.VERSION_CODES.KITKAT)
    private String handlerImageOnKitKat(Intent data){
        String filePath=null;
        Uri uri=data.getData();
        if(DocumentsContract.isDocumentUri(this,uri)){
            //如果是 document 类型的 URI,则通过 document id 处理
            String docId=DocumentsContract.getDocumentId(uri);
        if("com.android.providers.media.documents".
                                            equals(uri.getAuthority())){
```

```
                String id = docId.split(":")[1];//解析出数字格式的 id
                String selection = MediaStore.Images.Media._ID + " = " + id;
                filePath = getImagePath(MediaStore.Images.Media.
                                        EXTERNAL_CONTENT_URI,selection);
            }else if("com.android.providers.downloads.documents".
                                        equals(uri.getAuthority())){
                Uri contentUri = ContentUris.withAppendedId(Uri.parse
                                ("content://downloads/public_downloads"),
                                                Long.valueOf(docId));
                filePath = getImagePath(contentUri,null);
            }
        }else if("content".equalsIgnoreCase(uri.getScheme())){
            //如果是 content 类型的 URI,则使用普通方式处理
            filePath = getImagePath(uri,null);
        }else if("file".equalsIgnoreCase(uri.getScheme())){
            //如果是 file 类型的 URI,直接获取图片路径即可
            filePath = uri.getPath();
        }
        return filePath;
    }
    @Override
    protected void onActivityResult(int requestCode,int resultCode,
                                                    Intent data) {
        if (resultCode != Activity.RESULT_OK) {
            filePath.setText("onActivityResult() error,resultCode: "
                                                    + resultCode);
            chooseBtn.setEnabled(true);
            return;
        }
        if (requestCode == FILE_SELECT_CODE) {
            if (resultCode == RESULT_OK) {
                //判断手机系统版本号
                if(Build.VERSION.SDK_INT>=19){
                    //4.4 及以上系统使用这个方法处理图片
                    filePath.setText(handlerImageOnKitKat(data));
                }else{
                    //4.4 以下系统使用这个方法处理图片
                    filePath.setText(handlerImageBeforeKitKat(data));
                }
            }
```

```
                if(! filePath.getText().toString().isEmpty()){
                    uploadBtn.setEnabled(true);
                }else{
                    chooseBtn.setEnabled(true);
                }
            }
            super.onActivityResult(requestCode,resultCode,data);
        }
    }
```

在 onCreate 方法中，我们对各个按钮进行了初始化操作并设置了点击事件，接下来让我们主要看看 onClick 方法，该方法中我们完成了三个按钮对应的点击事件。在选择文件的按钮中，我们首先判断用户是否添加了读写外部存储器的权限，如果没有则申请权限，如有则打开系统自带的文件系统，用户选择好上传文件后，会返回至 onActivityResult 方法中进行执行，这里我们重写了该方法，将用户选择的上传文件的路径显示在 TextView 控件中。这里需要注意的是 Android 4.4 版本（即 Android level 19）之后，官方更新了 URI 的格式，因此需要采用最新的 URI 解析方式以适配，所以本例中此处首先对系统版本进行了判断，然后分别使用 handlerImageOnKitKat 和 handlerImageBeforeKitKat 方法进行处理获得文件路径，因为该内容超出本章知识点，故此处不做详细介绍。在开始上传的按钮中，我们首先从 uploadFile 文本控件中获取文件的路径，然后判断文件是否存在，如果存在则创建 UploadTask 对象，并传入 UploadListener 对象，根据上传的状态更新用户界面，接着调用 UploadTask 的 execute 方法开始上传请求。在取消上传的按钮中，我们调用 uploadTask 的 cancelUpload 方法设置上传状态变量 isCancel 为 true，这样 doBackground 方法中的 while 循环检测到 isCancel 为 true 后，即调用 Call 的 cancel 方法取消请求并返回状态变量 TYPE_CANCELED 给 onPostExecute 方法，进而调用 UploadListener 对象更新对应的用户界面。

现在只差最后一步了，由于程序中使用到了网络和访问 SD 卡的功能，因此我们还需要在 AndroidManifesUonl 文件中声明 INTERNET、WRITE_EXTERNAL_STORAGE 和 READ_EXTERNAL_STORAGE 这三个权限：

```
<uses-permission android:name = "android.permission.WRITE_EXTERNAL_STORAGE"/>
<uses-permission android:name = "android.permission.READ_EXTERNAL_STORAGE"/>
<uses-permission android:name = "android.permission.INTERNET"/>
```

这样所有代码就都编写完了，现在终于可以运行一下程序了。程序起始页面如图 6.16 所示，点击“选择文件”按钮，程序会弹出申请访问 SD 卡的权限，如图 6.17 所示，这里我们点击“ALLOW”，弹出系统文件选择界面，选择要上传的文件之后返回主页面，文件路径显示在 TextView 中，如图 6.18 所示。

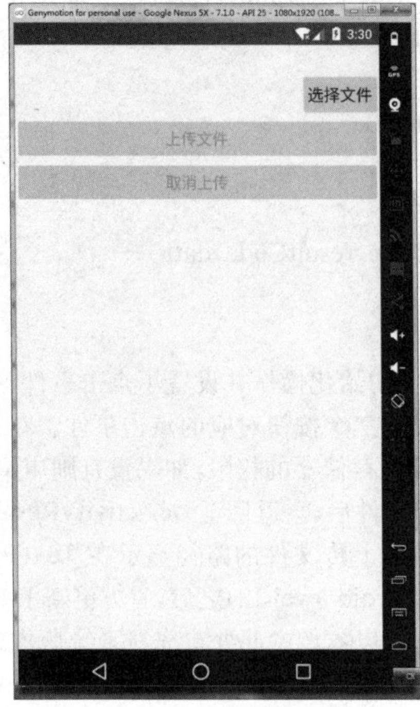

图 6.16 程序起始页面

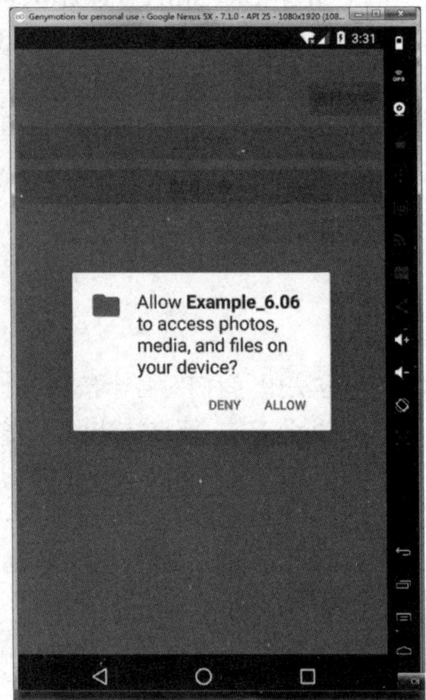

图 6.17 申请访问 SD 卡权限

此时我们可以点击“上传文件”，开始上传，同时上传的进度会显示在“上传文件”按钮上，直到上传成功，如图 6.19 所示。当然上传过程中，你也可以中途点击“取消上传”按钮终止上传，效果如图 6.20 所示。

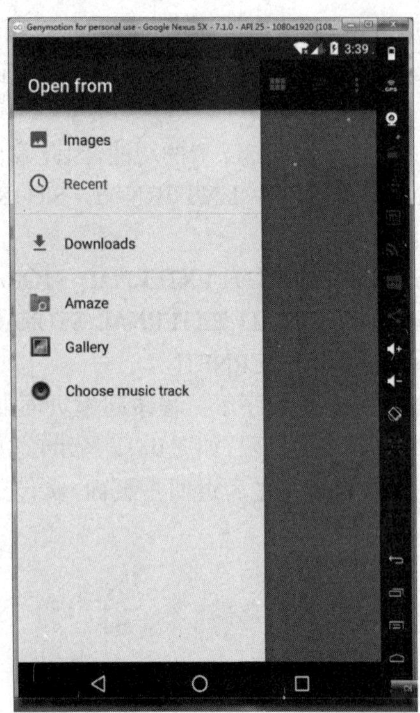

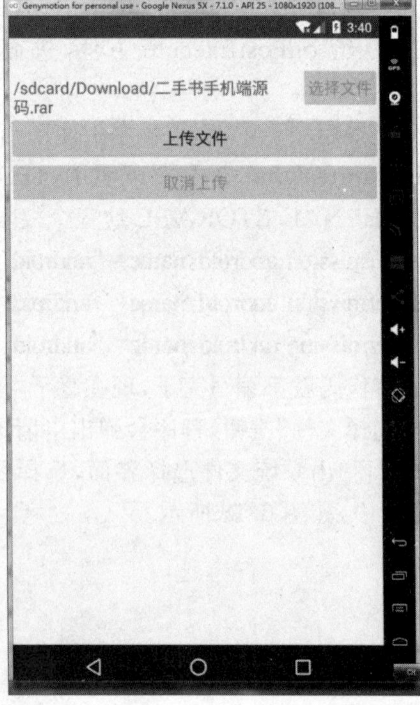

图 6.18 系统文件选择页面

图 6.19　上传页面

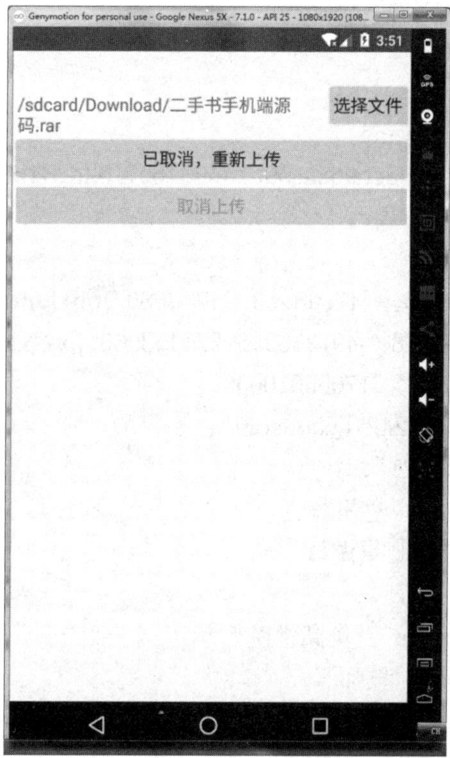

图 6.20　取消上传页面

总体来说，这个上传示例的稳定性还是挺不错的，而且综合性很强，将这个示例完全掌握了之后，你的水平肯定又更进一步了。

本 章 小 结

本章主要介绍了 Android 的网络编程技术，从接口数据类型 JSON 和 XML 的格式及解析方法讲起，说到了 HTTP 协议相关要点，接着分别介绍了 HttpURLConnectiong 和 OkHttp 网络请求工具，最后向大家介绍了多线程编程，相信大家学好了本章的内容，就能够在 Android 网络世界中尽情遨游了。

习 题 6

1. 分别使用 JSONObject 和 Gson 解析职淘淘在线兼职平台"我的"接口返回的 JSON 数据，内容如下所示：


```
{
    "code": 0,
    "msg":"数据获取成功",
    "obj": {
        "id":"1",
        "userName":"zfang",
        "passWord":"202cb962ac59075b964b07152d234b70",
        "realName":"方周",
        "gender": 1,
        "imgUrl":"http://47.98.33.247:8080/JobHuntingServer/system/showImage? fileName=1535013593780--4972683369271453960.jpg&&type=2",
        "phoneNumber":"17055610000",
        "email":"975212421@qq.com",
        "qq":"975212421",
        "bornAddress":"池州",
        "nowCity":"合肥巢湖",
        "workState": 2,
        "workEntreprise":"巢湖学院",
        "workStation":"教师",
        "remark":"坐得住冷板凳"
    },
    "success": true
```

}

2．分别使用JSONArray和Gson解析职淘淘在线兼职平台评价列表接口返回的JSON数据，内容如下所示：


```
{
    "code": 0,
    "msg":"获取评价信息成功",
    "obj": [
        {
            "evaluteId":"928df2a3-ba44-494c-95f4-97f31978c312",
            "ratingBar": 3,
            "evaluteContent":"dfc",
            "userName":"zfang",
            "userImg":"http://47.98.33.247:8080/JobHuntingServer/system/showImage? fileName=1535013593780--4972683369271453960.jpg&&type=2",
            "createDate":"2018-08-20"
        },
        {
            "evaluteId":"08bece50-b42c-4338-afcf-ebae66149cb6",
            "ratingBar": 5,
            "evaluteContent":"idjd",
            "userName":"zfang",
            "userImg":"http://47.98.33.247:8080/JobHuntingServer/system/showImage? fileName=1535013593780--4972683369271453960.jpg&&type=2",
            "createDate":"2018-08-20"
        },
        {
            "evaluteId":"b3a5fb50-44ed-4cd8-82c7-897b1c2dd0cb",
            "ratingBar": 5,
            "evaluteContent":"idjd",
            "userName":"zfang",
            "userImg":"http://47.98.33.247:8080/JobHuntingServer/system/showImage? fileName=1535013593780--4972683369271453960.jpg&&type=2",
            "createDate":"2018-08-20"
        },
        {
            "evaluteId":"0d41bb38-dad6-40b7-8364-48fa114e908f",
            "ratingBar": 3,
            "evaluteContent":"rdf",
            "userName":"zfang",
            "userImg":"http://47.98.33.247:8080/JobHuntingServer/system/
```

```
showImage? fileName = 1535013593780--4972683369271453960. jpg&&type = 2",
                "createDate": "2018-08-20"
            }
        ],
        "success": true
    }
```

3. 简述 WebView 的使用方法，结合百度首页访问过程为例进行说明。

4. 简述 HttpURLConnection 访问网络的方法，结合职淘淘在线兼职平台“我的”接口访问过程为例说明。以下是“我的”接口的详细描述。

接口说明：“我的”接口。

请求格式：

http://IP:8080/api/user/mineDetail

其中 IP 为部署服务器端程序的电脑的 IP 地址或域名。

请求方式：POST 方式。

使用协议：HTTP。

请求参数：具体描述见表 6.8。

表 6.8 “我的”接口参数描述

参数	类型	是否必填	描述
userld	String	必填	用户 id 登录成功之后返回，为了方便操作，这里直接给出一个数据库中存在的合法用户 id "b6185652-0857-4427-a283-53de92560910"

返回参数：JSON 数据，具体描述见表 6.9。

表 6.9 “我的”接口返回参数描述

参数	类型	是否必填	描述
code	Integer	必填	消息码：0 表示处理成功，其他表示处理失败
msg	String	code! =0 时，必填	错误消息描述，当 code! =0 时，有相应的错误描述
obj	Object	code = 0 时，必填	返回用户对象，当 code = 0 时，返回用户信息，具体格式见本章习题第 1 题

5. 简述 OkHttp 访问网络的方法，结合职淘淘在线兼职平台评价列表接口访问过程为例说明。以下是评价列表接口的详细描述。

接口说明：评价列表接口。

请求格式：

http://IP:8080/api/evalute/getEvaluteList

其中 IP 为部署服务器端程序的电脑的 IP 地址或域名。

请求方式：POST 方式。

使用协议：HTTP。

请求参数：具体描述见表 6.10。

表 6.10　评价列表接口参数描述

参数	类型	是否必填	描述
pageIndex	String	必填	每次查询的起始页
pageSize	String	必填	每次查询的条数
pageSort	String	选填	每次查询根据哪个字段排序，本例中使用更新时间(updateDate)排序
pageSortBy	String	选填	每次查询的排序方法，如“Desc”或“Asc”
pageKey	String	选填	每次查询的搜索关键字

返回参数：JSON 数据，具体描述见表 6.11。

表 6.11　评价列表接口返回数据描述

参数	类型	是否必填	描述
code	Integer	必填	消息码：0 表示处理成功，其他表示处理失败
msg	String	code！ =0 时，必填	错误消息描述，当 code！ =0 时，有相应的错误描述
obj	Object	code=0 时，必填	返回用户对象，当 code=0 时，返回评价列表信息，具体格式见本章习题第 2 题

6. 使用 Handler 机制，将习题 4 中获取的数据显示在用户界面上，用户界面的效果图如图 6.21 所示。

7. 使用 AsyncTask 机制，将习题 5 中获取的数据显示在用户界面上，用户界面的效果图如图 6.22 所示。

图 6.21　“个人资料”页面效果图

图 6.22　“面试评价”页面效果图

实验 7 使用 OkHttp 完成对岗位详情接口的调用和解析

实验目标

(1) 熟练掌握 OkHttp 的使用方法。
(2) 熟练掌握 Gson 解析 JSON 数据的方法。

实验要求

(1) 掌握 OkHttp 的基本使用方法及 Post 请求的参数传递方法。
(2) 掌握利用 Gson 完成 JSON 数据和对象之间转化的方法。

实验内容

(1) 根据示例设计岗位详情页面。
(2) 根据岗位详情接口返回的数据创建 JavaBean:StationInfo 和 ReturnData。
(3) 使用 OkHttp 访问网络数据。
(4) 使用 Gson 解析接口返回的数据。
(5) 将岗位详情数据添加到用户界面的对应位置。

实验步骤

(1) 创建 Android 项目,并按照如图 6.23 所示的效果图设计用户界面。

(2) 创建 JavaBean 对象 StationInfo 和 ReturnData,对应的字段需要和服务器 daunt 返回的数据一致。

(3) 在 build.gradle 中添加对 OkHttp 和 Gson 的依赖。

(4) 初始化用户控件之后,在 onCreate 或者 onResume 方法中使用 OkHttp 访问网络接口,网络接口的详情介绍如下。

接口说明:岗位详情接口。

请求格式:

http://IP:8080/api/station/getStationDetail

其中 IP 为部署服务器端程序的电脑的 IP 地址或域名。

请求方式:GET 方式。

使用协议:HTTP。

请求参数:具体描述见表 6.12。

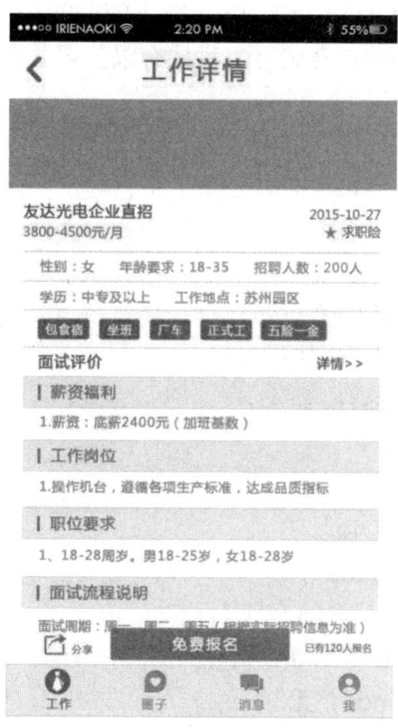

图 6.23　岗位详情页面效果图

表 6.12　岗位详情接口参数描述

参数	类型	是否必填	描述
stationId	String	必填	岗位 id,调用岗位列表接口返回,为了方便操作,这里直接给出一个数据库中存在的岗位 id"b6185652-0857-4427-a283-53de92560910"

返回参数:JSON 数据,具体描述见表 6.13。

表 6.13　岗位详情接口返回参数描述

参数	类型	是否必填	描述
code	Integer	必填	消息码:0 表示处理成功,其他表示处理失败
msg	String	code! =0 时,必填	错误消息描述,当 code! =0 时,有相应的错误描述
obj	Object	code=0 时,必填	返回岗位详情对象,当 code=0 时,返回评价列表信息

岗位详情对象的具体格式如下:

```
{
    "code": 0,
    "msg":"获取岗位详情成功",
    "obj": {
```

```
        "id"："b6185652-0857-4427-a283-53de92560910"，
        "entrepriseName"："合肥君正科技有限公司"，
        "categoryName"："快递物流"，
        "publicDate"："2018-08-20"，
        "payRang"："6 000-20 000 元每月"，
        "stationTitle"："物流"，
        "recruitCount"：6，
        "workAddress"："合肥"，
        "stationContent"："送快递"，
        "interviewProcess"："无"，
        "entriedCount"：1，
        "evaluteCount"：4，
        "stationDemandDto"：{
            "genderDemand"：1，
            "ageDemand"："18 以上"，
            "educationDemand"："本科"，
            "skillDemand"："无"
    }，
        "stationWelfareDto"：{
            "payMin"：6000，
            "payMax"：20000，
            "payDetail"："8000 左右"，
            "housingFund"：1，
            "insurance"：1，
            "insuranceDedail"："有"，
            "mealAllowance"：1，
            "mealDedail"："有"，
            "houseAllowance"：1，
            "houseDedail"："有"，
            "trafficAllowance"：null，
            "trafficDedail"：null
        }
    }，
    "success"：true
}
```


5．获取到网络数据之后，使用 Gson 将数据解析成 ReturnData 对象，并判断 ReturnData 的 Code 是否为 0，如果不为 0，则弹框用户，否则继续使用 Gson 将 ReturnData 中的 obj 值解析成 StationInfo。

6．将 StationInfo 中的数据依次显示到对应的控件上。

7．在 Manifests 中添加网络权限的声明。

8．调试运行程序并做最终的分析。

实验 8　使用 AsyncTask 完成简历下载功能

实验目标

(1) 熟练掌握 AsyncTask 的使用方法。
(2) 熟练掌握 OkHttp 完成文件下载的方法。
(3) 掌握接口的定义和使用。

实验要求

(1) 掌握 AsyncTask 的基本使用方法。
(2) 掌握 OkHttp 完成文件下载的方法。
(3) 掌握子线程更新 UI 的方法。

实验内容

(1) 自定义下载 UI 更新的监听器，包括开始下载、暂停下载、取消下载、显示下载进度、下载成功、下载失败接口。

(2) 自定义 AsyncTask，分别完善 doBackground()、onProgressUpdate()和 onPostExecute()，调用 UI 更新的监听器实现文件下载、进度更新及结果通知等功能。

实验步骤

(1) 创建 Android 项目，简单设计用户界面，包含如下三个按钮控件：开始下载、取消下载、暂停下载，并在 build.gradle 中添加对 OkHttp 的依赖。

(2) 自定义下载 UI 更新的监听器，如下所示：

```
public interface DownloadListener {
    void onProgress(int progress);
    void onSuccess();
    void onFailed();
    void onPaused();
    void onCanceled();
}
```

3. 自定义 DownloadAsyncTask，完成文件下载、进度显示和结果通知等功能。参考代码如下：

```
public classDownloadAsyncTask extends AsyncTask<String,Integer,Integer> {
    public static final int TYPE_SUCCESS = 0;
    public static final int TYPE_FAILED = 1;
    public static final int TYPE_PAUSED = 2;
    public static final int TYPE_CANCELED = 3;
```

```
private DownloadListener listener;
private boolean isCanceled = false;
private boolean isPaused = false;
private int lastProgress;

public DownloadAsyncTask(DownloadListener listener) {
    this.listener = listener;
}

@Override
protected Integer doInBackground(String… params) {
    InputStream is = null;
    RandomAccessFile savedFile = null;
    File file = null;
    try {
        long downloadedLength = 0; //记录已下载的文件长度
        String downloadUrl = params[0];
        String fileName =
                downloadUrl.substring(downloadUrl.lastIndexOf("/"));
        String directory = Environment.getExternalStoragePublicDirectory
                (Environment.DIRECTORY_DOWNLOADS).getPath();
        file = new File(directory + fileName);
        if (file.exists()) {
            downloadedLength = file.length();
        }
        long contentLength = getContentLength(downloadUrl);
        if (contentLength == 0) {
            return TYPE_FAILED;
        }else if (contentLength == downloadedLength) {
            //已下载字节和文件总字节相等,说明已经下载完成
            return TYPE_SUCCESS;
        }
        OkHttpClient client = new OkHttpClient();
        Request request = new Request.Builder()
            //断点下载,指定从哪个字节开始下载
            .addHeader("RANGE","bytes=" + downloadedLength)
            .url(downloadUrl)
            .build();
        Response response = client.newCall(request).execute();
        if (response != null) {
```

```
                is = response.body().byteStream();
                savedFile = new RandomAccessFile(file,"rw");
                savedFile.seek(downloadedLength);// 跳过已下载的字节
                byte[] b = new byte[1024];
                int total = 0;
                int len;
                while ((len = is.read(b)) ! = -1) {
                    if (isCanceled) {
                        return TYPE_CANCELED;
                    }else if(isPaused) {
                        return TYPE_PAUSED;
                    }else {
                        total + = len;
                        savedFile.write(b,0,len);
                        //计算已下载的百分比
                        int progress = (int) ((total + downloadedLength) * 100/
                                                              contentLength);
                        publishProgress(progress);
                        response.body().close();
                        return TYPE_SUCCESS;
                    }
                }
                response.body().close();
                return TYPE_SUCCESS;
            }
        }catch (Exception e){
            e.printStackTrace();
        }finally {
            try {
                if (is ! = null) {
                    is.close();
                }
                if (savedFile ! = null){
                    savedFile.close();
                }
                if(isCanceled && file ! = null){
                    file.delete();
                }
            }catch (Exception e){
                e.printStackTrace();
```

```
            }
        }
        return TYPE_SUCCESS;
    }

    @Override
    protected void onProgressUpdate(Integer… values) {
        int progress = values[0];
        if (progress > lastProgress) {
        listener.onProgress(progress);
        lastProgress = progress;
        }
    }
    @Override
    protected void onPostExecute(Integer status) {
        switch (status) {
            case TYPE_SUCCESS:
                listener.onSuccess();
                break;
            case TYPE_FAILED:
                listener.onFailed();
                break;
            case TYPE_PAUSED:
                listener.onPaused();
                break;
            case TYPE_CANCELED:
                listener.onCanceled();
            default:
                break;
        }
    }

    public void pauseDownload() {
        isPaused = true;
    }
    public void cancelDownload() {
        isCanceled = true;
    }
    private long getContentLength(String downloadlirl) throws IOException {
        OkHttpClient client =new OkHttpClient();
```

```
        Request request = new Request.Builder().url(downloadlirl).build();
        Response response = client.newCall(request).execute ();
        if (response != null && response.isSuccessful()) {
            long contentLength = response.body().contentLength();
            response.close();
            return contentLength;
        }
        return 0;
    }
}
```

4. 完善 MainActivity,调用 DownloadAsyncTask 完成下载任务。
5. 在 Manifests 中添加网络权限声明。
6. 调试运行程序并做最终分析。

第 7 章　Android 数据存储

学习目标

本章主要介绍 Android 数据存储与访问的 SharedPreferences 模式、文件存储 openFileOutput 和 openFileInPut、SD 卡存储与访问方法、SQLite 数据库(创建、操作、管理及应用)。要求读者通过本章的学习,深入熟悉 Android 数据存储与访问的常用方法及途径,达到以下学习目标:

(1) 了解持久化技术。

(2) 掌握 SharedPreferences 访问模式及访问本程序数据的通常用法。

(3) 掌握文件存储 openFileOutput 和 openFileInput 的基本使用方法。

(4) 掌握创建、访问 SD 卡的基本用法。

(5) 掌握 SQLite 数据库的体系结构。

(6) 掌握 SQLite 数据库的创建、操作、管理及应用。

通过上一个章节对 Android 网络编程技术的学习,我们已经可以顺利地完成 Android 客户端和服务器端的交互功能,完成诸如登录、注册、招聘岗位数据拉取等一系列功能。那么接下来,针对如何提高职淘淘兼职平台的用户体验问题,请大家再思考以下几个需求:

(1) 用户成功登录系统之后,通常需要将用户名和密码保存下来,这样当用户下次进入登录页面之后,就可以直接将最近登录的账号和密码填充进输入框或者为用户提供可供选择的下拉框,将最近几次登录的账号显示出来供用户选择。

(2) 从第 6 章的习题可以看到,用户进入职淘淘的首页,会依次拉取服务器上的广告信息以及热门推荐的岗位信息,想像一下,如果这个时候用户手机无法使用网络怎么办? 是不是用户看到的首页就存在很多空白? 这样肯定会影响用户体验。

(3) 作为开发者,我们可以通过 Logcat、断点调试等手段,解决开发过程中遇到的代码问题,但是大家有没有思考过,如果我们已经将 APP 开发好并进入了真机测试阶段,这个时候如果程序出现问题,你怎样去查找问题所在? 相信这个时候让你去排查,你会崩溃的! 那么对这种情况又该怎么办?

7.1　持久化技术简介

任何一个应用程序其实说白了就是在不停地和数据打交道,故而数据存储和操作的重要性也就不言而喻了。那么怎样才能保证让一些关键性的数据不会丢失呢? 这就需要用到数据持久化技术。

数据持久化就是指将那些内存中的瞬时数据保存到存储设备中，保证即使在手机或电脑关机的情况下，这些数据仍然不会丢失。保存在内存中的数据是处于瞬时状态的，而保存在存储设备中的数据是处于持久状态的，持久化技术则提供了一种机制可以让数据在瞬时状态和持久状态之间灵活转换。

持久化技术被广泛应用于各种程序设计领域中，而我们要探讨的是 Android 中的数据持久化技术。Android 系统中主要提供了三种方式用于简单地实现数据持久化功能，即 SharedPreferences 存储、文件存储以及 SQLite 数据库存储。

我们使用数据持久化技术有以下好处：程序代码重用性强，即使更换了数据库，也只需要更改配置文件，不必重写程序代码；业务逻辑代码可读性强，在代码中不会有大量的 SQL 语言，提高了程序的可读性；持久化技术可以自动优化，从而减少了对数据库的访问量，提高了程序运行效率。那么接下来，我们就以案例的形式，详细为大家介绍这三种方式的基本使用方法。

7.2　SharedPreferences 存储

7.2.1　SharedPreferences

SharedPreferences 是 Android 系统轻量级存储数据的一种方式，操作简便快捷，它的本质是基于 XML 文件存储 Key/Value 键值对数据，适合存放程序状态的配置信息。它本身只能获取数据而不支持存储与修改，只能通过传回的 editor 修改。SharedPreferences 对象与 SQLite 数据库相比，免去了创建数据库、创建表、写 SQL 语句等操作，但不支持条件查询，大都作为 SQLite 数据库的一种补充。

使用 SharedPreferences 可以保存少量的数据，且这些数据的类型非常简单，一般都是 int、long、boolean、string 和 float 类型。通常它被用于存储应用程序的各种配置信息（如是否打开音效、是否使用振动效果、小游戏的玩家积分等）、用户名和密码信息等。

SharedPreferences 对象提供了一系列方法来获取应用程序中的数据，如表 7.1 所示。

表 7.1　SharedPreferences 的常用方法

方法名称	方法描述
boolean contains(Stirng key)	判断 SharedPreferences 是否包含特定 key 的数据
abstract Map<String,? > getAll()	获取 SharedPreferences 里的全部 Key/Value 对
boolean getBoolean(String key,boolean defValue)	获取 SharedPreferences 里指定 key 对应的 boolean 值
int getInt(String key,int defValue)	获取 SharedPreferences 里指定 key 对应的 int 值

续表

方法名称	方法描述
float getFloat(String key,float defValue)	获取 SharedPreferences 里指定 key 对应的 float 值
long getLong(String key,long defValue)	获取 SharedPreferences 里指定 key 对应的 long 值
String getString(String key,string defValue)	获取 SharedPreferences 里指定 key 对应的 string 值

SharedPreferneces 对象本身只能获取数据,并不支持数据的存储和修改。存储和修改是通过 SharedPreferences. Editor 对象实现的。获取 Editor 实例对象,需要调用 SharedPreferences. Editor edit 方法。SharedPreferences. Editor 相关方法如表 7.2 所示。

表 7.2 SharedPreferences. Editor 的常用方法

方法名称	方法描述
SharedPreferences. Editor edit()	创建一个 Editor 对象
SharedPreferences. Editor clear()	清空 SharedPreferences 里的所有数据
SharedPreferences. Editor putString(String key, String value)	向 SharedPreferences 存入指定 key 对应的 string 值
SharedPreferences. Editor putInt(String key, int value)	向 SharedPreferences 存入指定 key 对应的 int 值
SharedPreferences. Editor putFloat(String key, float value)	向 SharedPreferences 存入指定 key 对应的 float 值
SharedPreferences. Editor putLong(String key, long value)	向 SharedPreferences 存入指定 key 对应的 long 值
SharedPreferences. Editor putBoolean(String key, boolean value)	向 SharedPreferences 存入指定 key 对应的 boolaen 值
SharedPreferences. Editor remove(String key)	删除 SharedPreferences 指定 key 对应的数据
boolean commit()	用 Editor 编辑完之后,调用该方法提交

7.2.2 SharedPreferences 基本使用方法

要想使用 SharedPreferences 来存储数据,我们首先需要获取到 SharedPreferences 对象。

Android 中主要提供了三种方法得到 SharedPreferences 对象:

(1) Context 中的 getSharedPreferences 方法。此方法接收两个参数,第一个用于指定 SharedPreferences 文件名称,如果指定的文件不存在则会创建一个,SharedPreferences 文件都是存放在/data/data/<pack name>/shared_prefs/目录下的；第二个参数指定操作模式。

其语法如下：

SharedPreferences spf = getSharedPreferences(String name,int mode)；

name 表示存储数据的文件名，mode 表示对数据操作的方式，它的可选值有以下几个：

- MODE_PRIVATE。指定该 SharedPreferences 里的数据只能被本应用程序读写。
- MODE_WORLD_READABLE。指定该 SharedPreferences 里的数据可以被其他应用程序读，但是不能写。
- MODE_WORLD_WRITEABLE。指定该 SharedPreferences 里的数据可以被其他应用程序读写。

但要注意：后面两种方式从 Android 4.2 开始不再推荐，故只能选择 MODE_PRIVATE。

(2) Activity 类中的 getPreferences 方法。此方法只接收一个操作模式参数，它会自动将当前活动类名作为 SharedPreferences 的文件名。

(3) PreferenceManager 类的 getDefaultSharedPreferences 方法。此方法为静态方法，接收一个 context 参数，并自动使用当前应用程序的包名作为前缀来命名 SharedPreferences 文件。

得到 SharedPreferences 对象之后，我们就可以开始向 SharedPreferences 文件中存储数据了，分三步实现：

(1) 调用 SharedPreferences 的 edit 方法来获取一个 SharedPreferences.Editor 对象。

(2) 向 SharedPreferences.Editor 对象添加数据。

(3) 调用 commit 方法将添加的数据提交。

7.2.3　最佳实践：职淘淘登录名历史记录功能的实现

说了这么多，让我们开始实践一下吧，这里我们使用 SharedPreferences 完善职淘淘的登录功能：当用户登录成功之后，可将用户名保存起来，等待下次登录，点击输入框右侧小三角时，可将最近登录的用户名以弹框的形式显示出来供用户选择，用户选择之后，可直接将用户名填充到用户名编辑框中。

打开 JobHunting 项目，修改 LoginActivity.java 文件：

```
public class LoginActivity extends AppCompatActivity {
    private TitleBarView titleBarView;
    private TextView startLogin;
    private EditText usernameEdt;
    private EditText passwordEdt;
    private ListPopupWindow lpw;
    //1. 申明 SharedPreferences 和 SharedPreferences.Editor
    private SharedPreferences spf;
    private SharedPreferences.Editor editor;
    @Override
```

```
protected void onCreate(Bundle savedInstanceState) {
        super.onCreate(savedInstanceState);
        setContentView(R.layout.activity_login);
        titleBarView = findViewById(R.id.part_top);

        titleBarView.setTitelName("登 录");
        titleBarView.getTitleRight().setText("免费注册");
        titleBarView.getTitleRight().setOnClickListener(new View.OnClickListener() {
            @Override
            public void onClick(View view) {
                Intent intent = new Intent(LoginActivity.this,RegistActivity.class);
                startActivity(intent);
            }
        });
        startLogin = findViewById(R.id.login_submit_btn);
        startLogin.setOnClickListener(new View.OnClickListener() {
            @Override
            public void onClick(View view) {
                login();
            }
        });
        usernameEdt = findViewById(R.id.login_usernmae);
        passwordEdt = findViewById(R.id.login_password);
        //2. 将 Preference 中的用户名取出,并将最近登录的用户名填入 user-
nameEdt
        spf = PreferenceManager.getDefaultSharedPreferences(this);
        editor = spf.edit();
        String usernames = spf.getString("username","");
        final String[] list = usernames.split(";");
        if(list ! = null && list.length >0){
            usernameEdt.setText(list[list.length - 1]);
        }
        lpw = new ListPopupWindow(this);
        lpw.setAdapter(new
         ArrayAdapter<String>(this,android.R.layout.simple_list_item_1,list));
        lpw.setAnchorView(usernameEdt);
        lpw.setModal(false);
        lpw.setOnItemClickListener(new AdapterView.OnItemClickListener() {
            @Override
                public void onItemClick(AdapterView<? > adapterView, View
```

```
view,int i,long l) {
                usernameEdt.setText(list[i]);
                lpw.dismiss();
            }
        });
        usernameEdt.setOnTouchListener(new View.OnTouchListener() {
            @Override
            public boolean onTouch(View view,MotionEvent motionEvent) {
                final int DRAWABLE_LEFT=0;
                final int DRAWABLE_TOP=1;
                final int DRAWABLE_RIGHT=2;
                final int DRAWABLE_BOTTOM=3;
                if(motionEvent.getAction()==MotionEvent.ACTION_UP){
                    if(motionEvent.getX() >=
                        (usernameEdt.getWidth() -
                            usernameEdt.getCompoundDrawables()
                                [DRAWABLE _RIGHT].getBounds().width())){
                    lpw.show();
                        return true;
                    }
                }
                return false;
            }
        });
    }
    public void login(){
    //此处代码见第 6 章,未做修改
}
    private void showResponse(final String response){
        runOnUiThread(new Runnable() {
            @Override
            public void run() {
                //这里根据登录的结果更新 UI
                Gson gson=new Gson();
                ReturnData result=null;
                if(response != null && ! response.isEmpty()){
                    result=gson.fromJson(response,ReturnData.class);
                }
                if(result != null && result.getCode()==0){
                    //(3) 登录成功,将用户名存入,将 Preference 中的用户名取出
```

```
                String usernames = spf.getString("username","");
                if(usernames.isEmpty()){
                    usernames = usernameEdt.getText().toString();
                }else{
                    If(! usernames .contains(usernameEdt.getText().toString())){
                        usernames + = ";" + usernameEdt.getText().toString();
                    }
                }
                editor.putString("username",usernames);
                editor.commit();
                Intent intent = new Intent(LoginActivity.this,StationListActivity.
                                                                        class);
                startActivity(intent);
            }else{
                Toast.makeText(LoginActivity.this,result.getMsg(),
                                            Toast.LENGTH_SHORT).show();
            }
        }
    });
  }
}
```

这里我们直接在原 LoginActivity.java 文件中做了三处修改(见以上加注释部分的代码):首先我们分别申明了 SharedPreferences 和 SharedPreferences.Editor 两个变量;接着在 onCreate()函数中,通过 PreferenceManager 的 getDefaultSharedPreferences 方法,获取一个 SharedPreferences 对象;紧接着调用 SharedPreferences 的 edit 方法返回一个 SharedPreferences.Editor 对象。

完成 SharedPreferences 和 SharedPreferences.Editor 的创建和初始化之后,我们首先调用 getString 方法将我们存入的用户名信息取出来,此方法使用时需要传入两个参数,一个是相应的键值,另一个是默认值,如果根据键值取值时没有取到,就用默认值作为返回值返回。这里需要说明的是,我们在存储信息的时候,是将所有登录过的用户名信息用";"隔开,然后拼接到一起,并存到键值为"username"的键值对中的。故取出后,我们需要使用 split()函数,将用户名信息分割成 String 数组,这里后存入的用户名(最近登录成功的用户名)经过分割后,存放在 String 数组的最后,故我们可以通过 list[(list.length-1)],取出最近登录的用户名。取出用户名后,调用 EditText 的 setText 方法将其填充到编辑框中。另外需要提醒大家的是这里的 list,在第 5 章中我们给定的是默认值,这里变成动态地从 SharedPreferences 获取。

上面我们介绍了如何从 SharedPreferences 中根据键值取出对应的值,那么接下来我们再看看怎么往 SharedPreferences 中存值。

查看 showResponse()函数,回顾第 6 章的内容,我们知道这个函数是被 login()函数调用的,它的主要功能是将服务器返回的 JSON 进行解析,然后根据服务器处理的结果做出不同逻辑处理:code 等于 0 时,表示登录成功,进入岗位列表页面;code 不等于 0 时,说明登录失败，这时通过 Toast 将错误原因 msg 显示出来。这里我们所做的改动是：在用户登录成功时，首先将用户名通过 SharedPreferences.Editor 存储起来，然后再完成跳转。关于如何存储：首先我们将之前已经存入的信息通过 getString()函数取出来，并判断它是不是等于空字符串，如果等于空字符串，说明之前并没有存入用户名信息，所以这个时候存入用户名信息后面不用添加“;”分割；相反，如果字符串不等于空字符串，则说明之前已经存入用户名信息，所以在将之前已经存储过的用户名信息和刚刚登录的用户名信息进行拼接时，需要在它们中间加入“;”用于分隔。同时为了防止相同的用户名重复存在，这里首先使用 String 的 contains()函数判断刚刚登录的用户名是否已经被存储过。

做好拼接工作之后，我们就调用 SharedPreferences.Editor 的 putString 方法将用户名信息存储在 SharedPreferences 中，这里需要注意 putString()需要传入两个值，分别是键值和对应的用户名信息，键值一定是和我们刚刚取值的键值相同。

代码写完之后，我们重新运行程序，依次使用用户名“zfang”“zmeng”“yan”进行登录。为了验证一下结果，我们还是要借助 File Explorer 来进行查看。打开 Android Studio 右下角的 Android Device Monitor，点击 File Explorer 标签页，进入到/data/data/<pack name>/shared_prefs/目录下，可以看到生成了一个 zfang.taozhi.johhunting_preferences.xml 文件，如图 7.1 所示。

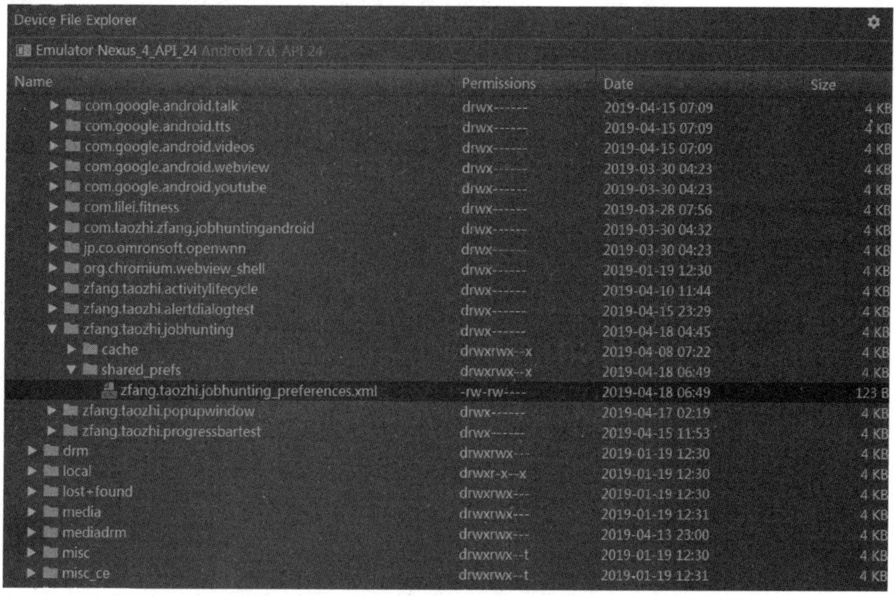

图 7.1　生成的 data.xml 文件

双击打开该文件进行查看，里面的内容如图 7.2 所示。

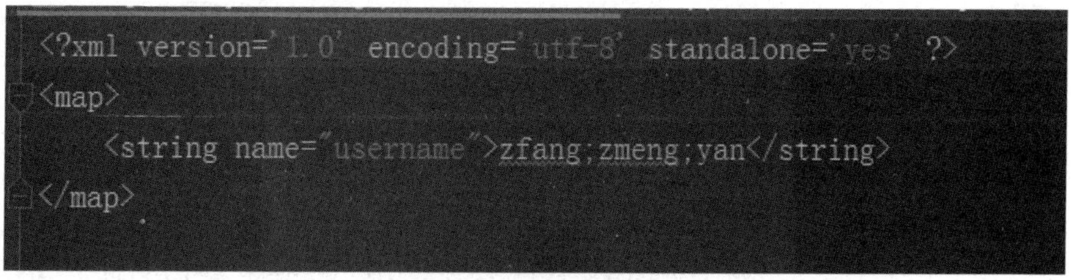

```
<?xml version='1.0' encoding='utf-8' standalone='yes' ?>
<map>
    <string name="username">zfang;zmeng;yan</string>
</map>
```

图 7.2　zfang.taozhi.johhunting_preferences.xml 文件内容

可以看到，我们使用三个不同的用户名登录成功后，三个用户名均被存储下来了，并且 SharedPreferences 文件是使用 XML 格式来对数据进行管理的。

登录页面中，点击用户名编辑框右侧的向下的小三角，会弹出以上三个用户名供我们选择，选中一个之后，会自动填充到用户名编辑框中，效果如图 7.3 所示。

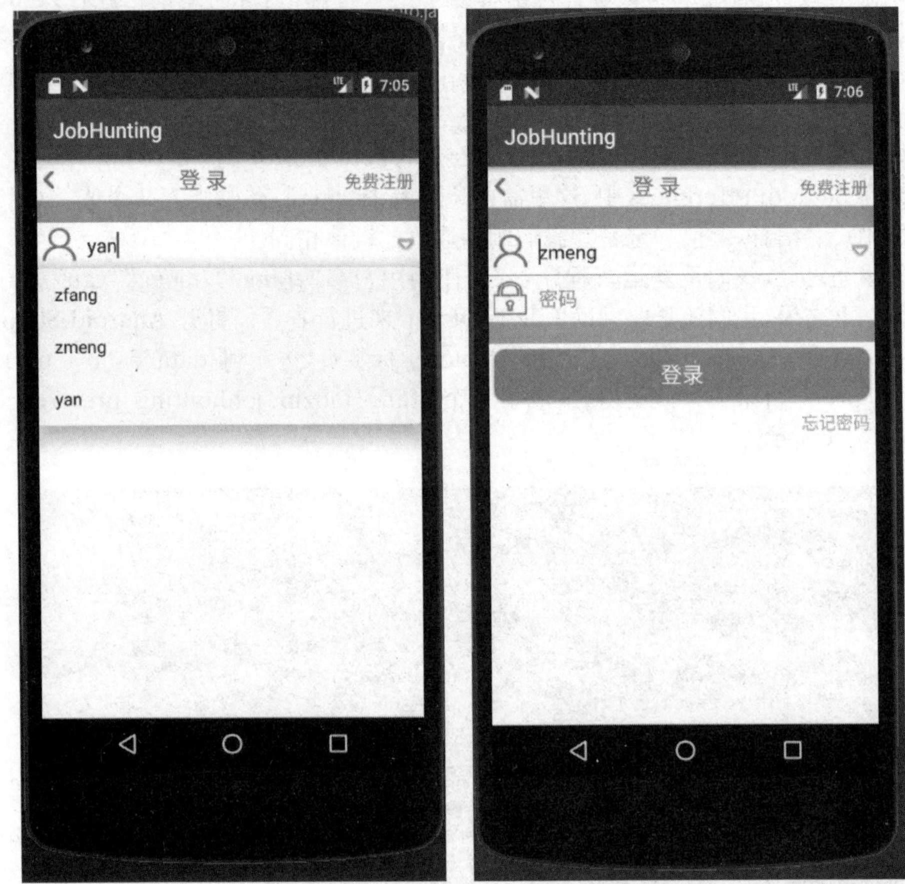

图 7.3 Preferences 实现用户名历史记录功能

7.3 文件存储

Android 系统使用的是基于 Linux 的文件系统，应用程序开发人员可以建立和访问程序自身的私有文件，也可以访问保存在资源目录中的原始文件和 XML 文件，此外还可以在 SD 卡等外部存储设备中保存文件信息等。

7.3.1 文件内部存储介绍

在 Android 系统中，允许应用程序创建仅能够自身访问的私有文件，文件保存在设备的内部存储器上，默认保存位置为/data/ data/< package name> >/files/目录下。

Android 系统不仅支持标准 Java 的 IO 类和方法，还提供了能够简化读写流式文件过程的方法。关于文件存储，Activity 提供了 openFileOutput 方法和 openFileInput 方法。openFileOutput 方法用于把数据输出到文件中。openFileInput 方法为打开应用程序私有文件读取数据。具体的实现过程与在 J2SE 环境(Java 程序)中保存数据到文件中是一样的。文件可用来存放大量数据，如文本、图片和音频等。

下面是 openFileOutput 方法和 openFileInput 方法的用法。

(1) openFileOutput 方法的用法。

openFileOutput 方法用于向应用程序私有文件写入数据，如果指定的文件不存在，则创建一个新的文件。openFileOutput 方法的语法声明如下：

```
public FileOutputStream openFileOutput (String name,int mode)
```

第 1 个参数是文件名称，这个参数中不能包含路径分隔符“/”。第 2 个参数是文件操作模式。

使用 openFileOutput 方法创建新文件，代码如下：

```
FileOutputStream fos=
            mContext. openFileOutput （LOGFILENAME，Context. MODE _
APPEND）;
        BufferedWriter writer=
                    new BufferedWriter(new OutputStreamWriter(fos));
writer. write(content);
writer. close();
fos. close();
```

(2) openFileInput 方法的用法。

如果要打开存放在/data/ data/< package name>/files 目录下应用程序私有的文件，可以使用 openFileInput 方法。openFileInput 方法的语法声明如下：

```
public FileInputStream openFileInput (String name)
```

方法只需要传入文件名称参数，字符串中不能包含路径分隔符“/”。

使用 openFileInput ()方法打开已有文件，代码如下：

```
FileInputStream inStream=mContext. openFileInput (LOGFILENAME);
BufferedReader bufferedReader=
            new BufferedReader(new  InputStreamReader(inStream));
byte[] buffer=new byte[1024];
String line="";
StringBuffer result=new StringBuffer();
while ((line=bufferedReader. readLine()) !  =null){
    result. append(line);
}
return result. toString();
```

如果想直接使用文件的绝对路径，可以使用如下代码：

```
File file=new File ("/data/data/< package name> >/files/test. txt");
FileInputStream inStream=new FileInputStreamfile(file);
```

对于私有文件,其只能被创建该文件的应用程序访问。如果希望文件能被其他应用程序读和写,可以在创建文件时指定 Context. MODE_WORLD_READABLE 和 Context. MODE_WORLD_ WRITEABLE 选项。不过这两种模式过于危险,很容易引发应用的安全漏洞,已在 Android 4.2 版本中被废弃。

Activity 还提供了 getCacheDir 和 getFilesDir 方法。getCacheDir 方法用于获取/data/data/<package name>/cache 目录,getFilesDir 方法用于获取/data/data/<package name>/files 目录。

注意:

(1) 使用 openFileOutput 方法和 openFileInput 方法时,必须使用 try{}catch{}捕获异常。

(2) 创建的文件保存在/data/data/<package name>/files 目录下,如/data/data/<package name>/files/test. txt。同上节讲述的一样,通过 File Explorer 视图,在 File Explorer 视图中展开/data/data/<package name>/files 目录即可看到该文件。

Android 系统支持 4 种文件操作模式,如表 7.3 所示。

表 7.3 Android 系统支持的 4 种文件操作模式

文件操作模式	值	描述
MODE_PRIVATE	0	私有模式,文件仅能够被文件创建程序或具有相同 UID 的程序访问。为默认操作模式,代表该文件是私有数据,只能被应用本身访问。在该模式下写入的内容会覆盖原文件的内容,如果想把新写的内容追加到原文件中,可以使用 Context. MODE_APPEND
MODE_APPEND	32768	追加模式,会检查文件是否存在,如存在,就往文件追加内容,否则创建新文件
MODE_WORLD_READABLE	1	全局读模式,允许任何程序读取私有文件
MODE_WORLD_WRITEABLE	2	全局写模式,允许任何程序写入私有文件

注意:在选择文件操作模式时,可以使用"+"来选择多种模式。例如:openFileOutput(FILENAME,Context. MODE_PRIVATE + Context. MODE_WORLD_READABLE);

接着我们就使用 openFileOutput 和 openFileInput 对 JobHunting 项目的运行日志进行保存和读取吧,这里我们只记录 LoginAcitity 中的程序运行情况。

JobHunting 项目中需要记录日志的地方很多,我们可以抽取出一个文件操作的工具类 LogFileUtil,对外提供 writeFileInner(String)和 readFileInner 方法,对文件存储进行统一操作。代码如下:

```
public class LogFileUtil {
private static final String LOGFILENAME = "jobhunting_log.txt";
private Context mContext;
```

```
    public LogFileUtil(Context mContext){
        this.mContext = mContext;
    }
    public void write(String content) throws IOException {
        FileOutputStream fos =
            mContext.openFileOutput (LOGFILENAME,Context.MODE_APPEND);
        BufferedWriter writer =
            new BufferedWriter(new OutputStreamWriter(fos));
        writer.write(content);
        writer.close();
        fos.close();
    }
    public String read() throws IOException{
        FileInputStream inStream = mContext.openFileInput (LOGFILENAME);
        BufferedReader bufferedReader =
            new BufferedReader(new InputStreamReader(inStream));
        byte[] buffer =  new byte[1024];
        String line = "";
        StringBuffer result = new StringBuffer();
        while ((line = bufferedReader.readLine()) ! = null){
            result.append(line);
        }
        return result.toString();
    }
}
```

这里我们首先声明了两个变量:LOGFILENAME 和 mContext,其中 LOGFILENAME 表明日志文件的名称,这里命名为 jobhunting_log.txt,而上下文对象 mContext 用于在后面调用 openFileInput 方法和 openFileOutput 方法。

接着我们创建了一个 public 类型的 write 方法,用来向日志文件中写入数据。对于该方法,如果你已经比较熟悉 Java 流了,理解上面的代码一定轻而易举。这里通过 onpenFileOutput 方法能够得到一个 FileOututStream 对象,然后借助它构建出一个 OutputStreamWrite 对象,再使用 OutputStreamWrite 构造出一个 BufferedWriter 对象,这样我们就可以通过 BufferedWriter 将文本内容写入文件了。

最后我们添加了 public 类型的 read 方法,用于读取日志信息。该方法中,首先通过 openFileInput 方法获取到一个 FileInputStream 对象,然后借助它构建出一个 InputStreamReader 对象,接着再使用 InputStreamReader 构建出一个 BufferedReader 对象,这样我们就可以通过 BufferedReader 进行一行行的读取,把文件中所有的文本内容全部读取出来,并存放在一个 StringBuilder 对象中,最后将读取到的内容返回就可以了。

写好了工具类,接下来我们就来使用它吧。这里我们把每次的登录信息保存到文件中。打开 LoginActivity.java,修改 showResponse 方法,代码如下:

```
private void showResponse(final String response){
runOnUiThread(new Runnable() {
    @Override
    public void run() {
        //这里根据登录的结果,更新 UI
        Gson gson = new Gson();
        ReturnData result = null;
        LogFileUtil logFileUtil = new LogFileUtil(LoginActivity.this);
        String loginInfo = "";
        if(response != null && ! response.isEmpty()){
            result = gson.fromJson(response,ReturnData.class);
        }
        if(result != null && result.getCode() == 0){
            String usernames = spf.getString("username","");
            if(usernames.isEmpty()){
                usernames = usernameEdt.getText().toString();
            }else{
                if(! usernames.contains("usernameEdt.getText().toString()")){
                    usernames += ";" + usernameEdt.getText().toString();
                }
            }
            editor.putString("username",usernames);
            editor.commit();
            loginInfo = new Date().toString()
                    + ":用户" + usernameEdt.getText().toString() + "登录成功";
        try {
                logFileUtil.write(loginInfo);
            } catch (IOException e) {
                e.printStackTrace();
            }
            Intent intent =
                    new Intent(LoginActivity.this,StationListActivity.class);
        startActivity(intent);
        }else{
            loginInfo = new Date().toString()
                    + ":用户" + usernameEdt.getText().toString() + "登录失败";
        try {
                logFileUtil.write(loginInfo);
            }catch (IOException e) {
                e.printStackTrace();
            }
```

```
                        Toast.makeText(LoginActivity.this,
                            result.getMsg(),Toast.LENGTH_SHORT).show();
                    }
                }
            });
        }
```

这里对工具类 LogFileUtil 的使用方法很简单，首先创建一个 LogFileUtil 的对象，然后在需要记录日志的地方调用它的 write 方法就可以了。

运行程序，进入登录页面之后，分别以正确的用户名(zfang)和密码(123456)及错误的用户名(zfang)和密码(123456789)进行登录，然后查看 Android Device Monitor 中的 File Explorer，结果如图 7.4 所示。

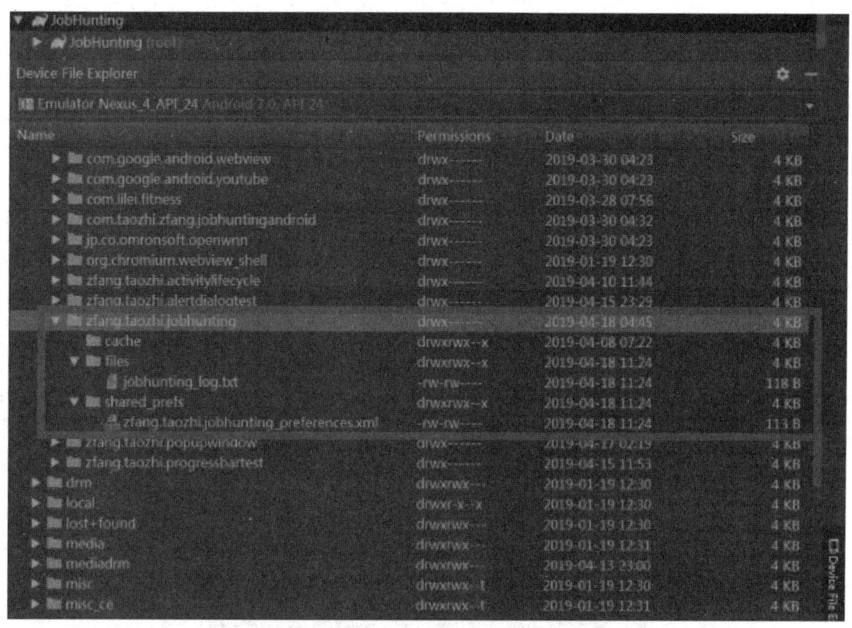

图 7.4　生成的 jobhunting_log.txt 文件

右键单击该文件，选择“save as”另存到桌面，用记事本打开，内容如图 7.5 所示，可以看到我们已经成功地将数据写入了文件中。

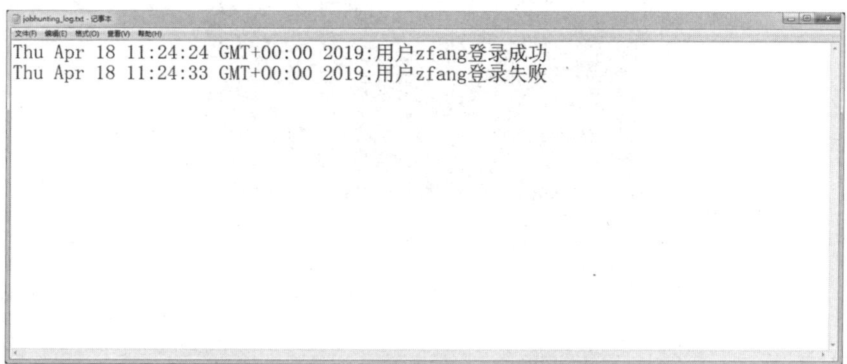

图 7.5　jobhunting_log.txt 文件的内容

接下来我们再来看看如何使用 LogFileUitl 工具类读取文件中的内容，这里为了方便说明我们做出这样的逻辑：在 JobHunting 项目中，登录成功进入岗位分类页面之后，就将该日志文件读取出来，并使用 Toast 弹框显示。打开 StationCategoryActivity.java，在其内部的 onCreate 方法中添加以下代码：

```
LogFileUtil logFileUtil = new LogFileUtil(this);
try {
    Toast.makeText(this,logFileUtil.read(),Toast.LENGTH_SHORT).show();
} catch (IOException e) {
    e.printStackTrace();
}
```

这里的逻辑很简单，首先创建一个 LogFileUtil 对象，然后调用它的 read 方法将文件中的数据读取出来，交由 Toast 弹框显示出来即可。如图 7.6 所示为程序运行效果。

图 7.6　读取 jobhunting_log.txt 文件的内容

7.3.2 运行时权限

通过上面的介绍，我们已经了解了内部存储，其实 Android 还可以让我们在 SD 卡等外部存储设备中保存文件信息等，但此时我们需要访问 SD 卡的权限，接下来我们就先来了解一下运行时的权限问题。

Android 的权限机制并不是什么新鲜事物，从系统的第一个版本开始就已经存在了。但之前 Android 的权限机制在保护用户安全和隐私等方面起到的作用比较有限，尤其是一些大家都离不开的常用软件，非常容易"店大欺客"。为此，Andmid 开发团队在 Android 6.0 系统中引用了运行时权限这个功能，从而更好地保护了用户的安全和隐私，本节我们就来详细学习一下这个 6.0 系统中引入的新特性。

首先来回顾一下过去 Android 的权限机制是什么样的。我们在第 6 章实现网络数据访问的时候第一次接触了 Android 权限相关的内容，当时为了能够访问 Internet 网络，在 AndroidManifest.xml 文件中添加了这样的权限声明：

<uses-permission android:name="android.permission.INTERNET"/>

因为访问系统的网络状态以及监听开机广播涉及用户设备的安全性，因此必须在 AndroidManifest.xml 中加入权限声明，否则我们的程序就会崩溃。

那么现在问题来了，加入了这两句权限声明后，对于用户来说到底有什么影响呢？为什么这样就可以保护用户设备的安全性了呢？

Android 开发团队当然也意识到了这个问题，于是在 6.0 系统中加入了运行时权限功能。也就是说，用户不需要在安装软件的时候一次性授权所有申请的权限，而是在软件的使用过程中对某一项权限申请进行授权。比如说一款相机应用在运行时申请了地理位置定位权限，就算我拒绝了这个权限，但是我应该仍然可以使用这个应用的其他功能，而不是像之前那样直接无法安装它。

当然，并不是所有权限都需要在运行时申请，对于用户来说，不停地授权也很麻烦。Android 现在将所有的权限归成了两类，一类是普通权限，一类是危险权限。普通权限指的是那些不会直接威胁到用户的安全和隐私的权限，对于这部分权限申请，系统会自动帮助我们进行授权，而不需要用户再去手动操作了，比如在 BroadcastTest 项目中申请的两个权限就是普通权限。危险权限则表示那些可能会触及用户隐私，或者对设备安全性造成影响的权限，如获取设备联系人信息、定位设备的地理位置等，对于这部分权限申请，必须要由用户手动点击授权才可以，否则程序就无法使用相应的功能。

但是 Android 中有上百种权限，我们怎么从中区分哪些是普通权限，哪些是危险权限呢？其实并没有那么难，因为危险权限总共就那么几个，除了危险权限之外，剩余的就都是普通权限了。表 7.4 列出了 Android 中所有的危险权限，一共是 9 组 24 个权限。

表 7.4 Android 中的危险权限

权限组名	权限名
CALENDAR	READ_CALENDAR_WRITECALENDAR
CAMERA	CAMERA
CONTACTS	READ_CONTACTS WRITE_CONTACTS GET_ACCOUNTS

续表

权限组名	权限名
LOCATION	ACCESS_FINE_LOCATION ACCESS_COARSE_LOCATION
MICROPHONE	REC0RD_AUDI0
PHONE	READPHONESTATE CALL_PHONE READ_CALL_LOG WRITE_CALL_LOG ADD_VOICEMAIL USE_SIP PROCESS_OUTGOING_CALLS
SENSORS	B0DY_SENS0RS
SMS	SEND_SMS RECEIVE_SMS READ SMS RECEIVEWAPPUSH RECEIVEMMS
STORAGE	READ_EXTERNAL_STORAGE WRITE_EXTERNAL_STORAGE

这张表格你看起来可能并不会那么轻松，因为里面的权限全都是你没使用过的。不过没有关系，你并不需要了解表格中每个权限的作用，只要把它当成一个参照表来查看就行了。每当要使用一个权限时，可以先到这张表中来查一下，如果是属于这张表中的权限，那么就需要进行权限处理，如果不在这张表中，那么只需要在 AndroidManifest. xml 文件中添加一下权限声明就可以了。

另外注意一下，表格中每个危险权限都归属于一个权限组，我们在进行运行时权限处理时使用的是权限名，但是用户一旦同意授权，那么该权限所对应的权限组中所有的其他权限也会一并被授权。

访问 http://developer. android. com/reference/android/Manifest. permission. ht-ml 可以查看 Android 系统完整的权限列表。

好了，关于 Android 权限机制的内容就讲这么多，理论知识你已经了解得非常充足了，接下来我们就通过一个简单的案例学习一下到底该如何在程序运行的时候申请权限。

首先新建一个 RuntimePermissionTest 项目，我们就在这个项目的基础上来学习运行时权限的使用方法。在动手之前还需要考虑一下到底要申请什么权限，其实刚才表中列出的所有权限都是可以申请的，这里为简单起见我们就使用 CALL_PHONE 这个权限来作为本小节中的示例吧。

CALL_PHONE 这个权限是编写拨打电话功能的时候需要声明的，因为拨打电话会涉及用户手机的资费问题，因而被列为了危险权限。在 Android 6.0 之前，拨打电话功能的实现其实非常简单，先修改 activity_main. xml 布局文件，如下所示：

```
<LinearLayout xmlns:android="http://schemas.android.com/apk/res/android"
android:layout_width="match_parent"
android:layout_height="match_parent">
<Button
    android:id="@+id/make_call"
    android:layout_width="match_parent"
    android:layout_height="wrap_content"
    android:text="Make call"/>
</LinearLayout>
```

我们在布局文件中只是定义了一个按钮，当点击按钮时就去触发拨打电话的逻辑。接着修改 MainActivity 中的代码，如下所示：

```
public class MainActivity extends AppCompatActivity {
    @Override
    protected void onCreate(Bundle savedInstanceState) {
        super.onCreate(savedInstanceState);
        setContentView(R.layout.activity_main);
        Button makecall=findViewById(R.id.make_call);
        makecall.setOnClickListener(new View.OnClickListener() {
            @Override
            public void onClick(View view) {
                try {
                    Intent intent=new Intent(Intent.ACTION_CALL);
                    intent.setData(Uri.parse("tel:10086"));
                    startActivity(intent);
                }catch (SecurityException e) {
                    e.printStackTrace();
                }
            }
        });
    }
}
```

可以看到，在按钮的点击事件中，我们构建了一个隐式 Intent，Intent 的 action 指定为 Intent. ACTI0N_ CALL，这是一个系统内置的打电话的动作，然后在 data 部分指定协议为 tel，号码 10086。因为 Intent.ACTI0N_CALL 可以直接拨打电话，因此必须声明权限。另外为了防止程序崩溃，我们将所有操作都放在了异常捕获代码块当中。

接下来修改 AndroidManifest.xml 文件，在其中声明如下权限：

```
<manifest xmlns:android="http://schemas.android.com/apk/res/android"
    package="zfang.taozhi.runtimepermission">

    <uses-permission android:name="android.permission.CALL_PHONE"/>
```

```
<application
    android:allowBackup = "true"
    android:icon = "@mipmap/ic_launcher"
    android:label = "@string/app_name"
    android:roundIcon = "@mipmap/ic_launcher_round"
    android:supportsRtl = "true"
    android:theme = "@style/AppTheme">
    <activity android:name = ".MainActivity">
        <intent-filter>
            <action android:name = "android.intent.action.MAIN"/>
            <category android:name = "android.intent.category.
                                                          LAUNCHER"/>
        </intent-filter>
    </activity>
</application>
</manifest>
```

这样我们就将拨打电话的功能成功实现了，并且在低于 Android 6.0 系统的手机上也是可以正常运行的，但是如果我们在 6.0 或者更高版本系统的手机上运行，点击“Make Call”按钮则没有任何效果，这时观察 Logcat 中的打印日志，你会看到如图 7.7 所示的错误信息。

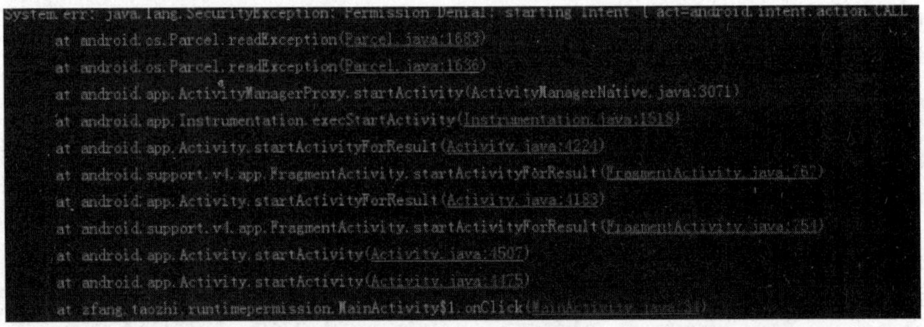

```
System.err: java.lang.SecurityException: Permission Denial: starting Intent { act=android.intent.action.CALL
    at android.os.Parcel.readException(Parcel.java:1683)
    at android.os.Parcel.readException(Parcel.java:1636)
    at android.app.ActivityManagerProxy.startActivity(ActivityManagerNative.java:3071)
    at android.app.Instrumentation.execStartActivity(Instrumentation.java:1518)
    at android.app.Activity.startActivityForResult(Activity.java:4224)
    at android.support.v4.app.FragmentActivity.startActivityForResult(FragmentActivity.java:767)
    at android.app.Activity.startActivityForResult(Activity.java:4183)
    at android.support.v4.app.FragmentActivity.startActivityForResult(FragmentActivity.java:754)
    at android.app.Activity.startActivity(Activity.java:4507)
    at android.app.Activity.startActivity(Activity.java:4475)
    at zfang.taozhi.runtimepermission.MainActivity$1.onClick(MainActivity.java:34)
```

图 7.7 错误日志信息

错误信息中提醒我们“Permission Denial”，说明错误是由于权限被禁止所导致的，因为 6.0 及以上系统在使用危险权限时都必须进行运行时权限处理。

那么下面我们就来尝试修复这个问题。修改 MainActivity 中的代码，如下所示：

```
public class MainActivity extends AppCompatActivity {
    @Override
    protected void onCreate(Bundle savedInstanceState) {
        super.onCreate(savedInstanceState);
        setContentView(R.layout.activity_main);
        Button makecall = findViewById(R.id.make_call);
        makecall.setOnClickListener(new View.OnClickListener() {
```

```
            @Override
            public void onClick(View view) {
                if(ContextCompat.checkSelfPermission(
                    MainActivity.this,Manifest.permission.CALL_PHONE)
                    != PackageManager.PERMISSION_GRANTED) {
                    ActivityCompat.requestPermissions(MainActivity.this,new
                            String[]{Manifest.permission.CALL_PHONE},1);
                } else {
                    call();
                }
            }
        });
    }
    private void call() {
        Intent intent = new Intent(Intent.ACTION_CALL);
        intent.setData(Uri.parse("tel:10086"));
        startActivity(intent);
    }
    @Override
public void onRequestPermissionsResult(int requestCode,String[] permissions,
                                                    int[] grantResults) {
        switch (requestCode) {
            case 1:
                if (grantResults.length > 0 && grantResults[0]
                            == PackageManager.PERMISSION_GRANTED){
                    call();
                } else {
                    Toast.makeText(this,"You denied the Permission",Toast.
                                            LENGTH_SHORT).show();
                }
                break;
                default:
        }
    }
}
```

上面的代码将运行时权限的完整流程都覆盖了，下面我们来具体解析一下。简而言之运行时权限的核心就是在程序运行过程中由用户授权我们去执行某些危险操作，程序是不可以擅自做主去执行这些危险操作的。因此，第一步就是要判断用户是不是已经给过我们授权了，借助的是 ContextCompat.checkSelfPermission 方法。checkSelfPermission 方法接收两个参数，第一个参数是 Context，这个没什么好说的，第二个参数是具体的权限名，比如打电话的权限名就是 Manifest.permission.CALL_PHONE，然后我们使用方法的返回值和 PackageManage.PERMISSION_GRANTED 做比较，相等就说明用户已经授权，不等就表示用户没有授权。

如果已经授权的话就简单了，直接去执行拨打电话的逻辑操作就可以了，这里我们把拨打电话的逻辑封装到了 call 方法当中。如果没有授权的话，则需要调用 ActivityCompat.requestPermissions 方法来向用户申请授权。requestPermissions 方法接收 3 个参数，第一个参数要求是 Activity 的实例，第二个参数是一个 String 数组，我们把要申请的权限名放在数组中即可，第三个参数是请求码，只要是唯一值就可以了，这里传入了 1。

调用完 requestPermissions 方法之后，系统会弹出一个权限申请的对话框，然后用户可以选择同意或拒绝我们的权限申请，不论是哪种结果，最终都会回调到 onRequestPermissionsResult 方法中，而授权的结果则会封装在 grantResults 参数当中。这里我们只需要判断一下最后的授权结果，如果用户同意的话就调用 call 方法来拨打电话，如果用户拒绝的话我们只能放弃操作，并弹出一条失败提示。

现在重新运行一下程序，点击“Make Call”按钮，效果如图 7.8 所示。

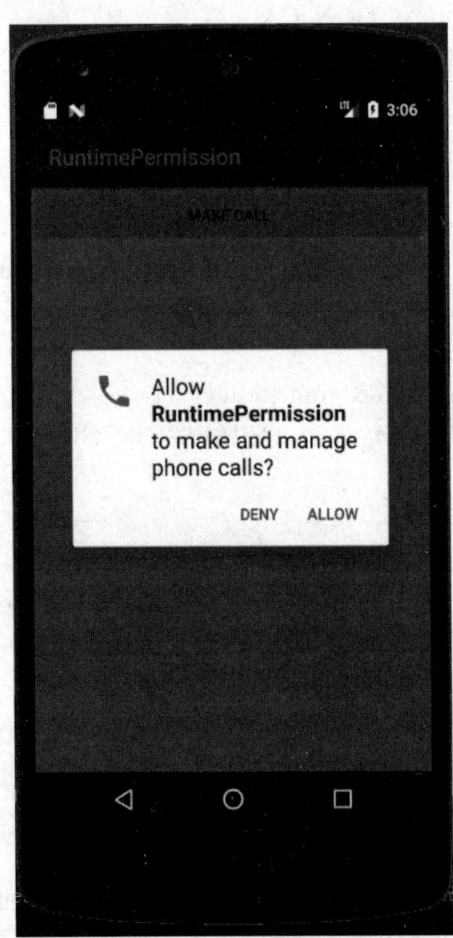

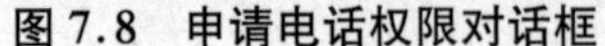

图 7.8 申请电话权限对话框

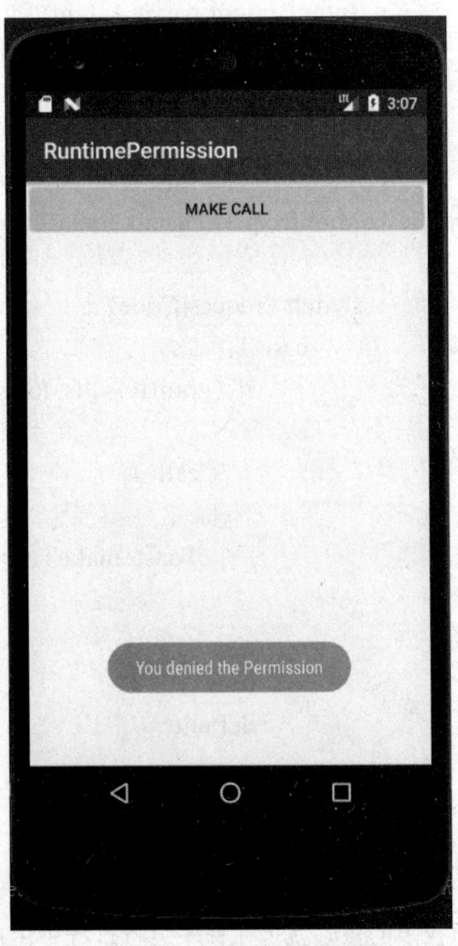

图 7.9 用户拒绝了权限申请

由于用户还没有授权过我们拨打电话权限，因此第一次运行会弹出这样一个权限申请的对话框，用户可以选择同意或者拒绝。先假定这里点击了“DENY”，结果如图 7.9 所示。

由于用户没有同意授权，我们只能弹出一个操作失败的提示。下面我们再次点击“Make Call”按钮，仍然会弹出权限申请对话框，这次点击“ALLOW”，结果如图 7.10 所示。

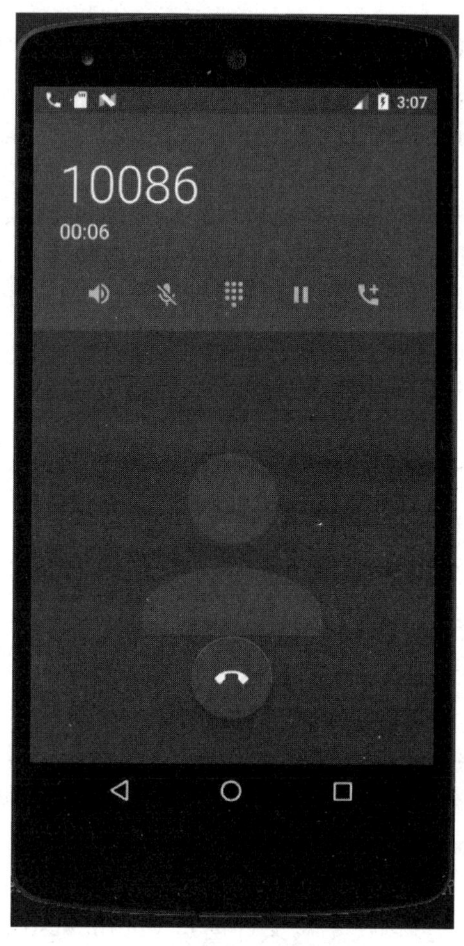

图 7.10　拨打电话界面图

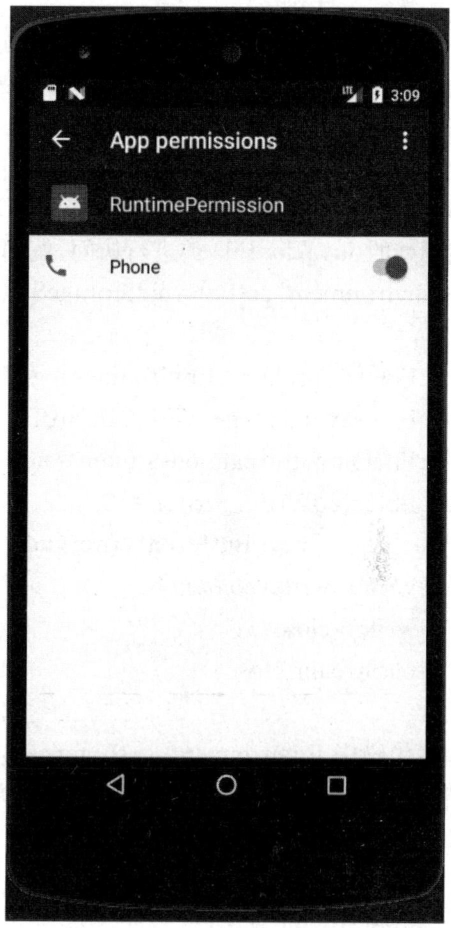

图 7.11　应用程序权限管理界面

可以看到，这次我们成功进入到拨打电话界面，并且由于用户已经完成了授权操作，之后再点击“Make Call”按钮就不会再弹出权限申请对话框了，而是可以直接拨打电话。可能你会担心，万一以后我又后悔了怎么办？没有关系，用户随时都可以将授予程序的危险权限关闭，进入 Settings→Apps→RuntimePermissionTest→Permissions，界面如图 7.12 所示，关闭相应授权即可。

好了，关于运行时权限的内容就讲到这里，现在你已经有能力处理 Android 上各种关于权限的问题了，下面我们就来进入正题：文件的外部存储。

7.3.3　SD 卡存储简介

SD 卡(Secure Digital Memory Card)是 Android 的外部存储设备，广泛应用于各种数码设备上，Android 系统提供了对 SD 卡的便捷的访问方法。

上节讲述了使用 Activity 的 openFileOutput 方法保存文件，此时文件是存放在手机自身存储空间内的，一般手机的自身存储空间不大，如果要存放像视频这样的大文件，我们通常把它放置在外部的存储设备即 SD 卡上。

SD 卡适用于保存大尺寸的文件或者是一些无需设置访问权限的文件，可以保存录制的大容量的视频文件和音频文件等。

SD 卡使用的是 FAT(File Allocation Table)文件系统，不支持访问模式和权限控制，但可以通过 Linux 文件系统的文件访问权限的控制保证文件的私密性。

在访问 SD 卡，往 SD 卡存放文件之前，程序首先需要判断手机是否装有 SD 卡(检测系统的/sdcard 目录是否可用)，并且是否可以进行读写。如果不可用，说明设备中的 SD 卡已经被移除(如用在 Android 模拟器，则表明 SD 卡映像没有被正确加载)。如果可用，则可直接通过标准的 Java.io.File 类进行访问，使用代码如下：

```
if(Environment.getExternalStorageState().equals(Environment.MEDIA_MOUNTED)) {
    File sdCardDir = Environment.getExternalStorageDirectory();
    File saveFile = new File(sdCardDir, "test.txt");
    FileOutputStream outStream = new FileOutputStream(saveFile);
    BufferedWriter writer =
            new BufferedWriter(new OutputStreamWriter(outStream));
    writer.write(content);
    writer.close();
    outStream.close();
}
```

上述代码中 Environment.getExternalStorageState 方法用于获取 SD 卡的状态，如果手机装有 SD 卡，并且可以进行读写，那么方法返回的状态等于 Environment.MEDIA_MOUNTED。第 3 行的 Environment.getExternalStorageDirectory 方法用于获取 SD 卡的目录。第 4 行我们根据文件路径目录及文件名称创建文件，如果文件存在，则可以该文件创建 FileOutputStream 对象，对文件进行写入，也可以使用该文件创建 FileInputStream 对象，对文件进行读取。

下面我们创建一个新的项目进行实践说明。打开新项目的默认布局文件 activity_main.xml，做以下修改：

```
<?xml version="1.0" encoding="utf-8"?>
<TableLayout xmlns:android="http://schemas.android.com/apk/res/android"
    android:layout_width="match_parent"
    android:layout_height="match_parent"
    android:stretchColumns="1">
    <TableRow>
        <TextView
            android:layout_width="wrap_content"
            android:layout_height="wrap_content"
            android:text="文件名"
            android:padding="8dp"/>
        <EditText
```

```
            android:id="@+id/file_name"
            android:layout_width="wrap_content"
            android:layout_height="wrap_content"
            android:padding="8dp"/>
    </TableRow>
    <TableRow>
        <TextView
            android:layout_width="wrap_content"
            android:layout_height="wrap_content"
            android:text="存储内容"
            android:padding="8dp"/>
        <EditText
            android:id="@+id/file_content"
            android:layout_width="wrap_content"
            android:layout_height="wrap_content"
            android:padding="8dp"/>
    </TableRow>
    <Button
        android:id="@+id/save_sdcard"
        android:layout_width="match_parent"
        android:layout_height="wrap_content"
        android:text="向 SDCrad 中保存信息"/>
    <Button
        android:id="@+id/read_sdcard"
        android:layout_width="match_parent"
        android:layout_height="wrap_content"
        android:text="读取 SDCrad 中的信息"/>
</TableLayout>
```

这里使用表格布局创建了 4 行 2 列的布局结构，并在该结构中添加了两个 TextView、两个 EidtText 和两个 Button，其中 TextView 用于提供输入提醒，两个 EditText 分别用于让用户输入文件名和需要存入文件的内容，而两个按钮分别用于相应用户保存和读取文件的需求。

然后打开 MainActivity. java 文件，做以下修改：

```
public class MainActivity extends AppCompatActivity {
private EditText fileName;
private EditText fileContext;
private Button save;
private Button read;

@Override
```

```
protected void onCreate(Bundle savedInstanceState) {
    super.onCreate(savedInstanceState);
    setContentView(R.layout.activity_main);

    fileName = findViewById(R.id.file_name);
    fileContext = findViewById(R.id.file_content);
    save = findViewById(R.id.save_sdcard);
    read = findViewById(R.id.read_sdcard);

    save.setOnClickListener(new View.OnClickListener() {
        @Override
        public void onClick(View view) {
        if(ContextCompat.checkSelfPermission(MainActivity.this,Manifest.permission.
                        WRITE_EXTERNAL_STORAGE)! = PackageManager.
                                        PERMISSION_GRANTED){
        ActivityCompat.requestPermissions(MainActivity.this,
            new String[]{Manifest.permission.WRITE_EXTERNAL_STORAGE},1)
    }else{
        writeSDCard();
            }
        }
    });
read.setOnClickListener(new View.OnClickListener() {
    @Override
    public void onClick(View view) {
        if(ContextCompat.checkSelfPermission(MainActivity.this,Manifest.permission.
                                    READ_EXTERNAL_STORAGE)! =
                    PackageManager.PERMISSION_GRANTED){
            ActivityCompat.requestPermissions(MainActivity.this,
                new String[]{Manifest.permission.READ_EXTERNAL_STORAGE},2);
            }else{
                readSDCard();
            }
        }
    });
}
public void writeSDCard(){
    if(Environment.getExternalStorageState()
                    .equals(Environment.MEDIA_MOUNTED)){
        File sdCardDir = Environment.getExternalStorageDirectory();
```

```
            File saveFile = new File(sdCardDir,fileName.getText().toString());
            FileOutputStream outStream = null;
            BufferedWriter writer = null;
            if (! saveFile.exists()){
                try {
                    saveFile.createNewFile();
                }catch (IOException e) {
                    e.printStackTrace();
                }
            }
            try {
                outStream = new FileOutputStream(saveFile);
                writer = new BufferedWriter(new OutputStreamWriter(outStream));
                writer.write(fileContext.getText().toString());
                writer.close();
                outStream.close();
            }catch (IOException e) {
                    e.printStackTrace();
                }
            }else{
            Toast.makeText(MainActivity.this,"SD 卡不可用"
                                            ,Toast.LENGTH_LONG).show();
        }
    }
    public void readSDCard(){
        if(Environment.getExternalStorageState()
                        .equals(Environment.MEDIA_MOUNTED)) {
            File sdCardDir = Environment.getExternalStorageDirectory();
            File readFile = new File(sdCardDir,fileName.getText().toString());
            FileInputStream inputStream = null;
            BufferedReader reader = null;
            if (! readFile.exists()) {
                Toast.makeText(MainActivity.this,"文件不存在",
                                            Toast.LENGTH_LONG).show();
            } else {
                try {
                    inputStream = new FileInputStream(readFile);
                    reader = new
                        BufferedReader(new InputStreamReader(inputStream));
                    String line = "";
```

```
                StringBuilder result = new StringBuilder();
                while ((line = reader.readLine()) ! = null) {
                    result.append(line);
                }
                Toast.makeText(MainActivity.this,result.toString(),
                                        Toast.LENGTH_LONG).show();
            }catch (IOException e) {
                e.printStackTrace();
            }
        }
    }else{
        Toast.makeText(MainActivity.this,"SD 卡不可用"
                                        ,Toast.LENGTH_LONG).show();
    }
}
@Override
public void onRequestPermissionsResult(int requestCode,String[] permissions,
                                        int[] grantResults) {
        switch (requestCode) {
            case 1:
                if(grantResults.length > 0 && grantResults[0] = =
                        PackageManager.PERMISSION_GRANTED){
                    writeSDCard();
                }else {
                    Toast.makeText(this,"You denied the write SDCard Permission",
                                        Toast.LENGTH_SHORT).show();
                }
                break;
            case 2:
                if(grantResults.length>0 && grantResults[0] = = PackageManager.
                                        PERMISSION_GRANTED){
                    readSDCard();
                }else {
                    Toast.makeText(this,"You denied the read SDCard Permission",
                                        Toast.LENGTH_SHORT).show();
                }
                break;
            default:
        }
    }
```

}

首先我们声明了四个控件变量，然后在 onCreate 方法中通过 findViewById 为其赋值，并为两个按钮控件分别添加监听器。监听器内部，我们首先查看是否拥有读写外部存储的权限，如果没有则动态申请权限，如果有权限，则分别调用 writeSDCard 方法和 readSDCard 方法完成对 SD 卡的写和读的。

在写 SD 卡的函数中，我们通过 Environment. getExternalStorageState 函数判断当前设备是否有 SD 卡，如果没有就弹框提醒，如果有，Environment 的 getExternalStorageDirectory 方法会获取到 SD 卡的根目录。然后从输入框中获取用户输入的文件名。最后根据根目录和文件名获取文件对象，如果文件存在则直接写入，如果文件不存在则创建文件后再写入。至于如何写入，前文中已经介绍过了，这里就不做赘述了。读 SD 卡函数的逻辑和写函数大致相同，不同的地方是如果文件不存在，读函数直接弹框提醒不创建新文件。

最后我们看看 onRequestPermissionsResult 方法，该方法也很简单，如果接受了该读写外部存储的权限，则进行读写操作，否则弹框提醒。

运行程序，分别输入需要创建的文件名称和需要写入的内容，如图 7.12 所示，点击第一个按钮，查看 File Explorer，打开的 sdcard 文件夹如图 7.13 所示。

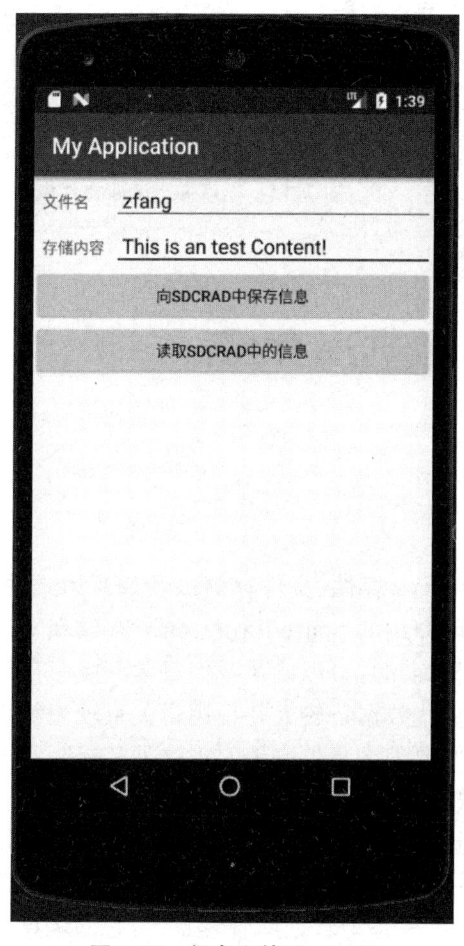

图 7.12　保存文件至 sdcard

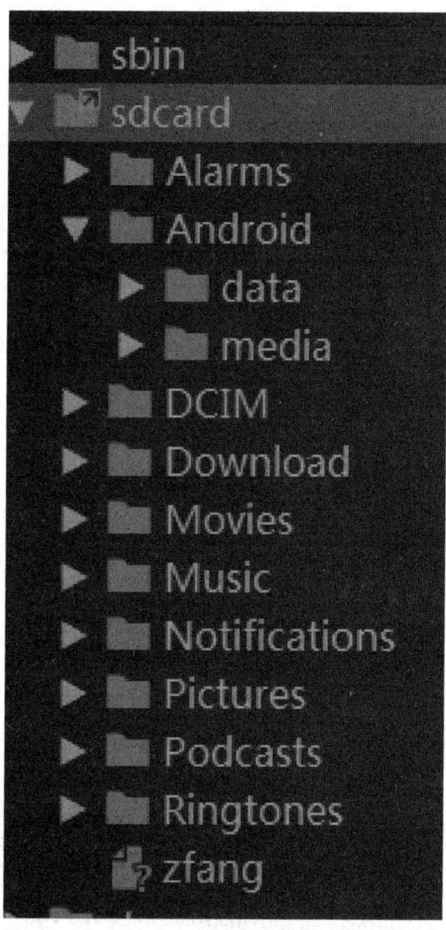

图 7.13　File Explorer 中的 sdcard 目录

观察结果图，可以看到我们已经成功地在 sdcard 中创建了 zfang 文件，接下来我们右键单击该文件,另存到桌面,用记事本打开,如图7.14所示,同时我们点击程序中的第二个按钮,弹出文件中内容,如图7.15所示,两相对照,结果一致,说明我们成功地完成了文件的读取任务。

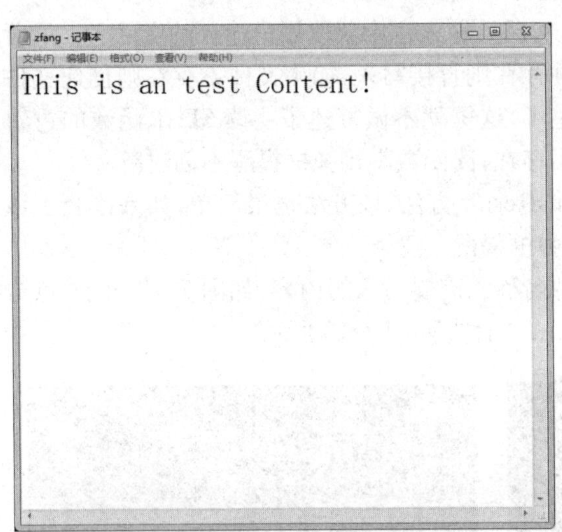

图7.14 通过记事本查看文件中内容

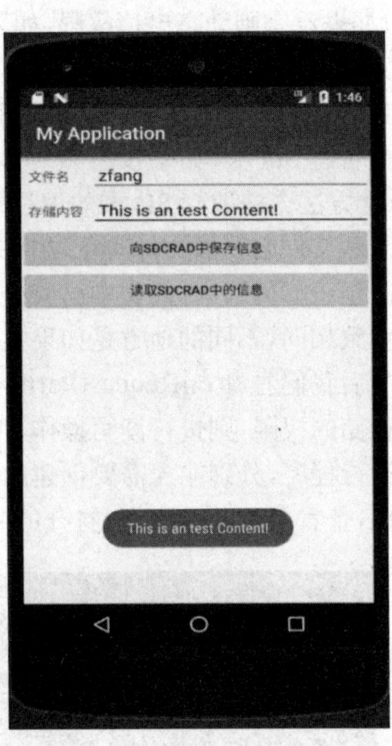

图7.15 程序弹出读取文件内容

7.4 SQLite数据库存储

7.4.1 SQLite数据库简介

Android系统中主要提供了SharedPreferences存储、文件存储以及SQLite数据库存储,这三种方式用于实现数据持久化功能。前面介绍的SharedPreference存储和文件存储(其中又分为外部设备文件存储和内部设备文件存储),可以满足我们日常开发中存储少量数据的需求。但你会发现,如果使用它们存储一些数据量较大并且逻辑关系较为复杂的数据集时,它们便难以满足我们的需求了。那我们要怎么高效率地实现这种需求呢?可以借助Android系统内置的轻便而又功能强大的嵌入式数据库——SQLite。

SQLite是用C语言编写的开源嵌入式数据库引擎,是一款遵守ACID(ACID,指数据库事务正确执行的四个基本要素的英文缩写:Atomicity(原子性)、Consistency(一致性)、Isolation(隔离性)、Durability(持久性))的轻型的关系型数据库管理系统,它的运算速度非常快,占用资源很少,通常只需要几百K的内存就足够了,因而特别适合在移动设备上使用。

我们来看一下SQLite的具体特点:

• 轻量级。使用 SQLite 只需要带一个动态库，就可以使用它的全部功能，而且动态库的尺寸相当小。

• 独立性。SQLite 数据库的核心引擎不需要依赖第三方软件，也不需要所谓的“安装”。

• 隔离性。SQLite 数据库中所有的信息（比如表、视图、触发器等）都包含在一个文件夹内，方便管理和维护。

• 跨平台。SQLite 目前支持大部分操作系统，不止电脑操作系统，在众多的手机系统中也能够运行，比如 Android 和 IOS。

• 多语言接口。SQLite 数据库支持多语言编程接口。

• 安全性。SQLite 数据库通过数据库级上的独占性和共享锁来实现独立事务处理。这意味着多个进程可以在同一时间从同一数据库读取数据，但只能有一个可以写入数据。

• 弱类型的字段。同一列中的数据可以是不同类型的，表 7.5 给出了 SQLite 的 5 种常用的数据类型。

表 7.5　SQLite 的 5 种常用的数据类型

存储类	说明
NULL	值是一个 NULL 值
INTEGER	值是一个带符号的整数，根据值的大小存储在 1、2、3、4、6 或 8 字节中
REAL	值是一个浮点值，存储为 8 字节的 IEEE 浮点数字
TEXT	值是一个文本字符串，使用数据库编码(UTF-(8) UTF-16BE 或 UTF-16LE)存储
BLOB	值是一个 blob 数据，完全根据它的输入存储

7.4.2　创建 SQLite 数据库

Android 为了让我们能够更加方便地管理数据库，专门提供了一个 SQLiteOpenHdper 帮助类，借助这个类就可以非常简单地对数据库进行创建和升级。既然有好东西可以直接使用，那我们自然要尝试一下了，下面就对 SQLiteOpenHelper 的基本用法进行介绍。

首先我们要知道 SQLiteOpenHdper 是一个抽象类，这意味着如果我们想要使用它的话，就需要创建一个自己的帮助类去继承它。SQLiteOpenHelper 中有两个抽象方法，分别是 onCreate 和 onUpgrade，我们必须在自己的帮助类里面重写这两个方法，然后分别在这两个方法中去实现创建、升级数据库的逻辑。

SQLiteOpenHelper 中还有两个非常重要的实例方法：getReadableDatabase 和 getWritableDatabase。这两个方法都可以创建或打开一个现有的数据库（如果数据库已存在则直接打开，否则创建一个新的数据库），并返回一个可对数据库进行读写操作的对象。不同的是，当数据库不可写入的时候（如磁盘空间已满），getReadableDatabase 方法返回的对象将以只读的方式去打开数据库，而 getWritableDatabase 方法则将出现异常。

SQLiteOpenHelper 中有两个构造方法可供重写，一般使用参数少一点的那个构造方法即可。这个构造方法接收 4 个参数，第一个参数是 Context，这个没什么好说的，必须要有它才能对数据库进行操作。第二个参数是数据库名，创建数据库时使用的就是这里指定的名称。第三个参数允许我们在查询数据的时候返回一个自定义的 Cursor，一般都是传入 null。第四个参数表示当前数据库的版本号，可用于对数据库进行升级操作。构建出 SQLiteOpenHelper 的实例之后，再调用它的 getReadableDatabase 或 getWritableDatabase 方法就能够创建数据库了，数据库文件会存放在/data/data/<packagename>/databases/目录下。此时，重写的 onCreate 方法也会得到执行，所以通常会在这里去处理一些创建表的逻辑。

接下来还是让我们通过一个例子来更加直观地体会 SQLiteOpenHelper 的用法吧，首先打开 JobHunting 项目。

这里我们希望创建一个名为 jobHunting. db 的数据库，然后在这个数据库中新建一张 StationInfo 表，表中有 id（主键）、entrepriseName（岗位发布公司）、categoryName（岗位类别）、publicDate（岗位发布时间）、payRang（工资范围）、stationTitle（岗位标题）、recruitCount（招聘人数）、workAddress（工作地点）、stationContent（工作内容）、interviewProcess（面试过程）、entriedCount（报名人数）、evaluteCount（评价人数）、stationDemands（岗位要求）、stationWelfares（岗位福利）等列。创建数据库表当然还是需要用建表语句的，这里也是要考验一下你的 SQL 的基本功了。StationInfo 表的建表语句如下所示：

```
create tableStationInfo(
    id integer primary key autoincrement,
    entrepriseName text,
    categoryName text,
    publicDate text,
    payRang text,
    stationTitle text,
    recruitCount integer,
    workAddress text,
    interviewProcess text,
    entriedCount integer,
    evaluteCount integer,
    stationDemands text,
    stationWelfares text)
```

只要你对 SQL 方面的知识稍微有一些了解，上面的建表语句对你来说应该都不难吧。SQLite 不像其他的数据库拥有众多繁杂的数据类型，它的数据类型很简单，integer 表示整型，real 表示浮点型，text 表示文本类型，blob 表示二进制类型。另外，上述建表语句中我们还使用了 primary key 将 id 列设为主键，并用 autoincrement 关键字表示 id 列是自增长的。

然后需要在代码中去执行这条 SQL 语句，才能完成建表的操作。新建 MyDatabaseHelper 类继承自 SQLiteOpenHelper，代码如下所示：

```
public class MyDatabaseHelper extends SQLiteOpenHelper {
    public static final String CREATE_STATIONINDO = "create table StationInfo("
            + "id integer primary key autoincrement,"
            + "entrepriseName text,"
            + "categoryName text,"
```

```
                + "payRang text,"
                + "stationTitle text,"
                + "recruitCount integer,"
                + "workAddress text,"
                + "interviewProcess text,"
                + "entriedCount integer,"
                + "evaluteCount integer,"
                + "stationDemands text,"
                + "stationWelfares text";
    private Context mContext;
    public MyDatabaseHelper(Context context,String name,
                        SQLiteDatabase.CursorFactory factory,int version) {
        super(context,name,factory,version);
        mContext = context;
    }
    @Override
    public void onCreate(SQLiteDatabase sqLiteDatabase) {
        sqLiteDatabase.execSQL(CREATE_STATIONINDO);
        Toast.makeText(mContext,"Create succeeded",Toast.LENGTH_LONG)
            .show();
        }
    @Override
    public void onUpgrade(SQLiteDatabase sqLiteDatabase,int i,int i1) {

    }
}
```

可以看到，我们把建表语句定义成了一个字符串常量，然后在 onCreate 方法中调用了 SQLiteDatabase 的 execSQL 方法去执行这条建表语句，并弹出一个 Toast 提示创建成功，这样就可以保证在数据库创建完成的同时还能成功创建 StationInfo 表。

现在修改 activity_forget_pwd.xml 中的代码，如下所示：

```
<?xml version="1.0" encoding="utf-8"?>
<LinearLayout xmlns:android="http://schemas.android.com/apk/res/android"
    android:layout_width="match_parent"
    android:layout_height="match_parent">
    <Button
        Android:id="@+id/create_database"
        android:layout_width="match_parent"
        android:layout_height="wrap_content"
        android:text="创建数据库"/>
</LinearLayout>
```

布局文件很简单,就是加入了一个按钮,用于创建数据库。最后修改 ForgetPwdActivity 中的代码,如下所示:

```
public class ForgetPwdActivity extends AppCompatActivity {
private MyDatabaseHelper dbHelper;
private Button createDatabase;
@Override
protected void onCreate(Bundle savedInstanceState) {
    super.onCreate(savedInstanceState);
    setContentView(R.layout.activity_forget_pwd);
    createDatabase = findViewById(R.id.create_database);
    dbHelper = new MyDatabaseHelper(this,"JobHunting.db",null,1);
    createDatabase.setOnClickListener(new View.OnClickListener() {
        @Override
        public void onClick(View view) {
            dbHelper.getWritableDatabase();
        }
    });
}
}
```

这里我们在 OnCreate 方法中构建了一个 MyDatabaseHelper 对象,并通过构造函数的参数将数据库名指定为 JobHunting.db,版本号指定为 1,然后在“添加数据库”按钮的点击事件里调用了 getWritableDatabase 方法。这样当第一次点击“添加数据库”按钮时,就会检测到当前程序中并没有 JobHunting.db 这个数据库,于是会创建该数据库并调用 MyDatabaseHelper 中的 onCreate 方法,这样 StationInfo 表也就得到了创建,然后会弹出一个 Toast 提示创建成功。再次点击“创建数据库”按钮时,会发现此时已经存在 BookStore.db 数据库了,因此不会重复创建。

现在重新运行 JobHunting 项目,点击登录页面的“忘记密码”(如果你还没有为显示“忘记密码”的 TextView 添加点击事件,请完成该逻辑之后再运行程序查看),进入忘记找回密码页面,在该页面中点击“添加数据库”按钮,结果如图 7.16 所示。

此时 JobHunting.db 数据库和 StationInfo 表应该都已经创建成功了,因为当你再次点击“添加数据库”按钮时,不会再有 Toast 弹出。可是又回到了之前的那个老问题,怎样才能证实它们的确创建成功了?如果还是使用 File Explorer,那么最多你只能看到 databases 目录下出现了一个 BookStore.db 文件,Book 表是无法通过 File Explorer 看到的。因此这次我们准备换一种查看方式,使用 adb shell 来对数据库和表的创建情况进行检查。

adb 是 Android SDK 中自带的一个调试工具,使用这个工具可以直接对连接在电脑上的手机或模拟器进行调试操作。它存放在 sdk 的 platform-tools 目录下,打开命令行界面,通过 cd 进入到 adb 工具所在路径,笔者电脑中的 adb 路径为“C:\Users\dell3020mt-7\AppData\Local\Android\Sdk\platform-tools”,故通过指令:

cd C:\Users\＜电脑名称＞\AppData\Local\Android\Sdk\platform-tools,即可进入 adb 所在位置。当然为了方便使用,通常可取的方法是将该路径添加到环境变量中。

图 7.16　创建数据库成功

进入指定路径之后，输入“adb shell”，就会进入到设备的控制台，如图 7.17 所示。

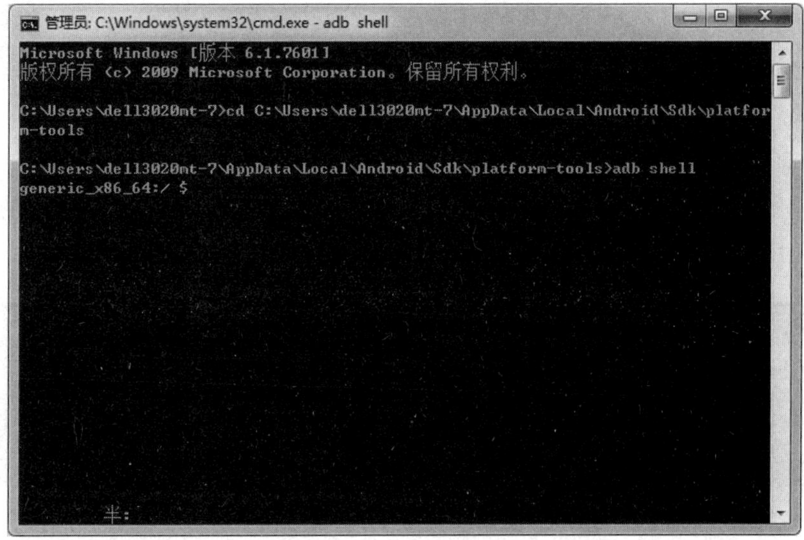

图 7.17　进入设备控制台

然后使用 cd 命令进入到/data/data/zfang. taozhi. jobhunting/databases/目录下，并使用 is 命令查看该目录里的文件，如图 7.18 所示。

```
generic_x86_64:/ # cd /data/data/zfang.taozhi.jobhunting/databases/
generic_x86_64:/data/data/zfang.taozhi.jobhunting/databases # ls
JobHunting.db JobHunting.db-journal
generic_x86_64:/data/data/zfang.taozhi.jobhunting/databases #
```

图 7.18 查看数据库文件

这里需要注意的是，如果进入/data/data/com. example. databasetest/databases/路径出现权限禁止的话，可以输入下面的命令，然后就可以进入该目录了。

su

chmod 777 /data/

chmod 777 /data/data/

chmod 777 /data/data/包名(比如我的是 zfang. taozhi. jobhunting)/

chmod 777 /data/包名/databases/

这个目录下出现了两个数据库文件，一个正是我们创建的 JobHunting. db，另一个 JobHunting. db-journal 是为了让数据库能够支持事务而产生的临时日志文件，通常情况下这个文件的大小都是 0 字节。

接下来我们就要借助 sqlite 命令来打开数据库了，只需要键入“sqlite3”，后面加上数据库名即可，如图 7.19 所示。

```
qlite3 JobHunting.db
SQLite version 3.9.2 2017-07-21 07:45:23
Enter ".help" for usage hints.
```

图 7.19 打开 JobHunting 数据库

这时就已经打开了 JobHunting. db 数据库，现在就可以对这个数据库中的表进行管理了。首先来看一下目前数据库中有哪些表，键入. table 命令，如图 7.20 所示。

```
sqlite> .table
StationInfo        android_metadata
sqlite>
```

图 7.20 查看表

可以看到，此时数据库中有两张表，android_metadata 表是每个数据库中都会自动生成的，不用管它，而另外一张 StationInfo 表就是我们在 MyDatabaseHelper 中创建的了。这里还可以通过. schema 命令来查看它们的建表语句，如图 7.21 所示。

```
sqlite> .schema
CREATE TABLE android_metadata (locale TEXT);
CREATE TABLE StationInfo(id integer primary key autoincrement,entrepriseName tex
t,categoryName text,payRang text,stationTitle text,recruitCount integer,workAddr
ess text,interviewProcess text,entriedCount integer,evaluteCount integer,station
Demands text,stationWelfares text);
sqlite>
```

图 7.21 查看建表语句

由此证明，JobHunting. db 数据库和 StationInfo 表确实创建成功了。之后键入. exit

或.quit 命令可以退出数据库的编辑，再键入 exit 命令就可以退出设备控制台了。

7.4.3　SQLite 数据库的 CRUD 操作

前面我们已经知道，SQLiteOpenHelper 的 getReadableDatabase 或 getWritableDatabase 方法是可以用于创建数据库的。不仅如此，这两个方法还都会返回一个 SQLiteDatabase 对象，SQLiteDatabase 类提供了一系列方法，可以实现数据库的增、删、改、查，如表 7.6 所示。

表 7.6　SQLiteDatabase 类提供的方法

方法名称	方法描述
execSQL(String sql)	执行 SQL 语句
execSQL(String sql,Object[] bindArgs)	执行带占位符的 SQL 语句
insert (String table, String nullColumnHack, ContentValues values)	向表中插入一条记录
update (String table, ContentValues values, String whereClause,String[] whereArgs)	更新表中指定的某条记录
delete(String table,String whereClause,String[] whereArgs)	删除表中指定的某条记录
query(String table,String[] columns,String selection,String[] selectionArgs,String groupBy,String having,String orderBy)	查询表中记录
rawQuery(String sql,String[] selectionArgs)	查询带占位符的记录

上表中的查询方法，返回值是一个 Cursor 对象。Cursor 提供了以下方法移动查询记录的游标，如表 7.7 所示。

表 7.7　Cursor 类提供的方法

方法名称	方法描述
move(int offset)	从当前位置将游标向上或向下移动指定行数。offest 为正数表示向下移，为负数表示向上移
moveToFirst()	将游标移动到第一行，成功返回 true
moveToLast()	将游标移动到最后一行，成功返回 true
moveToNext()	将游标移动到下一行，成功返回 true
moveToPosition(int position)	将游标移动到指定行，成功返回 true
moveToPrevious()	将游标移动到上一行，成功返回 true

当游标移动到指定位置，就可以调用 Cursor 的 getXXX 方法，获取该行指定列的对应数据。

1. 添加数据

添加数据使用 insert 方法，其格式如下：

public long insert(String table,String nullColumnHack,ContentValues values);

各参数含义如下：

- String table：要插入数据的表的名称。
- String nullColumnHack：当 values 参数为空或者里面没有内容的时候，执行 insert 时会失败(底层数据库不允许插入一个空行)，为了防止出现这种情况，我们要在这里指定一个列名，如果发现将要插入的行是空行，就会将指定的这个列名的值设为 null，然后再向数据库中插入。若 values 不为 null 并且元素的个数大于 0，则一般将 nullColumnHack 设为 null。
- ContentValues values：ContentValues 类似一个 map，通过键值对的形式存储值。

接下来如何调用呢？还是让我们通过案例向大家说明吧。打开 JobHunting 项目的 activity_forget_pwd.xml，添加一个"添加数据"按钮，代码如下：

```
<? xml version="1.0" encoding="utf-8"? >
<LinearLayout xmlns:android="http://schemas.android.com/apk/res/android"
    android:layout_width="match_parent"
    android:layout_height="match_parent"
    android:orientation="vertical">
    <Button
        android:id="@+id/create_database"
        android:layout_width="match_parent"
        android:layout_height="wrap_content"
        android:text="创建数据库"/>
    <Button
        android:id="@+id/insert_data"
        android:layout_width="match_parent"
        android:layout_height="wrap_content"
        android:text="添加数据"/>
</LinearLayout>
```

接下来打开 MyDatabaseHelper .java 文件，添加函数 inserStationInfo()，代码如下：

```
public void inserStationInfo(StationInfo stationInfo){
    SQLiteDatabase db=getWritableDatabase();
    ContentValues values=new ContentValues();
    values.put("categoryName",stationInfo.getCategoryName());
    values.put("entrepriseName",stationInfo.getEntrepriseName());
    values.put("entriedCount",stationInfo.getEntriedCount());
    values.put("evaluteCount",stationInfo.getEvaluteCount());
    values.put("interviewProcess",stationInfo.getInterviewProcess());
    values.put("payRang",stationInfo.getPayRang());
```

```
        values.put("publicDate",stationInfo.getPublicDate());
        values.put("recruitCount",stationInfo.getRecruitCount());
        values.put("stationContent",stationInfo.getStationContent());
        values.put("stationTitle",stationInfo.getStationTitle());
        values.put("workAddress",stationInfo.getWorkAddress());
        String demandsStr = "";
        for(int i=0;i<stationInfo.getStationDemands().length;i++){
            demandsStr += stationInfo.getStationDemands()[i] + ";";
        }
        demandsStr = demandsStr.substring(0,demandsStr.length()-1);
        values.put("stationDemands",demandsStr);
        String welfaresStr = "";
        for(int i=0;i<stationInfo.getStationWelfares().length;i++){
            welfaresStr += stationInfo.getStationWelfares()[i] + ";";
        }
        welfaresStr = welfaresStr.substring(0,welfaresStr.length()-1);
        values.put("stationWelfares",welfaresStr);

        db.insert("StationInfo",null,values);
    }
```

该函数比较简单，我们先获取到 SQLiteDatabase 对象，然后使用 ContentValues 来对要添加的数据进行组装。如果仔细观察应该会发现，这里只对 StationInfo 表里其中四列的数据进行了组装，id 那一列并没有给它赋值。这是因为在前面创建表的时候，我们就将 id 列设置为自增长了，它的值会在入库的时候自动生成，所以不需要手动给它赋值了。最后调用了 insert 方法将数据添加到表中。

接下来我们打开 ForgetPwdActivity.java，为“添加数据”按钮添加以下代码：

```
public class ForgetPwdActivity extends AppCompatActivity {
    private MyDatabaseHelper dbHelper;
    private Button createDatabase;
    private Button inSertData;
    @Override
    protected void onCreate(Bundle savedInstanceState) {
        super.onCreate(savedInstanceState);
        setContentView(R.layout.activity_forget_pwd);
        createDatabase = findViewById(R.id.create_database);
        inSertData = findViewById(R.id.insert_data);
        dbHelper = new MyDatabaseHelper(this,"JobHunting.db",null,1);
        createDatabase.setOnClickListener(new View.OnClickListener() {
            @Override
            public void onClick(View view) {
```

```
                dbHelper.getWritableDatabase();
            }
        });
        inSertData.setOnClickListener(new View.OnClickListener() {
            @Override
            public void onClick(View view) {
                StationInfo stationInfo = new StationInfo();
                stationInfo.setStationDemands(
                                          new String[]{"本科","女","20-50"});
                stationInfo.setStationWelfares(
                                      new String[]{"五险一金","房补","食宿"});
                stationInfo.setEntriedCount(3);
                stationInfo.setEvaluteCount(2);
                stationInfo.setRecruitCount(20);
                stationInfo.setPayRang("4 000-8 000");
                stationInfo.setPublicDate("2019-4-19");
                stationInfo.setStationTitle("巢湖学院直招");
                stationInfo.setCategoryName("教师");
                stationInfo.setEntrepriseName("巢湖学院");
                stationInfo.setInterviewProcess("先笔试后面试");
                stationInfo.setStationContent("教学和科研");
                stationInfo.setWorkAddress("巢湖");
                dbHelper.inserStationInfo(stationInfo);
            }
        });
    }
}
```

这里我们在 ForgetPwdActivity 中添加的代码也很简单，首先声明按钮变量，接着为按钮赋值，然后为该按钮添加点击事件，在点击事件中创建一个新的 StationInfo 对象，然后调用 MyDatabaseHelper 对象的 inserStationInfo 方法，完成数据的插入操作。

好了，现在可以重新运行一下程序了，界面如图 7.22 所示。

点击一下“添加数据”按钮，此时岗位信息数据应该都已经添加成功了，不过为了证实一下，我们还是打开 JobHunting.db 数据库瞧一瞧。输入 SQL 查询语句：select * from StationInfo，结果如图 7.23 所示。

我们看到数据已经成功添加到了数据库中，接下来我们看看如何对插入的数据进行修改吧。

2. 更新数据

更新（修改）数据使用 update 方法，其格式如下：

public int update(String table, ContentValues values, String whereClause, String[]

图 7.22　添加数据页面效果

```
sqlite> select * from StationInfo
   ...> ;
1|巢湖学院|教师|4000-8000|巢湖学院直招|20|巢湖|先笔试后面试|3|2|本科;女;20-50|五
险一金;房补;食宿
sqlite>
```

图 7.23　添加数据效果

whereArgs)

对应参数的含义如下：

- String table：表名称。
- ContentValues values：与 insert 方法中的 ContentValues 相同。
- String whereClause：条件语句，相当于 where 关键字，可以使用占位符分隔多个条件。
- String[] whereArgs：对应条件语句值的数组，注意若有多个值则需与 selection 中的多个条件一一对应。

还是动手实践一下吧。打开 activity_forget_pwd.xml，继续添加一个"更新数据"按钮，代码如下：

<Button

```
    android:id="@+id/update_data"
    android:layout_width="match_parent"
    android:layout_height="wrap_content"
    android:text="更新数据"/>
```

打开 MyDatabaseHelper. java 文件，添加 updateStationInfo()函数，代码如下：

```
public void updateStationIndfo(ContentValues contentValues,String[] whereaKeys,
String[] whereValues){
        SQLiteDatabase db=getWritableDatabase();
        String whereSql="";
        for (String key:whereaKeys){
            whereSql +=key + "=?"+" and ";
        }
        whereSql=whereSql.substring(0,whereSql.length()-5);
        db.update("StationInfo",contentValues,whereSql,whereValues);
    }
```

这里我们在 ForgetPwdActivity 中添加的代码也很简单，首先声明按钮变量，接着为按钮赋值，然后为该按钮添加点击事件，在点击事件中创建两个 String 数据存储键和值，然后调用 MyDatabaseHelper 对象的 UpdateStationInfo 方法，完成数据的更新操作：

```
updateData.setOnClickListener(new View.OnClickListener() {
    @Override
    public void onClick(View view) {
        ContentValues contentValues=new ContentValues();
        contentValues.put("entrepriseName","合肥学院");
        String [] whereaKeys=
                            new String[]{"workAddress","interviewProcess"};
        String [] whereValues=new String[]{"巢湖","先笔试后面试"};
        dbHelper.updateStationIndfo(contentValues,whereaKeys,whereValues);
    }
});
```

重新运行程序，结果如图 7.24 所示。

再打开 JobHunting.db 数据库瞧一瞧。输入 SQL 查询语句：select * from StationInfo，结果如图 7.25 所示。

3. 删除数据

删除数据使用 delete 方法，其格式如下：

```
public int delete(String table,String whereClause,String[] whereArgs);
```

各参数含义如下：

- String table：表名称。
- String whereClause：条件语句，相当于 where 关键字，可以使用占位符分隔多个条件。

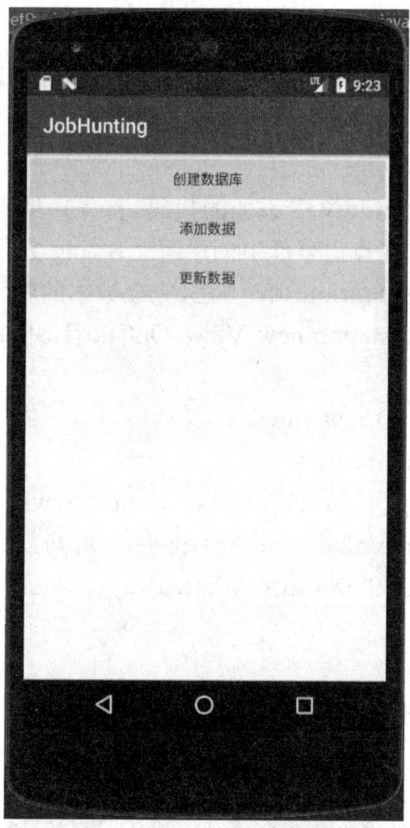

图 7.24　更新数据页面效果

```
sqlite> select * from StationInfo;
1|合肥学院|教师|4000-8000|巢湖学院直招|20|巢湖|先笔试后面试|3|2|本科;女;20-50|五
险一金;房补;食宿
```

7.25　更新数据库数据效果

- String[] whereArgs:对应条件语句的值的数组,注意若有多个值则需与 selection 中的多个条件(? 符号)一一对应。

接下来如何调用呢? 还是通过案例使大家明白吧。打开 JobHunting 项目的 activity_forget_pwd.xml,添加一个"删除数据"按钮,代码如下:

```
<Button
        android:id="@+id/delete_data"
        android:layout_width="match_parent"
        android:layout_height="wrap_content"
        android:text="删除数据"/>
```

接着打开 MyDatabaseHelper.java 文件,添加 updateStationInfo()函数,代码如下:

```
public void deleteStaionInfo(String[] whereaKeys,String[] whereValues){
    SQLiteDatabase db=getWritableDatabase();
    String whereSql="";
    for (String key:whereaKeys){
```

```
        whereSql + = key + " = ?" + " and ";
    }
    whereSql = whereSql.substring(0,whereSql.length()-5);
    db.delete("StationInfo",whereSql,whereValues);
}
```

这里我们在 ForgetPwdActivity 中添加的代码，首先声明按钮变量，接着为按钮赋值，然后为该按钮添加点击事件，在点击事件中创建两个 String 数据存储键和值，然后调用 MyDatabaseHelper 对象的 deleteStationInfo 方法，完成数据的删除操作：

```
deleteData.setOnClickListener(new View.OnClickListener() {
    @Override
    public void onClick(View view) {
        String [] whereaKeys =
            new String[]{"workAddress","interviewProcess"};
        String [] whereValues = new String[]{"巢湖","先笔试后面试"};
        dbHelper.deleteStaionInfo(whereaKeys,whereValues);
    }
});
```

重新运行程序，结果如图 7.26 所示。

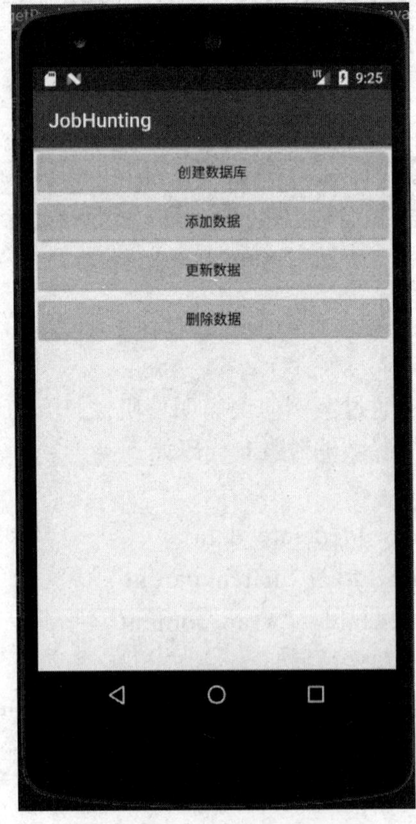

图 7.26　删除数据页面效果

打开 JobHunting 数据库瞧一瞧。输入 SQL 查询语句：select * from StationInfo，程序执行前后数据对比如图 7.27、图 7.28 所示。

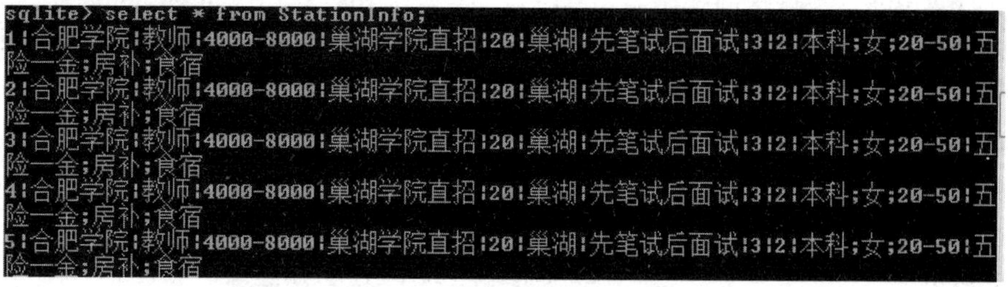

```
sqlite> select * from StationInfo;
1|合肥学院|教师|4000-8000|巢湖学院直招|20|巢湖|先笔试后面试|3|2|本科;女;20-50|五
险一金;房补;食宿
2|合肥学院|教师|4000-8000|巢湖学院直招|20|巢湖|先笔试后面试|3|2|本科;女;20-50|五
险一金;房补;食宿
3|合肥学院|教师|4000-8000|巢湖学院直招|20|巢湖|先笔试后面试|3|2|本科;女;20-50|五
险一金;房补;食宿
4|合肥学院|教师|4000-8000|巢湖学院直招|20|巢湖|先笔试后面试|3|2|本科;女;20-50|五
险一金;房补;食宿
5|合肥学院|教师|4000-8000|巢湖学院直招|20|巢湖|先笔试后面试|3|2|本科;女;20-50|五
险一金;房补;食宿
```

图 7.27　未执行删除操作之前

```
sqlite> select * from StationInfo;
```

图 7.28　执行删除操作之后

4. 查询数据

SQLiteDatabase 提供了 query 方法和 rawQuery 方法执行查询操作，查询结束后返回一个 Cursor 对象。Cursor 是一个游标接口，提供了遍历查询结果的方法。下面我们就来看看这些 query()方法：

- public Cursor query(String table,String[] columns,String selection,
  String[] selectionArgs,String groupBy,String having,
  String orderBy)；
- public Cursor query(String table,String[] columns,String selection,
  String[] selectionArgs,String groupBy,String having,
  String orderBy,String limit)；
- public Cursor query(boolean distinct,String table,String[] columns,
  String selection,String[] selectionArgs,String groupBy,
  String having,String orderBy,String limit)；
- public Cursor query(boolean distinct,String table,String[] columns,
  String selection,String[] selectionArgs,String groupBy,
  String having,String orderBy,String limit,
  CancellationSignal cancellationSignal)。

相应参数含义如下：

- boolean distinct：是否删除重复记录。
- String table：表名称。
- String[] columns：要查询的列名称数组。例如这句查询语句的加黑部分：select **id, name** FROM test。
- String selection：条件语句，相当于 where 关键字，可以使用占位符分隔多个条件。
- String[] selectionArgs：对应条件语句的值的数组，注意若有多个值则需与 selection 中的多个条件一一对应。
- String groupBy：分组语句，对查询的结果进行分组。

- String having：分组条件，对分组的结果进行限制。
- String orderBy：排序语句。
- String limit：分页查询限制。
- CancellationSignal cancellationSignal：取消操作的信号，一般用于设置查询取消时的后续操作，如果没有则设置为 null。如果操作取消了，query 语句运行时会抛出异常（OperationCanceledException）。

接下来如何调用呢？还是让我们通过案例向大家说明吧。打开 JobHunting 项目的 activity_forget_pwd.xml，添加一个"查询数据"的按钮，代码如下：

```
<Button
    android:id="@+id/find_data"
    android:layout_width="match_parent"
    android:layout_height="wrap_content"
    android:text="查询数据"/>
```

接着打开 MyDatabaseHelper.java 文件，添加 findStationInfo() 函数，代码如下：

```
public void findStationInfo(String[] whereaKeys,String[] whereValues) {
    SQLiteDatabase db=getWritableDatabase();
    String whereSql="";
    for (String key:whereaKeys){
        whereSql +=key + "=?"+" and ";
    }
        whereSql=whereSql.substring(0,whereSql.length()-5);
        Cursor cursor=db.query
            ("StationInfo",null,whereSql,whereValues,null,null,null);
        while (cursor.moveToNext()){
            String entrepriseName=
            cursor.getString(cursor.getColumnIndex("entrepriseName"));
            String interviewProcess=
            cursor.getString(cursor.getColumnIndex("interviewProcess"));
                Log.d("ForgetPwdActivity","entrepriseName is "
                                                    + entrepriseName );
            Log.d("ForgetPwdActivity","interviewProcess is "
                                                    + interviewProcess );
        }
        cursor.close();
    }
```

可以看到，我们在查询按钮的点击事件里面调用了 SQLiteDatabase 的 query 方法去查询数据。这里的 query 方法非常简单，首先使用第一个参数指明去查询 StationInfo 表，接着第三个参数和第四个参数用于设置筛选条件。查询完之后就得到了一个 Cursor 对象，接着我们调用它的 moveToNext 方法将数据的指针移动到第一行的位置，然后进入一个循环当中，遍历查询到的每一行数据。在这个循环中可以通过 Cursor 的 getColumnIndex 方法获取到某一列在表中对应的位置索引，然后将这个索引传入到相应的取值方法中，就可以得到从数据库中读取到的数据了。接着我们使用 Log 的日志打印出来。

这里我们在 ForgetPwdActivity 中添加的代码，首先声明按钮变量，接着为按钮赋值，然后为该按钮添加点击事件，在点击事件中创建两个 String 数据存储键和值，然后调用 MyDatabaseHelper 对象的 findStationInfo 方法，完成数据的查询操作：

```
findData.setOnClickListener(new View.OnClickListener() {
    @Override
    public void onClick(View view) {
        String [] whereaKeys =
            new String[]{"entrepriseName","interviewProcess"};
        String [] whereValues = new String[]{"合肥学院","先笔试后面试"};
        dbHelper.findStationInfo(whereaKeys,whereValues);
    }
});
```

运行程序，结果如图 7.29 所示。

图 7.29　查询数据页面效果

好了，讲了这么多，现在大家来思考一下如何实现职淘淘最近网络数据的缓存功能（以岗位列表页面为例)吧。因为篇幅首先,这里只简单地提供一个思路,大家可以自己尝试实现一下。

我们可以这样思考:当用户进入岗位列表页面时,可以先行判断其网络是否可用,如果网络可用,就按正常流程向服务器发送请求,获取数据,并显示到页面中,同时调用 MyDatabaseHelper 的 insertStationInfo()将数据加载到缓存;若网络不可用,就调用 MyDatabaseHelper 的 findStationInfo()从数据库中读取最近一次获取到的数据并将其加载到页面上。

好了,讲到这里,相信大家应该都知道如何实现了吧,抓紧动手实践一下吧。

本 章 小 结

本章主要介绍了 Android 的数据存储功能,包括 SharePreferences 键值对存储、文件存储及 SQLite 数据库存储,并使用具体的应用场景作为案例进行了实践,相信学完之后大家会有不少收获。

习 题 7

1. 简述 SharePreferences 读取数据和存储数据的基本步骤。
2. 简述 SharePreferences 读取应用程序和其他应用程序的区别。
3. Android 系统支持的文件操作有哪些?
4. SQLite 数据库体系结构由哪些部分组成?
5. 简述为什么要引入运行时权限及添加运行时权限的步骤。

实验 9 完成职淘淘平台历史登录账号提醒功能

实验性质

设计性(2 学时)。

实验目标

(1) 掌握 SharedPreferences 的概念和功能。
(2) 掌握 SharedPreferences 的使用方法。

实验内容

（1）登录成功之后使用 SharedPreferences 保存用户名和密码。

（2）进入登录页面之后，利用 SharedPreferences 获取历史用户名和密码数据，自动填充到对应的编辑框。

实验步骤

（1）创建 Android 项目，修改 main_activity. xml 文件，实现简单的登录页面（包含两个编辑框和一个按钮）。

（2）修改 MainAcitity. java 的代码，完成以下功能：

① 查找控件，并为按钮控件添加点击事件。

② 获取 SharedPreferences 对象，并判断是否存在用户名和密码数据，如果存在，则取出，填充至两个编辑框。

③ 当用户点击按钮之后，给定虚拟逻辑：当用户等于 zfang，密码等于 123456 时，登录成功，成功之后使用 Editor 对象将登录账号和密码保存至 SharedPreferences 中。

（3）调试并运行 Android 项目。

（4）分析实验结果，总结 SharedPreferences 的使用方法。

实验 10　使用 SQLite 完成职淘淘平台首页轮播广告信息的缓存功能

实验性质

设计性（4 学时）。

实验目标

（1）掌握 SQLite 的概念和功能。

（2）掌握 SQLite 数据库 CRUD 操作的使用方法。

实验内容

登录成功之后，判断是否存在网络，如果网络可用，则从网络上获取数据进行显示，并将最新的数据添加到数据库中；如果网络不可用，则从数据库中查询最近的数据进行显示。

实验步骤

（1）创建 Android 项目，修改 main_activity. xml 文件，添加三个 TextView，分别用于显示广告的标题、内容、和图片地址。

（2）创建 Advertise 的 JavaBean 对象。

（3）自定义 MyDatabaseHelper，在其中添加创建 adrvertise 表的语句，并在 onCreate

方法中执行创建表。

（4）创建 SqliteUtil，对外提供数据库的 CRUD 操作的方法。

（5）修改 MainActivity 代码，判断是否存在网络，进而选择是从服务端还是从 SQLite 数据库获取数据，并实现数据显示逻辑。

（6）分析实验结果，总结 SQLite 的使用方法。

第 8 章　Android 服务组件详解

学习目标

本章主要介绍 Android 服务组件的知识，首先介绍服务的概念，然后重点介绍服务的基本使用方法及其生命周期。通过本章的学习，要求读者达到以下学习目标：

(1) 了解服务的概念。

(2) 掌握服务创建、启动和停止的方法。

(3) 掌握活动与服务间进行通信的方法。

(4) 掌握前台服务的使用方法。

(5) 掌握 IntentService 的使用方法。

(6) 了解服务的生命周期。

在前面几个章节的介绍中，我们发现除了对前台逻辑（与用户的交互逻辑）的处理之外，我们还需要对一些比较耗时的后台任务进行处理，比如网络请求、对数据库或者文件的相关操作等，还记得我们是怎样处理这些问题的吗？对了，我们是使用线程池机制或者 Android 提供的 AsyncTask 来执行后台任务的，但是其实除了这两种机制，Android 还为我们单独提供了一个 Service 组件实现我们的这种需求。那么可能又有同学会问了，这不多此一举吗，不是有线程池和 AsyncTask，为什么还费力整出个 Service 组件？

当然，对于一般普通的异步任务，比如网络请求、对数据库或者文件的相关操作，我们都会使用线程池的方式来做，因为这样系统开销小，运行效率高，而且随着业务逻辑的复杂度增加，扩展性也更强。然而，对于一些特殊场景，比如进程保活（应对系统杀死我们的进程）、使用第三方 SDK 服务（地图、IM 等）等，就必须使用 Service 来实现了，因为这些服务一般与 App 主进程隔离开，需要运行在新进程中以防止 App 主进程发生异常崩溃时，牵连第三方服务也挂掉。好了，总而言之，我们学习 Service 是有用的，是必要的，那么我们就不多说了，继续吧。

8.1　服务概念简介

Service 即是“服务”，是 Android 系统中的重要组件，它在后台运行，能在后台加载数据、运行程序等。它具有以下几个特点：无法与用户直接进行交互；必须由用户或其他程序启动；优先级介于前台应用和后台应用之间。那么我们什么时候会使用 Service 呢？举个例子：打开音乐播放之后，我们想要打开电子书，而又不希望音乐停止播放，此时就可以使用

Service。下面主要介绍 Service 的开发过程及它的生命周期。

8.2 服务的基本使用方法

8.2.1 服务的创建

Service 就是在开启一个程序之后，又想打开另一个程序，同时前一个程序不停止，仅仅将第一个程序转为后台运行时使用。Service 开发共分为两步：定义 Service 和配置 Service。

这里我们创建一个新的项目，右键项目中 src 文件夹下的包名，依次选择 New→Service→Service，会弹出如图 8.1 所示的配置页面。其中，Class Name 用于指定该服务的名称，这里我们修改为 DownloadService。Exported 属性用于指定是否允许当前程序之外的其他程序访问这个服务，Enabled 属性表示是否启用这个服务。这里这两个属性都使用默认值，即选中状态。

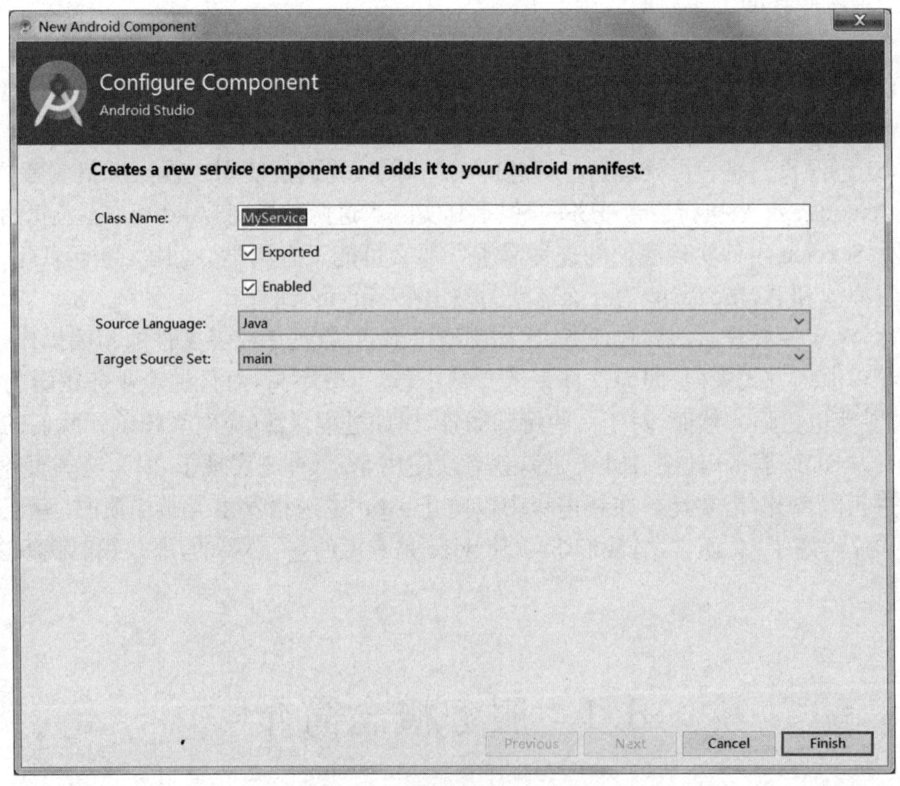

图 8.1 Service 组件配置页面

配置好该 Service 组件之后，就可以看到 Android Stuido 为我们创建好了一个 DownloadService 的服务了，它的默认代码如下所示：

```
public class DownloadService extends Service {
```

```
    public DownloadService () {
    }
    @Override
    public IBinder onBind(Intent intent) {
        // TODO: Return the communication channel to the service.
        throw new UnsupportedOperationException("Not yet implemented");
    }
}
```

代码很简单,只有两个函数,一个是无参构造函数,而另一个是 onBind(),至于 onBind()函数是用来干什么的,先不急,我们后面会为大家介绍的。

正常情况下,创建了一个服务之后,我们是希望它能为我们服务,但是现在我们对服务还是知之甚少,根本不知道如何让它替我们做事情,所以我们稍后再来添加具体的业务逻辑。

按照上面的流程创建好了服务之后,我们需要对它进行注册。在哪里注册呢?自然和活动一样,在 AndroidManifest.xml 文件中进行注册。此时打开 AndroidManifest.xml 文件,会发现以下代码:

```
<service
    android:name=".DownloadService"
    android:enabled="true"
    android:exported="true">
</service>
```

这里大家不要奇怪,我们并没有对该服务进行注册,为什么在这里会出现这样的代码呢?很简单,强大的 Android Studio 已经在我们创建和配置服务之后,自动为我们完成了配置任务。这里面的 enabled 和 exported 其实就是我们刚才在配置页面选中的属性。

和活动一样,除了这种显式的注册方式之外,我们还可以通过 IntentFilter 对服务进行隐式的注册,该过程和活动相同,此处不做赘述。

至此我们的服务就创建成功了,但是现在的服务还没有添加任何逻辑代码。为了更好地去实现服务的逻辑代码,我们首先为大家说说服务的过程和流程。

Service 只继承了 onCreate、onStartCommand 和 onDestroy 三个方法。当第一次启动 Service 时,先后调用了 onCreate 和 onStartCommand 这两个方法。当停止 Service 时,则执行 onDestroy 方法。需要注意的是,如果 Service 已经启动了,当再次启动 Service 时,不会再执行 onCreate 方法,而是直接执行 onStartCommand 方法。

通常情况下,如果我们希望服务一启动就立刻去执行某个动作,就可以将逻辑写在 onStartCommand 方法里。而当服务销毁时,我们又应该在 onDestroy 方法中去回收那些不再使用的资源。

另外创建 Service 的方式有两种:一种是通过 startService 创建,另外一种是通过 bindService 创建。两种创建方式的区别在于:startService 是创建并启动 Service;而 bindService 只是创建了一个 Service 实例并取得一个与该 Service 关联的 binder 对象,但没有启动它,如图 8.2 所示。

根据图 8.2 所示,容易知道 Service 的启动方式有两种:context.startService()和 con-

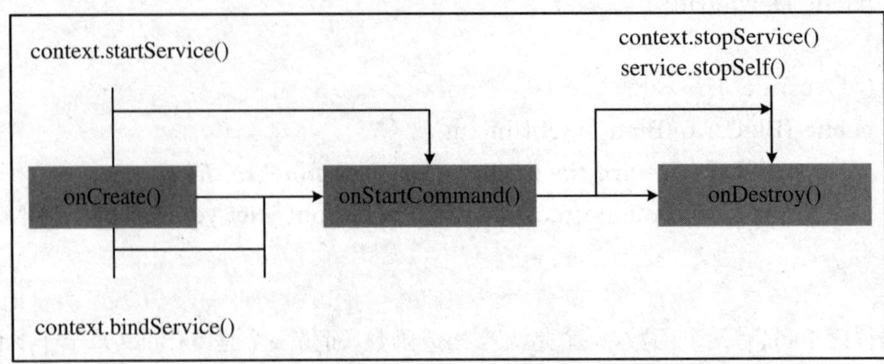

图 8.2　Service 工作流程

text. bindService()。

第一种模式下，使用 context. startService()启动 Service，访问者与 Service 没有关联，即使访问者退出了，Service 依然运行。

第二种模式下，使用 context. bindService()启动 Service，访问者与 Service 绑定在一起，访问者一旦退出，Service 就终止运行。

8.2.2　通过 startService 启动服务

知道了服务的大概工作流程之后，我们就可以添加逻辑了。打开 DownloadService. java，做以下修改：

```
public class DownloadService extends Service {
    public DownloadService() {
    }
    @Override
    public IBinder onBind(Intent intent) {
        // TODO: Return the communication channel to the service.
        throw new UnsupportedOperationException("Not yet implemented");
    }
    @Override
    public void onCreate() {
        super.onCreate();
        Log.d("DownloadService","onCreate() is Running");
    }
    @Override
    public int onStartCommand(Intent intent,int flags,int startId) {
        Log.d("DownloadService","onStartCommand() is Running");
        return super.onStartCommand(intent,flags,startId);
    }
    @Override
```

```
        public void onDestroy() {
            super.onDestroy();
            Log.d("DownloadService","onDestroy() is Running");
        }
    }
```

这里我们分别对 onCreate、onStartCommand 和 onDestroy 三个方法都进行了重写，其中为了方便验证该服务是否已经执行，在各方法中都添加了一条日志记录。

定义好了服务之后，接下来就应该考虑如何去启动以及停止这个服务了。启动和停止服务的方法当然你也不会陌生，主要是借助 Intent 来实现的，下面就让我们在项目中尝试去启动以及停止 MyService 这个服务。

打开 activity_main.xml 文件，做以下修改：

```
<?xml version="1.0" encoding="utf-8"?>
<LinearLayout xmlns:android="http://schemas.android.com/apk/res/android"
    android:layout_width="match_parent"
    android:layout_height="match_parent"
    android:orientation="vertical">
    <Button
        android:id="@+id/startServer"
        android:layout_width="match_parent"
        android:layout_height="wrap_content"
        android:text="使用 STARTSERVER 启动服务"/>
    <Button
        android:id="@+id/stopServer"
        android:layout_width="match_parent"
        android:layout_height="wrap_content"
        android:text="停止用 STARTSERVER 启动服务"/>
</LinearLayout>
```

这里仅仅添加了两个按钮，分别用于启动和停止服务。接着我们打开 MainActivity.java 文件，为两个按钮添加点击事件，并完成相应的逻辑。代码如下：

```
public classMainActivity extends AppCompatActivity
implementsView.OnClickListener {
privateButton startServer;
    private Button stopServer;
    @Override
    protected void onCreate(Bundle savedInstanceState) {
        super.onCreate(savedInstanceState);
        setContentView(R.layout.activity_main);
        startServer = findViewById(R.id.startServer);
        stopServer = findViewById(R.id.startServer);
        startServer.setOnClickListener(this);
```

```
        stopServer.setOnClickListener(this);
    }
    @Override
    public void onClick(View v) {
        Intent intent = new Intent(this, DownloadService.class);
        switch (v.getId()){
            case R.id.startServer:
                startService(intent);
                break;
            case R.id.stopServer:
                stopService(intent);
                break;
            default:
                break;
        }
    }
}
```

可以看到，这里在 onCreate 方法中分别获取到了 startService 按钮和 stopService 按钮的实例，并给它们注册了点击事件。然后在回调函数 onClick 方法中，我们首先构建出一个 Intent 对象，接着在 startService 的点击事件中调用 startService 方法来启动 DownloadService，在 stopSerivce 按钮的点击事件里调用 stopService 方法来停止 DownloadService 这个服务。startService 方法和 stopService 方法都是定义在 Context 类中的，所以我们在活动里可以直接调用这两个方法。注意，这里完全是由活动来决定服务何时停止的，如果没有点击“Stop Service”按钮，服务就会一直处于运行状态。那服务有没有什么办法让自已停止下来呢？当然可以，只需要在 DownloadService 的任何一个位置调用 stopSelf 方法就能让这个服务停止下来了。

运行程序，进入程序主界面，如图 8.3 所示。

点击“Start Service”按钮，观察 Logcat 中的打印日志，如图 8.4 所示。

再点击“Stop Service”按钮，观察 Logcat 中的打印日志，如图 8.5 所示。

图 8.3　服务使用案例首页

```
2019-04-19 22:03:04.894 10498-10498/zfang.taozhi.servicetest D/DownloadService: onCreate() is Running
2019-04-19 22:03:04.894 10498-10498/zfang.taozhi.servicetest D/DownloadService: onStartCommand() is Running
```

图 8.4　LogCat 显示服务运行情况

```
2019-04-19 22:09:37.530 10681-10681/zfang.taozhi.servicetest D/DownloadService: onCreate() is Running
2019-04-19 22:09:37.530 10681-10681/zfang.taozhi.servicetest D/DownloadService: onStartCommand() is Running
2019-04-19 22:09:40.040 10681-10681/zfang.taozhi.servicetest D/DownloadService: onDestroy() is Running
```

图 8.5　LogCat 显示停止服务运行情况

由此证明，DownloadService 确实已经成功停止下来了。话说回来，虽然我们已经学会了启动服务以及停止服务的方法，不知道你心里现在有没有一个疑惑，那就是 onCreate 方法和 onStartCommand 方法到底有什么区别呢？因为刚刚点击“Start Service”按钮后两个方法都执行了。

其实 onCreate 方法是在服务第一次创建的时候调用的，而 onStartCommand 方法则在每次启动服务的时候都会调用，由于刚才我们是第一次点击“Start Service”按钮，服务此时还未创建过，所以两个方法都会执行，之后如果你再连续多点击几次“Start Service”按钮，你就会发现只有 onStartCommand 方法在运行了。

到现在为止，相信你对服务也有一个基本的了解了。接下来，让我们使用服务实现一个具体的批量文件下载的案例吧。创建一个新的项目，修改默认布局文件 activity_main.xml，代码如下：

```
<? xml version="1.0" encoding="utf-8"? >
<LinearLayout xmlns:android="http://schemas.android.com/apk/res/android"
    android:layout_width="match_parent"
    android:layout_height="match_parent">
    <Button
        android:id="@+id/start_download"
        android:layout_width="match_parent"
        android:layout_height="wrap_content"
        android:text="批量下载"/>
</LinearLayout>
```

接着按照上面的介绍，创建一个 DownloadService 服务，并按以下代码进行修改：

```
public class DownloadService extends Service {
    public DownloadService() {
    }
    @Override
    public IBinder onBind(Intent intent) {
        throw new UnsupportedOperationException("Not yet implemented");
    }
    @Override
    public int onStartCommand(final Intent intent,int flags,int startId) {
        new Thread(new Runnable() {
            @Override
            public void run() {
                String downUrl=intent.getStringExtra("url");
                String downName=intent.getStringExtra("name");
                HttpURLConnection conn=null;
                URL downURL=null;
                InputStream inputStream=null;
                try {
                    downURL=new URL(downUrl);
                    conn=(HttpURLConnection) downURL.openConnection();
                    conn.setConnectTimeout(8000);
                    conn.setReadTimeout(8000);
                    conn.setRequestMethod("GET");
                    inputStream=conn.getInputStream();
                    saveToSdCard(inputStream,downName);
                    Log.i("DemoLog","DownloadService→onStartCommand(),
```

```
                        Thread: " + Thread.currentThread().getName() +
                                    ",《" + downName + "》下载完成");
                } catch (IOException e) {
                    e.printStackTrace();
                }
            }
        }).start();
        return super.onStartCommand(intent,flags,startId);
    }

    @Override
    public void onCreate() {
        Log.i("DownloadService","DownloadService 的 Create()函数,Thread: "
                                    + Thread.currentThread().getName());
        super.onCreate();
    }

    @Override
    public void onDestroy() {
        Log.i("DownloadService","DownloadService 的 onDestroy()函数
                        ,Thread: " + Thread.currentThread().getName());
        super.onDestroy();
    }
    private void saveToSdCard(InputStream inputStream,String fileNme) {
        if(Environment.getExternalStorageState()
                .equals(Environment.MEDIA_MOUNTED)){
            File sdCardDir = Environment.getExternalStorageDirectory();
            File saveFile = new File(sdCardDir,fileNme);
            FileOutputStream outStream = null;
            BufferedWriter writer = null;
            if (! saveFile.exists()){
                try {
                    saveFile.createNewFile();
                } catch (IOException e) {
                    e.printStackTrace();
                }
            }
            try {
                outStream = new FileOutputStream(saveFile);
                writer = new BufferedWriter
```

```
                    (new OutputStreamWriter(outStream));
                int length = 0;
                byte[] buffer = new byte[1023];
                while ((length = inputStream.read(buffer)) >0 ){
                    String result = new String(buffer,0,length);
                    writer.write(result);
                }
                writer.close();
                outStream.close();
            } catch (IOException e) {
                e.printStackTrace();
            }
        }
    }
}
```

这里我们添加了构造函数 DownloadService(),重写了 onCreate 方法、onDestroy 方法和 onStartCommad 方法,前两个函数中的代码比较简单,我们仅仅添加了一条日志,用于记录当前函数执行的线程,我们主要添加的逻辑放在了 onStartCommand 中,可以看到在该方法中我们做了三件事件:首先使用 HttpURLConnection 对象完成下载功能;接着调用 saveToSdCard()函数将下载下来的图片保存到 SD 卡中;最后添加一条打印日志,记录当前方法所在线程的名称。这里如何利用 HttpURLConnection 访问网络以及如何保存数据到 SD 卡中,我们前面相应的章节均已做过介绍,这里就不再赘述了,如果有遗忘的话,可以前往第 6 章和第 7 章查阅。唯一需要提醒大家的是,这三个逻辑均放在了线程中执行,为什么呢?因为不管是访问网络资源还是进行 IO 操作,都是比较耗时的操作,容易引起主线程(UI)的阻塞,为了防止这种情况的发生,我们就单独开辟了一个子线程进行这些操作。

接着我们打开 MainActivity.java,按以下逻辑进行修改:

```
public class MainActivity extends AppCompatActivity {
    private Button startDownload;
    @Override
    protected void onCreate(Bundle savedInstanceState) {
        super.onCreate(savedInstanceState);
        setContentView(R.layout.activity_main);

        startDownload = findViewById(R.id.start_download);
        startDownload.setOnClickListener(new View.OnClickListener() {
            @Override
            public void onClick(View view) {
                if(ContextCompat.checkSelfPermission(MainActivity.this,
                        Manifest.permission.WRITE_EXTERNAL_STORAGE)
                            ! = PackageManager.PERMISSION_GRANTED){
```

```
                ActivityCompat.requestPermissions(MainActivity.this,
                new String[]{Manifest.permission.WRITE_EXTERNAL_STORAGE,
                        Manifest.permission.READ_EXTERNAL_STORAGE},1);
                }
                List<String> downloadUrls = new ArrayList<>();
                downloadUrls.add("http://img4.imgtn.bdimg.com
                    /it/u = 1865355214,4207915667&fm = 214&gp = 0.jpg");
                downloadUrls.add("http://images1.d1.com.cn/shopimg/gdsimg/
                    201503/image/b202feda-2f21-47fd-a587-b5e0dbd69cb5.jpg");
                for (int i = 0;i<downloadUrls.size();i++){
                        Intent intent =
                            new Intent(MainActivity.this,DownloadService.class);
                        intent.putExtra("name","测试图片" + i);
                        intent.putExtra("url",downloadUrls.get(i));
                        startService(intent);
                    }
                }
            });
        }
    }
```

这里我们主要做了四件事情：第一，声明并初始化了“批量下载”按钮，并为其添加了点击事件；第二，动态注册了读写外部存储的权限，因为我们需要将下载下来的图片保存到 SD 卡中；第三，声明 List<String>对象，并添加了两条可供下载的图片的地址；第四，启动服务，并通过 Intent 对象将需要下载的图片的地址和需要保存的文件名称传递给服务。

最后不要忘记了还要在 AndroidMainfest.xml 中对相关权限进行注册，如下所示：

```
<uses-permission android:name = "android.permission.INTERNET"/>
<uses-permission android:name = "android.permission.WRITE_EXTERNAL_STORAGE"/>
<uses-permission android:name = "android.permission.READ_EXTERNAL_STORAGE"/>
```

运行程序，进入程序主界面，如图 8.6 所示。

接着点击“批量下载”按钮，开始下载。打开 LogCat 视图，查看日志信息，如图 8.7 所示。

可以看到我们已经将 MainActivity 中让我们下载的图片保存到 SD 卡中了。打开 File Explorer 进行查看，如图 8.8 所示。

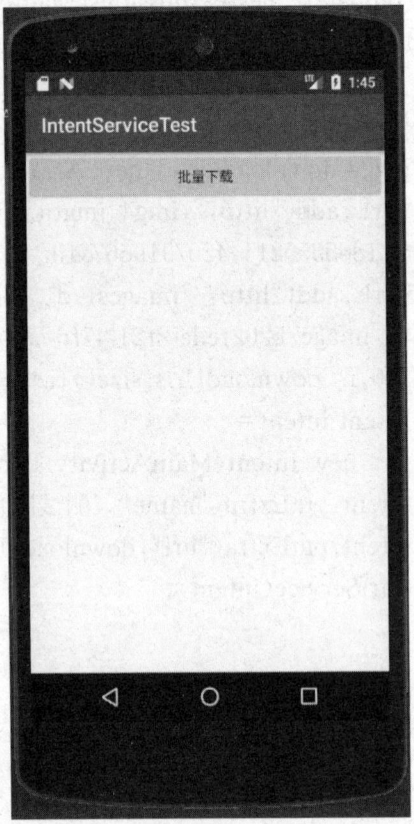

图 8.6　Service 批量下载主界面

```
2019-04-20 10:37:59.221 16492-16492/zfang.taozhi.intentservicetest I/DownloadService: DownloadService的Create()函数, Thread: main
2019-04-20 10:37:59.226 16492-16562/zfang.taozhi.intentservicetest D/NetworkSecurityConfig: No Network Security Config specified, using platform default
2019-04-20 10:37:59.363 16492-16561/zfang.taozhi.intentservicetest I/DemoLog: DownloadService -> onStartCommand(), Thread: Thread-2, 《测试图片0》下载完成
2019-04-20 10:37:59.369 16492-16492/zfang.taozhi.intentservicetest I/DownloadService: DownloadService的onDestroy()函数, Thread: main
2019-04-20 10:37:59.543 16492-16562/zfang.taozhi.intentservicetest I/DemoLog: DownloadService -> onStartCommand(), Thread: Thread-3, 《测试图片1》下载完成
```

图 8.7　LogCat 查看下载结果

图 8.8　File Explorer 查看下载结果

8.2.3　通过 bindService 启动服务

上面介绍的方法启动的服务是普通服务，即不可交互的后台服务，此时服务在活动中启动，但启动之后，活动基本就和服务没有什么关系了。我们在普通服务里是用 startService 方法来启动 Service 这个服务的，之后服务会一直处于运行状态，但具体运行的是什么逻辑，活动控制不了，活动并不知道服务到底做了什么，完成得如何。

但是在很多场景下，活动是需要和服务进行交互的，比如音乐播放界面，用户可能需要根据播放进度条掌握播放的进度，或者根据歌词的进度选择调整一首歌的进度。

要实现上面的功能，就要选择服务的另外一种类型——可交互的后台服务。我们以最常见的后台下载、前台显式的操作为例进行介绍。实现这个功能的思路是创建一个专门的 Binder 类来对下载进行管理。

我们先来看看 bindService()函数的几个参数吧：

bindService(Intent service，ServiceConnection conn，int flags)

第一个参数就不细说了，意义大家都明白，这里主要和大家说说第二个参数和第三个参数的含义。

第二个参数为 ServiceConnection 接口，表示和服务的一个连接，服务绑定和解绑的回调类，类似我们前面介绍的 xxxListener。其中包含两个必须实现的方法：

- onServiceConnected(ComponentName var1，IBinder var2)：在操作者连接一个服务成功时被调用。
- onServiceDisconnected(ComponentName var1)：在同 Service 的连接意外丢失时调用这个方法，比如当 Service 崩溃了或者系统被强杀了，当客户端解除绑定时，这个方法不会被调用。

第三个参数是一个标志参数，它表明绑定中的操作。一般为 BIND_AUTO_CREATE，表示在 Service 不存在时创建一个；BIND_DEBG_UNBIND 用于测试绑定的时候，表示进行测试所用；而 BIND_NOT_FOREGROUND 则表示不再前台绑定。

介绍完了 bindService()方法之后，我们再来帮大家梳理一下 Service 通过 bindService()完成绑定的任务的流程，如图 8.9 所示。

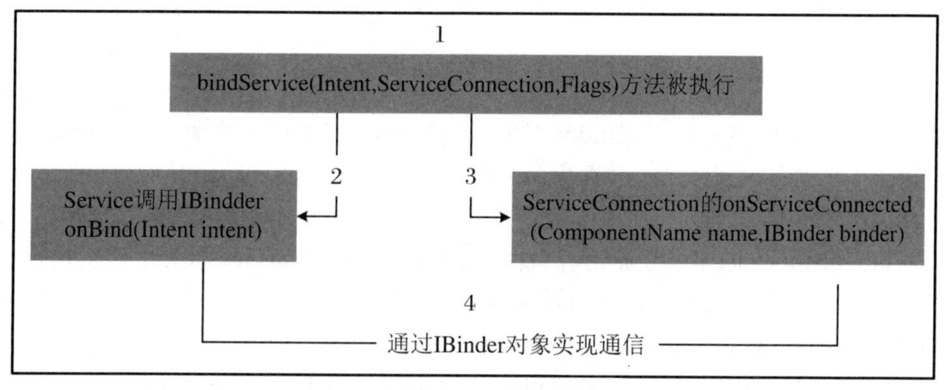

图 8.9　bindService 的执行流程

我们之前介绍了 Service 的 onCreate、onStartCommand 和 onDestroy 方法，但是除了

这三个函数，其实还有一个被我们忽略的方法，那就是 IBindder onBind(Intent intent)方法。是这样，当我们调用 bindService 方法绑定成功之后，Service 的 onBind 方法和 ServiceConnection 对象的 onServiceConnected 方法均被执行，而且 Service 类中的 Ibinder onbind(Intent intent) 方法的返回值，将传递给在访问者类(通常为活动)中声明的 ServiceConnection 的 onServiceConnected(ComponentName name,IBinder service)方法作为参数，这样，在访问者中就能拿到 Ibinder，进而实现和 Service 的通信了。

讲了这么多，还是让我们来动手实践一下吧。打开 activity_main. xml 文件，添加一个"绑定服务"按钮和一个"解除绑定服务"按钮，如下所示：

```
<Button
    android:id = "@ + id/bindServer"
    android:layout_width = "match_parent"
    android:layout_height = "wrap_content"
    android:text = "绑定服务"/>
<Button
    android:id = "@ + id/unBindServer"
    android:layout_width = "match_parent"
    android:layout_height = "wrap_content"
    android:text = "解除绑定服务"/>
```

接着我们创建一个自定义的 Binder 对象 DownloadBinder，作为活动与服务之间沟通的桥梁，通过该桥梁，活动就能够控制服务中的业务逻辑了，其代码如下：

```
public class DownloadBinder extends Binder {
    public void startDownload(){
        Log.d("DownloadBinder","startDownload() is Running");
    }
    public void pauseDownload(){
        Log.d("DownloadBinder","pauseDownload() is Running");
    }
    public void stopDownload(){
        Log.d("DownloadBinder","pauseDownload() is Running");
    }
}
```

这里代码很简单，通过继承 Binder 对象，让 DownloadBinder 变成一个 Binder 对象，接着在该对象中添加了三个方法，分别为 startDownload()、pauseDownload()和 stopDownload()，各函数中只是添加了一条日志记录语句，目的是用于判断该方法是否被执行。

DownloadBinder 创建好之后，我们就可以在 DownloadService 服务中声明及初始化该对象了，并在 onBind 方法中将其返回，代码如下所示：

```
public class DownloadService extends Service {
    private DownloadBinder downloadBinder = new DownloadBinder();
    ……
    @Override
```

```
    public IBinder onBind(Intent intent) {
        return downloadBinder;
    }
    ……
}
```

IBinder 发送方的逻辑写好之后，接下来我们来写 IBinder 接收方的逻辑，即添加自定义 ServiceConnection 类，代码如下：

```
public class DownloadServiceConnection implements ServiceConnection {
    private DownloadBinder downloadBinder = null;
    @Override
    public void onServiceConnected(ComponentName componentName, IBinder
iBinder) {
        downloadBinder = (DownloadBinder) iBinder;
        downloadBinder.startDownload();
        downloadBinder.pauseDownload();
        downloadBinder.pauseDownload();
    }
    @Override
    public void onServiceDisconnected(ComponentName componentName) {
    }
}
```

代码简单明了：实现 ServiceConnection ，重写 onServiceConnected 方法和 onServiceDisconnected 方法。其中我们创建了一个 DownloadBinder 对象，并在 onServiceConnected()函数中使用 IBinder 对其进行赋值。拿到 DownloadBinder 之后，我们就能够实现控制服务的需求了，这里我们简单地调用了它的三个方法。

最后我们回到 MainActivity.java 中，使用 bindService()和 unbindService 函数对服务进行绑定和解绑。代码如下：

```
public class MainActivity extends AppCompatActivity
                                        implements View.OnClickListener {
    private Button startServer;
    private Button stopServer;
    private Button bindServer;
    private Button unBindServer;
    private DownloadServiceConnection connection =
                                        new DownloadServiceConnection();
    @Override
    protected void onCreate(Bundle savedInstanceState) {
        super.onCreate(savedInstanceState);
        setContentView(R.layout.activity_main);
        startServer = findViewById(R.id.startServer);
```

```
        stopServer = findViewById(R.id.startServer);
        bindServer = findViewById(R.id.bindServer);
        unBindServer = findViewById(R.id.unBindServer);
        startServer.setOnClickListener(this);
        stopServer.setOnClickListener(this);
        bindServer.setOnClickListener(this);
        unBindServer.setOnClickListener(this);
    }
    @Override
    public void onClick(View v) {
        Intent intent = new Intent(this,DownloadService.class);
        switch (v.getId()){
            case R.id.startServer:
                startService(intent);
                break;
            case R.id.stopServer:
                stopService(intent);
                break;
            case R.id.bindServer:
                bindService(intent,connection,0);
                break;
            case R.id.unBindServer:
                unbindService(connection);
                break;
            default:
                break;
        }
    }
}
```

首先我们声明并初始化两个按钮控件，并为他们添加了点击事件。同时我们还创建了一个 DownloadServiceConnection 对象，用作 bindService()的参数。在两个点击事件中，我们分别调用了 bindService()和 unbindService()完成了对服务的绑定和解绑。

运行程序，进入主界面，效果如图 8.10 所示：

点击“绑定服务”按钮，查看 LogCat，显示结果如图 8.11 所示。

这里我们可以看到，通过 IBinder，我们能够实现与服务之间的通信需求。如果想解除绑定的话，只要点击“解除绑定服务”按钮即可。

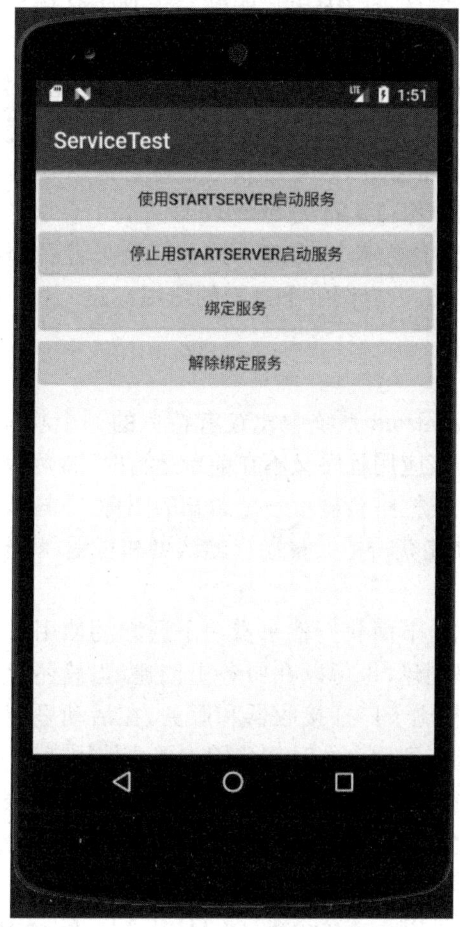

图 8.10　bindService 执行主界面

```
2019-04-19 21:49:49.548 10230-10230/? D/DownloadService: onStartCommand() is Running
2019-04-19 21:49:49.601 10230-10230/? D/DownloadBinder: startDownload() is Running
2019-04-19 21:49:49.601 10230-10230/? D/DownloadBinder: pauseDownload() is Running
2019-04-19 21:49:49.601 10230-10230/? D/DownloadBinder: pauseDownload() is Running
```

图 8.11　bindService 的执行结果 LogCat 显示

8.2.4　前台服务的使用

前面我们介绍了服务的概念和基本使用方法，接下来我们为大家介绍另外一种特殊的服务：前台服务。什么是前台服务呢？

前台服务是那些被认为用户知道(用户所认可的)且在系统内存不足的时候不允许系统杀死的服务。前台服务必须给状态栏提供一个通知，它被放到正在运行(OnGoing)标题之下，这意味着通知只有在这个服务被终止或从前台主动移除通知后才能被解除。

为什么要提供这样一种特殊的服务呢？很简单，主要是基于以下两个原因：

(1) 有些应用就要求必须使用前台服务，如音乐播放器，应该将通过服务播放音乐的音乐播放器设置为在前台运行，这是因为用户明确意识到了其操作。状态栏中的通知可能表示正在播放的歌曲，并允许用户启动 Activity 来与音乐播放器进行交互。

(2) 一般情况下，Service 几乎都是在后台运行，一直默默地做着辛苦的工作。但这种情况下，后台运行的 Service 系统优先级相对较低，当系统内存不足时，在后台运行的 Service 就有可能被回收。如果我们希望 Service 可以一直保持运行状态且不会在内存不足的情况下被回收，就可以选择将需要保持运行的 Service 设置为前台服务。

既然前台服务有它的应用场景，那么接下来我们就来看看如何使用前台服务吧。但是在介绍之前我们需要首先为大家介绍一下通知的使用方法。

1. 通知的基本使用

通知(notification)是 Android 系统中比较有特色的一个功能，当某个应用程序希望向用户发出一些提示信息，而该应用程序又不在前台运行时，就可以借助通知来实现。发出一条通知后，手机最上方的状态栏中会显示一个通知的图标，下拉状态栏后可以看到通知的详细内容。Android 的通知功能获得了大量用户的认可和喜爱，就连 IOS 系统也在 5.0 版本之后加入了类似的功能。

了解了通知的基本概念，下面我们就来看一下通知的使用方法吧。通知的用法还是比较灵活的，既可以在活动里创建，也可以在服务里创建，当然还可以在下一章中我们即将学习的广播接收器里创建。相比于广播接收器和服务，在活动里创建通知的场景还是比较少的，因为一般只有当程序进入到后台的时候我们才需要使用通知。

不过无论是在哪里创建通知，整体的步骤都是相同的，下面我们就来学习一下创建通知的详细步骤。首先需要一个 NotificationManager 来对通知进行管理，可以调用 Context 的 getSystemService 方法获取到。getSystemService 方法接收一个字符串参数用于确定获取系统的哪个服务，这里我们传入 Context_N0TIFICATI0N_SERVICE 即可。因此，获取 NotificationManager 的实例就可以写成如下形式：

```
NotificationManager manager =
(NotificationManager) getSystemSe rvice(Context.NOTIFICATION_SERVICE);
```

接下来需要使用一个 Builder 构造器来创建 Notification 对象，但问题在于，几乎 Android 系统的每一个版本都会对通知这部分功能进行或多或少的修改，API 不稳定性问题在通知上面突显得尤其严重。那么该如何解决这个问题呢？其实解决方案我们之前已经见过好几回了，就是使用 support 库中提供的兼容 API。support-v4 库中提供了一个 NotificationCompat 类，使用这个类的构造器来创建 Notification 对象，就可以保证我们的程序在所有 Android 系统版本上都能正常工作了。代码如下所示：

```
Notification notification = new NotificationCompat.Builder(context).build();
```

当然，上述代码只是创建了一个空的 Notification 对象，并没有什么实际作用，我们可以在最终的 build 方法之前连缀任意多的设置方法来创建一个丰富的 Notification 对象。先来看一些最基本的设置：

```
Notification notification = new NotificationCompat.Builder(context)
        .setContentTitle("This is content title")
        .setContentText("This is content text")
        .setWhen(System.currentTimeMillis())
```

```
        .setSmallIcon(R.drawable.smallicon)
        .setLargeIcon(BitmapFactory.decodeResource(getResources(),
                                                R.d rawable.largeicon))
        .build();
```

上述代码中一共调用了 5 个设置方法，下面我们来一一解析一下。setContentTitle 方法用于指定通知的标题内容，下拉系统状态栏就可以看到这部分内容。setContentText 方法用于指定通知的正文内容，同样下拉系统状态栏就可以看到这部分内容。setWhen 方法用于指定通知被创建的时间，以毫秒为单位，当下拉系统状态栏时，这里指定的时间会显示在相应的通知上。setSmallIcon 方法用于设置通知的小图标，注意只能使用纯 alpha 图层的图片进行设置，小图标会显示在系统状态栏上。setLargeIcon 方法用于设置通知的大图标，当下拉系统状态栏时，就可以看到设置的大图标了。

以上工作都完成之后，只需要调用 NotificationManager 的 notify 方法就可以让通知显示出来了。notify 方法接收两个参数，第一个参数是 id，要保证为每个通知所指定的 id 都是不同的；第二个参数是 Notification 对象，这里直接将我们刚刚创建好的 Notification 对象传入即可。因此，显示一个通知就可以写成：

```
manager.notify(1,notification);
```

学到这里就已经把创建通知的每一个步骤都分析完了，下面就让我们通过一个具体的例子来看一看通知到底是长什么样的。

创建新的 Android 项目，修改默认的 activity_main.xml 文件，代码如下：

```
<?xml version="1.0" encoding="utf-8"?>
<LinearLayout xmlns:android="http://schemas.android.com/apk/res/android"
    android:layout_width="match_parent"
    android:layout_height="match_parent"
    android:orientation="vertical">
    <Button
        android:id="@+id/create_notice"
        android:layout_width="wrap_content"
        android:layout_height="wrap_content"
        android:text="创建通知"/>
</LinearLayout>
```

打开 MainActivity.java 文件，为“创建通知”按钮添加点击事件，在点击事件的回调函数中按照前面的描述创建一个通知，当然为了简单起见，这里将通知栏的大、小图标都直接设置成了 ic_launcher：

```
public class MainActivity extends AppCompatActivity {
    private Button createNotice;
    @Override
    protected void onCreate(Bundle savedInstanceState) {
        super.onCreate(savedInstanceState);
        setContentView(R.layout.activity_main);
        createNotice = findViewById(R.id.create_notice);
```

```
        createNotice.setOnClickListener(new View.OnClickListener() {
            @Override
            public void onClick(View view) {
                NotificationManager manager = (NotificationManager)
                                getSystemService(NOTIFICATION_SERVICE);
                Notification notification =
                            new NotificationCompat.Builder(MainActivity.this)
                        .setContentTitle("This is content title")
                        .setContentText("This is content text")
                        .setWhen(System.currentTimeMillis())
                        .setSmallIcon(R.mipmap.ic_launcher)
                        .setLargeIcon(BitmapFactory.decodeResource
                                (getResources(), R.mipmap.ic_launcher))
                        .build();
                manager.notify(1, notification);
            }
        });
    }
}
```

现在可以来运行程序了，点击“创建通知”按钮，你会在系统状态栏的最左边看到一个小图标，如图 8.12 所示。

图 8.12　通知栏小图标

下拉系统状态栏可以看到该通知的详细信息，如图 8.13 所示。

如果你使用过 Android 手机，此时应该会下意识地认为这条通知是可以点击的。但是当你去点击它的时候，你会发现没有任何效果。不对啊，好像每条通知点击之后都应该会有反应的呀？要想实现通知的点击效果，我们还需要在代码中进行相应的设置，这就涉及一个新的概念：Pendinglntent。

Pendinglntent 从名字上看起来就和 Intent 有些类似，它们之间也确实存在着不少共同点。比如它们都可以去指明某一个“意图”，都可以用于启动活动、启动服务以及发送广播等。不同的是，Intent 更加倾向于立即去执行某个动作，而 Pendinglntent 更加倾向于在某个合适的时机去执行某个动作。所以，也可以把 Pendinglntent 简单地理解为延迟执行的 Intent。

Pendinglntent 的用法同样很简单，它主要提供了几个静态方法用于获取 Pendinglntent

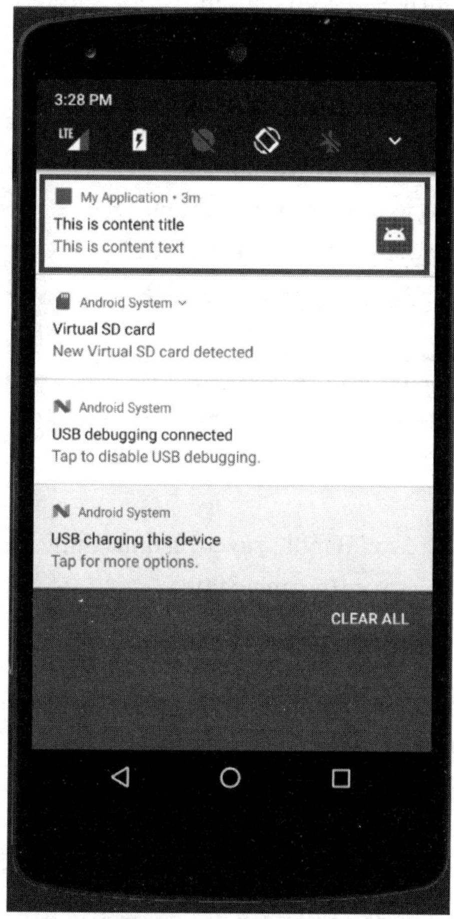

图 8.13　通知详细信息

的实例，可以根据需求来选择是使用 getActivity 方法、getBroadcast 方法还是 getService 方法。这几个方法所接收的参数都是相同的，第一个参数依旧是 Context，不用多做解释。第二个参数一般用不到，通常都是传入 0 即可。第三个参数是一个 Intent 对象，我们可以通过这个对象构建出 Pendinglntent 的“意图”。第四个参数用于确定 Pendinglntent 的行为，有 FLAG_0NE_ SHOT、FLAG_NO_CREATE、FLAG_CANCEL_CURRENT 和 FLAG_UPDATE_CURRENT 这 4 种值可选，每种值的具体含义你可以查看文档，通常情况下这个参数传入 0 就可以了。

对 Pendinglntent 有了一定的了解后，我们再回过头来看一下 NotificationCompat.Builder。这个构造器还可以再连缀一个 setContentIntent 方法，接收的参数正是一个 Pendinglntent 对象。因此，这里就可以通过 Pendinglntent 构建出一个延迟执行的“意图”，当用户点击这条通知时就会执行相应的逻辑。

接下来就让我们给刚才的通知加上点击功能，让用户点击它的时候可以启动另一个活动。右键单击 src 的 java 包，创建一个名为 NoticeActivity 的活动。修改其布局文件 activity_notice.xml，代码如下：

```
<? xml version = "1.0" encoding = "utf-8"? >
<LinearLayout xmlns:android = "http://schemas.android.com/apk/res/android"
```

```
    android:layout_width="match_parent"
    android:layout_height="match_parent"
    android:orientation="vertical">
    <TextView
        android:id="@+id/create_notice"
        android:layout_width="wrap_content"
        android:layout_height="wrap_content"
        android:text="这是一个通知活动"/>
</LinearLayout>
```

然后我们修改 MainActivity. java 文件,代码如下:

```
public class MainActivity extends AppCompatActivity {
    private Button createNotice;
    @Override
    protected void onCreate(Bundle savedInstanceState) {
        super.onCreate(savedInstanceState);
        setContentView(R.layout.activity_main);
        createNotice=findViewById(R.id.create_notice);
        createNotice.setOnClickListener(new View.OnClickListener() {
            @Override
            public void onClick(View view) {
                Intent intent =
                        new Intent(MainActivity.this,NoticeActivity.class);
                PendingIntent pi = PendingIntent
                        .getActivity(MainActivity.this,0,intent,0);
                NotificationManager manager=(NotificationManager)
                        getSystemService(NOTIFICATION_SERVICE);
                Notification notification=new NotificationCompat
                        .Builder(MainActivity.this)
                        .setContentTitle("This is content title")
                        .setContentText("This is content text")
                        .setWhen(System.currentTimeMillis())
                        .setSmallIcon(R.mipmap.ic_launcher)
                        .setLargeIcon(BitmapFactory.decodeResource
                                (getResources(),R.mipmap.ic_launcher))
                        .setContentIntent(pi)
                        .build();
                manager.notify(1,notification);
            }
        });
    }
```

```
}
```

可以看到,这里先是使用 Intent 表达出我们想要启动 NoticeActivity 的“意图”,然后将构建好的 Intent 对象传入到 PendingIntent 的 getActivity 方法里,以得到 PendingIntent 的实例,接着在 NotificationCompat. Builder 中调用 setContentIntent 方法,把它作为参数传入即可。

现在重新运行一下程序,点击“创建通知”按钮,就会发出一条通知,下拉系统状态栏,点击一下该通知,就会看到 NoticeActivity 这个活动的界面了,如图 8.14 所示。

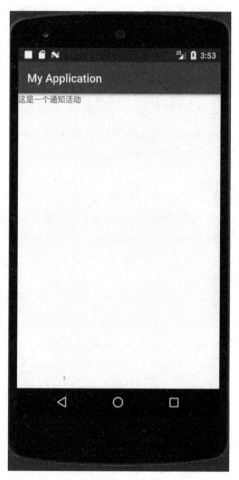

图 8.14　点击通知后打开 NoticeActivity 页面

咦?怎么系统状态栏上的通知图标还没有消失呢?原因是如果我们没有在代码中对该通知进行取消,它的图标就会一直显示在系统的状态栏上。解决的方法有两种,一种是在 NotificationCompat. BuiAder 中再连缀一个 setAutoCancel 方法,一种是显式地调用 NotificationManager 的 cancel 方法将它取消,两种方法我们都学习一下。

第一种方法写法如下:

```
Notification notification = new NotificationCompat.Builder(this)
        .setAutoCancel(true)
        .build();
```

这里 setAutoCancel 方法中传入 true,表示当点击了这个通知的时候,通知会自动取消掉。

第二种方法写法如下：

```
public class NoticeActivity extends AppCompatActivity {
    @Override
    protected void onCreate(Bundle savedInstanceState) {
        super.onCreate(savedInstanceState);
        setContentView(R.layout.activity_notice);
        NotificationManager manager = (NotificationManager)
                                    getSystemService (NOTIFICATION_SERVICE);
        manager.cancel(1);
    }
}
```

这里我们在 cancel 方法中传入了 1，这个 1 是什么意思呢？还记得在创建通知的时候给每条通知指定的 id 吗？当时我们给这条通知设置的 id 就是 1。因此，如果你想取消哪条通知，在 cancel 方法中传入该通知的 id 就行了。

2. 前台服务的基本使用

有人会问，你介绍前台服务为什么要先介绍通知啊，别急，稍后你就知道了。打开我们之前的 Service 项目，修改 DownloadServie 中的 onCreate 中的代码，如下所示：

```
@Override
public void onCreate() {
    super.onCreate();
    Log.d("DownloadService","onCreate() is Running");
    Notification.Builder builder = new Notification.
                                    Builder(this.getApplicationContext());
    Intent intent = new Intent(this,MainActivity.class);
    PendingIntent pi = PendingIntent .getActivity(this,0,intent,0);
    NotificationManager manager = (NotificationManager)
            getSystemService(NOTIFICATION_SERVICE);
    Notification notification = new NotificationCompat.Builder(this)
            .setContentTitle("This is content title")
            .setContentText("This is content text")
            .setWhen(System.currentTimeMillis())
            .setSmallIcon(R.mipmap.ic_launcher)
            .setLargeIcon(BitmapFactory.decodeResource
                    (getResources(),R.mipmap.ic_launcher))
            .setContentIntent(pi)
            .build();
    startForeground(1,notification);
}
```

相信这部分代码你会感觉非常熟悉。没错！这就是我们刚刚学习的创建通知的方法。只不过这次在构建出 Notification 对象后并没有使用 NotificationManager 来将通知显示出来，而是调用了 startForeground 方法。这个方法接收两个参数，第一个参数是通知的 id，类似于 notify 方法的第一个参数，第二个参数则是构建出的 Notification 对象。调用 startForeground 方法后就会让 MyService 变成一个前台服务，并在系统状态栏显示出来。

现在重新运行一下程序，点击“创建活动”或“绑定服务”按钮，DownloadService 就会以前台服务的模式启动了，并且在系统状态栏会显示一个通知图标，下拉状态栏后可以看到该通知的详细内容，如图 8.15 所示。

图 8.15　前台服务效果

前台服务的用法就这么简单，只要将通知的用法掌握好了就可以了。接下来，我们再为大家介绍另一种特殊的服务：IntentService。

8.2.5　IntentService 的使用

Android 中的 IntentService 是继承自 Service 类的，在我们讨论 IntentService 之前，我们先回想一下 Service 的特点：Service 的回调方法（onCreate、onStartCommand、onBind、onDestroy）都是运行在主线程中的。当我们通过 startService 启动 Service 之后，就需要在

Service 的 onStartCommand 方法中写代码完成工作，但是 onStartCommand 是运行在主线程中的，如果我们需要在此处完成一些网络请求或 IO 等耗时操作，就会阻塞主线程，导致 UI 无响应，从而出现 ANR(application not responding)现象。为了解决这种问题，最好的办法就是在 onStartCommand 中创建一个新的线程，并把耗时代码放到这个新线程中执行。可以参考 8.2.2 节中的应用实例：通过 startService 实现文件批量下载，在那里我们在 onStartCommand 中开启了新的线程作为工作线程去执行网络请求，这样就不会阻塞主线程。由此看来，创建一个带有工作线程的 Service 是一种很常见的需求(因为工作线程不会阻塞主线程)，为了简化开发带有工作线程的 Service，Android 额外开发了一个类——IntentService。

讲完了什么是 IntentService，接下来我们来看看 IntentService 有哪些特点：

(1) IntentService 自带一个工作线程，当我们的 Service 需要做一些可能会阻塞主线程的工作的时候可以考虑使用 IntentService。

(2) 我们需要将要做的实际工作放入到 IntentService 的 onHandleIntent 回调方法中，当我们通过 startService(intent)启动了 IntentService 之后，最终 Android Framework 会回调其 onHandleIntent 方法，并将 intent 传入该方法，这样我们就可以根据 intent 去做实际工作，并且 onHandleIntent 运行在 IntentService 所持有的工作线程中，而非主线程。

(3) 当我们通过 startService 多次启动了 IntentService，这会产生多个工作线程，由于 IntentService 只持有一个工作线程，所以每次 onHandleIntent 只能处理一个工作线程，面对多个 job，IntentService 会如何处理？其实很简单，就是采用 one-by-one 的处理方式，也就是一个一个地按照先后顺序处理，先将 intent1 传入 onHandleIntent，让其完成 job1，然后将 intent2 传入 onHandleIntent，让其完成 job2……这样直至所有 job 完成，当所有 job 完成的时候 IntentService 就销毁了，会执行 onDestroy 回调方法。

说完这些理论知识之后，我们接下来开始动手实践吧，我们这次用 IntentService 来完成批量下载任务。

创建一个新项目，修改其默认布局文件 activity_main.xml，代码和使用 Service 批量下载案例中布局文件代码相同，这里就不做介绍了。

接着我们创建 DownloadIntentService，右键单击 src 下的 java 包，依次选择 new→service→IntentService，修改 DownloadIntentService.java 中的代码，如下所示：

```
public class DownloadIntentService extends IntentService {
    public DownloadIntentService() {
        super("DownloadIntentService");
    }
    @Override
    public void onCreate() {
        super.onCreate();
        Log.i("DownloadIntentService","DownloadIntentServiceon 的 Create()
                    函数,Thread: " + Thread.currentThread().getName());
    }
    @Override
    protected void onHandleIntent(Intent intent) {
```

```
        String downUrl = intent.getStringExtra("url");
        String downName = intent.getStringExtra("name");
        HttpURLConnection conn = null;
        URL downURL = null;
        InputStream inputStream = null;
        try {
            downURL = new URL(downUrl);
            conn = (HttpURLConnection) downURL.openConnection();
            conn.setConnectTimeout(8000);
            conn.setReadTimeout(8000);
            conn.setRequestMethod("GET");
            inputStream = conn.getInputStream();
            saveToSdCard(inputStream,downName);
        } catch (IOException e) {
            e.printStackTrace();
        }
        Log.i("DemoLog","DownloadIntentService→onHandleIntent()
                            ,Thread: "+ Thread.currentThread().getName() +
                                            ",《"+ downName + "》下载完成");
    }
    private void saveToSdCard(InputStream inputStream,String fileNme) {
    ……
    }
    @Override
    public void onDestroy() {
        super.onDestroy();
        Log.i("DemoLog","DownloadIntentService→onDestroy()
                            ,Thread: " + Thread.currentThread().getName());
    }
}
```

这里创建 IntentService 之后，DownloadIntentService 会继承 IntentService 类，我们分别重写它的构造函数以及 onCreate 方法、onDestroy 方法、onHandleIntent 方法。构造函数、onCreate 方法和 onDestroy 方法很简单，不需要介绍，我们仅在其内部打印了一条日志，表明其所在线程的名称。onHandleIntent 方法中的逻辑和使用 Service 批量下载的 onStartCommad 方法中的逻辑相同，即使用 HttpURLConnection 对象完成网络图片的下载，然后调用 saveToSdCard 方法将文件保存至 SD 卡中。不同的是，这里我们并没有为它创建一个单独的子线程去完成这样的逻辑，因为我们说过 IntentService 已经在内部帮我们创建了这样一个子线程了。另外函数的最后，我们同样将当前方法所在线程名称打印出来。

至于 MainActivity.java 中代码的逻辑，和使用 Service 批量下载的例子中的逻辑相同，无非就是初始化提供一些网络资源的 url 和需要将文件保存的名称，然后调用 startService

完成启动服务，这里就不做重复介绍了，读者可自行回到相应章节查看。

最后不要忘记还要在 AndroidMainfest. xml 中添加访问 Internet 和读写外部存储的权限，如下所示：

<uses-permission android:name = "android. permission. INTERNET"/>

<uses-permission android: name = "android. permission. WRITE _ EXTERNAL _ STORAGE"/>

<uses-permission android: name = "android. permission. READ _ EXTERNAL _ STORAGE"/>

运行程序，进入程序主界面，如图 8.16 所示。

图 8.16　IntentService 运行主界面

点击"批量下载"按钮，开始下载。打开 LogCat 视图，查看日志信息，如图 8.17 所示。

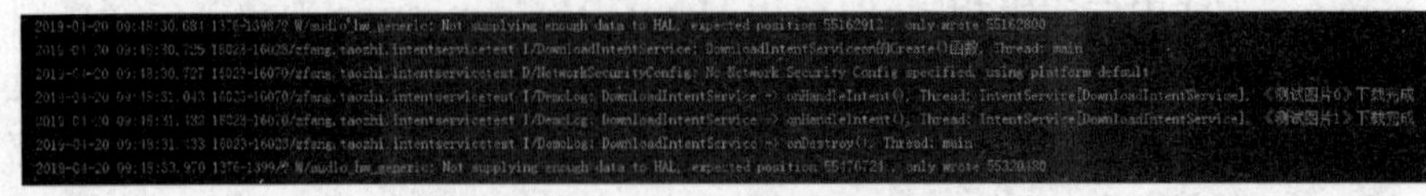

图 8.17　LogCat 查看下载结果

首先我们可以看到 onHandleIntent()函数不是工作在主线程中，即其单独开辟了一个新的线程。其次，我们看到我们已经将 MainActivity 中需要下载的图片保存到 SD 卡中了，打开 File Explorer 进行查看，结果如图 8.18 所示。

图 8.18　File Explorer 查看下载结果

本 章 小 结

继第 3 章对第一个组件 Activity 做了介绍之后，这里我们对 Android 的第二个基本组件 Service 进行了介绍。主要从 Service 的基本概念、创建和启动、前台 Service 和 IntentService 等方面对其进行了详细的介绍，并通过两个下载的实例进行了相关实践。

习 题 8

1. 什么是服务？
2. 服务的基本使用方法有哪些？具体的操作步骤是怎样的？
3. 简述服务的生命周期。
4. 简述活动和服务之间如何实现通信。
5. 简述前台服务的创建方法。
6. 简述 IntentService 的使用方法。

实验 11 Service 组件的使用方法

实验性质

验证性(2 学时)。

实验目标

(1) 了解 Android Service 组件的概念与作用。
(2) 掌握 Android Service 组件的使用方法。

实验内容

(1) 验证 Android Service 组件的基本使用方法。

Service 是 Android 中实现程序后台运行的解决方案，非常适合用于去执行那些不需要和用户交互但要求长期运行的任务。Service 不能运行在一个独立的进程当中，而是依赖于创建服务时所在的应用程序进程；只能在后台运行，可以和其他组件进行交互。

Service 可以在很多场合使用，比如播放多媒体的时候用户启动了其他 Activity，此时要在后台继续播放；比如检测 SD 卡上文件的变化；比如在后台记录你的地理信息位置的改变等等，总之服务是藏在后台的。

(2) 验证 BindService 实现 Activity 与 Service 之间通信的方法。

有没有什么办法能让 Activity 和 Service 的关联更多一些呢？比如说在 Activity 中指挥 Service 去干什么，Service 就去干什么。当然可以，只需要让 Activity 和 Service 建立关联就好了。

应用程序组件(客户端)通过调用 bindService 方法能够绑定服务，然后 Android 系统会调用服务的 onBind()回调方法，这个方法会返回一个跟服务器端交互的 Binder 对象。这个绑定是异步的，bindService 方法立即返回，并且不给客户端返回 IBinder 对象。要接收 IBinder 对象，客户端必须创建一个 ServiceConnection 类的实例，并把这个实例传递给 bindService 方法。ServiceConnection 对象包含了一个系统调用的传递 IBinder 对象的回调方法。

注意：只有 Activity、Service、Content Provider 能够绑定服务，BroadcastReceiver 广播接收器不能绑定服务。

实验步骤

(1) 创建 Android 项目，新建一个 MyService 类，继承自 Service，并重写父类的 onCreate、onStartCommand 和 onDestroy 方法，代码如下：

```
public class MyService extends Service {

    public static final String TAG = "MyService";
```

```
    //创建服务时调用
    @Override
    public void onCreate() {
        super.onCreate();
        Log.d(TAG,"onCreate");
    }

    //服务执行的操作
    @Override
    public int onStartCommand(Intent intent,int flags,int startId) {
        Log.d(TAG,"onStartCommand");
        return super.onStartCommand(intent,flags,startId);
    }

    //销毁服务时调用
    @Override
    public void onDestroy() {
        super.onDestroy();
        Log.d(TAG,"onDestroy");
    }

    @Override
    public IBinder onBind(Intent arg0) {
        // TODO Auto-generated method stub
        return null;
    }

}
```

说明：onBind 方法是 Service 中唯一的一个抽象方法，所以必须要在子类里实现。Service 可以有两种启动方式：一种是 startService()，另一种是 bindService()。第二种启动方式才会用到 onBind 方法。我们这里选用第一种方式启动 Service，所以暂时忽略 onBind 方法。

(2) 在清单文件 AndroidManifest.xml 中声明(和 Activity 标签并列)：

```
<service android:name=".MyService"> </service>
```

(3) 修改 activity_main.xml 代码，具体如下：

```
<LinearLayout xmlns:android="http://schemas.android.com/apk/res/android"
    android:layout_width="match_parent"
    android:layout_height="match_parent"
    android:orientation="vertical" >
```

```
<Button
    android:id="@+id/button1_start_service"
    android:layout_width="match_parent"
    android:layout_height="wrap_content"
    android:text="Start Service"/>

<Button
    android:id="@+id/button2_stop_service"
    android:layout_width="match_parent"
    android:layout_height="wrap_content"
    android:text="Stop Service"/>

</LinearLayout>
```

(4) 修改 MainActivity.java 文件,在里面加入启动 Service 和停止 Service 的逻辑,代码如下:

```
public class MainActivity extends Activity implements View.OnClickListener{
    private Button button1_start_service;
    private Button button2_stop_service;

    public void onCreate(Bundle savedInstanceState) {
        super.onCreate(savedInstanceState);
        setContentView(R.layout.activity_second);
        button1_start_service = (Button) findViewById(R.id.button1_start_service);
        button2_stop_service = (Button) findViewById(R.id.button2_stop_service);
        button1_start_service.setOnClickListener(this);
        button2_stop_service.setOnClickListener(this);
    }

    @Override
    public void onClick(View v) {
        switch (v.getId()) {
            case R.id.button1_start_service:
                Intent startIntent = new Intent(this,MyService.class);
                startService(startIntent);
                break;
            case R.id.button2_stop_service:
                Intent stopIntent = new Intent(this,MyService.class);
```

```
                    stopService(stopIntent);
                    break;
                default:
                    break;
            }
        }
}
```

(5) 调试并运行 Android 项目，总结 Service 的基本使用方法。

(6) 重新创建一个新的 Android 项目，创建 MyBinder 类继承 Binder 对象，代码如下：

```
public class MyBinder extends Binder {
    public void startDownload() {
        Log.d("TAG","startDownload() executed");
        // 执行具体的下载任务
    }

    public int getProgress() {
        Log.d("TAG","getProgress() executed");
        return 0;
    }
}
```

(7) 完善步骤(1)中的 MyService 类：观察上面第二段中 MyService 的代码，你会发现有一个 onBind 方法我们一直都没有使用到，这个方法其实就是用于和 Activity 建立关联的，修改 MyService 中的代码，如下所示：

```
public class MyService extends Service {

    public static final String TAG = "MyService";
    private MyBinder mBinder = new MyBinder();
    //创建服务时调用
    @Override
    public void onCreate() {
        super.onCreate();
        Log.d(TAG,"onCreate");
    }

    //服务执行的操作
    @Override
    public int onStartCommand(Intent intent,int flags,int startId) {
        Log.d(TAG,"onStartCommand");
        return super.onStartCommand(intent,flags,startId);
    }
```

```
    //销毁服务时调用
    @Override
    public void onDestroy() {
        super.onDestroy();
        Log.d(TAG,"onDestroy");
    }

    @Override
    public IBinder onBind(Intent intent) {
        return mBinder;//在这里返回新建的 MyBinder 类
    }
}
```

(8) 在清单文件 AndroidManifest.xml 中声明(和 Activity 标签并列):

```
<service android:name=".MyService"></service>
```

(9) 在 activity_main.xml 中添加两个按钮:button3_bind_service 和 button4_unbind_service,用于绑定服务和取消绑定服务。最终 activity_main.xml 的完整代码如下:

```
<LinearLayout xmlns:android="http://schemas.android.com/apk/res/android"
    android:layout_width="match_parent"
    android:layout_height="match_parent"
    android:orientation="vertical" >

    <Button
        android:id="@+id/button1_start_service"
        android:layout_width="match_parent"
        android:layout_height="wrap_content"
        android:text="Start Service"/>

    <Button
        android:id="@+id/button2_stop_service"
        android:layout_width="match_parent"
        android:layout_height="wrap_content"
        android:text="Stop Service"/>

    <Button
        android:id="@+id/button3_bind_service"
        android:layout_width="match_parent"
        android:layout_height="wrap_content"
        android:text="bind Service"/>
```

```
    <Button
        android:id="@+id/button4_unbind_service"
        android:layout_width="match_parent"
        android:layout_height="wrap_content"
        android:text="unbind Service"/>

</LinearLayout>
```

(10) 修改 MainActivity 中的代码，让 MainActivity 和 MyService 之间建立关联，代码如下所示：

```
public class SecondActivity extends Activity implements View.OnClickListener{
    private Button button1_start_service;
    private Button button2_stop_service;
    private Button button3_bind_service;
    private Button button4_unbind_service;

    private MyBinder myBinder;

    //匿名内部类:服务连接对象
    private ServiceConnection connection = new ServiceConnection() {
        //当服务异常终止时会调用。注意,解除绑定服务时不会调用
        @Override
        public void onServiceDisconnected(ComponentName name) {
        }
        //和服务绑定成功后,服务会回调该方法
        @Override
        public void onServiceConnected(ComponentName name,IBinder service) {
            myBinder = (MyBinder) service;
            //在 Activity 中调用 Service 里面的方法
            myBinder.startDownload();
            myBinder.getProgress();
        }
    };
    public void onCreate(Bundle savedInstanceState) {
        super.onCreate(savedInstanceState);
        setContentView(R.layout.activity_second);
        button1_start_service = (Button) findViewById(R.id.button1_start_service);
        button2_stop_service = (Button) findViewById(R.id.button2_stop_service);
        button3_bind_service = (Button) findViewById(R.id.button3_bind_service);
        button4_unbind_service = (Button) findViewById(R.id.button4_unbind_service);
        button1_start_service.setOnClickListener(this);
```

```
        button2_stop_service.setOnClickListener(this);
        button3_bind_service.setOnClickListener(this);
        button4_unbind_service.setOnClickListener(this);

    }

    @Override
    public void onClick(View v) {
        switch (v.getId()) {
            case R.id.button1_start_service:
                Intent startIntent = new Intent(this,MyService.class);
                startService(startIntent);
                break;
            case R.id.button2_stop_service:
                Intent stopIntent = new Intent(this,MyService.class);
                stopService(stopIntent);
                break;
            case R.id.button3_bind_service:
                Intent bindIntent = new Intent(this,MyService.class);
                bindService(bindIntent,connection,BIND_AUTO_CREATE);
                break;
            case R.id.button4_unbind_service:
                unbindService(connection);
                break;
            default:
                break;
        }
    }
}
```

（11）调试并运行 Android 项目，总结 bindService 实现 Activity 与 Service 之间通信的方法。

第 9 章　Android 广播组件详解

学习目标

本章主要介绍 Android 广播组件的知识，首先介绍广播机制，然后讲述两种系统广播方式，随后重点讲述如何使用自定义广播，以及如何使用本地广播。通过本章的学习，要求读者达到以下学习目标：

(1) 了解广播机制。

(2) 掌握动态广播的使用方法。

(3) 掌握静态广播的使用方法。

(4) 掌握普通广播的使用方法。

(5) 掌握有序广播的使用方法。

(6) 了解如何使用本地广播

学习到现在，相信大家应该感觉到自己离 Android 菜鸟又远了一点，稍微有了一点 Android 程序员的感觉了。但是很遗憾，职淘淘在线兼职平台的客户是个需求达人，他又提出更多的需求了：

(1) 你看人家 QQ，异地被登录之后，能够强制当前登录用户退出，并给出异地登录的提醒，我现在也要加一个这样的功能。

(2) 你看啊，用户收到面试通知消息时，能不能及时给出一个消息提醒啊，毕竟人家不可能随时随地地查看消息嘛，对吧。

怎么样，听到这样的需求是不是很烦躁，但是没有办法，人家是客户，是上帝，所以忍忍吧。不过还好 Android 系统为我们提供了 BroadCast 组件，完成这样的需求倒也不是特别难。既然如此，我们就去征服 BroadCast 组件吧。

9.1　广播机制介绍

广播是 Android 四大组件之一，顾名思义，就是通过广播的方式进行消息传递，其本质是一个全局的监听器，可以监听到各种广播，可以用来实现不同组件之间的通信。广播最大的特点就是发送方并不关心接收方是否接收到数据，也不关心接收方是如何处理数据的，通过这样的形式来达到接、收双方的完全解耦合。

Android 广播分为两个方面：广播发送者和广播接收者，通常情况下，BroadcastReceiver 指的就是广播接收者(广播接收器)。广播作为 Android 组件间的通信方式，可以使用的场景如下：

- 同一个 App 相同(活动与活动之间)或者不同组件(活动和服务之间)之间的消息通信。
- 不同 App 组件之间的消息通信。
- Android 系统在特定情况下与 App 之间的消息通信。

从实现原理来看，Android 中的广播使用了观察者模式，基于消息的发布/订阅事件模型。因此，从实现的角度来看，Android 中的广播将广播的发送者和接收者极大程度上解耦，使得系统能够方便集成，更易扩展。具体实现流程要点粗略概括如下：

(1) 广播接收者 BroadcastReceiver 通过 Binder 机制向 AMS(Activity Manager Service)进行注册。

(2) 广播发送者通过 Binder 机制向 AMS 发送广播。

(3) AMS 查找符合相应条件(IntentFilter/Permission 等)的 BroadcastReceiver，将广播发送到 BroadcastReceiver(一般情况下是 Activity)相应的消息循环队列中。

(4) 消息循环执行拿到此广播后，回调 BroadcastReceiver 中的 onReceive 方法。

对于不同的广播类型，以及不同的 BroadcastReceiver 注册方式，具体实现上会有不同。但总体流程大致如上。

由此看来，广播发送者和广播接收者分别属于观察者模式中的消息发布和订阅两端，AMS 属于中间的处理中心。广播发送者和广播接收者的执行是异步的，发出去的广播不会关心有无接收者接收，也不确定接收者到底何时才能接收到。

讲了这么多，我们再来看看广播的类别吧。从广播的执行方法上，它可以被分为两种类型：普通广播和有序广播。

普通广播(Normal Broadcast)是完全异步执行的广播，在这一条广播发出之后，所有的广播接收器几乎都会在同一时间收到这条广播消息，因此没有任何先后顺序可言。这种广播的效率非常高，但是这也意味着它没有办法被截断。如图 9.1 所示。

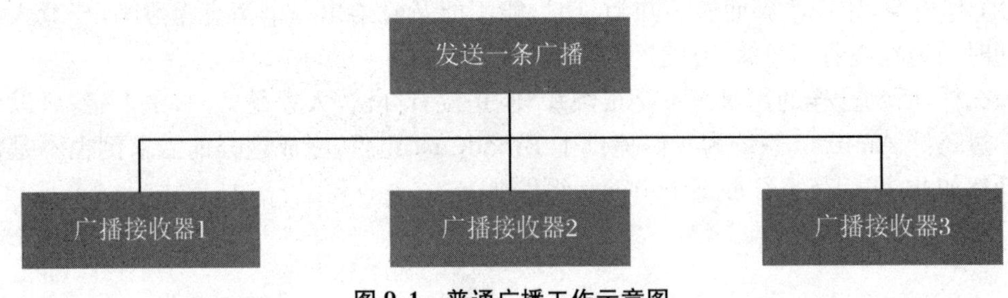

图 9.1　普通广播工作示意图

有序广播(Ordered broadcasts)是同步执行的广播，在广播发出之后，同一时刻只会有一个广播接收器接收到消息，当广播接收器的逻辑执行完毕之后，广播才会继续传递。所以广播接收器是有一定的先后顺序的，优先级高的广播接收器可以先收到广播消息，并且前面的广播接收器还可以截断正在传递的广播，这样后面的广播接收器就无法收到广播消息了。如图 9.2 所示。

从广播的接收域来说，我们又可以把广播分为全局广播和局部广播。

全局广播(Glabol broadcasts)可以接收其他应用发出的广播，也可以发送广播让其他应用接收，全局广播既可以动态注册，也可以静态注册，接受其他应用和系统的广播是全局广

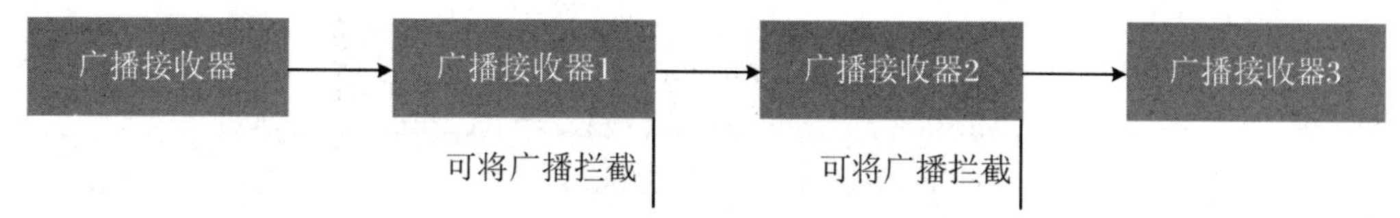

图 9.2　有序广播工作示意图

播的一个重要应用点。

局部广播(Local broadcasts)是指广播事件的发送和接收都限定在本应用中,不影响其他应用,也不受其他应用影响,只能被动态注册,不能静态注册,主要用法都在 LocalBroadcastManager 类中。

介绍完了这些枯燥的概念,接下来我们就来讲讲如何使用广播这一 Android 通信利器吧。

9.2　使用系统广播

在我们还没有自己的广播之前,就先用 Android 内置的一些系统级别的广播进行说明吧。Android 内置的这些系统广播属于全局广播,我们可以在应用程序中通过监听这些广播来得到各种系统的状态信息。例如手机的开关机,系统的自动亮度调节等系统特定时刻的改变,都会发出广播。如果应用程序需要接收这些广播,那么就要用到广播接收器。广播接收器在使用之前必须要先注册,注册广播接收器可以采用静态注册和动态注册两种方式。

静态注册:在 Android 配置文件 androidmanifest.xml 中完成广播接收器的注册。静态注册的广播叫作静态广播。静态广播的使用场景大多为开机自启动的实现。虽然它的优先级没有动态广播高,但是静态广播不受应用生命周期的影响,可以常驻,因此就算程序关闭了,如果有广播信息来,写的广播接收器仍然能收到广播。

动态注册:在 Java 代码中通过 registerReceiver 方法完成注册。动态广播的主要使用场景为更新 UI 等及时性操作。在 Android 的广播机制中,动态注册的优先级高于静态注册的优先级,因此在必要的情况下,我们需要动态注册广播接收器。并且在程序退出后,动态注册的广播接收器不再进行广播监听,不会占用系统的资源。

9.2.1　动态广播的使用

考虑职淘淘在线兼职平台,大部分数据都是存储在服务器端的,需要通过网络实时获取数据,这样整个程序对网络变化的信息就比较敏感,网络变换成不能使用时,就需要及时通过程序做出相应的处理,通常情况下,是弹出一个网络连接断开的提醒。

接下来我们打开 JobHunting 项目,在 src 目录创建一个新的 Java 包,取名为 receiver,然后右键单击该包名,创建一个名为 NetBroadCastReceiver 的网络监听器,并修改代码如下:

```
public class NetBroadcastReceiver extends BroadcastReceiver {
```

```
    @Override
    public void onReceive(Context context,Intent intent) {
        ConnectivityManager connectionManager = (ConnectivityManager)
                context.getSystemService(Context.CONNECTIVITY_SERVICE);
        NetworkInfo networkInfonfo =
                connectionManager.getActiveNetworkInfo();
        if(networkInfonfo ! = null && networkInfonfo.isAvailable()) {
        Toast.makeText(context,"network is available",
                                        Toast.LENGTH_SHORT).show();
        } else {
        Toast.makeText(context,"network is unavailable",
                                        Toast.LENGTH_SHORT).show();
        }
    }
}
```

在 onReceive 方法中，首先通过 getSystemService 方法得到了 ConnectivityManager 的实例，这是一个系统服务类，专门用于管理网络连接的。然后调用它的 getActiveNetworkInfo 方法可以得到 NetworkInfo 的实例，接着调用 NetworkInfo 的 isAvailable 方法，就可以判断出当前是否有网络了。最后我们还是通过 Toast 的方式对用户进行提示。

接下来我们自定义 Application 对象，并在该 Application 类中对网络监听器 NetBroadcastReceiver 进行注册。为什么要在 Application 对象中注册？什么是 Application 对象？别急，大家看看以下三点就能大概有所了解了。

• 每个 App 都有一个 Application 实例：如果我们没有继承 Application 子类自定义它的话，App 会创建一个默认的实例。

• Application 实例拥有着与 App 一样长的生命周期：在 App 开启的时候首先就会实例化它，然后才是入口的 Activity 或者 Service 等。

• Application 与 App“同生共死”，在一个 App 的生命周期中只实例化一次，所以它“天生”就是一个单例，不需要再使用单例模式去实现它。通常是没有必要实现 Application 的子类的，要用单例的话可以自己使用静态单例类实现，要用它的 Context 的话用 Context.getApplicationContext()就行了。然而，Application 类的作用可不单单是实现一个全局的单例，还有其他的很多功能：

(1) 初始化资源。

由于 Application 类是在 App 启动的时候就启动，在所有 Activity 之前启动，所以可以利用它做资源的初始化操作，如图片资源初始化、全局广播的注册等等，注意不要执行耗时操作，这会拖慢 App 的启动速度。

(2) 数据全局共享。

• 可以设置一些全局的共享常量，如一些 TAG、枚举值等。

• 可以设置一些全局使用的共享变量数据，如一个全局的 Handler 等等，但是要注意，这里缓存的变量数据的作用周期限制在 App 的生命周期内，如果 App 因为内存不足而结束的话，再开启这些数据就会消失，所以这里只能存储一些不重要的数据来使数据全 App 共享,想要储存重要数据的话还是需要使用SharePreference、数据库或者文件存储等这些本地存储。

• 可以设置一些静态方法让其他类调用,来使用Application里面的全局变量,如实现App一键退出功能时会用到。

看到这里,相信大家对Application已经有了一个大概的了解了,接下来就让我们动手实践吧。右键单击src目录,新建一个Java包,取名为app,接着在该包下创建一个Java类,取名为JubHunntingApplication,并让它继承Application对象,接着对该类做以下修改:

```
public class JubHunntingApplication extends Application {
    private IntentFilter intentFilter;
    private NetBroadcastReceiver networkChangeReceiver;
    @Override
    public void onCreate() {
        super.onCreate();
        intentFilter = new IntentFilter();
        intentFilter.addAction("android.net.conn.CONNECTIVITY_CHANGE");
        networkChangeReceiver = new NetBroadcastReceiver();
        registerReceiver(networkChangeReceiver, intentFilter);
    }
    @Override
    public void onTerminate() {
        unregisterReceiver(networkChangeReceiver);
        super.onTerminate();
    }
}
```

观察onCreate方法,我们首先创建了一个IntentFilter的实例,并给它添加了一个值为android.net.conn.CONNECTIVITY_CHANGE的action,为什么要添加这个值呢?因为当网络状态发生变化时,系统发出的正是一条值为android.net.conn.CONNECTIVITY_CHANGE的广播,也就是说我们的广播接收器想要监听什么广播,在这里添加相应的action就可以了。接下来创建了一个NetBroadcastReceiver的实例,然后调用registerReceiver方法进行注册,将NetBroadcastReceiver的实例和IntentFilter的实例都传了进去,这样NetBroadcastReceiver就会收到所有值为android.net.conn.CONNECTIVITY_CHANGE的action的广播,也就实现了监听网络变化的功能。

记得动态注册的广播接收器最后一定要取消注册,这里我们是在Application的onTerminate方法中通过调用unregisterReceiver方法来实现的,该方法在应用程序结束时调用。

是不是这样我们运行程序就能看到结果了呢?当然不能,因为你创建了自定义的Application对象,但是你并没有使用它,所以应用程序还是会从默认的Application中启动程序。那怎么将默认的Application变成自己的JubHunntingApplication呢?很简单,打开AndroidManifest.xml文件,在application标签下添加name属性,对应的属性值设置为JubHunntingApplication的全路径即可,代码如下:

```
<application
```

```
android:name = "app.JubHunntingApplication"
android:allowBackup = "true"
android:icon = "@mipmap/ic_launcher"
android:label = "@string/app_name"
android:roundIcon = "@mipmap/ic_launcher_round"
android:supportsRtl = "true"
android:theme = "@style/AppTheme">
......
</application>
```

另外,Android 系统为了保护用户设备的安全和隐私,做了严格的规定:如果程序需要进行一些对用户来说比较敏感的操作,就必须在配置文件中声明权限才可以,否则程序将会直接崩溃。比如这里访问系统的网络状态就是需要声明权限的。打开 AndroidManifest.xml 文件,在里面加入如下权限就可以访问系统网络状态了:

```
<uses-permission android: name = " android. permission. ACCESS _ NETWORK _ STATE"/>
```

整体来说,代码还是简单的。现在运行一下程序,首先你会在注册完成的时候收到一条广播,按下 Home 键回到主界面,再按下 Home→Settings→Data usage,进入数据使用详情界面,关闭 Cellular data,会弹出无网络可用的提示,如图 9.3 所示。然后重新打开 Cellular data,又会弹出网络可用的提示,如图 9.4 所示。

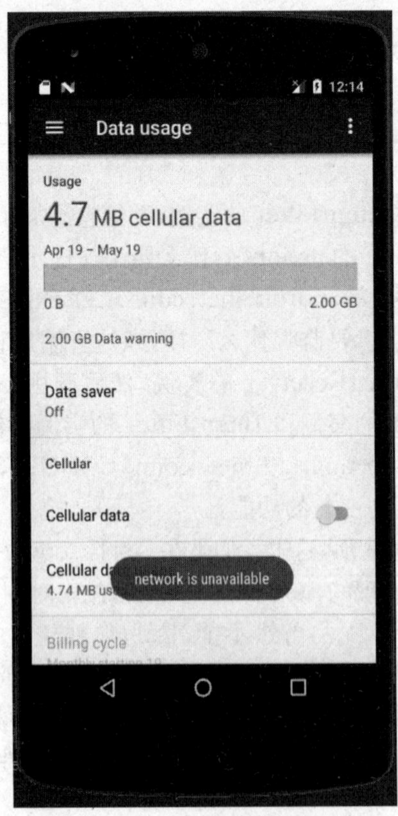

图 9.3 禁用系统网络

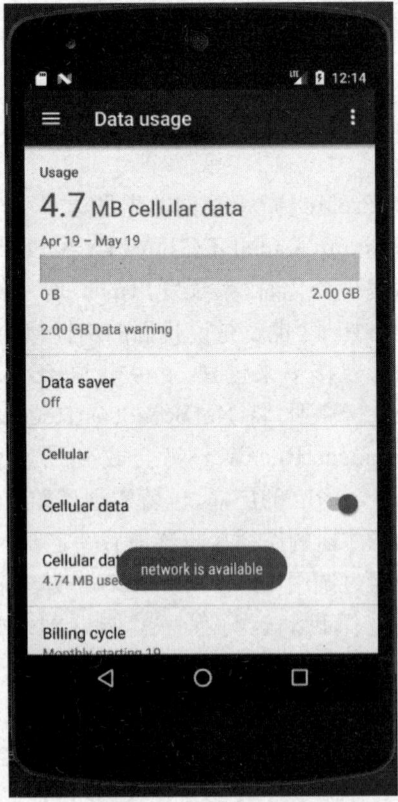

图 9.4 启用系统网络

9.2.2 静态广播的使用

讲完动态注册广播接收器之后，接下来我们再来看看如何使用静态注册的广播。这里我们不再使用 JobHunting 项目了，重新创建一个新的项目，用来接收一条开机广播，收到广播后在 onReceive 方法里执行相应的逻辑，从而实现开机启动的功能。可以使用 Android Studio 提供的快捷方式来创建一个广播接收器，右键单击 src 目录下的 java 包，依次选择 New→Other→Broadcast Receiver，会弹出如图 9.5 所示的配置窗口。

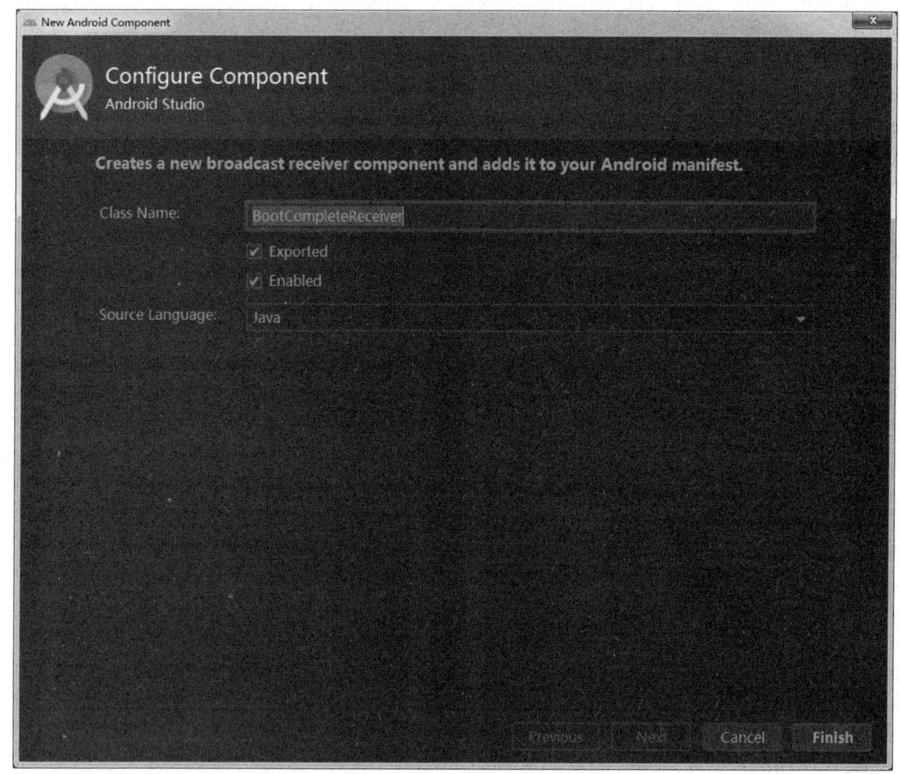

图 9.5　广播配置窗口

可以看到，这里我们将广播接收器命名为 BootCompleteReceiver。Exported 属性表示是否允许这个广播接收器接收本程序以外的广播，Enabled 属性表示是否启用这个广播接收器。勾选这两个属性，点击“Finish”完成创建。

接着打开 BootCompleteReceiver.java 文件，做以下修改：

```
public class BootCompleteReceiver extends BroadcastReceiver {
    @Override
    public void onReceive(Context context, Intent intent) {
        Toast.makeText(context, "Boot Complete", Toast.LENGTH_LONG).
show();
    }
}
```

代码非常简单,我们只是在 onReceive 方法中使用 Toast 弹出了一段提示信息。

另外,静态的广播接收器一定要在 AndmidManifest. xml 文件中注册才可以使用,不过由于我们是使用 Android Studio 的快捷方式创建的广播接收器,因此注册这一步已经被自动完成了。打开 AndroidManifest. xml 文件瞧一瞧,代码如下所示:

```
<? xml version="1.0" encoding="utf-8"? >
<manifest xmlns:android="http://schemas.android.com/apk/res/android"
    package="zfang.taozhi.broadcasttest">
    <application
        ......>
        <receiver
            android:name=".BootCompleteReceiver"
            android:enabled="true"
            android:exported="true">
        </receiver>
        ......
    </application>
</manifest>
```

可以看到,<application>标签内出现了一个新的标签<receiver>,所有静态的广播接收器都是在这里进行注册的。它的用法其实和<activity>标签非常相似,也是通过 android:name 来指定具体注册哪一个广播接收器,而 enabled 和 exported 属性则是根据我们刚才勾选的状态自动生成的。

不过目前 BootCompleteReceiver 还是不能接收到开机广播的,我们还需要对 AndroidManifest. xml 文件进行修改后才可以收到开机广播,如下所示:

```
<? xml version="1.0" encoding="utf-8"? >
<manifest xmlns:android="http://schemas.android.com/apk/res/android"
    package="zfang.taozhi.broadcasttest">
    <uses-permission
        android:name="android.permission.RECEIVE_BOOT_COMPLETED"/>
        ......
    <receiver
        android:name=".BootCompleteReceiver"
        android:enabled="true"
        android:exported="true">
        <intent-filter>
            <action
                android:name="android.intent.action.BOOT_COMPLETED"/>
        </intent-filter>
    </receiver>
......
</manifest>
```

Android 系统启动完成后会发出一条值为 android.intent.action.BOOT_COMPLETED 的广播，因此我们在<intent-filter>标签里添加了相应的 action。另外，监听系统开机广播也是需要声明权限的，可以看到，我们使用<uses-permission>标签又加入了一条 **android.permission.RECEIVE_BOOT_COMPLETED** 权限。

现在重新运行程序，我们的程序就可以接收开机广播了。将模拟器关闭并重新启动，启动完成之后就会收到开机广播，如图 9.6 所示。

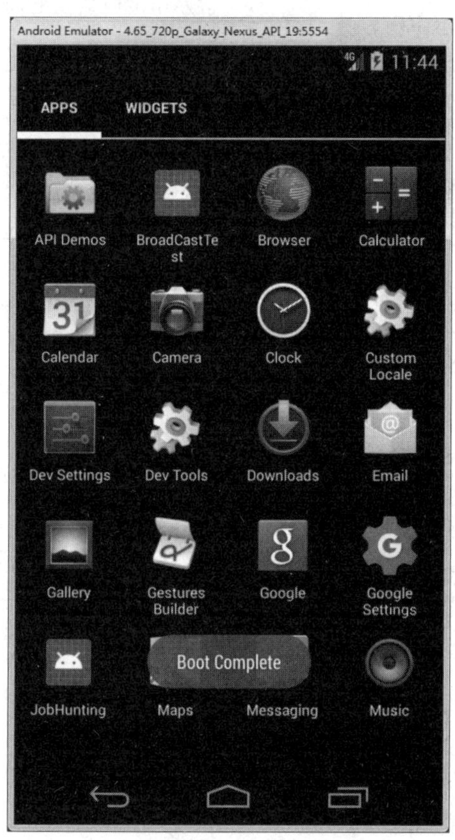

图 9.6　接收系统开机广播

到目前为止，我们在广播接收器的 onReceive 方法中都只是简单地使用 Toast 提示了一段文本信息，当我们真正在项目中使用到它的时候，就可以在里面编写自己的逻辑。需要注意的是，不要在 onReceive 方法中添加过多的逻辑或者进行任何的耗时操作，因为在广播接收器中是不允许开启线程的，当 onReceive 方法运行了较长时间而没有结束时，程序就会报错。因此广播接收器更多的是扮演着一种打开程序其他组件的角色，比如创建一条状态栏通知，或者启动一个服务等。

这里我们讲了两种系统广播，其实除了这两种系统广播，Android 还为我们提供了以下几种常见的系统广播，如表 9.1 所示。

表 9.1 常见系统广播

系统广播常量	说明
Intent.ACTION_AIRPLANE_MODE_CHANGED	关闭或打开了飞行模式
Intent.ACTION_BATTERY_CHANGED	充电状态,或者电池的电量发生变化
Intent.ACTION_BATTERY_LOW	表示电池电量低
ntent.ACTION_BATTERY_OKAY	表示电池电量充足,即从电池电量低变化到饱满时会发出广播
Intent.ACTION_CAMERA_BUTTON	按下照相机拍照按键(硬件按键)时发出的广播
Intent.ACTION_CLOSE_SYSTEM_DIALOGS	当屏幕超时进行锁屏时,或当用户按下电源按钮,长按或短按(不管有没有跳出对话框),进行锁屏时,Android 系统都会广播此 Action 消息
Intent.ACTION_DATE_CHANGED	设备日期发生改变时会发出此广播
Intent.ACTION_DEVICE_STORAGE_LOW	设备内存不足时发出的广播,此广播只能由系统使用,其他 App 不可用
Intent.ACTION_DEVICE_STORAGE_OK	设备内存从不足到充足时发出的广播,此广播只能由系统使用,其他 App 不可用
Intent.ACTION_HEADSET_PLUG	在耳机口上插入耳机时发出的广播
Intent.ACTION_INPUT_METHOD_CHANGED	改变输入法时发出的广播

9.3 使用自定义广播

前面我们通过系统广播,向大家介绍了广播的两种使用方法,这显然是不够的,广播的使用场景更多的是根据我们自己的业务逻辑来定义的,比如我们开篇所讲的异地登录提醒及面试消息的通知。所以接下来我们再来看看怎样发送自己的广播吧。通过前面的介绍,我们知道广播有普通广播和有序广播之分,那么我们就来分别讲讲这两种自定义广播的使用方法。

9.3.1 普通广播

在发送广播之前,我们还是需要先定义一个广播接收器来准备接收此广播才行,不然发出去也是白发。因此新建一个 MyBroadcastReceiver,代码如下所示:

```
public class MyBroadcastReceiver extends BroadcastReceiver {
    @Override
    public void onReceive(Context context,Intent intent) {
        Toast.makeText(context,"received in MyBroadcastReceiver"
```

```
                    ,Toast.LENGTH_SHORT).show();
        }
    }
```

这里当 MyBroadcastReceiver 收到自定义的广播时，就会弹出"received in MyBroadcast Rcceiver"的提示。然后在 AndroidManifest.xml 中对这个广播接收器进行修改：

```
<receiver
    android:name=".MyBroadcastReceiver"
    android:enabled="true"
    android:exported="true">
    <intent-filter>
        <action android:name="zfang.taozhi.broadcast.NORMAL_BROADCAST"/>
    </intent-filter>
</receiver>
```

可以看到，这里让 MyBroadcastReceiver 接收一条值为 zfang.taozhi.broadcast.NORMAL_BROADCAST 的广播，因此待会儿在发送广播的时候，我们就需要发出这样的一条广播。接下来修改 activity_main.xml 中的代码，如下所示：

```
<?xml version="1.0" encoding="utf-8"?>
<LinearLayout xmlns:android="http://schemas.android.com/apk/res/android"
    android:layout_width="match_parent"
    android:layout_height="match_parent">
    <Button
        android:id="@+id/send_normal_broadcasr"
        android:layout_width="match_parent"
        android:layout_height="wrap_content"
        android:text="发送普通广播"/>
</LinearLayout>
```

这里在布局文件中定义了一个按钮，用于作为发送普通广播的触发点。然后修改 MainActivity 中的代码，如下所示：

```
public class MainActivity extends AppCompatActivity {
    private Button sendNormalBroadCast;
    @Override
    protected void onCreate(Bundle savedInstanceState) {
        super.onCreate(savedInstanceState);
        setContentView(R.layout.activity_main);
        sendNormalBroadCast = findViewById(R.id.send_normal_broadcasr);
        sendNormalBroadCast.setOnClickListener(new View.OnClickListener() {
            @Override
            public void onClick(View view) {
                Intent intent =
```

```
                new Intent("zfang.taozhi.broadcast.NORMAL_BROADCAST");
                sendBroadcast(intent);
            }
        });
    }
}
```

可以看到,我们在按钮的点击事件里面加入了发送自定义广播的逻辑。首先构建出了一个 Intent 对象,并把要发送的广播的值传入,然后调用了 Context 的 sendBroadcast 方法发送广播,这样所有监听 zfang.taozhi.broadcast.NORMAL_BROADCAST 这条广播的广播接收器就会收到消息。此时发出去的广播就是一条标准广播。

运行程序,点击一下“发送普通广播”按钮,效果如图 9.7 所示。

图 9.7　接收到自定义广播

这样我们就成功完成了发送自定义广播的功能。另外,由于广播是使用 Intent 进行传递的,因此我们还可以在 Intent 中携带一些数据传递给广播接收器。

9.3.2　有序广播

说完了标准广播，接下来我们再来讲讲有序广播。这里我们实现这样的逻辑：在一个应用中发送广播，在另一个应用中进行接收。

创建一个新的项目，取名为BroadCastTest2，在这个项目下定义一个广播接收器，用于接收上一小节中的自定义广播。新建AnotherBroadcastReceiver，代码如下所示：

```
public class AnotherBroadcastReceiver extends BroadcastReceiver {
    @Override
    public void onReceive(Context context,Intent intent) {
        Toast.makeText(context,"received in AnotherBroadcastReceiver"
                                            ,Toast.LENGTH_SHORT).show();
    }
}
```

这里仍然是在广播接收器的onReceive方法中弹出了一段文本信息。然后在AndroidManifest.xml中对这个广播接收器进行修改，代码如下所示：

```
<receiver
    android:name=".AnotherBroadcastReceiver"
    android:enabled="true"
    android:exported="true">
    <intent-filter>
        <action android:name="zfang.taozhi.broadcast.NORMAL_BROADCAST"/>
    </intent-filter>
</receiver>
```

可以看到，AnotherBroadcastReceiver同样接收的是zfang.taozhi.broadcast.NORMAL_BROADCAST这条广播。

现在运行BroadcastTest2项目，将这个程序安装到模拟器上，然后重新回到BroadcastTest项目的主界面，点击一下“发送普通广播”按钮，就会分别弹出两次提示信息，如图9.8所示。

这样就强有力地证明了，我们的应用程序发出的广播是可以被其他的应用程序接收到的。不过到目前为止，程序设计里发出的都还是标准广播，现在我们来尝试一下发送有序广播。重新回到BroadcastTest项目，然后修改MainActivity中的代码，如下所示：

```
public class MainActivity extends AppCompatActivity {
    private Button sendNormalBroadCast;
    @Override
    protected void onCreate(Bundle savedInstanceState) {
        super.onCreate(savedInstanceState);
        setContentView(R.layout.activity_main);
        sendNormalBroadCast=findViewById(R.id.send_normal_broadcasr);
        sendNormalBroadCast.setOnClickListener(new View.OnClickListener() {
```

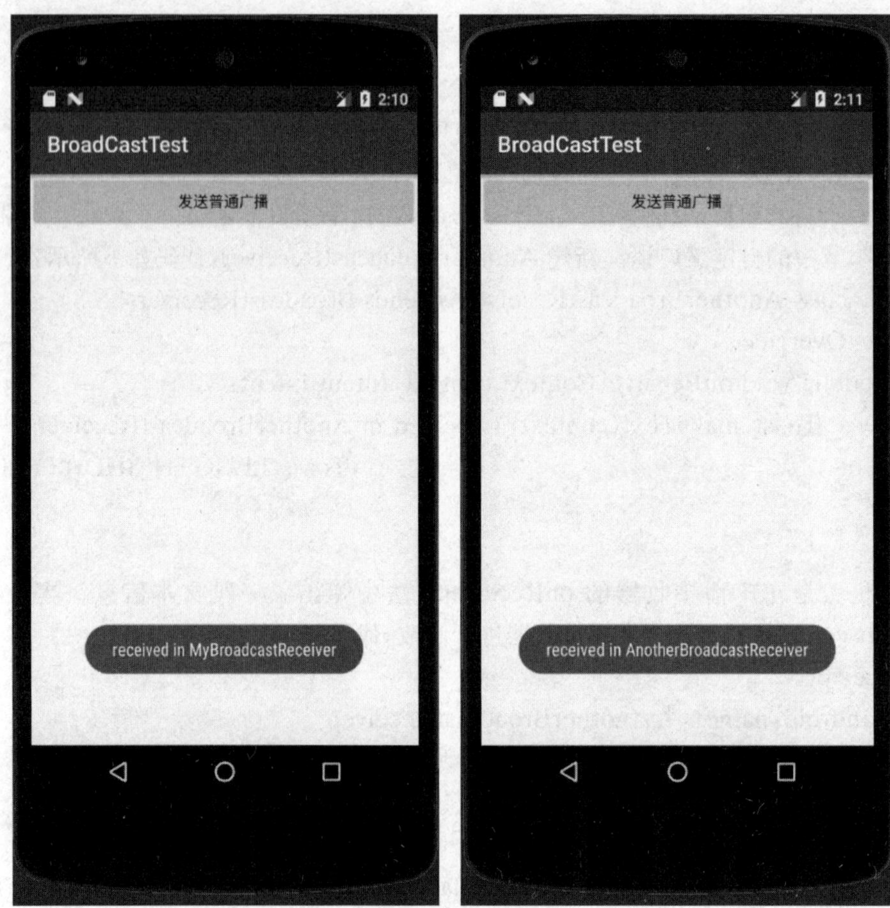

图 9.8　两个程序中都接收到自定义广播

```
            @Override
            public void onClick(View view) {
                Intent intent =
                    new Intent("zfang.taozhi.broadcast.NORMAL_BROADCAST");
                    sendOrderedBroadcast(intent, null);
            }
        });
    }
}
```

可以看到,发送有序广播只需要改动一行代码就可实现,即将 sendBroadcast 方法改成 sendOrderedBroadcast 方法。sendOrderedBroadcast 方法接收两个参数,第一个参数是 Intent,第二个参数是一个与权限相关的字符串,这里传入 null 就行了。现在重新运行程序,并点击"发送普通广播"按钮,你会发现,两个应用程序仍然都可以接收到这条广播。

看上去好像和标准广播没什么区别嘛,不过别忘了,这个时候的广播接收器是有先后顺序的,而且前面的广播接收器还可以将广播截断,阻止其继续传播。

那么该如何设定广播接收器的先后顺序呢?当然是在注册的时候进行设定了。修改

AndroidManifest.xml 中的代码,如下所示:

```
<receiver
    android:name=".MyBroadcastReceiver"
    android:enabled="true"
    android:exported="true">
    <intent-filter android:priority="100">
        <action android:name="zfang.taozhi.broadcast.NORMAL_BROADCAST"/>
    </intent-filter>
</receiver>
```

可以看到,我们通过 android:priority 属性给广播接收器设置了优先级,优先级比较高的广播接收器就可以先收到广播。这里将 MyBroadcastReceiver 的优先级设成了 100,以保证它一定会在 AnotherBroadcastReceiver 之前收到广播。

既然已经获得了接收广播的优先权,那么 MyBroadcastReceiver 就可以选择是否允许广播继续传递了。修改 MyBroadcastReceiver 中的代码,如下所示:

```
public class MyBroadcastReceiver extends BroadcastReceiver {
    @Override
    public void onReceive(Context context, Intent intent) {
        Toast.makeText(context, "received in MyBroadcastReceiver"
                                    , Toast.LENGTH_SHORT).show();
        abortBroadcast();
    }
}
```

如果在 onReceive 方法中调用了 abortBroadcast 方法,就表示将这条广播截断,后面的广播接收器将无法再接收到这条广播。现在重新运行程序,并点击一下"发送普通广播"按钮,你会发现,只有 MyBroadcastReceiver 中的 Toast 信息能够弹出,说明这条广播经过 MyBroadcastReceiver 之后确实是终止传递了。

9.4 本地广播

前面我们发送和接收的广播,不管是系统广播还是自定义广播,都属于全局广播,即发出的广播可以被其他任何的应用程序接收到,并且我们也可以接收来自于其他任何应用程序的广播。这样就很容易引起安全性的问题,比如说我们发送的一些携带关键性数据的广播有可能被其他的非法应用程序截获,或者其他的程序不停地向我们的广播接收器里发送各种垃圾广播。

为了能够简单地解决广播的安全性问题,Android 引入了一套本地广播机制,使用这个机制发出的广播只能够在应用程序的内部进行传递,并且广播接收器也只能接收来自本应用程序发出的广播,这样所有的安全性问题就都不存在了。

本地广播的用法并不复杂,主要就是使用了一个 LocalBroadcastManager 来对广播进行管理，并提供了发送广播和注册广播接收器的方法。下面我们就通过具体的实例来尝试一下它的用法。打开上例 BroadCastTest 项目的布局文件 activity_main.xml，添加一个"发送本地广播"按钮，代码如下：

```
<?xml version="1.0" encoding="utf-8"?>
<LinearLayout xmlns:android="http://schemas.android.com/apk/res/android"
    android:layout_width="match_parent"
    android:layout_height="match_parent"
    android:orientation="vertical">
    <Button
        android:id="@+id/send_normal_broadcasr"
        android:layout_width="match_parent"
        android:layout_height="wrap_content"
        android:text="发送普通广播"/>
    <Button
        android:id="@+id/send_local_broadcasr"
        android:layout_width="match_parent"
        android:layout_height="wrap_content"
        android:text="发送本地广播"/>
</LinearLayout>
```

打开 MainActivity 文件为该按钮添加点击事件，代码如下：

```
public class MainActivity extends AppCompatActivity {
    private Button sendNormalBroadCast;
    private Button sendLocalBroadCast;
    private IntentFilter intentFilter;
    private LocalReceiver localReceiver;
    private LocalBroadcastManager localBroadcastManager;
    @Override
    protected void onCreate(Bundle savedInstanceState) {
        super.onCreate(savedInstanceState);
        setContentView(R.layout.activity_main);
        sendNormalBroadCast = findViewById(R.id.send_normal_broadcasr);
        sendLocalBroadCast = findViewById(R.id.send_local_broadcasr);
        sendNormalBroadCast.setOnClickListener(new View.OnClickListener() {
            @Override
            public void onClick(View view) {
                Intent intent =
                    new Intent("zfang.taozhi.broadcast.NORMAL_BROADCAST");
                sendOrderedBroadcast(intent,null);
            }
        });
```

```
            localBroadcastManager = LocalBroadcastManager.getInstance(this);
            intentFilter = new IntentFilter();
            intentFilter.addAction("com.zfang.LOCAL_BROADCAST");
            localReceiver = new LocalReceiver();
            localBroadcastManager.registerReceiver(localReceiver,intentFilter);
            sendLocalBroadCast.setOnClickListener(new View.OnClickListener() {
                @Override
                public void onClick(View view) {
                    Intent intent = new Intent("com.zfang.LOCAL_BROADCAST");
                    localBroadcastManager.sendBroadcast(intent);            }
            });
        }
        @Override
        protected void onDestroy() {
            localBroadcastManager.unregisterReceiver(localReceiver);
            super.onDestroy();
        }
        class LocalReceiver extends BroadcastReceiver {
            @Override
            public void onReceive(Context context,Intent intent) {
                Toast.makeText(context,"received local broadcast"
                                                ,Toast.LENGTH_SHORT). show();


            }
        }
    }
```

有没有感觉这些代码很熟悉？没错，其实这基本上就和我们前面所学的动态注册广播接收器以及发送广播的代码是一样的。只不过现在首先是通过 LocalBroadcastManager 的 getInstance 方法得到了它的一个实例，然后在注册广播接收器的时候调用的是 LocalBroadcastManager 的 registerReceiver 方法，在发送广播的时候调用的是 LocalBroadcastManager 的 sendBroadcast 方法，仅此而已。这里我们在按钮的点击事件里面发出了一条 com.zfang.LOCAL_BROADCAST 广播，然后在 LocalReceiver 里去接收这条广播。重新运行程序，点击“发送本地广播”按钮，效果如图 9.9 所示。

可以看到，LocalReceiver 成功接收到了这条本地广播，并通过 Toast 提了出来。如果还有兴趣进行实验，可以尝试在 BroadcastTest2 中也去接收 com.zfang.LOCAL_BROADCAST 这条广播。答案是显而易见的，肯定无法收到，因为这条广播只会在 BroadcastTest 程序内传播。

另外还有一点需要说明，本地广播是无法通过静态注册的方式来接收的。其实这也完全可以理解，因为静态注册主要就是为了让程序在未启动的情况下也能收到广播，而发送本地广播时，我们的程序肯定是已经启动了，因此完全不需要使用静态注册的功能。

图 9.9 本地广播的发送和接收

最后我们再来盘点一下使用本地广播的几点优势吧。

• 可以明确地知道正在发送的广播不会离开我们的程序，因此不必担心机密数据泄漏。

• 其他的程序无法将广播发送到我们程序的内部，因此不需要担心会有安全漏洞的隐患。

• 发送本地广播比发送系统全局广播将会更加高效。

9.5 职淘淘异地登录自动强制下线功能

介绍了广播的基本使用方法之后，接下来我们就以职淘淘的异地登录强制下线的功能为例，带着大家来实践一下吧。

所谓的强制下线功能，即一个账号在 A 客户端保持登录状态，然后又在 B 客户端进行了登录操作，那么 A 客户端就会被强制下线。我们首先来看看实现这种功能的大概思路。

每次客户端发送登录申请时，服务端都会判断当前用户的登录状态，如果用户为离线状态，则让用户正常登录，否则就向当前在线客户端推送一条自定义消息，客户端接收到该推送消息后，就可以强制当前在线客户下线了。按照这种思路的话，其实刚好可以使用我们的广播机制完成该功能，即一旦客户端接收到服务端推送的消息，就开始发送一条广播，广播接收器接收到广播消息之后，就通知应用程序强制下线。

话虽如此，但是现在我们面临着一个问题，即 Android 客户端如何接收到服务端推送过来的消息呢？其实我们可以采用第三方推送的 SDK 来实现该功能，这里我们以极光推送为例向大家说明。

在开始写代码之前，我们先了解一下什么是极光推送。极光推送(JPush)是一个端到端的推送服务，使得服务器端消息能够及时地推送到终端用户手机上，让开发者积极地保持与用户的连接，从而提高用户活跃度、提高应用的留存率。极光推送客户端支持 Android、iOS 两个平台。那么如何使用极光推送完成异地登录下线功能？别急，接下来我们慢慢讲解。

1. 注册极光推送平台账号

进入极光推送平台(https://www.jiguang.cn/accounts/register)，页面如图 9.10 所示，填写必要信息，完成注册。注册成功之后，进入注册邮箱激活账号。

图 9.10　极光推送平台登录页面

2. 创建个人应用

账号激活之后，即进行登录，登录成功之后进入极光推送平台首页，如图 9.11 所示。

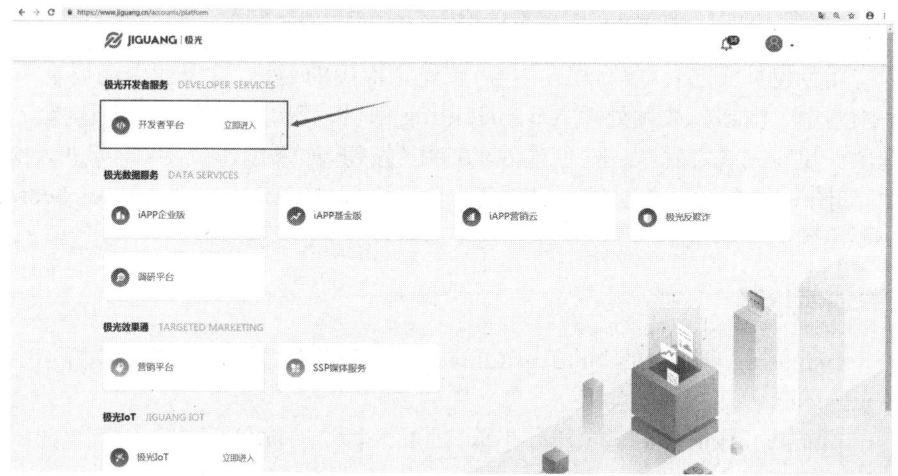

图 9.11　极光推送平台首页

点击最上面的“开发者平台”，进入开发者平台首页，如图9.12所示。

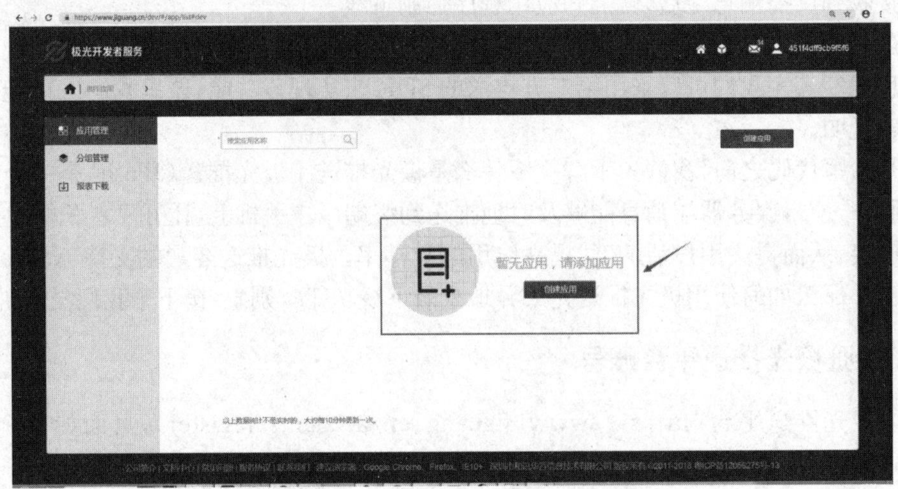

图9.12 极光推送开发者平台首页

点击页面中间的“创建应用”按钮，创建自己的应用，如图9.13所示。

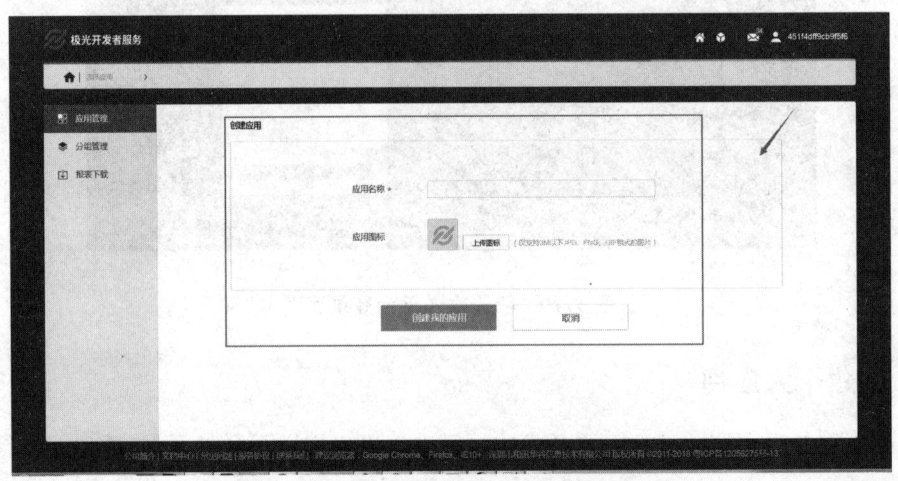

图9.13 极光推送开发者平台应用创建页面

进入应用创建页面之后，填写相关内容：首先是应用的名称，这里我们需要在JobHunting项目中使用极光推送，故此处填入JobHunting即可；其次可以根据需要选择应用图标，此处为选填。填写完成之后，点击“创建我的应用”按钮，如果创建成功，即可进入应用创建成功页面，如图9.14所示。在此页面中，记住自己应用的AppKey和Master Secret值，稍后代码中要用到。

3. 添加库依赖

打开JobHunting项目中的build.gradle，添加对极光推送的依赖，代码如下：

```
dependencies {
    implementation fileTree(dir: 'libs',include: ['*.jar'])
    implementation 'com.android.support:appcompat-v7:28.0.0'
```

图 9.14　激光开发者平台应用创建成功页面

```
    implementation 'com.android.support.constraint:constraint-layout:1.1.3'
    testImplementation 'junit:junit:4.12'
    androidTestImplementation 'com.android.support.test:runner:1.0.2'
    androidTestImplementation 'com.android.support.test.espresso:espresso-core:3.0.2'
    implementation 'org.jetbrains:annotations-java5:15.0'
    implementation 'org.jetbrains:annotations-java5:15.0'
    implementation 'com.google.code.gson:gson:2.8.0'
    implementation 'cn.jiguang:jpush:2.1.8'
}
```

4. 在项目中完成极光推送的初始化操作

考虑到极光推送需要在整个项目的生命周期中使用，故对其的初始化操作可以放在 **Application** 对象中完成。打开 **JobHunting** 中我们自定义的 **JobHuntingApplication** 对象（在介绍广播时创建，可回到相关章节查阅），调用 **JPushInterface** 的 **setDebugMode** 方法和 **init** 方法完成极光推送的初始化，代码如下：

```
public class JubHunntingApplication extends Application {
    private IntentFilter intentFilter;
    private NetBroadcastReceiver networkChangeReceiver;
    @Override
    public void onCreate() {
        super.onCreate();
        intentFilter = new IntentFilter();
        intentFilter.addAction("android.net.conn.CONNECTIVITY_CHANGE");
        networkChangeReceiver = new NetBroadcastReceiver();
        registerReceiver(networkChangeReceiver, intentFilter);
        JPushInterface.setDebugMode(true);
        JPushInterface.init(this);
    }
```

```
    @Override
    public void onTerminate() {
        unregisterReceiver(networkChangeReceiver);
        super.onTerminate();
    }
}
```

5. 自定义广播接收器

右键单击src文件夹下的Java包，依次选择New→other→BroadCast Receiver，创建JpushReceiver广播接收器。此广播接收器主要的任务是接受极光推送发送的广播，大致的流程是这样的：极光推送SDK接收到服务器端推送过来的消息之后，随即会在其内部发送一条广播消息，我们自定义的接收器主要完成的任务就是在接收到广播之后，通知将当前在线用户强制下线。代码如下：

```
public class JpushReceiver extends BroadcastReceiver {
    private NotificationManager nm;
    @Override
    public void onReceive(Context context,Intent intent) {
        if(null= =nm) {
            nm=(NotificationManager) context
                    .getSystemService(Context.NOTIFICATION_SERVICE);

        }
        Bundle bundle=intent.getExtras();
        if(JPushInterface.ACTION_REGISTRATION_ID.equals(intent.getAction())){
            Log.d("JpushReceiver","JPush 用户注册成功");
        }else if (JPushInterface.ACTION_MESSAGE_RECEIVED
                                        .equals(intent.getAction())) {
        Intent mIntent=new Intent(context,LoginActivity.class);
            mIntent.putExtra("MessageContent",
                    bundle.getString(JPushInterface.EXTRA_MESSAGE));
        mIntent.setFlags(Intent.FLAG_ACTIVITY_NEW_TASK);
            context.startActivity(mIntent);
        }else if (JPushInterface.ACTION_NOTIFICATION_RECEIVED
                                        .equals(intent.getAction())) {
        Log.d("JpushReceiver","接受到推送下来的通知");
        } else if (JPushInterface.ACTION_NOTIFICATION_OPENED
                                        .equals(intent.getAction())) {
        Log.d("JpushReceiver","用户点击打开了通知");
        } else {
            Log.d("JpushReceiver","Unhandled Intent-" + intent.getAction());
        }
```

```
        }
    }
```

代码逻辑也比较容易理解，JpushReceiver 接收器接收到极光推送的广播消息之后，对广播通知的类型进行判断，并在不同通知类型中，实现相应的业务逻辑，这里我们只关心自定义通知，故我们的逻辑写在该分支中。如果有服务器端推送过来的自定义消息的话，我们的代码逻辑就会执行该分支。此处的业务逻辑也很简单，直接跳转到登录页面，并将服务器端推送过来的消息通过 Intent 对象传入登录页面。

可以想象，进入登录页面之后，我们首先试图获取极光广播接收器发送过来的数据，如果有数据，说明是从极光广播接收器中启动登录页面的，所以弹出异地登录强制下线的提醒，否则说明是正常进入登录页面的，无需给出提醒。所以接下来我们打开 LoginActivity，在 onCreate 方法中添加以下逻辑：

```
//利用 Intent 判断是否有自定义消息
String message = getIntent().getStringExtra("MessageContent");
if(message != null && !message.equals("")){
    //如果有，则弹出对话框，提示用户下线
    new AlertDialog.Builder(this)
        .setTitle("系统提示")
        .setMessage(message)
        .setPositiveButton("确定",new DialogInterface.OnClickListener() {
            @Override
            public void onClick(DialogInterface dialog,int which) {
        //在这里可清除本地的用户信息
        }})
    .setNegativeButton("重新登录",new DialogInterface.OnClickListener() {
        @Override
        public void onClick(DialogInterface dialog,int which) {
            //再次执行登录操作
        }
    }).show();
}
```

6. 注册 JPushReceiver

使用 Android Studio 创建广播接收器之后，它会自动帮我们完成该接收器的注册，但是这还不够，要让接收器能够接收极光推送 SDK 发送过来的广播消息，还要添加更多的过滤配置。打开 AndroidManifest.xml，修改如下：

```
<?xml version="1.0" encoding="utf-8"?>
<manifest xmlns:android="http://schemas.android.com/apk/res/android"
    package="zfang.taozhi.jobhunting">
    ……
    <receiver
```

```
        android:name = "receiver.JpushReceiver"
        android:enabled = "true"
        android:exported = "true">
        <intent-filter>
            <! --Required 用户注册 SDK 的 intent→
            <action android:name = "cn.jpush.android.intent.REGISTRATION"/>
            <action android:name = "cn.jpush.android.intent.UNREGISTRATION"/>
            <! --Required 用户接收 SDK 消息的 intent→
            <action android:name = "cn.jpush.android.intent.MESSAGE_RECEIVED"/>
            <! -- Required 用户接收 SDK 通知栏信息的 intent→
            <action android:name = "cn.jpush.android.intent
                                        .NOTIFICATION_RECEIVED"/>
            <! -- Required 用户打开自定义通知栏的 intent→
            <action android:name = "cn.jpush.android.intent
                                        .NOTIFICATION_OPENED"/>
            <! --Optional 用户接受 Rich Push Javascript 回调函数的 intent→
            <action android:name = "cn.jpush.android.intent
                                        .ACTION_RICHPUSH_CALLBACK"/>
            <! --接收网络变化 连接/断开 since 1.6.3→
            <action android:name = "cn.jpush.android.intent.CONNECTION"/>
            <category android:name = "zfang.taozhi.jobhunting"/>
            </intent-filter>
        </receiver>
    ......
</manifest>
```

关于各过滤器的具体含义，可以查看以上代码的注解部分，此处就不做介绍了。需要大家注意的是，过滤器最后的 category，需要填写你自己项目的包名。

至此，Android 客户端的逻辑就全部实现了，将程序安装到两台不同的模拟器或者手机上，首先用其中一台模拟器登录，登录成功之后进入到岗位类别页面，然后用第二台模拟器登录，可以看到第二台模拟可以成功登录，同时第一台模拟器会退出岗位类别页面回到登录页面，并弹出下线提醒。

习 题 9

1. 如何动态注册广播？
2. 如何静态注册广播？
3. 什么是普通广播？
4. 什么是有序广播？

第 10 章　Android 内容提供器详解

学习目标

本章主要介绍 Android 内容提供器的相关知识，首先介绍内容提供器机制，然后介绍如何通过内容提供器获取其他应用程序提供的数据，同时告诉大家如何创建自己的内容提供器为其他应用程序提供数据，最后介绍如何使用 ContentObserver 完成对数据库数据的监听。通过本章的学习，要求读者达到以下学习目标：

(1) 了解内容提供器机制。

(2) 掌握使用内容提供器获取其他应用程序数据的方法。

(3) 掌握创建内容提供器为其他应用程序提供数据的方法。

(4) 了解如何使用 ContentObserver 监听数据库数据变化的方法。

在第 7 章中，我们学习了 Android 数据持久化的技术，包括文件存储、SharePreferences 存储以及数据库存储。不知道你有没有发现，使用这些持久化技术所保存的数据只能在当前应用程序中访问。如果我现在想要把当前应用的数据供给其他应用程序，该如何操作呢？在回答这个问题之前，可能会有很多人会问，为什么要将我们程序中的数据共享给其他应用程序呢？自然，这个得视情况而定，比如说账号和密码这样的隐私数据就不能共享给其他程序，不过一些可以让其他程序进行二次开发的基础性数据，我们还是可以选择将其共享的。例如系统的电话簿程序，它的数据库中保存了很多的联系人信息，如果这些数据都不允许第三方的程序访问的话，恐怕很多应用功能都会大打折扣。除了电话簿之外，还有短信、媒体库等程序都提供了跨程序数据共享的功能，而使用的技术当然就是内容提供器了。下面我们就来对这一技术进行深入的探讨吧。

10.1　内容提供器

内容提供器(ContentProvider)主要用于在不同的应用程序之间实现数据共享的功能，它提供了一套完整的机制，允许一个程序访问另一个程序中的数据，同时还能保证被访问数据的安全性。ContentProvider 以某种 URI 的形式对外提供数据，允许其他应用访问或者修改自身的数据；其他应用程序使用 ContentResolver 根据 URI 去访问操作指定的数据。

ContentProvider 和 ContentResolver 是内容提供器的两个核心 API，为了帮助大家理解，我们可以把 ContentProvider 当作 Android 系统内部的“网站”，这个网站以固定的 URI 对外提供服务；而 ContentResolver 则可以当成 Android 系统内部的 HttpClient，它可以向指定 URI 发送"请求"(实际上是调用 ContentResolver 的方法),ContentProvider 接受请求之后对其进行处理,从而实现对"网站"(即内容提供者)内部数据的操作。

10.1.1 ContentProvider 简介

如果把 ContentProvider 当作一个网站来看,那么如何对外提供数据呢?是否需要像 Java Web 开发一样编写 JSP、Servlet 之类呢?当然不需要。如果那样就太复杂了,毕竟 ContentProvider 只是提供数据的访问接口,并不像一个网站一样对外提供完整的页面。那么我们要如何完整地开发一个 ContentProvider 呢?步骤其实很简单,如下所示:

(1) 定义自己的 ContentProvider 类,该类需要继承 Android 提供的 ContentProvider 基类。

(2) 向 Android 系统注册这个"网站",也就是在 AndroidManifest.xml 文件中注册这个 ContentProvider,就像注册 Activity、Service 和 BroadCastReceiver 一样。注册 ContentProvider 的时候我们还要为它绑定一个 URI。如此配置之后,其他应用程序就可以通过该 URI 来访问我们的 ContentProvider 所暴露出来的数据了。其实我们自定义 ContentProvider 继承了 ContentProvider 基类之后,就会要求实现以下 6 个未实现的方法:

```
public class MyContentProvider extends ContentProvider {
    @Override
    public boolean onCreate() {
        return false;
    }
    @Override
    public Cursor query(Uri uri,String[] projection,String selection
                                        ,String[]selectionArgs,String sortOrder) {
        return null;
    }
    @Override
    public String getType(Uri uri) {
        return null;
    }
    @Override
    public Uri insert(Uri uri,ContentValues contentValues) {
        return null;
    }
    @Override
    public int delete(Uri uri,String selection,String[] selectionArgs) {
        return 0;
    }
    @Override
    public int update(Uri uri,ContentValues contentValues
```

```
                                        ,Stringselection,String[] selectionArgs) {
        return 0;
    }
}
```

这 6 个方法相信大家一看名称就能知道它大概的意思了，下面再来简单介绍一下吧。

• onCreate()：初始化内容提供器的时候调用。通常会在这里完成对数据库的创建和升级等操作，返回 true 表示内容提供器初始化成功，返回 false 则表示失败。注意：只有当存在 ContentResolver 尝试访问我们程序中的数据时，内容提供器才会被初始化。

• query()：从内容提供器中查询数据。使用 URI 参数来确定查询哪张表，projection 参数用于确定查询哪些列，selection 和 selectionArgs 参数用于约束查询哪些行，sortOrder 参数用于对结果进行排序，查询的结果存放在 Cursor 对象中返回。

• insert()：向内容提供器中添加一条数据。使用 URI 参数来确定要添加到的表，待添加的数据保存在 values 参数中。添加完成后，返回一个用于表示这条新记录的 URI。

• update()：更新内容提供器中已有的数据。使用 URI 参数来确定更新哪一张表中的数据，新数据保存在 values 参数中，selection 和 selectionArgs 参数用于约束更新哪些行，受影响的行数将作为返回值返回。

• delete()：从内容提供器中删除数据。使用 URI 参数来确定删除哪一张表中的数据，selection 和 selectionArgs 参数用于约束删除哪些行，被删除的行数将作为返回值返回。

• getType()：根据传入的内容 URI 来返回相应的 MIME 类型。

可以看到，几乎每一个方法都带有 URI 这个参数，这个参数也正是调用 ContentResolver 的增删改查方法时传递过来的。那么 URI 到底是什么呢，接下来我们简单为大家介绍一下。

10.1.2　URI 简介

URI 又称内容 URI，主要是给内容提供器中的数据建立唯一标识符，它主要由两部分组成：authority 和 path。authority 用于对不同的应用程序做区分，一般为了避免冲突，都会采用程序包名的方式来进行命名。比如某个程序的包名是 com.zfang.app，那么该程序对应的 authority 就可以命名为 com.zfang.app.provider。path 则是用于对同一应用程序中不同的表做区分的，通常都会添加到 authority 的后面。比如某个程序的数据库里存在两张表：tablel 和 table2，这时就可以将 path 分别命名为/tablel 和/table2，然后把 authority 和 path 进行组合，内容 URI 就变成了 com.zfang.app.provider/tablel 和 com.zfang.app.provider/table2。

不过，目前还很难辨认出这两个字符串就是两个内容 URI，我们还需要在字符串的头部加上协议声明。因此，内容 URI 最标准的格式如下：

content://com.zfang.app.provider/tablel

content://com.zfang.app.provider/table2

除此之外，我们还可以在这个内容 URI 的后面加上一个 id，如下所示：

content://com.zfang.app.provider/tablel/1

这就表示调用方期望访问的是 com.zfang.app 这个应用的 tablel 表中 id 为 1 的数据。

内容URI的格式主要就只有以上两种，以路径结尾就表示期望访问该表中所有的数据，以id结尾就表示期望访问该表中拥有相应id的数据。我们可以使用通配符来分别匹配这两种格式的内容URI，规则如下：

- *：表示匹配任意长度的任意字符。
- #：表示匹配任意长度的数据。

所以，一个能够匹配任意表的内容URI的格式就可以写成：

content://com.zfang.app.provider/*

而一个能够匹配table1表中任意一行数据的内容URI的格式可以写成：

content://com.example.app.provider/tablel/#

有没有发现，内容URI可以非常清楚地表达出我们想要访问哪个程序中哪张表里的数据。所以ContentResolver中的增删改查方法才都接收URI对象作为参数，因为仅使用表名的话，系统将无法得知我们期望访问的是哪个应用程序里的表。

在得到了内容URI字符串之后，我们还需要将它解析成URI对象才可以作为参数传入。解析方法也相当简单，代码如下所示：

Uri uri = Uri.parse("content://com.zfang.app.provider/tablel")

只需要调用Uri.parse方法，就可以将内容URI字符串解析成URI对象了。

10.1.3　ContentResolver简介

看完以上的介绍，相信大家一定都明白了，ContentResolver是通过URI来查询ContentProvider中提供的数据的。除了URI以外，还必须知道需要获取的数据段的名称，以及此数据段的数据类型。如果你需要获取一个特定的记录，你就必须知道当前记录的id。

前面提到了ContentProviders是以类似数据库中表的方式将数据暴露出去的，那么ContentResolver也将采用类似数据库的操作来从Content providers中获取数据。现在简要介绍一下ContentResolver的主要接口，详情如下：

- getContentResolver()：获取该应用默认的ContentResolver。一旦在应用中获得了ContentResolver对象，接下来就可以调用ContentResolver的如下方法来操作数据了。
- Uri insert(Uri uri, ContentValues contentValues)：向URI对象的ContentProvider中插入contentValues对应的数据。
- int delete(Uri uri, String selection, String[] selectionArgs)：删除URI对应的ContentProvider中与where条件相匹配的数据。
- int update(Uri uri, ContentValues contentValues, String selection, String[] selectionArgs)：更新URI对应的ContentProvider中与where条件相匹配的数据。
- Cursor query(Uri uri, String[] projection, String selection, String[] selectionArgs, String sortOrder)：查询URI对应的ContentProvider中与where条件相匹配的数据。

可以看到，其实ContentResolver对象中提供的常用方法和ContentProvider基本是一致的，所以我们就不再详细介绍了，但是我们可以看看这几个方法中除URI之外的其他的一些关键性参数，如表10.1所示。

表 10.1　ContentResolver 常见方法的相关参数

参数	对应的 SQL 语句	说明
projection	select columnl,column2	指定查询某个应用程序下的某张表
selection	where column = value	指定 where 的约束条件
selectionArgs		为 where 中的占位符提供具体的值
sortOrder	order by columnl,column2	指定查询结果的排序方式

10.2　使用内容提供器访问其他应用中的数据

好了,学习完这些枯燥的理论知识之后,接下来让我们实践一下吧!用什么案例好呢?是这样的,Android 中其实自带了很多实用性很强的内容提供者,比如电话簿、短信、媒体库等,这就使得第三方应用程序可以充分地利用这部分数据来实现更好的功能。既然如此,我们的第一个例子就稍微简单点,不创建自己的内容提供者了,直接使用系统的内容提供者。我们以电话簿提供的内容提供者为例,获取联系人信息,这里需要的系统内容提供者的 URI 为 ContactsContract. Contacts. CONTENT_URI。

创建一个新的 Android 项目,修改 activity_mian. xml 文件,代码如下:

```
<? xml version = "1.0" encoding = "utf-8"? >
<LinearLayout xmlns:android = "http://schemas.android.com/apk/res/android"
    android:layout_width = "match_parent"
    android:layout_height = "match_parent"
    android:orientation = "vertical">
    <Button
        android:id = "@ + id/get_contact"
        android:layout_width = "match_parent"
        android:layout_height = "wrap_content"
        android:text = "获取联系人信息"/>
    <ListView
        android:id = "@ + id/view_contact"
        android:layout_width = "match_parent"
        android:layout_height = "wrap_content">
    </ListView>
</LinearLayout>
```

布局文件的代码很简单,就是在线性布局中添加了一个按钮和一个 ListView,当用户点击按钮时,即可从内容提供者外获取到联系人信息,然后填充到 ListView 中。

接着打开 MainActivity. java,按以下代码修改:

```
public class MainActivity extends AppCompatActivity {
    private List<String> contacts = new ArrayList<>();
    private ArrayAdapter<String> adapter;
    private Button getContact;
    private ListView contactLv;
    @Override
    protected void onCreate(Bundle savedInstanceState) {
        super.onCreate(savedInstanceState);
        setContentView(R.layout.activity_main);

        getContact = findViewById(R.id.get_contact);
        contactLv = findViewById(R.id.view_contact);

        adapter = new ArrayAdapter<String>(MainActivity.this
                                ,android.R.layout.simple_list_item_1,contacts);
        contactLv.setAdapter(adapter);

        if(ContextCompat.checkSelfPermission(this,
                Manifest.permission.READ_CONTACTS)
                != PackageManager.PERMISSION_GRANTED) {
            ActivityCompat.requestPermissions(this,new String[]
                                {Manifest. permission.READ_CONTACTS },1);
        }

        getContact.setOnClickListener(new View.OnClickListener() {
            @Override
            public void onClick(View view) {
                readContacts();
            }
        });
    }
    private void readContacts(){
        Cursor cursor = null;
        try{
            //查询联系人数据
            cursor = getContentResolver()
                    .query(ContactsContract.CommonDataKinds.
                    Phone.CONTENT_URI,null,null,null,null);
            if (cursor != null){
                while (cursor.moveToNext()) {
                    //获取联系人姓名
```

```
                    String displayName = cursor.getString(
                                        cursor.getColumnIndex(ContactsContract.
                                 CommonDataKinds.Phone.DISPLAY_NAME));
                    //获取联系人手机号
                    String number = cursor.getString(
                                       cursor.getColumnIndex (ContactsContract.
                                         CommonDataKinds.Phone.NUMBER));
                contacts.add(displayName + "\n" + number);
                }
                adapter.notifyDataSetChanged();
            }
        }catch (Exception e){
            e.printStackTrace();
        }
    }
    @Override
    public void onRequestPermissionsResult(int requestCode,String[]
                                                permissions,int[] grantResults) {
    super.onRequestPermissionsResult(requestCode,permissions,grantResults);
    switch (requestCode){
            case 1:
                    Toast.makeText(this,"You denied the permission,
                                                  So you can't get the contacts",
                                            Toast.LENGTH_SHORT).show();
                break;
            default:
        }
    }
}
```

首先我们声明了 4 个变量:1 个 Button 按钮,1 个 ListView 控件,1 个 List 数据和 1 个 ArrayAdapter 数据适配器,目的很简单,我们让用户点击按钮,接着获取 CntentProvider 提供的联系人信息填充到列表数据中,然后通过 ArrayAdater 将数据填充到 LsitView 中。

在 onCreate 方法中,我们首先获取了 Button 和 ListView 控件的实例,并给 LsitView 设置好了适配器,给 Button 添加了点击事件。然后开始调用运行时权限的处理逻辑,因为 READ_CONTACTS 权限属于危险权限。关于运行时权限的处理流程相信你已经熟练掌握了,这里就不再说明了。最后我们在按钮的点击事件中调用 readContacts 方法获取联系人信息。

下面重点看一下 readContacts 方法。可以看到,这里使用了 ContentResolver 的 query 方法来查询系统的联系人数据。不过传入的 URI 参数怎么有些奇怪啊?为什么没有调用 Uri.parse 方法去解析一个内容 URI 字符串呢?这是因为 ContactsContract.CommonDataKinds.Phone 类已经帮我们做好了封装,提供了一个 CONTENT_URI 常量,而这个常量就是使用 Uri. parse 方法解析出来的结果。query 方法被调用之后返回一个 Cursor 对象，什么是 Cursor 对象我们已经在第 7 章介绍 Sqlite 数据库的时候将它的含义和使用方法向大家说明过了，所以这里就不再赘述。拿到 Cursor 对象之后，我们就可以对它进行遍历，将联系人姓名和手机号这些数据逐个取出，姓名这一列对应的常量是 ContactsContract. CommonDataKinds. Phone. DISPLAY_NAME，联系人手机号这一列对应的常量是 ContactsContract. CommonData-Kinds. Phone. NUMBER。两个数据都取出之后，将它们进行拼接，并在中间加上换行符，然后将拼接好的数据添加到 ListView 的数据源里，并通知刷新一下 ListView。最后千万不要忘记将 Cursor 对象关闭掉。

这样就结束了吗？还差一点点，读取系统联系人的权限千万不能忘记声明。修改 AndroidManifest. xml 中的代码，如下所示：

```
<? xml version = "1.0" encoding = "utf-8"? >
<manifest xmlns:android = "http://schemas. android. com/apk/res/android"
    package = "zfang. taozhi. contentprovidertest">
    <uses-permission android:name = "android. permission. READ_CONTACTS"/>
    ......
</manifest>
```

加入了 android. permission. READ_C0NTACTS 权限，这样我们的程序就可以访问到系统的联系人数据了。现在才算是大功告成了，让我们来运行一下程序吧，效果如图 10.1 所示。

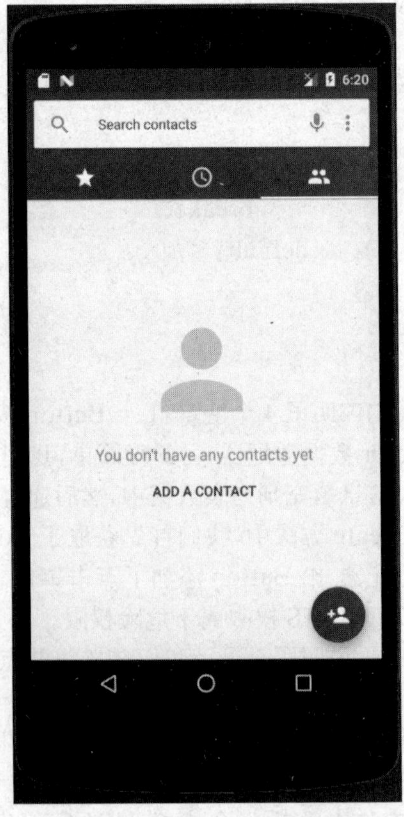

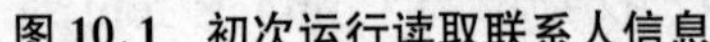

图 10.1 初次运行读取联系人信息　　**图 10.2 电话簿没有联系人信息**

你会发现，当你点击按钮的时候，并没有出现我们想要看到的结果，为什么呢？想想我们读取的是联系人的信息，这时应当去看看电话簿，看看它有没有数据，发现没有数据，如图 10.2 所示。所以要想获得数据，这里你得先添加数据。这里我们添加两条联系人信息，如图 10.3 所示。

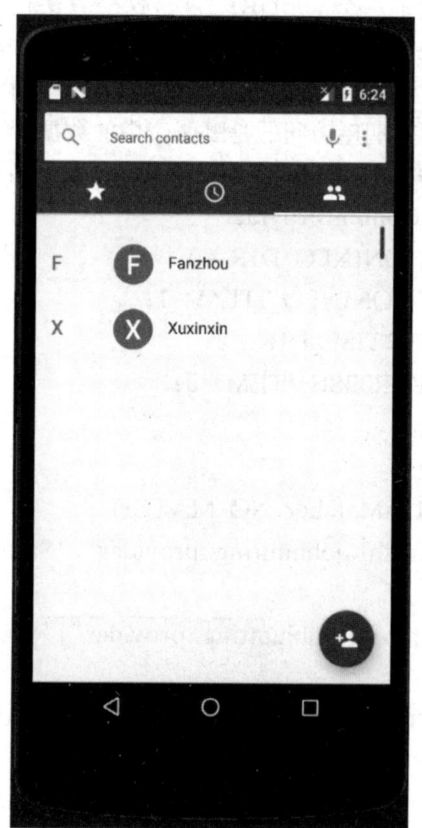

图 10.3　电话簿添加联系人信息

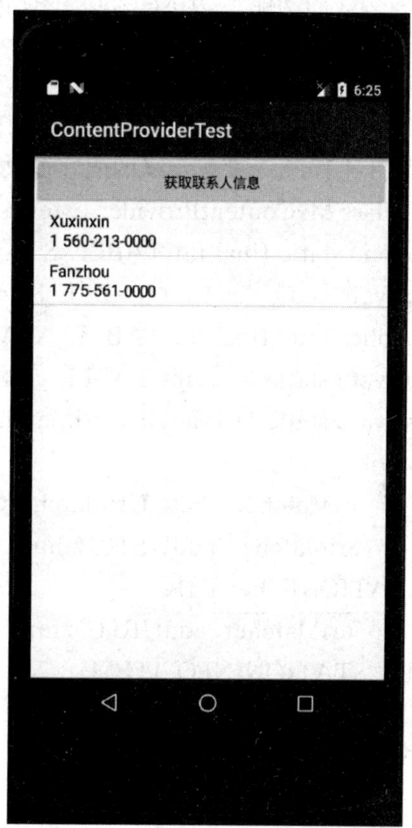

图 10.4　重新运行读取联系人信息

接着回到项目中，再次点击按钮，查看效果，如图 10.4 所示，说明我们确实通过 ContentProvider 获得了联系人信息。

10.3　创建自己的内容提供器

上节中，我们通过实例告诉了大家如何使用别人的内容提供者获得自己想要的数据。那么如果我们想提供数据给别的应用程序该怎么办？也比较简单，首先我们得创建自己的内容提供者，然后将该内容提供者的信息提供给别的应用程序即可，这样，别的应用程序就可以通过 ContentResolver 获取我们的信息了。

那么创建自己的内容提供者需要注意一些什么东西呢？这里首先跟大家做一下介绍：

(1) 提供 CRUD 操作的对外接口方法，以方便 ContentResolver 调用。

(2) 判断 ContentResolver 到底要访问哪个表，即正确解析出 ContentResolver 传递过

来的 URI 对象，这样我们才能明白它的意图，进而进行相关的操作。

第一点还是比较简单的，我们可以根据第 7 章对 SQLite 的 CRUD 操作的介绍，依次完善内容提供者对外的调用接口。

那么对于第二个问题，该怎样解决？别急，我们可以借助 UriMatcher 这个类轻松地实现匹配内容 URI 的功能。UriMatcher 中提供了一个 addURI 方法，这个方法接收 3 个参数，可以分别把 authority、path 和一个自定义代码传进去。这样，当调用 UriMatcher 的 match 方法时，就可以将一个 URI 对象传入，返回值是某个能够匹配这个 URI 对象的自定义代码，利用这个代码，我们就可以判断出调用方期望访问的是哪张表中的数据了。

这里我们对 10.1.1 节自定义的内容提供者 MyContentProvider 做以下调整：

```
public class MyContentProvider extends ContentProvider {
    public static final int TABLE_STATIONINFO_DIR = 0;
    private static final int TABLE_STATIONINFO_ITEM = 1;
    public static final int TABLE_ADVERTISE_DIR = 2;
    private static final int TABLE_ADVERTISE_ITEM = 3;
    private static UriMatcher uriMatcher;
    static {
        uriMatcher = new UriMatcher(UriMatcher.NO_MATCH);
        uriMatcher.addURI("zfang.taozhi.jobhunting.provider","StationInfo",
TABLE_STATIONINFO_DIR);
        uriMatcher.addURI("zfang.taozhi.jobhunting.provider","StationInfo/
#",TABLE_STATIONINFO_ITEM);
        uriMatcher.addURI("zfang.taozhi.jobhunting.provider","Advertise",
TABLE_ADVERTISE_DIR);
        uriMatcher.addURI("zfang.taozhi.jobhunting.provider","Advertise",
TABLE_ADVERTISE_ITEM);
    }
    @Override
    public boolean onCreate() {
        return false;
    }
    @Override
    public Cursor query(Uri uri,String[] strings,String s,String[] strings1,String
s1) {
        switch (uriMatcher.match(uri)){
            case TABLE_STATIONINFO_DIR:
                //查询 StationInfo 表中的所有数据
                break;
            case TABLE_STATIONINFO_ITEM:
                //查询 StationInfo 表中指定单条数据
                break;
```

```
            case TABLE_ADVERTISE_DIR:
                //查询 Advertise 表中的所有数据
                break;
            case TABLE_ADVERTISE_ITEM:
                //查询 Advertise 表中指定单条数据
                break;
        }
        return null;
    }
    @Override
    public String getType(Uri uri) {
        switch (uriMatcher.match(uri)){
            case TABLE_STATIONINFO_DIR:
                return "vnd.android.cursor.dir/vnd.zfang
                                    .taozhi.jobhunting.provider.StationInfo";
            case TABLE_STATIONINFO_ITEM:
                return "vnd.android.cursor.item/vnd.zfang
                                    .taozhi.jobhunting.provider.StationInfo";
            case TABLE_ADVERTISE_DIR:
                return "vnd.android.cursor.dir/vnd.zfang
                                    .taozhi.jobhunting.provider.Advertise";
            case TABLE_ADVERTISE_ITEM:
                return "vnd.android.cursor.item/vnd.zfang
                                    .taozhi.jobhunting.provider.Advertise";
        }
        return null;
    }
    @Override
    public Uri insert(Uri uri,ContentValues contentValues) {
        return null;
    }
    @Override
    public int delete( Uri uri,String s,String[] strings) {
        return 0;
    }
    @Override
    public int update(Uri uri, ContentValues contentValues, String s, String[]
strings) {
        return 0;
    }
}
```

可以看到,MyContentProvider 中新增了 4 个整型常量,其中 TABLE_STATIONINFO_DIR 表示访问 StationInfo 表中所有数据,TABLE_STATIONINFO_ITEM 表示访问 StationInfo 表中单条数据,TABLE_ADVERTISE_DIR 表示访问 Advertise 表中所有数据,TABLE_ADVERTISE_ITEM 表示访问 Advertise 表中单条数据。接着在静态代码块里我们创建了 UriMatcher 的实例,并调用 addURI 方法将期望匹配的内容 URI 格式传递进去,注意这里传入的路径参数是可以使用通配符的。然后当 query 方法被调用的时候,就会通过 UriMatcher 的 match 方法对传入的 URI 对象进行匹配,如果发现 UriMatcher 中某个内容 URI 格式成功匹配了该 URI 对象,则会返回相应的自定义代码,然后我们就可以判断出调用方期望访问的到底是什么数据了。

上述代码只是以 query 方法为例做了个示范,其实 insert()、update()、delete()这几个方法的实现也是差不多的,它们都会携带 URI 这个参数,然后同样利用 UriMatcher 的 match 方法判断出调用方期望访问的是哪张表,再对该表中的数据进行相应的操作就可以了。

除此之外,还有一个方法你会比较陌生,即 getType 方法。它是所有的内容提供器都必须提供的一个方法,用于获取 URI 对象所对应的 MIME 类型。一个内容 URI 所对应的 MIME 字符串主要由 3 部分组成,Android 对这 3 个部分做了如下格式规定:

- 必须以 vnd. 开头。
- 如果内容 URI 以路径结尾,则后接 android. cursor. dir/;如果内容 URI 以 id 结尾,则后接 android. cursor. item/。
- 最后接上 vnd. <authority>. <path>。

所以,对于 content://zfang. taozhi. jobhunting. provider. StationInfo 这个内容 URI,它所对应的 MIME 类型就可以写成

vnd. android. cursor. dir/vnd. zfang. taozhi. jobhunting. provider. StationInfo

对于 content://zfang. taozhi. jobhunting. provider. StationInfo/1 这个内容 URI,它所对应的 MIME 类型就可以写成:

vnd. android. cursor. item/vnd. zfang. taozhi. jobhunting. provider. StationInfo

现在我们再回头看看 MyContentProvider 中的 getType 方法,是不是很好理解呢!

到这里,一个完整的内容提供器就创建完成了,现在任何一个应用程序都可以使用 ContentResdver 来访问我们程序中的数据。那如何才能保证隐私数据不会泄漏出去呢?其实多亏了内容提供器的良好机制,这个问题在不知不觉中已经被解决了:所有的 CRUD 操作都一定要匹配到相应的内容 URI 格式才能进行,而我们当然不可能向 UriMatcher 中添加隐私数据的 URI,所以这部分数据根本无法被外部程序访问到,安全问题也就不存在了。

好了,创建内容提供器的两个根本问题我们已经清楚了,下面就来实战一下,真正体验一回跨程序数据共享的功能。

创建项目 MyContentProvider,并按照第 7 章 SQLite 使用案例的介绍,创建一个 SQLiteOpenHelper 子类,取名为 MySQLiteOpenHelper,代码如下所示:

```
public class MyDatabaseHelper extends SQLiteOpenHelper {
    public static final String CREATE_STATIONINDO = "create table StationInfo
("
```

```
            + "id integer primary key autoincrement,"
            + "entrepriseName text,"
            + "categoryName text,"
            + "payRang text,"
            + "stationTitle text,"
            + "recruitCount integer,"
            + "workAddress text,"
            + "interviewProcess text,"
            + "entriedCount integer,"
            + "evaluteCount integer,"
            + "stationDemands text,"
            + "stationWelfares text)";
    public static final String CREATE_ADVERTISE = "create table Advertise("
            + "id integer primary key autoincrement,"
            + "advertiseName text,"
            + "advertiseContent text,"
            + "advertiseUrl text)";
    private Context mContext;
    public MyDatabaseHelper(Context context,String name,
                                SQLiteDatabase.CursorFactory factory,int version) {
        super(context,name,factory,version);
        mContext = context;
    }
    @Override
    public void onCreate(SQLiteDatabase sqLiteDatabase) {
        sqLiteDatabase.execSQL(CREATE_STATIONINDO);
        sqLiteDatabase.execSQL(CREATE_ADVERTISE);
    }
    @Override
    public void onUpgrade(SQLiteDatabase sqLiteDatabase,int i,int i1) {

    }
}
```

这里的代码和介绍 SQLite 时相同，只是没有封装 CRUD 方法，同时添加了一条用于创建表 Advertise 的 SQL 语句，并在 onCreate()中通过执行 sqLiteDatabase 对象的 execSQL 方法完成了表的创建。

接着右键单击 src 文件，创建一个新的 Java 包，取名为 contentprovider，之后右键单击该 Java 包，依次选择 New→other→Content Provider，进入组件配置页面，如图 10.5 所示。

可以看到，这里我们将内容提供器命名为 DatabaseProvider，authority 指定为 zfang.taozhi.mycontentprovider.provider，Exported 属性表示是否允许外部程序访问我们的内

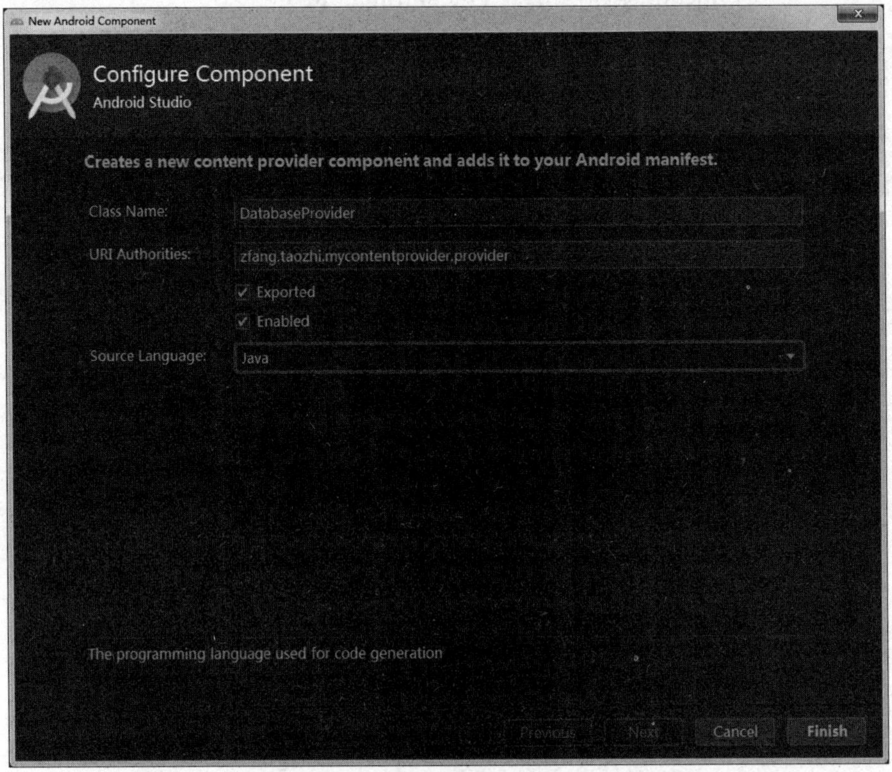

图 10.5 创建内容提供器配置页面

容提供器,Enabled 属性表示是否启用这个内容提供器,将两个属性都勾中,点击“Finish”完成创建。

接着我们修改 DatabaseProvider 中的代码如下:

```
public class DatabaseProvider extends ContentProvider {
    public static final int TABLE_STATIONINFO_DIR = 0;
    private static final int TABLE_STATIONINFO_ITEM = 1;
    public static final int TABLE_ADVERTISE_DIR = 2;
    private static final int TABLE_ADVERTISE_ITEM = 3;
    private static final String AUTHORITY =
                                    "zfang. taozhi. mycontentprovider. provider";
    private static UriMatcher uriMatcher;
    private MyDatabaseHelper databaseHelper;
    static {
        uriMatcher = new UriMatcher(UriMatcher. NO_MATCH);
          uriMatcher. addURI ( "zfang. taozhi. mycontentprovider. provider", "Sta-
tionInfo",TABLE_STATIONINFO_DIR);
          uriMatcher. addURI ( "zfang. taozhi. mycontentprovider. provider", "Sta-
tionInfo/#",TABLE_STATIONINFO_ITEM);
        uriMatcher. addURI("zfang. taozhi. mycontentprovider. provider", "Adver-
```

```
tise",TABLE_ADVERTISE_DIR);
        uriMatcher.addURI("zfang.taozhi.mycontentprovider.provider","Adver-
tise/#",TABLE_ADVERTISE_ITEM);
    }
    @Override
    public boolean onCreate() {
        databaseHelper = new MyDatabaseHelper(getContext()
                                        ,"JobHunting.db",null,1);
    returntrue;
    }
    @Override
    public Cursor query(Uri uri,String[] projection,String selection,String[]
                                    selectionArgs,String sortOrder) {
        //查询数据
        SQLiteDatabase db = databaseHelper.getReadableDatabase();
        Cursor cursor = null;
        switch (uriMatcher.match(uri)){
            case TABLE_STATIONINFO_DIR:
                //查询 StationInfo 表中所有数据
                cursor = db.query("StationInfo",projection,selection,
                                    selectionArgs,null,null,sortOrder);
                break;
            case TABLE_STATIONINFO_ITEM:
                //查询 StationInfo 表中指定单条数据
                String stationInfoId = uri.getPathSegments().get(1);
                cursor = db.query("StationInfo",projection,"id = ?",new
                            String[] {stationInfoId },null,null,sortOrder);
                break;
            case TABLE_ADVERTISE_DIR:
                //查询 Advertise 表中所有数据
                cursor = db.query("Advertise",projection,selection,
                                    selectionArgs,null,null,sortOrder);
                break;
            case TABLE_ADVERTISE_ITEM:
                //查询 Advertise 表中指定单条数据
                String advertiseId = uri.getPathSegments().get(1);
                cursor = db.query("Advertise",projection,"id = ?",
                            new String[]{ advertiseId },null,null,sortOrder);
                break;
        }
```

```
        return cursor;
    }
    @Override
    public Uri insert(Uri uri,ContentValues contentValues) {
        //查询数据
        SQLiteDatabase db = databaseHelper. getReadableDatabase();
        Uri returnUri = null;
        switch (uriMatcher. match(uri)){
            case TABLE_STATIONINFO_DIR:
            case TABLE_STATIONINFO_ITEM:
                //向 StationInfo 表中插入数据
                long newStationInfoId = db. insert("StationInfo",null,contentVal-
ues);
                returnUri = Uri. parse("content://" +  AUTHORITY + "/Station-
Info/" + newStationInfoId);
                break;
            case TABLE_ADVERTISE_ITEM:
            case TABLE_ADVERTISE_ITEM:
            向//Advertise 表中插入数据
                 long newAdvertiseId = db. insert( "Advertise", null, contentVal-
ues);
                 returnUri = Uri. parse("content://" +  AUTHORITY + "/Adver-
tise/" + newAdvertiseId);
            break;
        }
        return null;
    }
    @Override
    public int delete( Uri uri,String selection,String[] selectionArgs){
        //删除数据
        SQLiteDatabase db = databaseHelper. getReadableDatabase();
        int deletedRows = 0;
        switch (uriMatcher. match(uri)){
            case TABLE_STATIONINFO_DIR:
                //删除 StationInfo 表中所有数据
                deletedRows =
                            db. delete("StationInfo",selection,selectionArgs);
            break;
            case TABLE_STATIONINFO_ITEM:
                //删除 StationInfo 表中指定数据
```

```
                String stationInfoId = uri.getPathSegments().get(1);
                deletedRows = db.delete("StationInfo","id = ?",new
                                                        String[]{ stationInfoId });
            break;
            case TABLE_ADVERTISE_DIR:
                //删除 Advertise 表中所有数据
                deletedRows = db.delete("Advertise",selection,selectionArgs);
            break;
            case TABLE_ADVERTISE_ITEM:
                //删除 Advertise 表中指定数据
                String advertiseId = uri.getPathSegments().get(1);
                deletedRows = db.delete("Advertise","id = ?",new
                                                        String[]{ advertiseId });
            break;
        }
        return deletedRows;
    }
    @Override
    public int update(Uri uri,ContentValues contentValues,String selection,
                                                        String[] selectionArgs) {
    //更新数据
        SQLiteDatabase db = databaseHelper.getReadableDatabase();
        int updateRows = 0;
        switch (uriMatcher.match(uri)){
            case TABLE_STATIONINFO_DIR:
                //更新 StationInfo 表中所有数据
                updateRows = db.update("StationInfo",contentValues,selection,
selectionArgs);
                break;
            case TABLE_STATIONINFO_ITEM:
                //更新 StationInfo 表中指定数据
                String stationInfoId = uri.getPathSegments().get(1);
                updateRows = db.update("StationInfo",contentValues,"id = ?",
new String[]{stationInfoId});
                break;
            case TABLE_ADVERTISE_DIR:
                //更新 Advertise 表中所有数据
                updateRows = db.update("Advertise",contentValues,selection,se-
lectionArgs);
                break;
```

```
            case TABLE_ADVERTISE_ITEM:
                //更新 Advertise 表中指定数据
                String advertiseId = uri.getPathSegments().get(1);
                  updateRows = db.update("Advertise", contentValues, "id = ?",
new String[] { advertiseId });
                break;
        }
        return updateRows;
    }
    @Override
    public String getType(Uri uri) {
        switch (uriMatcher.match(uri)){
            case TABLE_STATIONINFO_DIR:
                return "vnd.android.cursor.dir/vnd.zfang
                            .taozhi.mycontentprovider.provider.StationInfo";
            case TABLE_STATIONINFO_ITEM:
                return "vnd.android.cursor.item/vnd.zfang
                            .taozhi.mycontentprovider.provider.StationInfo";
            case TABLE_ADVERTISE_DIR:
                return "vnd.android.cursor.dir/vnd.zfang
                            .taozhi.mycontentprovider.provider.Advertise";
            case TABLE_ADVERTISE_ITEM:
                return "vnd.android.cursor.item/vnd.zfang
                            .taozhi.mycontentprovider.provider.Advertise";
        }
        return null;
    }
}
```

代码虽然很长,不过不用担心,这些内容都很容易理解,因为使用到的全部都是前面我们学过的知识。

首先在类的一开始定义了 4 个常量,分别用于表示访问 StationInfo 表中的所有数据、访问 StationInfo 表中的单条数据、访问 Advertise 表中的所有数据和访问 Advertise 表中的单条数据。然后在静态代码块里对 UriMatcher 进行了初始化操作,将期望匹配的几种 URI 格式添加了进去。

接下来就是每个抽象方法的具体实现了。

先来看下 onCreate 方法,这个方法的代码很短,就是创建了一个 MyDatabaseHelper 的实例,然后返回 true 表示内容提供器初始化成功,这时数据库就已经完成了创建操作。

接着看一下 query 方法,在这个方法中先获取到了 SQLiteDatabase 的实例,然后根据传入的 URI 参数判断出用户想要访问哪张表,再调用 SQLiteDatabase 的 query 方法进行查询,并将 Cursor 对象返回就好了。注意当访问单条数据的时候有一个细节,这里调用了

URI 对象的 getPathSegments 方法，它会将内容 URI 权限之后的部分以“/”符号进行分割，并把分割后的结果放入到一个字符串列表中，那这个列表的第 0 个位置存放的就是路径，第 1 个位置存放的就是 id 了。得到了 id 之后，再通过 selection 和 selectionArgs 参数进行约束，就实现了查询单条数据的记录。

至于 insert 方法，同样也是先获取到 SQLiteDatabase 的实例，然后根据传入的 URI 参数判断出用户想要往哪张表里添加数据，再调用 SQLiteDatabase 的 insert 方法进行添加就可以了。注意 insert 方法要求返回一个能够表示这条新增数据的 URI，所以我们还需要调用 Uri. parse 方法来将一个内容 URI 解析成 URI 对象，当然这个内容 URI 是以新增数据的 id 结尾的。

接下来就是 update 方法了，相信这个方法中的代码已经完全难不倒你了。也是先获取 SQLiteDatabase 的实例，然后根据传入的 URI 参数判断出用户想要更新哪张表里的数据，再调用 SQLiteDatabase 的 update 方法进行更新，受影响的行数将作为返回值返回。

下面是 delete 方法，是不是感觉越到后面越轻松？因为你已经渐入佳境，真正地找到窍门了。这里仍然是先获取到 SQLiteDatabase 的实例，然后根据传入的 URI 参数判断出用户想要删除哪张表里的数据，再调用 SQLiteDatabase 的 delete 方法进行删除，被删除的行数将作为返回值返回。

最后是 getType 方法，这个方法中的代码完全是按照前文中介绍的格式规则编写的，相信已经没有什么解释的必要了。

这样我们就将内容提供器中的代码全部编写完了。

另外还有一点需要注意，内容提供器一定要在 AndroidManifest. xml 文件中注册才可以使用。不过幸运的是，由于我们是使用 Android Studio 的快捷方式创建的内容提供器，因此注册这一步已经被自动完成了。打开 AndroidManifest. xml 文件瞧一瞧，代码如下所示：

```
<?xml version="1.0" encoding="utf-8"?>
<manifest xmlns:android="http://schemas.android.com/apk/res/android"
    package="zfang.taozhi.mycontentprovider">
    ......
    <application>
        <provider
            android:name=".DatabaseProvider"
            android:authorities="zfang.taozhi.mycontentprovider.provider"
            android:enabled="true"
            android:exported="true">
        </provider>
    </application>
    ......
<manifest>
```

可以看到，<application>标签内出现了一个新的标签<provider>，我们使用它来对 DatabaseProvider 这个内容提供器进行注册。android: name 属性指定了 DatabaseProvider 的限制名，android:authorities 属性指定了 DatabaseProvider 的 authority，而 enabled 和 exported 属性则是根据我们刚才勾选的状态自动生成的，这里表示允许 DatabasePmvider 被其他应用程序访问。

接着我们再创建一个 DatabaseTest 项目，在该项目中使用刚才我们实现的自定义内容提供器，实现跨程序共享数据的功能。修改默认布局文件 activity_layout.xml，代码如下：

```
<? xml version="1.0" encoding="utf-8"? >
<LinearLayout xmlns:android="http://schemas.android.com/apk/res/android"
    android:layout_width="match_parent"
    android:layout_height="match_parent"
    android:orientation="vertical">
    <Button
        android:id="@+id/add_data"
        android:layout_width="match_parent"
        android:layout_height="wrap_content"
        android:text="添加数据"/>
    <Button
        android:id="@+id/query_data"
        android:layout_width="match_parent"
        android:orientation:layout_height="wrap_content"
        android:text="查询数据"/>
    <Button
        android:id="@+id/update_data"
        android:layout_width="match_parent"
        android:layout_height="wrap_content"
        android:text="更新数据"/>
    <Button
        android:id="@+id/delete_data"
        android:layout_width="match_parent"
        android:layout_height="wrap_content"
        android:text="删除数据"/>
</LinearLayout>
```

布局文件很简单，里面放置了 4 个按钮，分别用于添加、查询、修改和删除数据。然后修改 MainActivity 中的代码，如下所示：

```
public class MainActivity extends AppCompatActivity
                                        implements View.OnClickListener {
private Button addData;
    private Button queryData;
    private Button updateData;
    private Button deleteData;
    private String newId;
    @Override
    protected void onCreate(Bundle savedInstanceState) {
```

```
        super.onCreate(savedInstanceState);
        setContentView(R.layout.activity_main);
        addData = findViewById(R.id.add_data);
        queryData = findViewById(R.id.query_data);
        updateData = findViewById(R.id.update_data);
        deleteData = findViewById(R.id.delete_data);

        addData.setOnClickListener(this);
        queryData.setOnClickListener(this);
        updateData.setOnClickListener(this);
        deleteData.setOnClickListener(this);
    }

    @Override
    public void onClick(View view) {
        Uri uri = null;
        ContentValues values = null;
        switch (view.getId()){
            case R.id.add_data:
                //添加数据
                uri = Uri.parse("content://zfang.taozhi.mycontentprovider
                                                        .provider/StationInfo");
                values = new ContentValues();
                values.put("entrepriseName","巢湖学院");
                values.put("stationTitle","招聘教师");
                values.put("recruitCount",20);
                values.put("categoryName","教师");
                values.put("payRang","4 000-7 000");
                values.put("workAddress","安徽巢湖");
                values.put("interviewProcess","先面试后笔试");
                values.put("entriedCount",40);
                values.put("evaluteCount",2);
                values.put("stationDemands","男;硕士及以上;20-35");
                values.put("stationWelfares","五险一金;房补;食宿");
                Uri newUri = getContentResolver().insert(uri,values);
                newId = newUri.getPathSegments().get(1);
                break;
            case R.id.query_data:
                uri = Uri.parse("content://zfang.taozhi.mycontentprovider
                                          .provider/StationInfo/StationInfo");
```

```
Cursor cursor = getContentResolver()
                                    .query(uri,null,null,null,null);
if (cursor ! = null) {
    while (cursor.moveToNext()) {
        String entrepriseName = cursor.getString
                (cursor.getColumnIndex("entrepriseName"));
        String stationTitle = cursor.getString
                  (cursor.getColumnIndex ("stationTitle"));
        int recruitCount = cursor.getInt
                 (cursor.getColumnIndex ("recruitCount"));
        String categoryName = cursor.getString
                (cursor.getColumnIndex("categoryName"));

        String payRang = cursor.getString
                   (cursor.getColumnIndex ("payRang"));
        String workAddress = cursor.getString
                (cursor.getColumnIndex ("workAddress"));
        Log.d("MainActivity","Station entrepriseName is "
                                        + entrepriseName);
        Log.d("MainActivity","Station stationTitle is "
                                           + stationTitle);
        Log.d("MainActivity","Station recruitCount is "
                                           + recruitCount);
        Log.d("MainActivity","Station categoryName is "
                                          + categoryName);
        Log.d("MainActivity","Station payRang is " + payRang);
        Log.d("MainActivity","Station workAddress is "
                                           + workAddress);
    }
    cursor.close();
}
break;
case R.id.update_data:
    uri = Uri.parse("content://zfang.taozhi
        .mycontentprovider.provider/StationInfo/" + newId);
        values = new ContentValues();
        values.put("entrepriseName","安庆师范学院");
        values.put("stationTitle","招聘辅导员");
        values.put("recruitCount",30);
        values.put("categoryName","辅导员");
```

```
                    values.put("workAddress","安徽安庆");
                    values.put("entriedCount",80);
                    getContentResolver().update(uri,values,null,null);
                    break;
            case R.id.delete_data:
                //删除数据
                uri = Uri.parse("content://zfang.taozhi
                    .mycontentprovider.provider/StationInfo/" + newId);
                    getContentResolver().delete(uri,null,null);
                    break;
                    default:
            }
        }
    }
```

可以发现,我们分别在这 4 个按钮的点击事件里面添加了增删改查的逻辑。

添加数据的时候,首先调用了 Uri.parse 方法将一个内容 URI 解析成 URI 对象,然后把要添加的数据存放到 ContentValues 对象中,接着调用 ContentResolver 的 insert 方法执行添加操作就可以了。注意 insert 方法会返回一个 URI 对象,这个对象中包含了新增数据的 id,我们通过 getPathSegments 方法将这个 id 取出,稍后会用到它。

查询数据的时候,同样是调用了 Uri.parse 方法将一个内容 URI 解析成 URI 对象,然后调用 ContentResolver 的 query 方法去查询数据,查询的结果当然还是存放在 Cursor 对象中的,之后对 Cursor 进行遍历,从中取出查询结果,并一一打印出来。

更新数据的时候,也是先将内容 URI 解析成 URI 对象,然后把想要更新的数据存放到 ContentValues 对象中,再调用 ContentResolver 的 update 方法执行更新操作就可以了。

注意这里我们为了不让 StationInfo 表中的其他行受到影响,在调用 Uri.parse 方法时,给内容 URI 的尾部增加了一个 id,而这个 id 正是添加数据时所返回的,这就表示我们只希望更新刚刚添加的那条数据,StationInfo 表中的其他行不会受到影响。

删除数据的时候,也是使用同样的方法解析了一个以 id 结尾的内容 URI,然后调用 ContentResolver 的 delete 方法执行删除操作就可以了。由于我们在内容 URI 里指定了一个 id,因此只会删掉拥有相应 id 的那行数据,Book 表中的其他数据不会受到影响。

现在运行一下 ProviderTest 项目,会得到如图 10.6 所示的界面。

点击“添加数据”按钮,此时数据应该已经添加到 MyContentProvider 程序的数据库中了,我们可以通过点击“查询数据”按钮来检查一下,打印日志如图 10.7 所示。

然后点击一下“更新数据”按钮来更新数据,再点击一下“查询数据”按钮进行检查,结果如图 10.8 所示。

最后点击“删除数据”按钮删除数据,此时再点击“查询数据”按钮就查询不到数据了。由此可以看出,我们的跨程序共享数据功能已经成功实现了! 现在不仅是 ProviderTest 程序,任何一个程序都可以轻松访问 MyContentProvider 中的数据,而且我们还大可不必担心隐私数据泄漏的问题。

至此 Android 的最后一个组件提供者我们这里就介绍完了。

图 10.6　程序运行主界面

```
2019-04-22 12:56:10.071 17279-17296/zfang.taozhi.contentprovidertest D/EGL_emulation: eglCreateContext: 0x7aaleb637120: maj 2 min 0 rcv 2
2019-04-22 12:56:10.088 17279-17296/zfang.taozhi.contentprovidertest D/EGL_emulation: eglMakeCurrent: 0x7aaleb637120: ver 2 0 (tinfo 0x7aaleb60c880)
2019-04-22 12:56:10.136 17279-17296/zfang.taozhi.contentprovidertest D/EGL_emulation: eglMakeCurrent: 0x7aaleb637120: ver 2 0 (tinfo 0x7aaleb60c880)
2019-04-22 12:56:30.758 17279-17279/zfang.taozhi.contentprovidertest D/MainActivity: Station entrepriseName is 巢湖学院
2019-04-22 12:56:30.758 17279-17279/zfang.taozhi.contentprovidertest D/MainActivity: Station stationTitle is 招聘教师
2019-04-22 12:56:30.758 17279-17279/zfang.taozhi.contentprovidertest D/MainActivity: Station recruitCount is 20
2019-04-22 12:56:30.758 17279-17279/zfang.taozhi.contentprovidertest D/MainActivity: Station categoryName is 教师
2019-04-22 12:56:30.758 17279-17279/zfang.taozhi.contentprovidertest D/MainActivity: Station payRang is 4000-7000
2019-04-22 12:56:30.758 17279-17279/zfang.taozhi.contentprovidertest D/MainActivity: Station workAddress is 安徽巢湖
```

图 10.7　查询添加的数据

```
2019-04-22 13:33:34.551 18029-18029/zfang.taozhi.contentprovidertest D/MainActivity: Station id is 1
2019-04-22 13:33:34.551 18029-18029/zfang.taozhi.contentprovidertest D/MainActivity: Station entrepriseName is 安庆师范学院
2019-04-22 13:33:34.551 18029-18029/zfang.taozhi.contentprovidertest D/MainActivity: Station stationTitle is 招聘辅导员
2019-04-22 13:33:34.551 18029-18029/zfang.taozhi.contentprovidertest D/MainActivity: Station recruitCount is 30
2019-04-22 13:33:34.551 18029-18029/zfang.taozhi.contentprovidertest D/MainActivity: Station categoryName is 辅导员
2019-04-22 13:33:34.551 18029-18029/zfang.taozhi.contentprovidertest D/MainActivity: Station payRang is 4000-7000
2019-04-22 13:33:34.551 18029-18029/zfang.taozhi.contentprovidertest D/MainActivity: Station workAddress is 安徽安庆
2019-04-22 13:33:37.762 1376-1400/? W/audio_hw_generic: Not supplying enough data to HAL, expected position 26804349 , only wrote 26307360
```

10.8　查询更新的数据

本 章 小 结

本章主要介绍了 Android 的另一个组件：内容提供器，首先我们对其概念进行了详细的说明；接着我们通过电话簿案例说明了使用 ContentResolver 获取 ContentProvider 的基本方法；最后结合 SQLite 的使用，向大家介绍了如何去自定义自己的内容提供器。

习 题 10

1. 什么是内容提供器？
2. 简述 ContentResolver 的使用方法。
3. 简述 URI 的作用和组成。
4. 简述创建自定义内容提供器的步骤。

参 考 文 献

[1] 郭霖.第一行代码[M].2版.北京:人民邮电出版社,2016.

[2] 毋建军,徐振东,林翰.Android应用开发案例教程[M].北京:清华大学出版社,2018.

[3] 李刚.疯狂 Android 讲义[M].北京:电子工业出版社,2015.

[4] 陈文,郭依正.深入理解 Android 网络编程[M].北京:机械工业出版社,2017.

[5] 佘志龙,陈昱勋,郑名杰.Android SDK 开发范例大全[M].3版.北京:人民邮电出版社,2011.

[6] 关东升,赵志荣.Android 网络游戏开发实战[M].北京:机械工业出版社,2013.

[7] 老罗 Android 之旅[EB/OL].https://blog.csdn.net/Luoshengyang/column/info/Androi-dluo.

[8] Andorid 百度百科[EB/OL].https://baike.baidu.com/item/Android/60243?fr=aladdin.

[9] 何红辉,关爱民.Android 源码设计模式解析与实战[M].2版.北京:人民邮电出版社,2017.

[10] 任玉刚.Android 开发艺术探索[M].北京:电子工业出版社,2015.

[11] 包建强.App 研发录[M].北京:机械工业出版社,2015.

[12] 邓凡平.深入理解 Android:卷1[M].北京:机械工业出版社,2011.

[13] 罗升阳.Android 系统源代码情景分析[M].北京:电子工业出版社,2017.